逆问题求解的贝叶斯方法

[法] 杰罗姆·伊迪耶 （Jérôme Idier） 主编
邓 彬 游 鹏 罗成高 曾 旸 译
王宏强 审校

国防工业出版社
·北京·

著作权合同登记　图字:军 - 2021 - 011 号

图书在版编目(CIP)数据

逆问题求解的贝叶斯方法/(法)杰罗姆·伊迪耶主编;邓彬等译.—北京:国防工业出版社,2022.5

书名原文:Bayesian approach to inverse problems

ISBN 978 - 7 - 118 - 12421 - 7

Ⅰ.①逆… Ⅱ.①杰… ②邓… Ⅲ.①贝叶斯方法 - 应用 - 逆问题 - 问题求解 Ⅳ.①O175

中国版本图书馆 CIP 数据核字(2022)第 046391 号

※

国防工业出版社 出版发行

(北京市海淀区紫竹院南路 23 号　邮政编码 100048)

三河市德鑫印刷有限公司

新华书店经售

*

开本 710 × 1000　1/16　**印张** 20¼　**字数** 352 千字

2022 年 5 月第 1 版第 1 次印刷　**印数** 1—2000 册　**定价** 98.00 元

(本书如有印装错误,我社负责调换)

国防书店:(010)88540777　　书店传真:(010)88540776

发行业务:(010)88540717　　发行传真:(010)88540762

序

数学物理中的正问题与逆问题是一对相反的概念，正问题描述正常的物理变化或作用过程，由因及果，逆问题则是描述其逆过程，由果探因。逆问题在科学研究中大量存在，在电磁领域表现为逆散射、成像、识别等。由于数据和条件的不完备以及观测噪声和误差的影响，逆问题往往是不适定的，其求解尤为困难。在诸多求解方法中，贝叶斯方法通过统计建模，挖掘利用目标先验，并通过贝叶斯推理进行求解，可视为正则化方法的推广。数学家贝叶斯诞生于 18 世纪的英国，也是贝叶斯统计理论的创立者，法国数学家拉普拉斯给出了贝叶斯公式的现代表达形式，此后逐渐形成“贝叶斯学派”。2001 年，法国国家科学研究中心 Jérôme Idier 博士组织编写了《逆问题求解的贝叶斯方法》，全面系统地介绍了贝叶斯框架及其在超声、光学、电磁逆问题求解中的应用，给出了大量翔实的案例。

邓彬副研究员长期从事雷达成像和电磁逆散射问题研究，他在伦敦访学期间带领游鹏、罗成高、曾旸等几位年轻有为的学者共同将此书译成中文出版，使中国的读者能够更加方便地了解这一重要工具和领域状况，是一件很有意义的事情。相信本书中文版的出版在人工智能迅速发展的今天能够进一步促进交叉融合，对逆问题的深入研究和广泛应用产生裨益。

伦敦玛丽女王大学

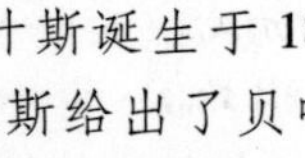

2020 年 7 月 8 日

中译本序

自 Tikhonov 开创性地把正则化解引入到不适定逆问题以来，逆问题的研究在近半个世纪中一直十分活跃，诞生了诸多新的成果，而且成果的产出还在不断加速。其中很大一部分成果对于解决信号和图像恢复问题产生了巨大的社会影响和经济效益。医学成像就是一个典型的例子，人们利用各种现代扫描设备，同时结合采集优化和大规模计算技术以实现三维层析成像。此外，在无损检测、合成孔径雷达、高光谱成像、超高分辨率显微镜、数字摄影等其他许多领域，逆问题求解也有着广泛的应用。

逆问题的现代化求解依赖于统计推理和高效优化技术。本书把贝叶斯推理作为一个全面有机的理论框架用于设计正则化且高效的求解方案。本书原版（法文版）的出版是源于一项合作项目，来自法国、美国和加拿大的一些研究人员曾汇聚在一起开展相关的研究。最近，我们尊敬的同行、来自国防科技大学的邓彬等提出启动中文版的翻译工作，对此我非常欢迎，并向他们表示由衷的感谢。他们在贝叶斯推理和正则化研究方面具有很高的专业水平，因此，本书中文版的出版是一个极好的机会，能使中国学生和研究人员更方便地了解和熟悉逆问题这一重要的研究领域。

Jérôme Idier

2019 年 6 月于法国南特

译者序

矛盾在客观世界中无处不在,正问题与逆问题(也称反问题)就是这样一对矛盾,一直在演绎着科学的传奇。我最早接触逆问题,大约是在15年前。当时我们刚来到国防科技大学读研究生,有次开会导师讲:“雷达自动目标识别本质上属于数学上的逆问题,难点就在于所有的逆问题都敏感于初值。”这给我留下了深刻的印象。后来我从事雷达目标成像和微动探测方面的研究,在攻读博士学位的过程中又大大加深了对逆问题的理解。也是在那时,我们了解到我国数学家冯康院士早在20世纪80年代初期就大力提倡和开展逆问题研究,对我国逆问题研究和实际应用产生了深远的影响。同时在他的兄长冯端院士《零篇续存》一书中,我们了解到冯康院士曲折的人生经历和学术生涯,惋惜之情一直挥之不去。

逆问题是指从测量数据中获取物理系统的内部结构或输入信息的一类问题,在战场信息感知与处理、地球物理、大气科学、生命科学等领域有着广泛应用。逆问题的典型特点是求解的不适定性(病态性)。在给定数据条件下,改善逆问题不适定性的唯一途径是利用先验信息。贝叶斯方法由于能够通过先验分布刻画先验信息,是处理逆问题最有效的方法之一,经典的正则化方法可视为贝叶斯方法的特例。与其说它是方法,不如说是一种思想、一个框架和一套工具,通过概率建模搭起了物理世界与数学的桥梁,实现了先验信息的充分挖掘和利用。尤其值得注意的是,贝叶斯方法作为一种统计学习方法近年来与深度学习呈现融合发展的趋势,在人工智能技术快速发展的浪潮中占据重要的地位。尽管统计学习流派众多,且以卷积神经网络、生成式对抗网络为代表的深度学习方法在实际应用中取得了巨大成功,黑箱式的学习策略也避免了复杂的建模过程,但面对雷达等领域小样本数据仍显得处理能力不足,难以数学描述和解释。从贝叶斯概率视角描述深度学习具有很多优势,它从统计的视角进行解释,对优化和超参数调整存在更有效的算法。贝叶斯正则化还能寻找最优网络和提供最优偏差-方差权衡框架以实现良好样本性能。总之,贝叶斯方法通过先验的利用实现了“黑箱”的部分白化,代表着未来的发展方向。

《逆问题的贝叶斯方法》最早于2001年出版，是法国国家科学研究中心Jérôme Idier博士组织巴黎十一大学Ali Mohammad-Djafari教授等贝叶斯机器学习领域专家推出的全面系统介绍贝叶斯框架及其在逆问题求解中应用的力作。该书用法语出版，由于参考价值较大，2008年由Becker教授翻译成英文并在英国和美国出版。全书系统介绍了贝叶斯框架、原理、方法及其在逆问题求解中的应用，体系完整，基础性强，理论应用结合紧密，实例丰富，对于目标超分辨成像、识别等具有极高的参考价值。译者所在团队长期从事目标成像与探测识别、统计学习方面的教学和科研工作，将此书译成中文也算了却了一桩夙愿。

本书由英文版翻译而成，全书共分为4部分，共计14章，第一部分为逆问题与不适定问题，包括绪论、不适定问题的正则化方法、概率框架下的逆问题；第二部分为解卷积，包括逆滤波及其他线性方法、冲击脉冲串解卷积方法、图像解卷积方法；第三部分为逆问题工具高级进阶，包括吉布斯-马尔可夫图像模型、无监督问题；第四部分为若干应用，包括超声无损检测中的解卷积、大气湍流环境光学成像、超声多普勒测速仪中的谱特性、少数投影下的层析重建、衍射层析、低强度数据成像等。主要面向从事遥感、雷达、光电、水声、医学信号处理和图像处理的科研人员和高校研究生，对致力于数学应用的研究人员亦有一定的参考价值。

写书难，译书尤其难。唐玄奘翻译佛经70余部，也只有一部全文260字的《心经》流传最广。由于本书经历了法语到英语的转换，部分语言晦涩难懂，翻译难度很大，前后历时两年有余。本书第1、2、3、13章由邓彬副研究员翻译，第4、5、6、9、12章由游鹏副教授翻译，第7、8、10、11章由罗成高副教授翻译，绪论、第14章由曾旸讲师翻译，张双辉副教授参与了本书第7、8、10、11章的早期整理工作。邓彬负责全书的统稿和校对。尽管我们以“信达雅”为矩矱，但囿于水平，部分译文难免出现瑕疵谬误，尚希读者见谅。

本书的出版得到了国家自然科学基金（编号61871386、62035014、61971427、61701513、61921001、61601487）、湖南省杰出青年基金（编号2019JJ20022）和国家留学基金委（学号201903170083）的资助和支持。同时感谢伦敦玛丽女王大学陈晓东教授热情洋溢地为本书作序，感谢段共生将军为译著题写书名。在翻译过程中，本书还得到了课题组杨琪博士和研究生张野、逄爽、汤斌、王非凡、江新瑞、郭超、马昭阳等在编辑校对方面的帮助，以及国防工业出版社陈洁编辑的支持鼓励，在此也向他们表示深深的感谢。希望本书的翻译和出版，能够对国内相关领域的学术发展和技术进步起到一定的推动作用。

是为序。

译　者

2020年5月

目 录

第 2 部分 解卷积

第3部分 高级问题与工具

第4部分 应用

绪　论①

受观测能力限制，当某个感兴趣的物理量不能被直接测量时，人们通常会测量与之相关的其他量，这些观测量可依据物理定律与感兴趣的物理量建立定量关系。逆问题指的是通过“逆转”这些物理定律，利用观测量间接获取感兴趣物理量。例如，在电磁学领域，计算给定分布的电荷所产生的电场属于正问题，而根据电场测量值推演电荷分布则是个逆问题（图 1）。与此类似，在信号处理领域，建模产生失真、干扰以及寄生信号的传输信道是个正问题，而利用接收端信号测量值重构发射端信号则是个逆问题。

如果我们所关心的物理量可以直接测量，那显然是更有利的。然而，直接测量并不意味着完美的测量：测量仪器的响应与观测过程中的各种误差源（系统误差、物理传感器或电子元件的波动、量子化等）都是影响测量的因素，都可以包含在逆问题求解中。

归根结底，逆问题的概念来源于对最广义的实验数据的处理。根据本书作者的经验，数据处理过程实际是在做逆问题求解，这是非常有价值的研究。它揭示了特别的假设和任意的约束条件，为设计数据处理流程和分析数据处理的有效性及缺陷提供了一个合理的、模块化的方法。

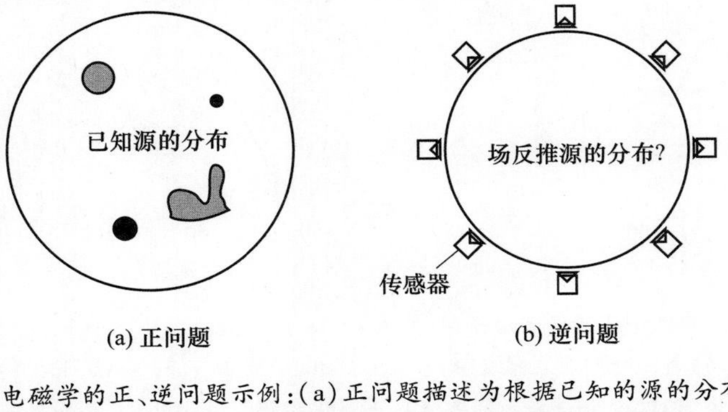

图 1　电磁学的正、逆问题示例：(a) 正问题描述为根据已知的源的分布求解圆域的场分布；(b) 逆问题描述为根据圆域上测得的场反推源的分布

---

① 由 Jérôme Idier 撰写。

与求解正问题不同,求解实际中遇到的逆问题具有不稳定性:如果观测存在误差,即使误差很小,伪逆、广义逆等朴素的求逆方法都将变得不具备鲁棒性。

图2以逆滤波(解卷积)这一经典信号处理问题为例,给出了两个数字化实验。

第一个实验内容为逆向求解离散的卷积关系:$y = h * x$。输入信号 x 是三角函数,长度 $M = 101$(如图2(a)),脉冲响应函数是离散的截断的高斯分布函数,长度 $L = 31$(如图2(b))。输出信号 y 长度 $N = M + L - 1 = 131$。用 Matlab 语句 $y = \text{conv}(h,x)$ 计算,结果如图2(c)所示。Matlab 自带解卷积函数,通过 deconv(y,h),可以从输出信号 y 完全还原输入信号 x,如图2(d)所示。

现在假设 y 是一个非理想条件下的测量结果,假设没有测量误差,但是对其用10bit 进行量化编码,即划分1024个电平值。z 是量化输出结果(如图2(e)),在 Matlab 中用 z = round(y * 2^10)/2^10 计算。y 和 z 的差别很小,但解卷积结果 deconv(z,h)(图2(f))与 x 差别很大。注意在 Matlab 7.5 版本中,解卷积函数没有关于该操作不稳定的警告。

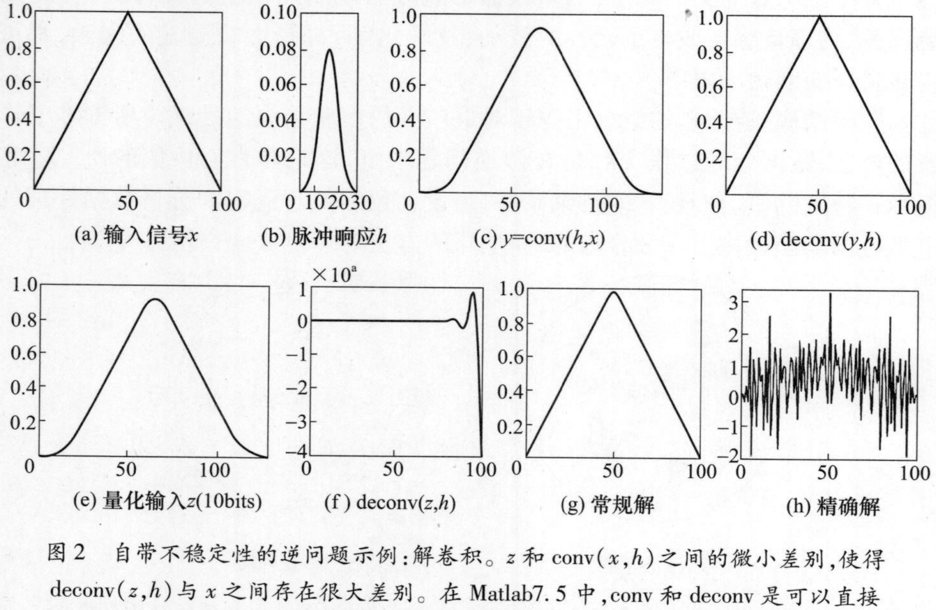

图2 自带不稳定性的逆问题示例:解卷积。z 和 conv(x,h)之间的微小差别,使得 deconv(z,h)与 x 之间存在很大差别。在 Matlab7.5 中,conv 和 deconv 是可以直接调用的命令,但这两个命令函数未使用正则化的解卷积方法,不具备鲁棒性。与之形成对比,图(g)是用 Tikhonov 正则化方法处理得到的,该方法具备鲁棒性。图(g)通过精确的量化卷积重构了 z,得到了 x 的精确解

20 世纪初,Hadamard 对这类不稳定问题进行了数学描述,并将其统称为不适定问题,鉴于难以得到让人满意的数学(和物理)解[HAD 01]。本书第 1 章解释了不适定问题的概念,并展示了"天真"的求逆方法的不稳定性。

20 世纪 60 年代,苏联数学家 Tikhonov 通过引入正则化解的概念,为逆问题求解的现代方法奠定了理论基础[TIK 63]。Tikhonov 将正则化解定义为一个复合准则函数的最小值,该复合准则函数由数据拟合项和正则化项两项线性组合而成。这类方法忠于原数据,但对于不适定问题的鉴别能力不足。相比其他忠于原数据的方法,从对内容的依赖程度这一实用角度来看,这类方法正则度最高。Tikhonov 通过定义满足最小化复合判据的正则解,规范了数据保真程度和正则度之间的折中形式。他证明了变换后的求逆问题的正则化解是一个适定问题。Tikhonov 正则化的原则是第 2 章的主要内容。

图 2(g)给出的是利用 Tikhonov 的正则化理论求解的结果。该方法从非理想数据 z 获得的输入数据 x,其准确度还是不错的。我们将在第 3 章和第 4 章对该方法进行详细介绍。图 2(g)唯一不足之处在于三角形的顶点不够尖锐。这是由于信号本身在中央点处的导数不连续,而正则化过程则是对整个信号进行均匀的规则化处理,因此出现这一结果是符合逻辑的。对于实际存在的信号和图像,这种整体规则、局部不规则的情况很重要。第 5 章中在介绍解卷积内容时将这种不规则的数据称为"亮点",第 6 章这种不规则的情况对应的是同质区域之间的边界得的不规则性。后面这种情况就是图 2 中所描述的情形。

图 2 对应的问题也可以通过最小化最小二乘准则定位直线来解决。这种参数化的方法,通过控制维度使问题规范化(第 2 章,2.1.1 节),被认为是最古老的反演方法,它是在 18 世纪末伴随着最小二乘法的提出发展起来的。高斯将其用于估计地球的椭圆度系数便是该方法早期实践的典型案例。它实际上是一个通过参数化的方法解决逆问题的例子,尽管这个概念出现得更晚一些。

如果正问题可以建立准确无误的模型,那么逆求解过程是稳定的。如果这个假设成立,那么它是描述逆问题稳定性的一个更详细的条件。以图 2 为例,x 和 z 之间的精确数学关系的建立包含量化过程,从而这个关系的逆变换是不稳定的。实际上,x 只是无穷多个解中的一个,其中一些解显著地远离 x,如图 2(h)所示。

图 2 具有启发性,但过于简单。在更现实的情况下,对一个正问题(包括测量系统)建立精确的数学描述,在任何情况下,都是难以实现的。在逆问题求解中,被普遍认可的对一个可靠的反演方法鲁棒性的基本要求是,其至少能应对正问题建模中的缺陷。对仿真数据添加伪随机的噪声便是测试这种鲁棒性的一种具体方法。从这个意义上来说,仅用"精确"的模拟数据来检验逆求解过程

有时称为逆犯罪。

虽然 Tikhonov 所提的正则化包括了维度控制、采用参数模型等,但是并没有一个通用的方法能够使所有不适定反演问题变得稳定。不同的问题需要定义不同的正则化方法,因此可能使得求解过程存在主观性。因此,正则化的概念有时会受到批评或误解。事实上,正则化是面向应用的方法的一部分:它不是一个抽象问题的逆求解。抽象问题可以用一个输入/输出方程来描述,而对于解决实际问题,往往倾向于从我们感兴趣的量的几个一般性特征出发,这些特征在最初的模型中可能被忽略了。Tikhonov 正则化方法在实践中的成功应用及其随后的演进,都证明了该方法实际上是具有深厚的理论基础的。现在人们普遍认为,对于不适定逆问题的求解,如果没有一些先验信息,就难以得到满意的结果,而这些先验信息通常是定性的或者局部的。例如,对于一个图像修复问题,通常假设图像一般由均匀区域组成,但这一特征是定性的,不能直接用某个数学模型来描述。

不确定或部分信息可以用贝叶斯概率模型预测。早期的文献[FRA 70]证明了 Tikhonov 的贡献可以用这个框架来解释。对于由确定性信息构建的正问题模型,反演过程中需要处理的概率规则增加了理解上的困难。我们需要认识到,这些概率规则实际上是推理规则:它们使知识的状态得以量化,而它们的演变由于测量存在误差而变得不确定。因此,并不是在对所观察到的现象(或者测量误差)进行确定性的或随机性的判断。在这方面,文献[JAY 03]中介绍的詹尼斯的工作,为理解贝叶斯方法在数据处理方面的应用提供了参考。本书第 3 章的灵感便来源于该文献。

自 20 世纪 60 年代以来,逆问题求解的现代方法广受关注,人们的研究兴趣和热度至今依然有增无减。逆问题研究覆盖了众多专业领域,包括地球科学、空间科学、气象学、航空航天、医学成像、核电以及土木工程等。综合以上领域,逆问题的研究已经产生了巨大的科学和经济影响力。

从逆问题的结构来看,原本差异巨大的专业领域具有很大的相似性。然而,由于学科划分造成了专业壁垒,致使逆问题求解的思想和方法难以在不同学科专业间传播。为此,信号处理学科需要扮演起这一角色,积极响应和满足其他学科在数据处理方法与算法方面的共性需求,这也正是本书的出发点和根本遵循。本书包含 4 个部分,共 14 章。

第 1 部分重点介绍基本问题和基本求逆工具,是全书的基础。本部分总共包含 3 章内容。

第 1 章采用结构化的数学框架,从整体上一般性地介绍了逆问题。该章阐述了连续、离散形式逆问题以及不适定问题的主要特征。此外,还介绍了逆问题求解的伪逆和广义逆方法。

第 2 章重点介绍了正则化理论的基本特征，阐述了 Tikhonov 方法及其后续演化情况。本章剩余部分介绍了不同类型准则函数最小值求解方法和正则化超参数估计方法，以实现数据拟合项和正则化项之间的自动折中。

第 3 章介绍统计推理框架下求解逆问题的方法。显然，传统的估计技术——最大似然估计，属于非正则化技术。而 Tikhonov 正则化方法可以解释为一种贝叶斯估计。因此，本章将在贝叶斯估计框架下重新阐述了正则化参数选择、准则函数建立等问题。这一章节的最后，给出了高斯线性观测这一典型条件下的贝叶斯逆问题求解方法。

第 2 部分由第 4 ~ 6 章组成，着重介绍解卷积方法。解卷积问题广泛存在于实际中，是逆问题中极具代表性的一类问题。本部分介绍的很多解卷积方法和工具可用于求解其他不同类型的逆问题。

第 4 章介绍线性解卷积方法，即解为观测数据线性函数的问题。首先阐述了解的一般性质，然后采用不同的算法结构求解。传统信号处理工具，诸如维纳滤波和卡尔曼滤波，皆属于这些算法结构中的一种。

第 5 章阐述待求解信号为脉冲序列的这一类特殊解卷积问题。这类问题广泛存在于无损检测、医学成像等诸多领域。根据利用输入信号的脉冲特性，介绍了两类非线性估计方法：一是具有检测 - 估计形式解卷积方法；二是最小化凸准则函数的鲁棒估计方法。

第 6 章阐述图像解卷积问题，主要针对待求图像几乎处处平滑的应用背景。将待求图像的这一先验引入解卷积过程中，与第 5 章类似，可以获得两类解，分别对应图像边缘检测和图像复原问题。

第 3 部分用两章内容介绍贝叶斯逆问题求解的高级方法。

第 7 章介绍基于概率的成像方法。首先，基于概率框架解释第 6 章的复合准则函数，导出了吉布斯 - 马尔可夫模型（GMM）；其次，介绍用于图像建模的多个子类 GMM 模型；再次，介绍了贝叶斯估计器的统计计算方法及其统计性能评估方法；最后，给出了 GMM 随机采样迭代计算的原理。

第 8 章重点阐述非监督求逆问题，即不事先固定正则化参数的求逆。非监督求逆具有重要的理论和实际价值，但是求解方法和算法上均存在诸多困难。本章介绍线性马尔可夫惩罚函数的情形，论述了最大似然估计的确定性与统计性计算方法、精确估计器与近似估计器。

第 4 部分安排了 6 章内容介绍逆问题的应用。本部分介绍了逆问题求解在工业、天文、医学等多个领域中的应用（当然，这一部分并不能成为对于逆问题求解应用的完整综述，其在热力学、机械、地球物理等诸多重要领域的应用这里并未介绍）。对于所介绍的每一类应用，主要通过典型例子展示如何将正则化方法应用于求解相应领域中的逆问题。此外,本部分还给出了其他一些重要的逆问题求解方法。第 9 和第 10 章介绍了近视解卷积方法,第 10 章介绍了傅里叶合成方法,第 11 章介绍了谱估计与隐马尔可夫链方法,第 12、第 13 以及第 14 章介绍了层析重构方法。

第 9 章介绍工业超声无损检测中的逆问题。相比第 5 章提出的理想脉冲串解卷积方法,本章重点阐述了脉冲响应未知、脉冲发生形变等复杂情形下的解卷积方法。本章的内容和方法在一定程度上是对第 5 章的拓展。

第 10 章介绍逆问题求解在天文学领域特别是地基望远镜光学成像中的应用。天文观测中,大气扰动会使得图像分辨率显著降低。对此,提出了一系列降低图像质量恶化程度的方法:一方面,通过近视解卷积方法实现图像复原;另一方面,通过自适应光学的方法部分地补偿掉扰动效应,然后采用解卷积方法得到高质量的图像。本章最后讨论了光学干涉测量,导出了傅里叶合成问题,这个问题因为大气扰动而变得十分复杂。

第 11 章介绍超声波多普勒测速中的逆问题。超声波多普勒测速是一种广泛应用于医学领域的成像技术,实现超声波多普勒测速需要解决时频分析、频率跟踪两个求逆问题。观测样本少以及不满足香农采样定理使得这两个频谱的表征难度很大。本章介绍用于解决这两个问题的正则化方法,以提高信息缺失条件下的频谱表征性能。

第 12 章介绍少量投影测量条件下 X 射线层析重构问题。首先介绍了 Radon变换,以及各种传统的求逆方法。然后着重阐述了 X 射线层析重构的代数和概率方法。对于只获得少量投影数据以及数据中包含噪声的情形,代数和概率方法被证实为唯一有效的重构方法。

第 13 章介绍衍射层析重构的贝叶斯方法。衍射层析中测量到的目标体散射波是拟成像物理参数的非线性函数,因此本章不再采用线性化近似。波的传播方程是包含了两个耦合方程组的正向模型。通过矩量法进行离散化后,可以采用贝叶斯方法将重构问题转化为惩罚准则函数求最小值的问题。然而,正向模型的非线性使得该准则函数为非凸函数。由于非凸函数存在局部极小值,需要采用全局最优化技术求取最小值。

第 14 章研究正电子发射计算机断层扫描成像等医学成像中的逆问题。在这些应用中,需要考虑计数测量中的微粒特征。首先采用泊松定理确定参考分布,进而获得观测数据的似然函数。对于泊松变量存在高斯噪声这样的复杂情形,可对泊松似然函数进行高斯近似。对于不能作近似处理的情形,介绍了对数似然函数的性质和最优化算法。

第1部分

基本问题与工具

第 1 章　逆问题与不适定问题①

1.1　引　　言

在应用物理学的诸多领域,例如光学、雷达、热学、光谱学、地球物理学、声学、射电天文学、无损检测、生物医学工程、仪器仪表和成像,需要解决利用直接测量(称为图像)或间接测量(例如对于层析成像称为投影)来确定某一标量或矢量空间分布的问题。该标量或矢量对应着客观世界中的“目标”或“物体”相关的物理量,如介电常数、散射系数、对比度等,本书一般使用“目标”一词表示被观测物体或其物理量的分布。习惯上这些成像问题的求解可以分为三个阶段[HER 87,KAK 88]。

(1) 正问题:在已知目标和观测机制的情况下,可以建立观测数据的数学描述模型(正问题模型)。该模型需要足够精确,以提供对物理观测现象的正确描述,并且足够简单,以便随后进行数字处理;

(2) 仪器问题:需要获取信息量尽可能大的观测数据,以便在最佳条件下求解成像问题;

(3) 逆问题:需要利用正问题模型和观测数据来估计目标。

获得目标的良好估计显然需要统筹协调地研究上述三个子问题。但是,这些图像重建或恢复问题的共同特征是:它们通常是不适定的或不适定的。在计算机视觉中出现的更高层次的问题,例如图像分割、光流场处理和基于阴影的形状重建也属于逆问题,存在着同样的困难[AND 77,BER 88,MAR 87]。而与射电天文学中傅里叶合成相似的谱分析之类的问题,尽管通常不被视为逆问题,但通过上述方式理解和处理也将有所裨益,这一点在后面将会有所体现。

从方法论的角度来看,有两大学界对逆问题颇感兴趣。

(1) 数学物理界:20 世纪 60 年代 Phillips、Twomey 和 Tikhonov 发表了一系列影响深远的论文[PHI 62,TIK 63,TWO 62]。Sabatier 是法国的先驱之一[SAB 78]。代表性期刊是《逆问题》;

---

① 本章由 Guy Demoment 和 Jérôme Idier 撰写。

（2）统计数据处理界：可以与 Franklin 在 20 世纪 60 年代后期的工作[FRA 70]联系起来，尽管所涉及的思想——维纳滤波的基础——已在许多文献中出现数年[FOS 61]。20 世纪 80 年代，Geman 兄弟大大推动了图像处理研究工作[GEM 84]。其中一个代表性的期刊是 *IEEE Transactions on Image Processing*。

可以对这两个领域做一个非常粗略的区分。前者用于无限维处理问题，讨论存在性、唯一性和稳定性等非线性正问题中非常复杂的问题，并在有限维上进行数值求解。而后者始于已经离散化了问题，不去质疑离散化的过程，并利用了问题的有限维特性来引入由概率模型表征的先验信息。

在本章中，我们用一个基础示例来指出逆问题求解时出现的困难。

1.2 基础示例

现在通过一个人为设计的实例来说明本章介绍的基本概念，它混合了多种类型逆问题的基本特征。

假设需要寻找一个谱，即函数 $\hat{x}(\nu)$（$\nu \in \mathbb{R}$）模的平方。但由于实验限制，我们只能通过函数 $x(t)$ 获得变量 ν 的对偶域（其中 $\hat{x}(\nu)$ 表示傅里叶变换（FT））。更重要的是，设备不完善意味着函数 $x(t)$ 只能通过窗函数 $h(t)$ 的加权来观测，观测到的函数 $y(t)$ 为

$$y(t)=h(t)x(t) \tag{1.1}$$

可以借助迈克尔逊干涉测量仪来更加清晰直观地说明这一问题。可以通过测量能量通量来获得光源的发射光谱，它是两个光路之间相位差的函数。不计附加常数，所获得的干涉图就是所要寻找的函数的傅里叶变换，但是设备的局限性使得仅在有限的空间区域中可观察到干涉图像，这等同于其被加权函数 $h(t)$ 调制。这是假定已知的，但实际可获得的实验数据是由函数 $y(t)$ 按规则间隔采样的有限数量样本组成，因而不可避免地包含测量误差（假设误差为加性）。如果我们采取单位采样，可以得到：

$$y_n=h_n x_n+b_n, \quad n=1,2,\cdots,N \tag{1.2}$$

式中：y_n 为可用数据；h_n、x_n 为函数 $h(t)$ 和 $x(t)$ 的样本；b_n 为测量“噪声”。这是以下形式线性方程组的一个特例：

$$\boldsymbol{y}=\boldsymbol{A}\boldsymbol{x}+\boldsymbol{b} \tag{1.3}$$

式中：$\boldsymbol{A}$ 为对角矩阵。式(1.3)将在本书中反复出现。

初看上去这似乎是一个简单的情况，但已经出现了第一个困难（与加权

$h(t)$无关)：数据的离散性意味着我们只有关于 $\hat{x}_1(v), v\in[0,1]$ 的信息，$\hat{x}_1(v)$ 是由于采样周期性从 $\hat{x}(v)$ 导出的周期为 1 的函数，因此有：

$$x_n = \int_0^1 \hat{x}_1(v)\exp\{2\mathrm{j}\pi vn\}\,\mathrm{d}v \tag{1.4}$$

样本 x_n 实际上是 $\hat{x}_1$ 的傅里叶级数展开系数。若要获得 $\hat{x}$，必须对 $\hat{x}(v)$ 提供有限的支持，且采样步骤不得存在混叠。因此，观测模型式(1.2)可以写成：

$$y_n = \int_0^1 \hat{h} * \hat{x}_1(v)\exp\{2\mathrm{j}\pi vn\}\,\mathrm{d}v + b_n \tag{1.5}$$

式中：$\hat{h}(v)$为 $h(t)$的傅里叶变换。该卷积核显示了由于 $h(t)$的加权而导致的分辨率的损失。

图1.1 给出了一个仿真示例。信号 $x(t)$由三个正弦波组成，其频谱由图1.1(a)中的圆圈标示，其中两个正弦波的频率比较相近(相对频差小于0.008)。

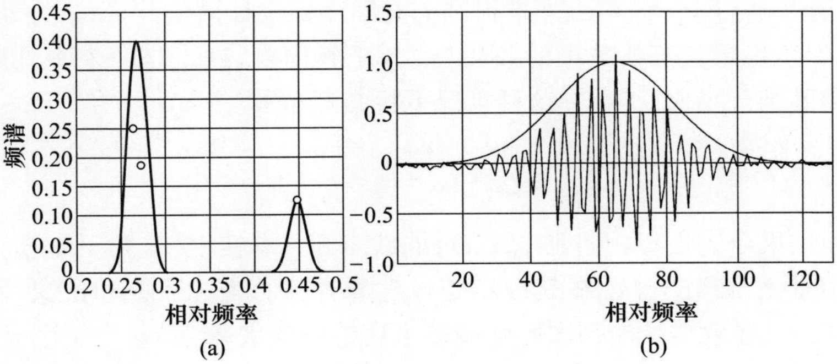

图1.1　(a)圆圈：三个正弦波叠加在一起的频谱 $\hat{x}$；曲线：$\hat{h} * \hat{x}$，$\hat{h}$ 是标准差接近0.01(用相对频率表示)的高斯分布。(b)用128个数据点 $\boldsymbol{y}$ 来仿真包含噪声的干涉图并进行量化，对应于模型式(1.5)

响应 $\hat{h}(v)$是标准差为 $\sigma_{\hat{h}}=0.0094$ 的高斯分布，我们刻意选择了较大的标准差，以清楚地显示反演的困难。图1.1(a)中还表示了“未分辨”的频谱 $\hat{h} * \hat{x}$。图1.1(b)叠加了 $N=128$ 个仿真数据 y_n 和一系列加权系数 h_n，它们也具有高斯形式(标准差 $1/(2\pi\sigma_{\hat{h}})=17$)。

第2个困难来自于即使在没有噪声的情况下也不可能按数学上精确的方

式对式(1.5)求逆,即在其他候选函数中找到“真”函数 $\hat{x}_1$。例如,考虑稳定级数 $\{\hat{x}_n\}_{\mathbb{Z}}$ 的傅里叶变换 $\hat{\hat{x}}$,使得:

$$\hat{x}_n = y_n / h_n \quad 当 n \in \{1,2,\cdots,N\} 且 h_n \neq 0 \tag{1.6}$$

由于这个级数最多只在 N 个值处有定义,因此有无限多个满足约束条件式(1.6)且等价的解 $\hat{\hat{x}}$,因此这个问题是不确定的。数据的周期为

$$\Gamma(v) \triangleq \frac{1}{N} \left| \sum_{n=1}^{N} y_n \exp(-2\mathrm{j}\pi v n) \right|^2, \quad v \in [0,1] \tag{1.7}$$

可以通过在精细且等间隔网格上的快速离散傅里叶变换来计算,它是 h_n 接近 1 的特殊解(即 $\hat{h}$ 接近狄拉克)。它是通过在观测窗的任一侧用零点扩展 $\hat{x}_n = y_n$ 而得到的。

少量的数据点和仪器响应 $\hat{h}$ 的扩展使得周期图的分辨率非常低(见图 1.2(a),曲线 P_1)。我们可以尝试通过计算与 y_n/h_n 相关的周期图来满足 $\hat{h}$ 的需要,或者换句话说,通过 y_n/h_n 零点外推得到的时间序列设计谱估计量 $\hat{\hat{x}}$。另外值得注意的是,对于稳定且范数最小的级数 $\{x_n\}_{\mathbb{Z}}$ 求解而言,这正是一个平凡解,它使最小二乘准则最小化,甚至在这种情况下将其降至零。

$$\sum_{n=1}^{N} (y_n - h_n x_n)^2$$

然而结果令人失望(见图 1.2(a),曲线 P_2)。事实上,这并不奇怪,由于测量噪声和量化,级数 y_n/h_n 在其极点处包含异常值。当 h_n 较小时,这些误差项被 $1/h_n$ 放大,导致估计的频谱完全掩盖了理论的频谱峰值。

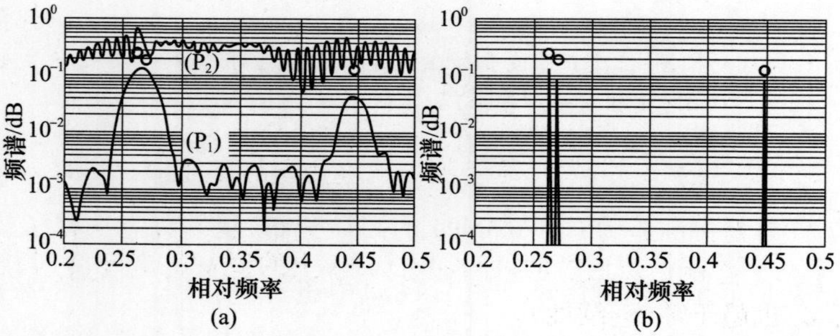

图 1.2 (a)曲线 P_1:数据 y_n 的周期图,以 dB 表示;数据缺乏且仪器响应存在扩展导致分辨率低。曲线 P_2:与 y_n/h_n 相关的周期图。(b)准则函数式(1.8)最小化后获得的谱估计值,在 1024 个点的离散网格上进行了近似计算,λ 和 τ 需要“精心选择”

这些负面的结果可能会使我们认为数据质量太差,无法使用。但实际情况并非如此,如图 1.2(b) 中的频谱估计值(模值)所示,它是通过对以下正则化准则函数最小化获得的:

$$\sum_{n=1}^{N}(y_n - h_n x_n)^2 + \lambda \int_0^1 \sqrt{\tau^2 + |\hat{x}(v)|^2}\, dv \tag{1.8}$$

其中,x_n 与 $\hat{x}$ 的关系见式(1.4),超参数 λ 和 τ 的值需要“精心选择”。由于傅里叶变换 $\hat{x}$ 在 1024 个点上被离散化,该过程严格等同于将 128 个观测到的 x_n 的序列外推 896 个值。与周期图中的值不同,这些外推值不一定为零。

这个例子比较典型,其中的困难在其他很多逆问题求解中也经常出现[AND 77,BER 88,HER 87]。某些传统的信号处理工具已被证明并不适用,而另外一些工具提供了可用的定性和定量化解决方案。正则化准则式(1.8)带来的改进是惊人的,但同时有几个问题需要回答:为什么要用这种方式惩罚最小二乘准则?怎样才能得到这样一个准则的最小值?如何选择超参数的值?可以说,本书的主要内容便是专门论述正则化准则的构建和利用。然而,在研究正则化解之前,了解反演过程中所遇到困难的性质是很重要的。

1.3 不适定问题

本节的目的是纠正一种错误的观点:在求解逆问题时遇到的困难来自数据的离散性及观测数量的有限性,如果能够获得连续的值,即上面例子中的函数 $y(t)$,那么一切问题都会迎刃而解。事实上,即使数据连续,也会出现意想不到的困难。这一类问题称为不适定问题。当问题不可避免地像前面的例子那样被离散化时,其中的一些困难会奇怪地消失,但问题往往仍然是不适定的。

Hadamard 定义了一个数学问题适定性的三个条件[AND 80,HAD 01,NAS 81,TIK 77](任何一个条件不满足都是不适定的):

(1) 对于定义的类 $\mathcal{Y}$ 中的每个数据项 y,在规定的类 $\mathcal{X}$ 中存在解 x(存在性);

(2) 解在 $\mathcal{X}$ 中唯一(唯一性);

(3) x 对 y 的依赖是连续的,即当数据项 y 上的误差 δ_y 趋于零时,解 x 上引起的误差 δ_x 也趋于零(连续性)。

连续性的要求与解的稳定性或鲁棒性要求相关(鉴于数据必然存在误差)。然而,连续性是鲁棒性的一个必要不充分条件[COU 62]。一个确定性问题可能是不适定的,这使得它的解不具有鲁棒性,如我们将在 1.5 节中看到的情况。

所有传统的数学物理问题，如椭圆方程的 Dirichlet 问题或双曲方程的 Cauchy 问题，在 Hadamard 意义下都是适定的[AND 80]。但是通过交换解和数据的角色，就从“正”问题中得到了“逆”问题，而这个逆问题通常是不适定的。

1.2 节的例子显然属于这类不适定问题，因为对于有限数量的离散数据项，存在一个解 $\hat{x}(v)$，但它不是唯一的。值得注意的是，同一问题在离散化之前（即从连续域看）实际上是求解第一类 Fredholm 积分方程这一一般性问题的特例：

$$y(s) = \int k(s,r)x(r)\,\mathrm{d}r \tag{1.9}$$

式中：$y(s)$、$x(r)$ 和 $k(s,r)$ 分别为 $y(t)$，$\hat{x}(v)$ 和 $h(t)\exp\{2\mathrm{j}\pi vt\}$。在后面，我们将会发现同样的积分方程，只是核 $k(s,r)$ 呈现其他形式分别用于解卷积、层析重建和傅里叶合成。

由于数据的不确定性或是存在噪声，我们无法准确求解这个方程，而需要从某个方向去逼近真实的解。利用函数之间的距离这个概念评估逼近质量是一种直观的方法，这也解释了为什么 x 和 y 通常被假定为属于 Hilbert 空间。这样，式(1.9)可以重写为

$$y = Ax, \quad x \in X, y \in \mathcal{Y} \tag{1.10}$$

式中：x 和 y 分别为无穷维函数空间 X 和 Y 中的元素，其中 $A:\mathcal{X} \to \mathcal{Y}$ 是对应于式(1.9)的线性算子。

因此，解的存在性、唯一性和连续性的充要条件可以分别写成(NAS 81)：

$$\mathcal{Y} = \mathrm{Im}A, \mathrm{Ker}A = \{0\}, \mathrm{Im}A = \overline{\mathrm{Im}A} \tag{1.11}$$

式中：$\mathrm{Im}A$ 为 A 的像（即 y 的集合是 $x \in \mathcal{X}$ 的像）；$\mathrm{Ker}A$ 为其核（即方程 $Ax=0$ 解的集合）；$\overline{\mathrm{Im}A}$ 为 $\mathrm{Im}A$ 的闭包[BRE 83]。

这里需要对条件式(1.11)的表述方式进行讨论。一方面，$Y=\mathrm{Im}A$ 意味着 $\mathrm{Im}A=\overline{\mathrm{Im}A}$（Hilbert 空间自身是闭集）。换言之，对 $\forall y \in \mathcal{Y}$，式(1.9)的解存在并意味着解的连续。相反，如果存在性条件 $Y=\mathrm{Im}A$ 没有得到验证，则连续性条件似乎变得毫无意义；事实上，它适用于伪解，1.4.1 节将其定义为最小化范数 $\|Ax-y\|_{\mathcal{Y}}$（未刻意将其减至零）。

1.3.1 离散数据情况

当数据离散时，$\boldsymbol{y}$ 是欧几里德空间中维数为 N 的向量。忽略观测误差，离散数据的线性逆问题可表述如下：给定 $\mathcal{X}$ 上定义的一组线性函数集合

$\{F_n(x)\}_{n=1}^N$ 和一组数字集合 $\{y_n\}_{n=1}^N$，求一个函数 $x \in \mathcal{X}$，使得：

$$y_n = F_n(x), \quad n = 1, 2, \cdots, N$$

特别地，当泛函 F_n 在 $\mathcal{X}$ 上连续时，Riesz 定理[BRE 83]指出满足下式的函数 $\psi_1, \cdots, \psi_N$ 存在：

$$F_n(x) = \langle x, \psi_n \rangle_{\mathcal{X}}$$

其中，符号 $\langle \cdot, \cdot \rangle_X$ 表示空间 $\mathcal{X}$ 中使用的标量积。当在有限数量的点 s_1，$s_2, \cdots, s_N$ 上测量 $y(s)$，且 $\mathcal{X}$ 是 L^2 空间时，式(1.9)这个示例即具有这种形式。在这种情况下，有

$$\psi_n(r) = k(s_n, r)$$

如果我们用下面的关系式定义 $\mathcal{Y}$ 上 $\mathcal{X}$ 的算子 A，该问题就相当于式(1.10)的一个特例：

$$(Ax)_n = \langle x, \psi_n \rangle_X, \quad n = 1, 2, \cdots, N$$

其中，算子 A 不是单射的：与函数 ψ_n 产生的子空间正交的函数记为 x，所有 x 组成的无限维闭子空间就是 Ker$A$。反之，A 的像 ImA 是闭合的：当函数 ψ_n 线性无关时，ImA 就是 $\mathcal{Y}$；否则它是维度 $N' < N$ 的子空间。因此，我们可以清楚地看到为什么 1.2 节的例子是一个不适定的问题：困难不在于缺乏连续性，而在于缺乏唯一性。

1.3.2　连续情况

假设 x 和 y 属于同一个 Hilbert 空间，并且 k 是平方可积的，这是许多成像系统所满足的一个条件——如果我们对 1.2 节的例子进行修改，以便连续观察函数 $\hat{y}(v) = \hat{h} * \hat{x}_1(v)$，就会出现这种情况。因此，正问题是适定的：数据上较小的误差 δ_x 意味着解上较小的误差 δ_y。然而，这一条件在相应的逆问题中并不满足，在逆问题中，必须根据响应 y：$x = A^{-1}y$ 计算目标 x。事实上，当核 k 平方可积时(如例子中的高斯核)，Riesz - Fréchet 定理表明算子 A 一定是有界且紧的[BRE 83]。但是，紧算子的像不是闭合的(除非维数是有限这种退化的情况)。这意味着反算子 A^{-1} 无界或不稳定，它的像不闭合，并且逆问题不满足Hadamard 的第三条件[NAS 81]。

可以利用 Hilbert 空间中紧算子的谱性质以便更好地理解这些抽象概念。这些算子最显著的特点是它们可以被分解为奇异值，如同矩阵一样(著名的奇异值分解，即 SVD)。紧算子的奇异系统定义为耦合方程组的解集：

$$Au_n = \sigma_n v_n \text{ 且 } A^* v_n = \sigma_n u_n \tag{1.12}$$

其中,奇异值 σ_n 是正数,奇异函数 u_n 和 v_n 分别是 X 和 Y 的元素;A^* 是 A 的伴随算子,因为 A 是连续的,因此对于任何 $x \in \mathcal{X}$ 和 $y \in \mathcal{Y}$, $\langle Ax, y\rangle_{\mathcal{Y}} = \langle x, A^* y\rangle_{\mathcal{X}}$①。

当 A 紧凑时,它总具有一个奇异系统 $\{u_n, v_n; \sigma_n\}$,且具有下列性质[NAS 81]:

(1) σ_n 按其重数(其值有限)进行排序和计数:$\sigma_1 \geqslant \sigma_2 \geqslant \cdots \geqslant \sigma_n \geqslant \cdots 0$,当 $n \to \infty$ 时,σ_n 趋于 0,当 $n = n_0$ 时达到极限(此时算子 A 是退化算子),或当 n 为任意有限值时,σ_n 达不到极限;

(2) 在 $X = \mathrm{Ker}A \oplus (\mathrm{Ker}A)^\perp$ 分解中,函数 u_n 构成 $(\mathrm{Ker}A)^\perp$($\mathrm{Ker}A$ 的正交补)的正交基;在 $Y = \mathrm{Ker}(A^*) \oplus (\mathrm{Ker}(A^*))^\perp$ 分解中,函数 v_n 构成 $\mathrm{Ker}(A^*)$ 的正交补 $(\mathrm{Ker}(A^*))^\perp$ 亦即 $\overline{\mathrm{Im}A}$ 的正交基。

设 $E \subseteq \mathbb{N}$ 是使 $\sigma_n \neq 0$ 的下标 n 的集合。Picard 准则[NAS 81]能够确保函数 $y \in \mathcal{Y}$ 在 $\mathrm{Im}A$ 中,当且仅当:

$$y \in (\mathrm{Ker}(A^*))^\perp \text{ 且 } \sum_{n \in E} \sigma_n^{-2} \langle y, v_n\rangle^2 < +\infty \tag{1.13}$$

若要满足式(1.13),则当算子 A 不是退化算子时($E \equiv \mathbb{N}$),在特征函数集 $\{v_n\}$ 上像 y 的展开分量 $\langle y, v_n\rangle$ 必须比特征值 σ_n^2 更快地趋于零(当 $n \to \infty$)。这个条件非常严格,并非 $(\mathrm{Ker}(A^*))^\perp$ 中的任意函数都能满足。不过需要注意,如果 $y = Ax$ 是由有限能量目标 x 产生的“完美”的像,则自然满足这一条件。因此,解可以写成:

$$x = \sum_{n \in E} \sigma_n^{-1} \langle y, v_n\rangle u_n \tag{1.14}$$

然而,该解即使存在也不稳定:例如在理想的数据 y 上一个很小的加性扰动 $\delta_y = \varepsilon v_N$ 就会导致解的扰动 δ_x,即

$$\delta_x = \sigma_N^{-1} \langle \delta_y, v_N\rangle u_N = \sigma_N^{-1} \varepsilon u_N \tag{1.15}$$

$\| \delta_x \| / \| \delta_y \|$ 的比值等于 σ_N^{-1},可以任意大。因此,由式(1.14)定义的逆线性算子 $A^{-1}: \mathcal{Y} \to \mathcal{X}$ 不是有界的,因为不可能找到常数 C,使得对于所有 $y \in \mathcal{Y}$,有 $\| A^{-1} y \|_X \leqslant C \| y \|_Y$,而这恰是 A^{-1} 连续的充要条件[BRE 83]。这里问题的不适定性是因为不满足连续性,而不是因为不满足唯一性。

这些问题尽管在数学上是不适定的,但在工程科学中引起了人们很大的兴趣,为此需要对此有更深入的理解,这也带动了数学分析中的两个分支:一是广

① 注意,在对称问题 $A^* y = A^* Ax$ 中出现的自伴随算子 $A^* A$ 满足:$A^* A v_n = \sigma_n^2 v_n$。它被定义为非负算子,因为它的特征值是 σ_n^2(也是 AA^* 的特征值)。该性质将在 2.1.1 节中用到。

义反演理论[NAS 76],下文将对其进行总结;二是正则化理论,下一章将围绕其重点论述。

1.4　广义反演

假设方程 $Ax=0$ 存在非平凡解。这些解的集合 $\text{Ker}A\neq\{0\}$ 是 X 的闭子空间。它是一组“不可见对象”,因为它们产生的像 y 为零。假设 $\text{Im}A$ 是的一个闭子空间,下面以一个截止角频率为 Ω 的理想低通滤波器为例,给出了一个积分算子的例子[BER 87]:

$$(Ax)(r)=\int_{-\infty}^{+\infty}\frac{\sin\Omega(r-r')}{\pi(r-r')}x(r')\,\mathrm{d}r' \tag{1.16}$$

如果选择 $\mathcal{X}=\mathcal{Y}=L^2_{\mathbb{R}}$,则核是$[-\Omega,+\Omega]$带内 FT 为零的所有函数 x 的集合,而 A 的像是同一区间内的带限函数集合,它是 $L^2_{\mathbb{R}}$ 的闭子空间。

为在上述条件下重新确定解的存在性和唯一性,一种方法是重新定义解的空间 $\mathcal{X}$ 和数据的空间 $\mathcal{Y}$。如果我们选择一个新的空间 $\mathcal{X}'$,它是与 $\text{Ker}A$ 正交的所有函数的集合(在式(1.16)的情况下,$\mathcal{X}'$是平方可求和且带限于区间$[-\Omega,+\Omega]$的函数集),同时假设 y 被限制于新的数据空间 $\mathcal{Y}'=\text{Im}A$(在式(1.16)的情况下,同样是平方可求和且带限于区间$[-\Omega,+\Omega]$的函数集),这时,对于任何 $y\in\mathcal{Y}'$,存在唯一的 $x\in\mathcal{X}'$,使得 $Ax=y$(在式(1.16)的例子中解是平凡的:$x=y$)。因此新的问题是适定的。

通常可以选择空间 $\mathcal{X}$ 和 $\mathcal{Y}$ 使问题变成适定的,但是这种选择的实际意义比较有限,因为特定的应用往往限制了所应当采用的空间。另一种可以设想的方法是改变解本身的概念。

1.4.1　伪解

首先考虑 A 是单射($\text{Ker}A=\{0\}$)但不是满射($\text{Im}A\neq\mathcal{Y}$)的情况。构成这一变分问题解的函数 x 的集合为

$$x\in\mathcal{X},\text{最小化}\ \|Ax-y\|_{\mathcal{Y}} \tag{1.17}$$

式中:$\|\cdot\|_{\mathcal{Y}}$ 为 $\mathcal{Y}$ 上的范数,称为问题(1.10)的伪解或最小二乘解。

如果 $\text{Im}A$ 闭合,式(1.17)总是有一个解。如果核 $\text{Ker}A$ 不平凡,则解不唯一;而当核为平凡时(这里即这样假设),通过式(1.17)重新表述问题使之恢复了适定性。

通过使式(1.17)中最小化函数的一阶变分为零,我们得到了欧拉方程:

$$A^*Ax = A^*y \tag{1.18}$$

其中引入了自伴随算子 A^*A，它的特征系统可由 A 的奇异系统导出。

1.4.2 广义解

现在考虑不满足唯一性条件的情况（$\mathrm{Ker}A \neq \{0\}$，问题是不定的）。式(1.18)的解集是 X 的一个凸闭子集，它只含一个具有最小范数的元素，记为 $x^\dagger$ 或 $\hat{x}^{\mathrm{GI}}$，称为式(1.10)的广义解。由于 $x^\dagger$ 与 $\mathrm{Ker}A$ 正交，解的这种定义方法等价于选择 $\mathcal{X}' = (\mathrm{Ker}A)^\perp$。换句话说，广义解是这些解中具有最小范数的最小二乘解。由于每个 $y \in \mathcal{Y}$ 都有一个 $x^\dagger$，$\mathcal{Y}$ 在 $\mathcal{X}$ 中的线性应用 $A^\dagger$ 定义如下：

$$A^\dagger y = x^\dagger = \hat{x}^{\mathrm{GI}} \tag{1.19}$$

算子 $A^\dagger$ 称为 A 的广义逆，并且是连续的算子[NAS 76]。

1.4.3 实例

为了说明广义逆的思想，我们回到 1.2 节的例子，首先忽略加权函数 $h(t)$。为了在能够延长已知级数 $x(n)$ 的所有可能解中获得唯一解，我们可以选择初始式(1.10)的广义逆解：

$$\hat{\hat{x}}^{\mathrm{GI}}(v) = \underset{\hat{x}_1 \in L^2_{\mathbb{C}}[0,1]}{\operatorname{argmin}} \int_0^1 |\hat{x}_1(v)|^2 \mathrm{d}v \text{ s. t. } x_n = y_n, n = 1,2,\cdots,N$$

Plancherel 和 Parseval 关系向我们表明，这等同于求系数：

$$\hat{x}_n = \int_0^1 \hat{\hat{x}}(v)\exp\{2\mathrm{j}\pi nv\}\,\mathrm{d}v, n \in \mathbb{Z}$$

使得：

$$\hat{x} = \underset{x \in \ell^2_{\mathbb{C}}}{\operatorname{argmin}} \sum_{n \in \mathbb{Z}} |x_n|^2, \text{s. t. } x_n = y_n, n = 1,2,\cdots,N$$

解很简单，因为问题可以分离：

$$\hat{x}_n = \begin{cases} y_n & \text{当 } n \in \{1,2,\cdots,N\} \\ 0 & \text{其他} \end{cases} \Rightarrow \hat{\hat{x}}^{\mathrm{GI}}(v) = \sum_{n=1}^{N} y_n \mathrm{e}^{-2\mathrm{j}\pi nv} \tag{1.20}$$

其模的平方给出了式(1.7)的 Schuster 周期图，仅系数有所差别。用 $h(t)$ 加权的情况也可用同样的方法处理，即用 y_n/h_n 代替 y_n。因此可以看出，周期图是频谱分析问题的广义逆解，由于数据点的数量有限，它属于不适定问题。

1.5　离散化与条件化

为了描述正问题,首先想到的方式是引入实变量(时间、频率、空间变量等)的函数,用实变量来表示相关的物理量:可直接测量得到的量和感兴趣的未知量。在无限维函数空间上基于上述描述层次对问题进行分析,将为反演过程中出现的困难提供一种解释。已经看到,对于第一类积分方程描述的直接问题,其逆问题往往是不适定的,因为它是不稳定的。

然而,这种分析是不够的。可以获得的实验数据几乎总是由物理量的测量值组成,这些测量只能在变量定义域上有限数目的点处获得。因此,它们自然是离散的,我们将它们组合在向量 $\boldsymbol{y}$ 中,如1.4节所示。此外,未知的目标在有限多个函数上分解之后,在一开始或者求解的过程中(如上面的周期图示例)也会被离散化。如果这些函数是目标所属空间的基本元素,则必须截断分解。例如,在成像中,根据是否隐含地假设目标具有有限支撑区或有限频谱,在绝大多数情况下一般把像素示性函数或 sinc 函数用作基函数。基本的小波或小波包也开始获得使用[STA 02,KAL 03]。因此,起始点由分解系数向量 $\boldsymbol{x}$ 表示的模型组成,换言之,由一组互不相容的假设组成,每个假设由系数的值表示。因此,该假设空间是未知参数 $H=\{x_i\}$ 可能值的集合。这些基函数的选择显然是逆问题的一部分,即使它并未经常被提及。

在离散情况下(或者更准确地说是"离散—离散"情况),当 $\boldsymbol{x}$ 和 $\boldsymbol{y}$ 属于有限维空间且线性算子 A 成为矩阵 $\boldsymbol{A}$ 时,问题发生了显著变化。式(1.10)具有最小范数 $\hat{\boldsymbol{x}}^{\mathrm{GI}}=\boldsymbol{A}^{\dagger}\boldsymbol{y}$ 唯一解,该解连续依赖于 $\boldsymbol{y}$,因为广义逆 $\boldsymbol{A}^{\dagger}$ 总是有界的[NAS 76]。可见,在 Hadamard 意义上,这个问题总是适定的。然而,即使在这一框架下,逆问题从数值的角度看仍然具有不稳定的性质。谱分解(1.15)仍然有效,唯一的区别是矩阵 $\boldsymbol{A}$ 奇异值的数目现在是有限的。这些奇异值很少能够显式计算[KLE 80]。从这个角度来看,1.2节中的例子并不具有代表性,因为如果我们用 $M>N$ 复指数傅里叶基对解进行分解:

$$\hat{x}(v)=\sum_{m=1}^{M}x_m\exp\{-2\mathrm{j}\pi mv\}$$

模型式(1.2)就可用矩阵向量符号表示为 $\boldsymbol{y}=\boldsymbol{A}\boldsymbol{x}+\boldsymbol{b}$,其中 $\boldsymbol{A}$ 是由对角矩阵 $\mathrm{diag}\{h_n\}$ 与 $N\times(M-N)$ 零矩阵并置形成的 $N\times M$ 矩阵。因此,当 $n=1,2,\cdots,N$ 时,其奇异值为 $\sigma_n=h_n$,否则 $\sigma_n=0$。即使我们通过利用 $\boldsymbol{A}^{\dagger}$ 等排除了所有零奇异值,上述例子中随着 $h(t)$ 加权,也总有一些奇异值接近于零。因此,矩阵 $\boldsymbol{A}$

是病态的。式(1.15)中的系数$\sigma_n^{-1}\langle \delta \boldsymbol{y}, \boldsymbol{u}_n \rangle$对于接近于零的$\sigma_n$变得非常大(即使$\delta \boldsymbol{y}$很小)。

一般说来,无论离散与否,都假定 ImA 是闭合的,使得对$\forall y \in \mathcal{Y}$广义逆$\boldsymbol{A}^{\dagger}$都存在(且连续)。将数据$y$上的误差记为$\delta y$,并将广义逆解$x^{\dagger}$上引起的误差记为$\delta_{x^{\dagger}}$。式(1.19)的线性特点导致$\delta_{x^{\dagger}} = \boldsymbol{A}^{\dagger}\delta_y$,这意味着:

$$\| \delta x^{\dagger} \|_{\mathcal{X}} \leqslant \| \boldsymbol{A}^{\dagger} \| \| \delta y \|_{\mathcal{Y}}$$

其中:$\| A^{\dagger} \|$为连续算子$\boldsymbol{A}^{\dagger}$的范数,也就是说$\sup_{y \in Y} \| A^{\dagger} y \|_{\mathcal{X}} / \| y \|_{\mathcal{Y}}$[BRE 83]。同样,式(1.10)意味着:

$$\| y \|_{\mathcal{Y}} \leqslant \| \boldsymbol{A} \| \| x^{\dagger} \|_{\mathcal{X}}$$

其中:$\| \boldsymbol{A} \| = \sup_{x \in \mathcal{X}} \| \boldsymbol{A} x \|_{\mathcal{Y}} / \| x \|_{\mathcal{X}}$。将这两个关系结合起来得到如下不等式,即

$$\frac{\| \delta x^{\dagger} \|_{\mathcal{X}}}{\| x^{\dagger} \|_{\mathcal{X}}} \leqslant \| \boldsymbol{A} \| \| \boldsymbol{A}^{\dagger} \| \frac{\| \delta y \|_{\mathcal{Y}}}{\| y \|_{\mathcal{Y}}} \tag{1.21}$$

需要注意的是,这一不等式在某种意义上是精确的。当$\boldsymbol{A}$是维数为$(N \times M)$的矩阵或对应于离散数据的逆问题时,该不等式对于某些“$(y, \delta y)$对”可以变为等式。当$\boldsymbol{A}$是无限维空间上的算子时,只能证明不等式(1.21)的左边可以任意地接近右边。下面的量

$$c = \| \boldsymbol{A} \| \| \boldsymbol{A}^{\dagger} \| \geqslant 1 \tag{1.22}$$

称为问题的条件数。当c接近 1 时,问题被认为是良态的,而当c远大于 1 时,问题被认为是不适定的。

在实际应用中,对条件数进行估计是很有用的,它给出了问题数值稳定性的概念。当$A = \boldsymbol{A}$是维数$N \times M$的矩阵时,$\| \boldsymbol{A} \|$是半正定对称矩阵$\boldsymbol{A}^* \boldsymbol{A}$(其维数为$M \times M$)的最大特征值的平方根(矩阵$\boldsymbol{A}$的正特征值与矩阵$\boldsymbol{A}\boldsymbol{A}^*$的正特征值一致),$\| \boldsymbol{A}^{\dagger} \|$是其中最小特征值的平方根的逆:

$$c = \sqrt{\lambda_{\max} / \lambda_{\min}}$$

在 1.2 节的例子中,我们得到了$c = |h|_{\max} / |h|_{\min}$,并且理解了为什么用$h(t)$加权可以增加广义逆问题的不适定性,否则广义逆问题是适定的。

1.6 结　论

综上所述,在处理无穷维的线性正问题时,引入了一个定义在 Hilbert 空间$\mathcal{X}$和$\mathcal{Y}$上的算子$A: \mathcal{X} \to \mathcal{Y}$,这时存在三种主要情况:

(1) 如果 A 是连续的单射(方程 $Ax=0$ 的唯一解是平凡解 $x=0$,因此 $\mathrm{Ker}A=\{0\}$),并且它的像是闭合的且由 $\mathrm{Im}A=\mathcal{Y}$ 给出,则逆问题是适定的,因为逆算子是连续的;

(2) 如果 A 不是单射但 $\mathrm{Im}A$ 是闭合的,那么,若寻找一个伪解,只要广义逆是连续的,逆问题就适定;

(3) 如果像 $\mathrm{Im}A$ 不是闭合的,则伪解本身不能保证解的存在性和连续性。

对于有限维空间 $\mathbb{R}^N$ 和 $\mathbb{R}^M$ 上的线性算子 $A:\mathbb{R}^M\to\mathbb{R}^N$,同样分三种主要情况讨论:

(1) 如果 p 是与算子 A 相关的矩阵的秩,并且 $p=N=M$,则 A 是双射。这时解一定存在且唯一,逆问题是良定的;

(2) 如果 $p<M$,则解不一定唯一,但可以通过广义逆求解;

(3) 如果 $p<N$,则对于任何一组观测数据,解不一定存在,但也可以通过考虑广义逆求解。

综上所述,逆问题往往是不适定的,而广义逆通常不能提供令人满意的解。下一章介绍现代分析技术的另一个发展方向:正则化,它能够克服或规避这些困难,并给出一个通用的反演求逆框架。

参考文献

[AND 77] ANDREWS H. C. , HUNT B. R. , *Digital Image Restoration*, Prentice – Hall, Englewood Cliffs, NJ, 1977.

[AND 80] ANDERSSEN R. S. , DE HOOG F. R. , LUKAS M. A. , *The Application and Numerical Solution of Integral Equations*, Sijthoff and Noordhoff, Alplen aan den Rijn, 1980.

[BER 87] BERTERO M. , POGGIO T. , TORRE V. , Ill – posed Problems in Early Vision, Memo 924, MIT, May 1987.

[BER 88] BERTERO M. , DE MOL C. , PIKE E. R. , "Linear inverse problems with discrete data: II. Stability and regularization", *Inverse Problems*, vol. 4, p. 573 – 594, 1988.

[BRE 83] BREZIS H. , Analyse fonctionnelle: théorie et applications, Masson, Paris, 1983.

[COU 62] COURANT R. , HILBERT D. , *Methods of Mathematical Physics*, Interscience, London, 1962.

[FOS 61] FOSTERM. , "An application of the Wiener – Kolmogorov smoothing theory to matrix inversion", *J. Soc. Indust. Appl. Math.* , vol. 9, p. 387 – 392, 1961.

[FRA 70] FRANKLIN J. N. , "Well – posed stochastic extensions of ill – posed linear problems", *J. Math. Anal. Appl.* , vol. 31, p. 682 – 716, 1970.

[GEM 84] GEMAN S. ,GEMAN D. ,"Stochastic relaxation, Gibbs distributions, and the Bayesian restoration of images", *IEEE Trans. Pattern Anal. Mach. Intell.* ,vol. PAMI – 6, num. 6, p. 721 – 741, Nov. 1984.

[HAD 01] HADAMARD J. ,"Sur les problèmes aux dérivées partielles et leur signification physique", *Princeton University Bull.* ,vol. 13, 1901.

[HER 87] HERMAN G. T. ,TUY H. K. ,LANGENBERG K. J. ,SABATIER P. C. , *Basic Methods of Tomography and Inverse Problems*, Adam Hilger, Bristol, UK, 1987.

[KAK 88] KAK A. C. , SLANEYM. , *Principles of Computerized Tomographic Imaging*, IEEE Press, New York, NY, 1988.

[KAL 03] KALIFA J. , MALLAT S. , ROUGÉ B. , "Deconvolution by thresholding in mirror wavelet bases", *IEEE Trans. Image Processing*, vol. 12, num. 4, p. 446 – 457, Apr. 2003.

[KLE 80] KLEMA V. C. ,LAUB A. J. ,"The singular value decomposition: its computation and some applications", *IEEE Trans. Automat. Contr.* ,vol. AC – 25, p. 164 – 176, 1980.

[MAR 87] MARROQUIN J. L. , MITTER S. K. , POGGIO T. A. , "Probabilistic solution of illposed problems in computational vision", *J. Amer. Stat. Assoc.* ,vol. 82, p. 76 – 89, 1987.

[NAS 76] NASHED M. Z. , *Generalized Inverses and Applications*, Academic Press, New York, 1976.

[NAS 81] NASHED M. Z. ,"Operator – theoretic and computational approaches to ill – posed problems with applications to antenna theory", *IEEE Trans. Ant. Propag.* ,vol. 29, p. 220 – 231, 1981.

[PHI 62] PHILLIPS D. L. ,"A technique for the numerical solution of certain integral equation of the first kind", *J. Ass. Comput. Mach.* ,vol. 9, p. 84 – 97, 1962.

[SAB 78] SABATIER P. C. ,"Introduction to applied inverse problems", in SABATIER P. C. (Ed.), *Applied Inverse Problems*, p. 2 – 26, Springer Verlag, Berlin, Germany, 1978.

[STA 02] STARK J. – L. , PANTIN E. , MURTAGH F. , "Deconvolution in astronomy: a review", *Publ. Astr. Soc. Pac.* ,vol. 114, p. 1051 – 1069, 2002.

[TIK 63] TIKHONOV A. , "Regularization of incorrectly posed problems", *Soviet. Math. Dokl.* , vol. 4, p. 1624 – 1627, 1963.

[TIK 77] TIKHONOV A. , ARSENIN V. , *Solutions of Ill – Posed Problems*, Winston, Washington, DC, 1977.

[TWO 62] TWOMEY S. ,"On the numerical solution of Fredholm integral equations of the first kind by the inversion of the linear system produced by quadrature", *J. Assoc. Comp. Mach.* ,vol. 10, p. 97 – 101, 1962.

第2章　不适定问题的正则化方法[①]

在第1章中我们看到，当待求逆线性算子的图像（映射集合）$\mathrm{Im}A$ 不是闭集时，逆 A^{-1} 或广义逆 $A^{\dagger}$ 在数据空间 y 中并非处处皆有定义，且也不连续。例如，非退化（或非有限秩）紧算子就是这种情况，且易见其条件数是无穷大的，因此需要合适的求解技术。

我们还看到，逆或广义逆在有限维中总是连续的。因此，使用广义逆足以保证这种情况下问题的定解性。但是不能忘记，一个确定性问题在实际中也可能是不适定的问题，必须采用相同的正则化方法进行处理，下面将进行阐述。

2.1　正　则　化

在有限或无限维中，式（1.10）$y = Ax$ 的正则项是一族算子 $\{R_{\alpha}:\alpha \in \Lambda\}$ 使得［NAS 81，TIK 63］：

$$\begin{cases} \forall\, \alpha \in \Lambda, R_{\alpha} \\ \forall\, y \in \mathrm{Im}A, \lim_{\alpha \to 0} R_{\alpha} y = A^{\dagger} y \end{cases} \tag{2.1}$$

换言之，由于逆算子 A^{-1} 不具有连续性或稳定性，我们构造了一系列连续算子，它由调节参数 α（称为正则化系数）标记并把 $A^{\dagger}$ 作为极限情况。R_{α} 在应用于完美的数据 y 时，对 $x^{\dagger}$ 给出了当 $\alpha \to 0$ 时更好的近似值。但是，当 R_{α} 不可避免地应用于必然包含噪声 b 的数据 $y_{\varepsilon} = Ax + b$ 时，得到一个近似 $x_{\varepsilon} = R_{\alpha} y_{\varepsilon}$，并有

$$R_{\alpha} y_{\varepsilon} = R_{\alpha} y + R_{\alpha} b \tag{2.2}$$

当 $\alpha \to 0$ 时第2项会发散。因此，必须在近似误差（第1项）和由噪声引起的误差（第2项）这两个相对的项之间进行权衡。这可以在给定的运算符族 R_{α} 内通过调整正则化系数 α 的值完成。

在过去的30年中，为稳定求解不适定问题而提出的大多数方法都以某种

---

① 本章由 Guy Demoment 和 Jérôme Idier 撰写。

方式落入上述总体方案框架。它们可以分为两大类：一类是维度控制——R_α 是离散集的；另一类是复合准则最小化或约束下的优化——R_α 是 $R_\dagger$。接下来，我们将以第 2 类正则化方法为主进行讨论。

2.1.1 维数控制

在出现不适定问题的情况下，通过维数控制进行正则化的方法是通过以下两种方式克服上述问题：

（1）在必要时适当改变“基”之后，在维度减小的子空间中最小化 $\| y - Ax \|$（或更一般的 $\mathcal{G}(y - Ax)$）；

（2）在原始空间通过有限次的迭代最小化 $\mathcal{G}(y - Ax)$。

2.1.1.1 截断奇异值分解

通过考察式(1.15)可以找到第一类方法的典型例子：为了抑制问题的不适定性，需要利用截断保留足够大的特征值所对应的分量，这些特征值使误差项 $\sigma_n^{-1} < \delta y - v_n > u_n$ 较小。这就是截断奇异值分解(TSVD)方法[AND 77, NAS 81]。它能够有效地确保数值的稳定性。然而，此时出现了选择截断顺序的问题，截断顺序起到正则化系数的倒数的作用。这种方法的主要缺点在于不可能重建已由成像设备恶化了的光谱分量。而在光学中瑞利分辨率准则定义下，除了目标能量有限外，没有使用目标物体的其他有关信息，尽管大多数情况下我们知道它是正的，或者它包含由尖锐边界分隔出来的平滑变化区域，或者它具有有界值或有界支撑区等。如果想要超越瑞利分辨，就必须考虑这种类型的先验信息。

2.1.1.2 离散化变形

在截断奇异值分解中，成像设备或多或少通过相应算子的奇异函数带来离散化。然而，对于目标在笛卡儿网格上被离散化导致矩阵 $\boldsymbol{A}$ 呈现病态等问题，可以通过选择更符合其先验特性的简约的目标参数化模型来避免上述问题。基于小波分解的方法就是一个例子[STA 02, KAL 03]。其原理是一致的：即对分解系数设置门限以消除由噪声分量主导的子空间。

这种离散化方式解决了上面分析的稳定性或不适定性问题，但即使如此也并非总能提供令人满意的解。一切都取决于所选择的分解方式。

2.1.1.3 迭代方法

一类非常流行的方法由以下形式的迭代组成：

$$x^{(n+1)} = x^{(n)} + \alpha(\boldsymbol{y} - Ax^{(n)}), n = 0, 1, 2, \cdots \tag{2.3}$$

其中，$0 < \alpha < 2/\| A \|$（Bialy 方法[BIA 59]）。如果 A 是非负、有界的线性算子

(即$\langle Ax,x\rangle \geqslant 0,\ \forall x \in \mathcal{X}$),并且如果 $y = Ax$ 至少具有一个解,那么 $x^{(n)}$ 序列收敛,且:

$$\lim_{n \to \infty} x^{(n)} = Px^{(0)} + \hat{x}^{\mathrm{GI}}$$

式中:P 为 $\mathrm{Ker}A$ 上的正交投影算子;x 为广义逆得到的解。

事实上,这种方法是在寻找算子 G 的稳定点 G:$Gx = \alpha y + (I - \alpha A)x$,但如果 A 是紧的并且具有无限维,则 $I - \alpha A$ 不会收敛,导致该方法发散。此外,我们还看到,即使在有限维度上,广义逆给出的解也经常由噪声主导。

非负性条件排除了许多算子,但该方法可用于求解正规方程 $A*y = A*Ax$,因为 $A*A$ 是非负算子。因此,获得了 Landweber 的方法[LAN 51]:

$$x^{(n+1)} = x^{(n)} + \alpha A^{*}(y - Ax^{(n)}), \quad n = 0,1,2,\cdots \tag{2.4}$$

其中,$0 < \alpha < 2/\|A*A\|$。用于外推有限频谱信号的著名的 Gerchberg – Saxton – Papoulis – Van Cittert 方法[BUR 31]是 Bialy – Landweber 方法的一种特殊情况。我们可以把天文学中非常流行的 Lucy 方法归到上面同一类迭代方法之中[LUC 74]。

所有这些方法只有在迭代次数有限的条件下才能给出可接受的解(迭代次数起到正则化系数的倒数的作用)[DIA 70]。这通常是凭经验完成的,因为原始的框架没有考虑观测噪声,而调节迭代次数以限制噪声放大的理论一定需要人工干预而无法自主[LUC 94]。这就是本书将重点讨论第2类正则化方法的原因,这类方法在约束下进行最小化计算,并且从这个角度来看更加自主。

2.1.2 复合准则最小化

第2类正则化方法的主要特征是要求解在对测量数据的逼真度和对先验信息的逼真度之间进行权衡[TIT 85],这种权衡只使用一个优化标准即可实现。该方法可以解释如下。

式(1.17)的最小二乘解实现了模型 Ax 和数据 y 之间差异能量的最小化。从这个意义上讲,它们可以实现对数据的最大逼近。然而,当观测噪声是宽带时,式(1.15)表明,由于噪声放大,恢复或重建的目标具有较大的空间高频分量。因此,最小二乘解已被证明不可接受,因为我们希望实际目标具有明显更平滑的空间变化(意味着应以空间低频分量为主)。因此,需要略微牺牲对数据的逼近,以获得比最小二乘解更平滑的解,并且尽量用上我们已有的先验。普遍接受的方法是最小化复合准则[NAS 81,TIK 63,TIK 77]。基本的思想是不追求从不完美的数据中获得精确解,而是考虑任何与 Ax 相距不远的解的可接受性,并在可接受的解中寻找物理上最合理、最符合先验信息的解。这通常通过最小化以下形式的准则函数来实现:

$$\mathcal{J}(x) = \mathcal{G}(y - Ax) + \alpha\mathcal{F}(x), 0 < \alpha < \infty \tag{2.5}$$

式(2.5)需要专门设计，使得：

(1) 解能以一定精度拟合观测数据(准则函数的第1项)；

(2) 由先验知识导出的解的某些特性(比如平滑特性)被增强(第2项)。

函数和 $\mathcal{F}$ 和 $\mathcal{G}$ 的选择是定性的，它决定了正则化方式。相反，正则化系数 α 的选择是定量的，用来实现两个信息源之间的折衷。在 $\alpha = 0$ 的情况下可获得对数据的完美逼近，如果 $\alpha = \infty$ 则获得对先验信息的完美逼近。

一种常见的正则化方法是最小化以下函数：

$$\mathcal{J}(x) = \| y - Ax \|_{\mathcal{Y}}^2 + \alpha \| Cx \|_{\mathcal{X}}^2 \tag{2.6}$$

式中：C 为约束算子[NAS 76]。例如，当 C 和 $\mathrm{Im}C$ 有界时，可以确保解的存在，但这也排除了差分算子这一非常有趣的情况，如 Tikhonov 的开创性文章所述[TIK 63]：

$$\| Cx \|_{\mathcal{X}}^2 = \sum_{p=0}^{P} \int c_p(r) \ |x^{(p)}(r)|^2 \mathrm{d}r$$

其中：加权函数 $c_p(r)$ 严格为正，$x^{(p)}$ 表示 x 的 p 阶导数。相应的正则化过程可以写成：

$$R_\alpha = (A^* A + \alpha C^* C)^{-1} A^* \tag{2.7}$$

在这种情况下，如果 C 的域在 $\mathcal{X}$ 中稠密时解是唯一的，并且方程 $Ax = 0$ 和 $Cx = 0$ 仅具有相同的平凡解 $x = 0$。解 $x_a = R_a y$ 存在，当 A 是紧的且 $C = I$(I 为 $\mathcal{X}$ 中的恒等算子)时，解具有非常简单的形式。利用1.3节 A 的奇异值分解，可以获得：

$$x_\alpha = \sum_{n \in E} \frac{\sigma_n}{\sigma_n + \alpha} \frac{1}{\sigma_n} \langle y, v_n \rangle u_n \tag{2.8}$$

因此，它实质上相当于式(1.14)的非正则化解或式(1.10)广义逆的“滤波”版本。经常会发现，这种线性滤波的思想与最古老的正则化方法相关，但是，我们目前主要关注的是有限维中的离散问题。

在离散的情况下，文献主要集中于少数的(正则化)函数。以下是最常见的函数或测度[TIT 85]。

2.1.2.1 欧氏距离

两个对象 x_1 和 x_2 之间欧氏距离的平方定义为

$$\| x_1 - x_2 \|_{\boldsymbol{P}}^2 = (x_1 - x_2)^{\mathrm{T}} \boldsymbol{P} (x_1 - x_2)$$

其中 $\boldsymbol{P}$ 是对称正半定矩阵，用于表示接近度测量中的某些期望特性。在假设噪

声 $\boldsymbol{b}$ 为独立于 $\boldsymbol{x}$ 的零均值高斯噪声时，平方距离是人们对 $\mathcal{G}$ 的习惯性的选择，其中 $\boldsymbol{b}$ 的概率密度为

$$p(\boldsymbol{b}) \propto \exp\left\{-\frac{1}{2}\boldsymbol{b}^{\mathrm{T}}\boldsymbol{P}\boldsymbol{b}\right\} \tag{2.9}$$

其中，$\boldsymbol{P}^{-1}$ 为协方差矩阵。这种距离也经常用于惩罚幅度较大的目标 $\boldsymbol{x}$。

当这种正则化方式应用于第 1 章的干涉测量例子时（回忆下它是连续－离散的），应当按下式寻优：

$$\hat{\hat{\boldsymbol{x}}}^{(\alpha)} = \underset{\hat{x} \in L^2_{\mathbb{C}}[0,1]}{\operatorname{argmin}} \left(\| \boldsymbol{x}_N - \boldsymbol{y} \|^2 + \alpha \int_0^1 |\hat{x}(\nu)|^2 \mathrm{d}\nu \right)$$

式中：$\boldsymbol{x}_N = [x_1, \cdots, x_N]^{\mathrm{T}}$，$x_k = \int_0^1 \hat{x}(v)\exp\{2\pi k v\}\mathrm{d}v$。解为$\hat{\hat{x}}^{(\alpha)}(\nu) = \frac{1}{\alpha+1}\hat{\hat{x}}^{\mathrm{GI}}(\nu)$。

可见，正则化的频谱与极限情况（$a \to 0$）得到的周期图（式（1.7））成比例。因此，这种正则化在这个例子中是不合适的。

不过，我们将看到上面的线性二次框架结合了直接模型式（1.3）的线性特性和函数与 $\mathcal{F}$ 和 $\mathcal{G}$ 的二次性，在实践中已被证明非常方便。最小化以下准则函数：

$$\mathcal{J}(\boldsymbol{x}) = \| \boldsymbol{y} - \boldsymbol{A}\boldsymbol{x} \|_P^2 + \alpha \| \boldsymbol{x} - \bar{\boldsymbol{x}} \|_Q^2 \tag{2.10}$$

其中，$\bar{\boldsymbol{x}}$ 是默认解（它是 $a \to \infty$ 即当数据的权重趋于零时的解），将得到一个优化结果的显式表达式：

$$\hat{\boldsymbol{x}} = (\boldsymbol{A}^{\mathrm{T}}\boldsymbol{P}\boldsymbol{A} + \alpha\boldsymbol{Q})^{-1}(\boldsymbol{A}^{\mathrm{T}}\boldsymbol{P}\boldsymbol{y} - \boldsymbol{Q}\bar{\boldsymbol{x}}) \tag{2.11}$$

根据矩阵求逆引理[SCH 17,SCH 18]，式（2.11）可以进一步写成：

$$\hat{\boldsymbol{x}} = \bar{\boldsymbol{x}} + \boldsymbol{Q}^{-1}\boldsymbol{A}^{\mathrm{T}}(\boldsymbol{A}\boldsymbol{Q}^{-1}\boldsymbol{A}^{\mathrm{T}} + \alpha^{-1}\boldsymbol{P}^{-1})^{-1}(\boldsymbol{y} - \boldsymbol{A}\bar{\boldsymbol{x}}) \tag{2.12}$$

式（2.12）中待求逆的矩阵通常与式（2.11）中待求逆矩阵维数不同。

2.1.2.2　粗糙性度量

一种非常简单的图像粗糙度度量方法是利用适当的差分算子，然后计算其欧氏范数。由于微分运算相对于原始图像是线性的，因此粗糙度的测量值是二次的：

$$\mathcal{F}(x) = \| \nabla^k(\boldsymbol{x}) \|^2 = \| \boldsymbol{D}_k\boldsymbol{x} \|^2 \tag{2.13}$$

差分运算符∇^k的阶数 k 习惯上是 1 或 2。在 x 是常数（$k=1$）、仿射（$k=2$）等情况下，使式（2.13）最小。

2.1.2.3　非二次惩罚

与使用二次准则的正则化方法相比，保持目标不连续性的另一种方法是使

用非二次惩罚函数[IDI 99]。在处理1.2节的干涉测量数据时即通过最终选择的准则函数式(1.8)用到了这一点。其原理是利用比抛物线增加更慢的函数，以便对较大的变化施加较小的惩罚。主要有两种函数类型：

(1) L_2L_1 函数，即连续可微的凸函数，其在原点处呈二次方并且渐近线性。一个典型的例子是双曲线(任一分支)。

(2) L_2L_0 函数，与上述函数的不同之处在于它渐近趋于常数并因此是非凸的。

此时不再可能获得显式解，但第一个函数具有凸性的优势，因此准则最小化方法肯定会收敛到全局最小值，并使解具备一些稳健性[BOU 93]。其他准则函数也可以有效地检测不连续性，但代价是不稳定性和较高的计算成本[GEM 92]。

2.1.2.4 Kullback 伪距离

在诸多图像处理问题中，必须保持像素强度的正值特性。其中一个方法是在归一化后利用概率分布识别取值为正的目标，然后利用概率之间的距离度量。特别地，关于概率 π_0 的概率 π(使得 π 相对于 π_0 绝对连续$_0$)，可以写出其Kullback 伪距离(或散度或信息)为

$$\mathcal{K}(\pi_0,\pi) = \int\left(-\lg\frac{\mathrm{d}\pi}{\mathrm{d}\pi_0}\right)\mathrm{d}\pi_0$$

对于分量 m_j 为正的参考目标，会经常用到：

$$\mathcal{F}(x) = \mathcal{K}(\boldsymbol{x},\boldsymbol{m}) = \sum_{j=1}^{M} x_j \lg\frac{x_j}{m_j} \tag{2.14}$$

但同样不可能获得解的显式表达式，它必须通过迭代进行计算[LEB 99]。

式(2.5)给出的准则函数概括了确定性的正则化方法，因为它用到的唯一的概率是关于噪声的选择(隐含地通过函数 $\mathcal{G}$ 的选择体现)。它带动了数学物理学理论的重要发展。然而，正则化函数 $\mathcal{F}(\boldsymbol{x})$ 的选择问题[CUL 79]和正则化系数 α 的调整问题[THO 91]仍然是有待深入研究的问题。2.3节将介绍在该框架中调整正则化系数的主要方法。不过，无论通过监督还是无监督方法设置这个超参数，都要能够在实际约束下寻找式(2.5) 所述正则化准则(以 $\boldsymbol{x}$ 的自变量)的最小解。这一作为 $\boldsymbol{x}$ 函数的进行最小化。这是逆问题非常重要的方面，下面将进行讨论。

2.2 准则下降法

大多数反演方法都隐式或显式地基于某个准则的最小化。按照显式最小

化的特点，解的计算成本差别很大。在其他方面基本相同的情况下，线性系统反演时的最小化平方准则与基于模拟退火等松弛技术的多模式准则最小化之间，计算成本相差千倍。最后，如何选择“正确”的反演方法取决于可用的计算资源。我们仍然需要知道哪个算法适用于给定的优化问题。例如，在上面的比较中，使用模拟退火来最小化平方准则是可能的，但是效率极低。本节给出了信号和图像处理中逆问题背景下关于优化问题及相关算法的概述。这显然无法取代专门研究优化的文献，如[NOC 99]或[BER 95]。

2.2.1　逆问题的最小化准则

准则最小化需要在 X 的元素中找到使 $\mathcal{J}(x)$ 最小化的 $\hat{x}$。接下来考虑实向量的情况①，即 $\mathcal{X}\subset\mathbb{R}^M$。准则 $\mathcal{J}$ 和集合 $\mathcal{X}$ 可能依赖于数据和结构特性（即表达式 $\mathcal{J}$ 中表示“软”约束的附加项，而对 $\mathcal{X}$ 的规范化可能需要施加“硬”约束），同时依赖于对数据逼真度与正则性进行折衷的超参数。

因此，在1.4节广义逆的情况下，$\mathcal{J}(\boldsymbol{x}) = \|\boldsymbol{x}\|$ 是最小化 $\|y - \boldsymbol{Ax}\|$ 得到的结果的集合 $\mathcal{X}=\{\boldsymbol{x},\boldsymbol{A}^{\mathrm{T}}\boldsymbol{Ax}=\boldsymbol{A}^{\mathrm{T}}\boldsymbol{y}\}$。对于2.1.2节所述的复合准则正则化情况，

$$\mathcal{J}(x) = \mathcal{G}(\boldsymbol{y}-\boldsymbol{Ax}) + \alpha\mathcal{F}(\boldsymbol{x}) \tag{2.15a}$$

其中

$$\mathcal{X}=\mathbb{R}^M\text{（无约束情况）} \tag{2.15b}$$

或

$$\mathcal{X}=\mathbb{R}_+^M\text{（正值约束情况）} \tag{2.15c}$$

定义 $\hat{x}$ 作为某个准则的最优求解器在实现方面主要隐含着三个层次的困难。按照复杂性递增顺序，分别是：

（1）$\mathcal{J}$ 是二次的：$\mathcal{J}=\boldsymbol{x}^{\mathrm{T}}\boldsymbol{Mx}-2\boldsymbol{v}^{\mathrm{T}}\boldsymbol{x}+\mathrm{const}$，且 $\mathcal{X}=\mathbb{R}^M$，或者 $\mathcal{X}$ 是仿射的：$\mathcal{X}=\{\boldsymbol{x}_0+\boldsymbol{Bu},\boldsymbol{u}\in\mathbb{R}^P,P<M\}$；

（2）$\mathcal{J}$ 是一个可微的凸函数，且 $\mathcal{X}$ 为 $\mathbb{R}^M$ 或 $\mathbb{R}^M$ 的凸（闭）子集；

（3）$\mathcal{J}$ 没有已知的优良属性。

2.2.2　二次情形

在2.2.1节情况（1）中，假设 $\boldsymbol{M}$ 是对称且可逆的，$\mathcal{X}=R^M$，则 $\hat{x}$ 是维度为 $M\times M$ 的线性系统 $\boldsymbol{M}\hat{x}=v$ 的解，意味着梯度渐变变为零即 $\nabla J(\hat{x})=0$。在

① x 是函数的情况（更准确地说是无限维度空间的情况）带来了函数分析中的数学困难。

式(2.11)中已经遇到过类似的情况,我们将在第3章的高斯线性概率框架中再次遇到。

对于约束到仿射空间 $\mathcal{X}$ 中的变量,只需要用 $\boldsymbol{u}$ 中的表达式替换 $\boldsymbol{x}$,以回到 $\mathbb{R}^P$ 中的平方准则的无约束最小化问题。

2.2.2.1 非迭代技术

通过有限次数的运算足以对任何线性系统求逆:对于 $M \times M$ 系统,运算次数在 M^3 量级(所需存储单元约为 M^2)。如果正规矩阵 $\boldsymbol{M} = \{m_{ij}\}$ 具有特定的结构,则系统求逆的成本可能降低。

在信号处理中,信号的静态特性由正规矩阵的 Toeplitz 特征表示(即 $m_{ij} = u_{j-i}$)。在使用平稳假设的图像处理中,正规矩阵是块 Toeplitz 矩阵(即子矩阵本身就是 Toeplitz)。在这两种情况下,求逆算法的成本是 M^2 量级次数的运算和 M 量级的存储单元(Levinson 算法),使用快速傅里叶变换算法的成本仅为 $M\lg M$ 量级的运算。第4章"维纳滤波器"的频谱表达式给出"快速"计算循环正规矩阵($m_{ij} = u_{j-i\bmod M}$)的特例。

普通矩阵的稀疏性质也可以很好地利用:如果矩阵 $\boldsymbol{M}$ 只有 ML 个系数非零,我们可以在运算次数和变量存储数量方面降低求逆成本。例如,如果 $\boldsymbol{M}$ 是带状矩阵(如果 $|j-i| \geqslant l < M$,则 $m_{ij} = 0$:带状矩阵是稀疏的,L 与 γ 的阶次相同),求逆成本不超过 Ml^2 次运算和 Ml 个存储单元。特别地,如果 A 相当于通过一个较小的有限脉冲响应进行了滤波,则正规矩阵 $\boldsymbol{M} = \boldsymbol{A}^{\mathrm{T}}\boldsymbol{A}$ 是带状矩阵。

2.2.2.2 迭代技术

如果未知数 M 非常大(例如图像恢复中的像素或3D目标的体素),则非迭代技术的存储成本通常变得过高。这时最好使用定点方法,迭代地产生一系列具有极限 $\hat{\boldsymbol{x}} = \boldsymbol{M}^{-1}\boldsymbol{v}$ 的 $\hat{\boldsymbol{x}}^{(i)}$。各种迭代技术的变种都满足 $\mathcal{J}(\hat{\boldsymbol{x}}^{(i+1)}) < \mathcal{J}(\hat{\boldsymbol{x}}^{(i)})$。可以分为三类。

1)"列操作"算法

单个分量在 $\hat{\boldsymbol{x}}^{(i)}$ 和 $\hat{\boldsymbol{x}}^{(i+1)}$ 之间不同。在迭代期间循环扫描 M 个分量,这是 Gauss - Seidel 方法或坐标下降法的原理[BER 95]。在图像恢复中也称为 ICM(迭代条件模式)或 ICD(迭代坐标下降)方法[BES 86,BOU 93]。它还可以推广到分量块的情况,如果 $\boldsymbol{A}$ 是稀疏的则还可以部分并行化,从而更方便处理。

2)"行操作"算法

考虑 y 的单个分量以根据 $\hat{\boldsymbol{x}}^{(i)}$ 计算 $\hat{\boldsymbol{x}}^{(i+1)}$。在迭代期间循环扫描 N 个数据,如果数据太多而无法同时处理,则这种方法不再有效。代数重建技术(ART)也按这一原则对最小二乘准则 $\|\boldsymbol{y} - \boldsymbol{A}\boldsymbol{x}\|^2$ 进行最小化处理,在医学 X 射线层析

成像中长期获得应用[GIL 72]。它们可以推广到惩罚性准则 $\| \boldsymbol{y}-\boldsymbol{A}\boldsymbol{x} \|^2+\alpha \| x \|^2$ 中[HER 79],可以处理数据块,如果 $\boldsymbol{A}$ 是稀疏的则还可以部分并行化,从而更方便处理。

3)“全局”技术

在每次迭代时,根据所有数据更新所有未知数。梯度算法是该全局方法的原型:

$$\hat{\boldsymbol{x}}^{(i+1)}=\hat{\boldsymbol{x}}^{(i)}-\lambda(\hat{\boldsymbol{x}}^{(i)})\nabla\mathcal{J}(\hat{\boldsymbol{x}}^{(i)})$$

其中,$\nabla\mathcal{J}(\hat{\boldsymbol{x}}^{(i)})=2\boldsymbol{M}\hat{\boldsymbol{x}}^{(i)}-2\boldsymbol{v}$。注意式(2.4)定义的 Landweber 方法实际上是一种最小化非正则化准则 $\| \boldsymbol{y}-\boldsymbol{A}\boldsymbol{x} \|^2$ 的梯度技术。共轭梯度或伪共轭梯度算法是其收敛速度更快的改进版本,它通过连续下降方向与之前计算的梯度结合,以避免原始梯度法的锯齿形轨迹[PRE 86,p. 303]。这些改进版本是一阶的,因此只需很少的存储量;只使用 M 个一阶导数 $\partial\mathcal{J}/\partial x_m$。预处理技术在反卷积的背景下可以进一步提高 CG 算法的效率,如 4.4.4 节所述。

最后,我们讨论二阶技术。在情况(1)下,设 $\mathcal{X}=\mathbb{R}^M$ 且 $\boldsymbol{M}$ 为对称且可逆矩阵,则标准牛顿方法的每次迭代可以写成:

$$\hat{\boldsymbol{x}}^{(i+1)}=\hat{\boldsymbol{x}}^{(i)}-(\nabla^2\mathcal{J}(\hat{\boldsymbol{x}}^{(i)}))^{-1}\nabla\mathcal{J}(\hat{\boldsymbol{x}}^{(i)})=\boldsymbol{M}^{-1}\boldsymbol{v}$$

其中,注意到 $\nabla\mathcal{J}(x)=2\boldsymbol{M}\boldsymbol{x}-2\boldsymbol{v}$ 和 $\nabla^2\mathcal{J}(x)=2\boldsymbol{M}$。换言之,该算法的一次迭代就相当于求解问题本身。除非 $\boldsymbol{M}$ 具有特定的结构,否则计算成本对于大多数实际的求逆问题而言是不可接受的。通过用一系列矩阵 $\boldsymbol{P}^{(i)}$ 逼近 $\boldsymbol{M}^{-1}$,某些伪牛顿拓展方法将变得可以迭代实现。其中最流行的是 BFGS(Broyden – Fletcher – Goldfarb – Shanno)方法[NOC 99,第 8 章]。对于大型问题,这种准牛顿方法的计算量仍然太大。更好的选择是采用有限内存 BFGS,它可以看作是介于一阶和二阶技术之间的 CG 方法的扩展[NOC 99,第 9 章]。

2.2.3 凸情形

平方准则是凸函数这一大类函数常用准则的其中一种,即对 $\forall x_1,x_2\in\Omega$,$\theta\in(0,1)$,

$$\mathcal{J}(\theta x_1+(1-\theta)x_2)\leqslant\theta\mathcal{J}(x_1)+(1-\theta)\mathcal{J}(x_2)$$

其中 $\mathcal{X}=\mathbb{R}^M$。同样,如果 $\forall \boldsymbol{x}_1,\boldsymbol{x}_2\in\mathcal{X},\theta\in(0,1)$,则 $\mathcal{X}$ 是凸集,有 $\theta\boldsymbol{x}_1+(1-\theta)\boldsymbol{x}_2\in\mathcal{X}$。

凸但不一定平方的准则要求在建模方面为人们提供了更广泛的选择。式(2.14)所示的 Kullback 伪距离在 $\mathbb{R}_+^M$ 上是凸的;如果 φ 是凸的标量函数(如 1.2

节的光谱测量实例中用到的 $\varphi(x)=\sqrt{\tau^2+x^2}$，则马尔可夫罚函数 $\mathcal{F}(x)=\sum_j \varphi(x_j-x_{j+1})$ 在$\mathbb{R}^M$上是凸的。

非平方的凸准则最小化虽然比平方准则的最小化更困难且代价更高，但现代的计算资源能够完全满足其需求，这也是在信号和图像恢复中越来越频繁地使用凸的罚函数的原因[IDI 99]。我们首先回顾一下凸准则的一些基本特点(BER 95，App。B)：

(1) 凸连续准则 $\mathcal{J}$是单峰的：任何局部最小值都是全局最小值，其最小化集合是凸的；

(2) 若 $\mathcal{J}_1$ 和 $\mathcal{J}_2$ 为凸且 $\alpha_1,\alpha_2\geqslant 0$，则 $\alpha_1\mathcal{J}_1+\alpha_2\mathcal{J}_2$ 为凸①；

(3) 如果 $\mathcal{J}$是严格凸的，则在任何凸的闭集合 $\mathcal{X}$(即 $\mathcal{X}$的边界属于 $\mathcal{X}$)中都存在且只存在一个最小值 $\hat{\boldsymbol{x}}$。

另一方面，如果准则是非平方的形式，则最小值 $\hat{\boldsymbol{x}}$ 是(观测)数据的函数，该数据通常既不是线性的也不是显式的。因此，2.2.2 节的线性系统的非迭代反演技术不再有效。相比之下，如果 $\mathcal{J}$是凸的并且可微分且 $\mathcal{X}=\mathbb{R}^M$，基于准则函数逐渐下降的三类迭代技术能够给出收敛于 $\hat{\boldsymbol{x}}$ 的算法。准则函数是凸的但不可微的情况稍微复杂一些。被称为内点技术的现代技术通过对一系列可微的凸近似函数最小化来逼近问题的解[BER 95，312]。

此外，还有其他的一些收敛技术：重加权最小二乘法(也称为半二次算法，见第 6 章)，或基于最大化对偶准则函数的方法[BER 95，HEI 00，LUE 69]。

如果 $\mathcal{X}$是$\mathbb{R}^M$的闭凸子集，则需要进行一些调整。例如，"全局技术"[BER 95，第 2 章]系列中的投影梯度或条件梯度法，以及"行操作"技术系列的凸集投影技术([SEZ 82，YOU[82])。"列操作"技术在约束可分离的情况下仍会特别简单，例如，如果是笛卡儿积，正值性对应于 $\mathcal{X}=\mathbb{R}_+\times\cdots\times\mathbb{R}_+$。最后，某些约束问题等价于对偶域中的非约束问题，这也表明对偶方法的正确性。

2.2.4 一般情形

在非凸准则的情况下，可能存在的局部最小值使得使用下降技术具有一定的风险，因为对于上述大多数技术而言，任何局部最小值都有可能是固定的解。结果向 $\hat{\boldsymbol{x}}$ 收敛还是向局部解收敛取决于初始条件。可以设计几种策略来避免这些局部的最优解，但除了某些特殊情况之外，它们比下降方法代价更高，且仍

① 这个属性"解释"了为什么我们对凸性而不是单峰性感兴趣：例如，如果 $\mathcal{G}$ 和 $\mathcal{F}$ 是凸的，则惩函数式(2.15a)也是凸的(也因此是单峰的)，而 $\mathcal{G}$ 和 F 的单峰性不足以保证准则函数的单峰性。

然不能保证向全局最优解收敛。有些技术尽管不能保证数学上的收敛,但仍然能够足够稳健地避免异常解的出现。这些技术在图像自动分割或目标检测等应用中给出了凸准则优化下不能获得的结果。

需要注意区分两类方法。一方面,我们有确定性方法可以在没有数学收敛性的情况下保持鲁棒性。例如,渐进非凸性原理(GNC)[BLA 87,NIK 98]使用传统的下降技术逐渐对一系列准则函数最小化,从凸准则开始并以非凸准则结束。该技术的稳健性来自初始解的质量。其实现成本和复杂性相对较低。另一方面,有伪随机方法(模拟退火[GEM 84]和自适应随机搜索[PRO 84]),它们利用大量随机样本的生成来避免(局部最优)陷阱。模拟退火具有(概率上的)收敛特性,但是这种技术较高的计算成本使之在信号和图像恢复领域的应用仍然受到限制。

2.3　正则化系数的选择

在本章框架中,能够确定超参数的方法很少[THO 91],其中最常用的方法如下。

2.3.1　残差能量控制

对于正则化项或罚函数(式(2.5))中 α 值的选取,最直观、最古老的想法之一是将 α 视为等价问题中的拉格朗日乘数:

$$\hat{\boldsymbol{x}} = \underset{x}{\operatorname{argmin}} \mathcal{F}(x) \text{ s. t. } \mathcal{G}(\boldsymbol{y} - \boldsymbol{A}\boldsymbol{x}) = c \tag{2.16}$$

正则化程度由 c 的值确定,可以认为它是从 $p(\boldsymbol{y}|\boldsymbol{x})$ 推导出的概率分布的统计量。当 $\mathcal{G} = \|\cdot\|^2$ 且 x_0 是真正的解时,残差矢量 $\boldsymbol{y} - \boldsymbol{A}\boldsymbol{x}_0$ 遵循噪声定律,即噪声默认是均匀的零均值高斯白噪声。由此得出,如果 σ^2 是噪声方差,则 c/σ^2 是一个服从 N 个自由度 χ^2 分布的变量。因此建议将 c 设置为其期望值,即 $N\sigma^2$。但是,这种选择经常导致解的过度正则化。一种解释是正则化解 $\boldsymbol{x}$ 必然与真实解不同,并且用于获得 $\mathcal{G}$ 值且可有效计算的残差 $\boldsymbol{y} - \boldsymbol{A}\hat{\boldsymbol{x}}$ 不遵循任何已知的分布。而且,很多问题中函数 $\mathcal{G}(\boldsymbol{y} - \boldsymbol{A}\hat{\boldsymbol{x}}) = \mathcal{G}(\alpha)$ 对于很大范围的 α 从图像中看实际上是水平的,因此在 σ^2 的估计中,任何微小误差都会导致满足约束条件式(2.16)的 α 值的较大变化。

2.3.2　L 曲线法

也可以使用另一种方法,该方法在形如式(2.5)的线性逆问题中已被证明

极具价值,并且在正则化函数 $\mathcal{F}(\boldsymbol{x})$ 二次的情况下也是如此。这就是 L 曲线法[HAN 92]。它使用对数—对数尺度,通过改变正则化系数 α,画出正则化函数 $\mathcal{F}(\hat{\boldsymbol{x}}(\alpha))$ 关于最小二乘准则 $\|\boldsymbol{y}-\boldsymbol{A}\hat{\boldsymbol{x}}(\alpha)\|^2$ 的曲线图形。这条曲线一般都有 L 形特点(如其名称),对应于"L"角的 α 值在解决数据逼真度和先验信息逼真度之间矛盾要求方面提供了很好的折中。

其原因如下:如果 x_0 是精确解,那么误差 $\hat{\boldsymbol{x}}(\alpha)-x_0$ 可以分为两部分,即由于存在测量误差 $\boldsymbol{b}$ 而产生的扰动误差、由于使用正则化算子而非逆算子(式(2.2))导致的正则化误差。对应于低 α 值的 L 曲线垂直部分的解使 $\mathcal{F}(\hat{\boldsymbol{x}}(\alpha))$ 敏感于 α,因为 $\hat{\boldsymbol{x}}(\alpha)$ 主要受测量误差 $\boldsymbol{b}$ 影响,且测量误差不满足离散 Picard 条件。对应于高 α 值的 L 曲线水平部分的解使残差平方和 $\|\boldsymbol{y}-\boldsymbol{A}\hat{\boldsymbol{x}}(\alpha)\|^2$ 对 $\hat{\boldsymbol{x}}(\alpha)$ 的变化最为敏感,因为只要 $\boldsymbol{y}-\boldsymbol{b}$ 满足离散 Picard 条件,那么 $\hat{\boldsymbol{x}}(\alpha)$ 就主要受正则化误差影响。

2.3.3 交叉验证法

如果式(2.5)中的超参数仅为正则化系数并且 $\mathcal{F}$ 和 $\mathcal{G}$ 是二次形式,那么交叉验证法也能提供可接受的解[GOL 79,WAH 77]。

交叉验证法是要确定正则化系数 α,使得正则化解:

$$\hat{\boldsymbol{x}}(\alpha,\boldsymbol{y})=\underset{\boldsymbol{x}}{\operatorname{argmin}}(\mathcal{G}(\boldsymbol{y}-\boldsymbol{A}x)+\alpha\mathcal{F}(\boldsymbol{x})) \tag{2.17}$$

尽可能接近真值 $\boldsymbol{x}$。设 Δ_x 是 $\hat{\boldsymbol{x}}(\alpha,\boldsymbol{y})$ 和 $\boldsymbol{x}$ 之间距离的度量,通过选择 $\mathcal{F}$ 和 $\mathcal{G}$ 的平方距离,很自然地得到 Δ_x 的平方距离:

$$\Delta_x(\alpha,\boldsymbol{x},\boldsymbol{y})=\|\boldsymbol{x}-\hat{\boldsymbol{x}}(\alpha,\boldsymbol{y})\|^2 \tag{2.18}$$

Δ_x 可以解释为用于衡量 $\hat{\boldsymbol{x}}(\alpha,\boldsymbol{y})$ 代替 $\boldsymbol{x}$ 所产生风险的损失函数。选择 α 的合理的方法是 α 应能最小化平均风险亦即均方误差 MSE:

$$\mathrm{MSE}(\alpha,\boldsymbol{x})=\int\Delta_x(\alpha,\boldsymbol{x},\boldsymbol{y})p(\boldsymbol{y}\mid\boldsymbol{x})\,\mathrm{d}\boldsymbol{y} \tag{2.19}$$

这是关于噪声概率分布即式(2.9)的期望。不幸的是,这个问题的解为

$$\alpha^{\mathrm{MSE}}(\boldsymbol{y},\boldsymbol{x})=\underset{\alpha}{\operatorname{argmin}}\,\mathrm{MSE}(\alpha,\boldsymbol{x}) \tag{2.20}$$

取决于未知的真值。由于正则化解 $\hat{\boldsymbol{x}}(\alpha,\boldsymbol{y})$ 也可以看作是通过 $\hat{\boldsymbol{y}}(\alpha,\boldsymbol{y})=\boldsymbol{A}\hat{\boldsymbol{x}}(\alpha,\boldsymbol{y})$ 对观测所作的预测,因此可用以下损失函数衡量实际的和预测的观测值之间的差异:

$$\Delta_y(\alpha,\boldsymbol{x},\boldsymbol{y})=\|\boldsymbol{A}\boldsymbol{x}-\boldsymbol{A}\hat{\boldsymbol{x}}(\alpha,\boldsymbol{y})\|^2 \tag{2.21}$$

α 的值可以通过最小化相应的平均风险来求得。在这种情况下，平均风险就是预测的 MSE：

$$\mathrm{MSEP}(\alpha,\boldsymbol{x}) = \int \Delta_y(\alpha,\boldsymbol{x},\boldsymbol{y})p(\boldsymbol{y} \mid \boldsymbol{x})\mathrm{d}\boldsymbol{y} \tag{2.22}$$

但是，解同样取决于真值。不过，$\mathrm{MSEP}(\alpha,\boldsymbol{x})$ 准则可以通过交叉验证法（GCV）进行估计，从而可以克服上述困难。其基本原则如下：设 $\hat{\boldsymbol{x}}(\alpha,y^{[-k]})$ 为以下准则函数的最小化解，即

$$\mathcal{J}^{[-k]}(\boldsymbol{x}) = \sum_{n\neq k} |y_n - (\boldsymbol{A}\boldsymbol{x})_n|^2 + \alpha \|\boldsymbol{x}\|_Q^2 \tag{2.23}$$

亦即使用样本 y_k 之外的所有数据恢复的目标。下一步就可使用 $\hat{\boldsymbol{x}}(\alpha,y^{[-k]})$ 来预测缺失的数据项：

$$\hat{y}_k^{[-k]}(\alpha) = [\boldsymbol{A}\hat{\boldsymbol{x}}(\alpha,y^{[-k]})]_k \tag{2.24}$$

该方法需要寻找能够使预测误差 $\alpha^{\mathrm{GCV}} = \arg\min_\alpha V(\alpha)$ 的加权能量最小化的 α 值，其中

$$V(\alpha) = \frac{1}{N}\sum_{k=1}^{N} w_k^2(\alpha)\,(y_k - \hat{y}_k^{[-k]}(\alpha))^2 \tag{2.25}$$

其中，引入系数 $w_k^2(\alpha)$ 以避免式(2.25)出现不期望的特性，例如对观测空间的任意旋转缺乏不变性，或者没有最小值。$w_k^2(\alpha)$ 由下式给出：

$$w_k(\alpha) = \frac{1 - B_{kk}(\alpha)}{1 - \mathrm{trance}(\boldsymbol{B}(\alpha))/M}$$

式中：B_{kk} 为矩阵 $B(\alpha)$ 的第 k 个对角元素 $\boldsymbol{B}(\alpha) = \boldsymbol{A}\,(\boldsymbol{A}\boldsymbol{A}^{\mathrm{T}} + \alpha\boldsymbol{Q})^{-1}\boldsymbol{A}^{\mathrm{T}}$。最小值的计算依赖于问题的“线性平方”性质，这样能够建立更简单的关系：

$$V(\alpha) = \frac{N\,\|(\boldsymbol{I} - \boldsymbol{B}(\alpha))\boldsymbol{y}\|^2}{(\mathrm{trance}(\boldsymbol{I} - \boldsymbol{B}(\alpha))^2} \tag{2.26}$$

式(2.26)清楚地表明 GCV 函数 $V(\alpha)$ 实际上是由一个依赖于 α 的系数进行加权的残差平方和。该方法具有颇为有趣的渐近统计特性。例如，在 $N\to\infty$ 时，$\hat{\boldsymbol{x}}(\alpha^{\mathrm{GCV}},\boldsymbol{y})$ 几乎确定地给出了 $\|\boldsymbol{A}\boldsymbol{x} - \boldsymbol{A}\hat{\boldsymbol{x}}(\alpha,\boldsymbol{y})\|^2$ 的最小值（LI 86）。但必须要理解的是，只有在寻求对象的简约参数化的情况下，这样的结果才有意义，其中 M 个参数要比数据点的数量 N 小得多。这些渐近性质和许多实际结果解释了这种方法经常用于一维问题的原因。这一方法直到最近才在图像处理中得到应用[FOR 93, REE 90]。

这些用于选择正则化系数的方法仅在平方正则化准则的框架中得到了明

确的证明。通过利用随机进行推广,我们将能够超越这一框架(详见第3章)。

参考文献

[AND 77] ANDREWS H. C., HUNT B. R., *Digital Image Restoration*, Prentice – Hall, Englewood Cliffs, NJ, 1977.

[BER 95] BERTSEKAS D. P., *Nonlinear Programming*, Athena Scientific, Belmont, MA, 1995.

[BES 86] BESAG J. E., "On the statistical analysis of dirty pictures (with discussion)", *J. R. Statist. Soc. B*, vol. 48, num. 3, p. 259 – 302, 1986.

[BIA 59] BIALY H., "Iterative Behandlung linearen Funktionalgleichungen", *Arch. Ration. Mech. Anal.*, vol. 4, p. 166 – 176, 1959.

[BLA 87] BLAKE A., ZISSERMAN A., *Visual Reconstruction*, The MIT Press, Cambridge, MA, 1987.

[BOU 93] BOUMAN C. A., SAUER K. D., "A generalized Gaussian image model for edgepreserving MAP estimation", *IEEE Trans. Image Processing*, vol. 2, num. 3, p. 296 – 310, July 1993.

[BUR 31] BURGER H. S., VAN CITTERT P. H., "Wahre und Scheinbare Intensitätsventeilung in Spektrallinier", *Z. Phys.*, vol. 79, p. 722, 1931.

[CUL 79] CULLUM J., "The effective choice of the smoothing norm in regularization", *Math. Comp.*, vol. 33, p. 149 – 170, 1979.

[DIA 70] DIAZ J. B., METCALF F. T., "On iteration procedures for equation of the first kind, $Ax = y$, and Picard's criterion for the existence of a solution", *Math. Comp.*, vol. 24, p. 923 – 935, 1970.

[FOR 93] FORTIER N., DEMOMENT G., GOUSSARD Y., "GCV and ML methods of determining parameters in image restoration by regularization: fast computation in the spatial domain and experimental comparison", *J. Visual Comm. Image Repres.*, vol. 4, num. 2, p. 157 – 170, June 1993.

[GEM 84] GEMAN S., GEMAN D., "Stochastic relaxation, Gibbs distributions, and the Bayesian restoration of images", *IEEE Trans. Pattern Anal. Mach. Intell.*, vol. PAMI – 6, num. 6, p. 721 – 741, Nov. 1984.

[GEM 92] GEMAN D., REYNOLDS G., "Constrained restoration and the recovery of discontinuities", *IEEE Trans. Pattern Anal. Mach. Intell.*, vol. 14, num. 3, p. 367 – 383, Mar. 1992.

[GIL 72] GILBERT P., "Iterative methods for the three – dimensional reconstruction of an object from projections", *J. Theor. Biol.*, vol. 36, p. 105 – 117, 1972.

[GOL 79] GOLUB G. H., HEATH M., WAHBA G., "Generalized cross – validation as a method for choosing a good ridge parameter", *Technometrics*, vol. 21, num. 2, p. 215 – 223, May 1979.

[HAN 92] HANSEN P., "Analysis of discrete ill – posed problems by means of the L – curve", *SIAM Rev.*, vol. 34, p. 561 – 580, 1992.

[HEI 00] HEINRICH C., DEMOMENT G., "Minimization of strictly convex functions: an improved optimality test based on Fenchel duality", *Inverse Problems*, vol. 16, p. 795 – 810, 2000.

[HER 79] HERMAN G. T., HURWITZ H., LENT A., LUNG H. P., "On the Bayesian approach to image reconstruction", *Inform. Contr.*, vol. 42, p. 60 – 71, 1979.

[IDI 99] IDIER J., "Regularization tools and models for image and signal reconstruction", in *3nd Intern. Conf. Inverse Problems in Engng.*, Port Ludlow, WA, p. 23 – 29, June 1999.

[KAL 03] KALIFA J., MALLAT S., ROUGÉ B., "Deconvolution by thresholding in mirror wavelet bases", *IEEE Trans. Image Processing*, vol. 12, num. 4, p. 446 – 457, Apr. 2003.

[LAN 51] LANDWEBER L., "An iteration formula for Fredholm integral equations of the first kind", *Amer. J. Math.*, vol. 73, p. 615 – 624, 1951.

[LEB 99] LE BESNERAIS G., BERCHER J. – F., DEMOMENT G., "A new look at entropy for solving linear inverse problems", *IEEE Trans. Inf. Theory*, vol. 45, num. 5, p. 1565 – 1578, July 1999.

[LI 86] LI K. C., "Asymptotic optimality of *CL* and GCV in ridge regression with application to spline smoothing", *Ann. Statist.*, vol. 14, p. 1101 – 1112, 1986.

[LUC 74] LUCY L. B., "An iterative technique for the rectification of observed distributions", *Astron. J.*, vol. 79, num. 6, p. 745 – 754, 1974.

[LUC 94] LUCY L. B., "Optimum strategies for inverse problems in statistical astronomy", *Astron. Astrophys.*, vol. 289, num. 3, p. 983 – 994, 1994.

[LUE 69] LUENBERGER D. G., *Optimization by Vector Space Methods*, John Wiley, New York, NY, 1st edition, 1969.

[NAS 76] NASHED M. Z., *Generalized Inverses and Applications*, Academic Press, New York, 1976.

[NAS 81] NASHED M. Z., "Operator – theoretic and computational approaches to ill – posed problems with applications to antenna theory", *IEEE Trans. Ant. Propag.*, vol. 29, p. 220 – 231, 1981.

[NIK 98] NIKOLOVA M., IDIER J., MOHAMMAD – DJAFARI A., "Inversion of large – support ill – posed linear operators using a piecewise Gaussian MRF", *IEEE Trans. Image Processing*, vol. 7, num. 4, p. 571 – 585, Apr. 1998.

[NOC 99] NOCEDAL J., WRIGHT S. J., *Numerical Optimization*, Springer Texts in Operations Research, Springer – Verlag, New York, NY, 1999.

[PRE 86] PRESS W. H., FLANNERY B. P., TEUKOLSKY S. A., VETTERLING W. T., *Numerical Recipes, the Art of Scientific Computing*, Cambridge University Press, Cambridge, MA, 1986.

[PRO 84] PRONZATO L., WALTER E., VENOT A., LEBRUCHEC J. – F., "A general – purpose global optimizer: implementation and applications", *Mathematics and Computers in Simulation*, vol. 26, p. 412 – 422, 1984.

[REE 90] REEVES S. J., MERSEREAU R. M., "Optimal estimation of the regularization parameter and stabilizing functional for regularized image restoration", *Opt. Engng.*, vol. 29, p. 446 – 454, 1990.

[SCH 17] SCHUR I., "Uber Potenzreihen, die im Innern des Einheitskreises beschränkt sind", *J. Reine Angew. Math.*, vol. 147, p. 205 – 232, 1917.

[SCH 18] SCHUR I., "Uber Potenzreihen, die im Innern des Einheitskreises beschränkt sind", *J. Reine Angew. Math.*, vol. 148, p. 122 – 145, 1918.

[SEZ 82] SEZAN M. I., STARK H., "Image restoration by the method of convex projections: Part 2 – Applications and numerical results", *IEEE Trans. Medical Imaging*, vol. MI – 1, num. 2, p. 95 – 101, Oct. 1982.

[STA 02] STARK J. – L., PANTIN E., MURTAGH F., "Deconvolution in astronomy: a review", *Publ. Astr.*

Soc. Pac. , vol. 114 , p. 1051 – 1069 , 2002.

[THO 91] THOMPSON A. , BROWN J. C. , KAY J. W. , TITTERINGTON D. M. , "A study of methods of choosing the smoothing parameter in image restoration by regularization", *IEEE Trans. Pattern Anal. Mach. Intell.* , vol. PAMI – 13 , num. 4 , p. 326 – 339 , Apr. 1991.

[TIK 63] TIKHONOV A. , "Regularization of incorrectly posed problems", *Soviet. Math. Dokl.* , vol. 4 , p. 1624 – 1627 , 1963.

[TIK 77] TIKHONOV A. , ARSENIN V. , *Solutions of Ill – Posed Problems*, Winston, Washington, DC, 1977.

[TIT 85] TITTERINGTON D. M. , "Common structure of smoothing techniques in statistics", *Int. Statist. Rev.* , vol. 53 , num. 2 , p. 141 – 170 , 1985.

[WAH 77] WAHBA G. , "Practical approximate solutions to linear operator equations when the data are noisy", *SIAM J. Num. Anal.* , vol. 14 , p. 651 – 667 , 1977.

[YOU 82] YOULA D. C. , WEBB H. , "Image restoration by the method of convex projection: part 1 – Theory", *IEEE Trans. Medical Imaging*, vol. MI – 1 , num. 2 , p. 81 – 94 , Oct. 1982.

第 3 章　基于概率框架的逆问题求解①

至少有两个原因促使我们考虑如何在贝叶斯框架下求解逆问题[DEM 89]。正是在这一框架下,人们引入了局部能量函数和马尔可夫模型,它们对低层级的图像处理产生了深远的影响。这一框架也为其他方法中存在的问题提供了完整而统一的解决方案,如超参数的选择和多模态准则的优化问题。

3.1　逆问题和推理

为了使逆问题和统计推理之间的关系更加明确,有必要在这里对第 1 章中的内容进行总结。正问题在离散化后具有一般的形式 $A(\boldsymbol{x},\boldsymbol{y})=0$,其中 A 是将未知对象 $\boldsymbol{x}\in\mathbb{R}^M$ 链接到实验数据 $\boldsymbol{y}\in\mathbb{R}^N$ 的算子。它通常具有显式的形式 $\boldsymbol{y}=A(\boldsymbol{x})$或线性形式 $y=\boldsymbol{A}x$,其中 $\boldsymbol{A}$ 是矩阵。当 $\boldsymbol{A}$ 和 $\boldsymbol{y}$ 已知时计算 $\boldsymbol{x}$,这一求逆问题在以下两种意义上通常属于不适定问题。

首先,存在一类解 $\boldsymbol{x}\in\mathcal{K}$ 使得 $\boldsymbol{Ax}=0$(因此核 Ker$\boldsymbol{A}=\mathcal{K}$ 不为空),在这个意义上算子 $\boldsymbol{A}$ 通常是奇异的。可将 $\mathcal{K}$ 中的任一元素加到任一解中从而提供另一种解,因此,不能简单地“反转”正关系以从 $\boldsymbol{y}$ 唯一地确定 $\boldsymbol{x}$。缺乏唯一性使得 Hadamard 意义上的离散逆问题变得不适定。只要仪器的响应破坏了目标重建所需的部分信息,就会出现这种情况。但是,不应忘记,通过利用或多或少的经验规则可以在所有可能的解中选择合适的解(例如最小范数解),从而可以消除这种模糊性。

其次,更重要的是任何实验设备都具有一定的不确定性,最简单的来源是有限的测量精度。因此,对待求解目标和已知测量通过 $\boldsymbol{y}=\boldsymbol{A}(x)\diamond\boldsymbol{b}$ 这一方程表征其关系更为实际,其中 A 是描述基本实验过程的算子,$\diamond\boldsymbol{b}$ 表示各种误差源(离散化或测量等)给理想表示带来的恶化,集中出现在噪声项中。当观测机制可以通过线性失真和噪声添加来近似时,上述等式方程退化至式(1.3):$\boldsymbol{y}=\boldsymbol{Ax}+\boldsymbol{b}$。这种噪声的存在具有“扩大”集合 $\mathcal{K}$ 的效果,因为满足 $\boldsymbol{Ax}=\varepsilon$ 的任何元素 $\boldsymbol{x}$(ε

① 本章由 Guy Demoment 和 Yves Goussard 撰写。

相对于假定的噪声水平“小”)都可以加到任何可能的解中以获得另一个可接受的解。但是,如果利用某种规则选择可接受的解并以此消除模糊,这个解在实际中往往并不稳定;数据的微小变化导致解的很大变化,即使解是唯一的并且连续依赖于数据时也极易发生上述情况,也就是说即使当问题在 Hadamard 的意义上适定时仍然如此。事实上,不稳定性来自于 $\boldsymbol{A}$ 是病态这一事实(见第1.5节)。

因此可以看到,在不适定的问题中,求解过程并不是数学演绎的问题,而是推理问题,即信息处理问题,这可以总结为:“我们怎样才能从掌握的不完整信息中得出最好的结论?”

一般认为,任何科学推理方法都应该:①充分利用所有可用的相关信息;②避免利用不正确的信息、引入不合理的假设。概率建模提供了一种方便、一致信息不完整的情况描述方式。我们现在将会看到如何导出贝叶斯统计方法。

3.2 统计推断

首先需要指出,必须要有足够的信息以能无模糊地计算概率分布,从这个意义上讲,通过贝叶斯方法处理的任何问题都需要是适定的。这至少意味着必须在每个问题研究开始时就要详尽、明确地指定所研究对象的可能性(例如,是否随机、属于何种分布等——译者注)。如果它涉及实验可能得到的结果,我们将其称为数据空间(或证据空间),如果它指明了我们希望验证的假设,则将其称为假设空间。同时有必要区分两类问题,即估计问题和模型选择问题。前者研究选择假定为“真”的特定模型带来的后果,而后者的目的则是通过与某些其他可能的模型进行比较来选择一个模型。

在估计问题中,我们假定模型对于其参数的一个(未知)值 x_0 是正确的,并且探究数据施加在参数上的约束。因此,假设空间是参数的所有可能值的集合 $\mathcal{H}=\{x_i\}$。数据则是由一个或多个样本组成。为了使问题适定,还必须指明所有可能的样本空间 $\mathcal{S}=\{z_i\}$。空间 $\mathcal{H}$ 和 $\mathcal{S}$ 都可以是离散的或连续的。

在进行估计之前,需要建立一个逻辑环境 I,它定义了我们的研究框架(假设空间、数据空间、参数和数据之间的关系、任何附加的信息)。通常,I 被定义为一个逻辑命题,即:

(1) 参数的真值在集合 $\mathcal{H}$ 中;

(2) 观测数据由空间 $\mathcal{S}^N$ 的 N 个样本组成;

(3) 参数如何与数据相关联(正问题模型 A 的作用);

(4) 任何其他信息。

当然,参数和数据的物理性质是在 $\mathcal{H}$、$\mathcal{S}$ 和 A 中隐式指定的。随后所有的研究都隐含地限制在 I 定义的框架内,这意味着任何概率分布都将以 I 为条件。为了避免符号复杂,这种条件将不再明确指出。

现在可以通过计算参数的各个可能值是实际值概率的多少来估计上述问题。设 D 表示实际观测到的实验数据这一命题,H 表示 $x_0 = x$ 命题,即参数 x 的其中一个可能值是实际值 x_0。

3.2.1　噪声规律和数据的直接分布

在所有求解式(1.3)之类问题的统计推理方法中,都要首先选择概率分布律 $q(b)$ 来描述关于误差 b 已知的信息(不确定性特性)。这是一个必不可少的步骤,因为它使我们能够找到直接分布(即先验分布——译者注)或抽样分布:

$$p(\boldsymbol{y} \mid \boldsymbol{x}) = q(\boldsymbol{y} - \boldsymbol{A}(\boldsymbol{x})) \tag{3.1}$$

在绝大多数情况下,选择独立于 $\boldsymbol{x}$ 的中心高斯分布用于描述误差,即

$$p(\boldsymbol{y} \mid \boldsymbol{x}) = (2\pi)^{-N/2} \left|\boldsymbol{R}\right|^{-1/2} \exp\left\{-\frac{1}{2} \| \boldsymbol{y} - A(\boldsymbol{x}) \|_{R^{-1}}^{2}\right\}$$

式中:$\boldsymbol{R}$ 为分布 $q(b)$ 的协方差矩阵。它通常是对角的,甚至与单位矩阵成正比。很自然的问题是:这种选择有什么意义?这种模型在什么情况下是合适的?

按照从频率角度对概率的解释,噪声的分布应该是大量重复测量中噪声值的频率分布。中心极限定理已证明了其合理性:如果数据样本中的噪声是大量"随机"且独立的基本效应累积的结果,那么高斯分布是实际频率分布的良好近似,上述条件相当宽泛。然而,除了测量系统中电信号的波动外,噪声通常不是独立效应累积的结果(例如,取决于解 x_0 的离散误差)。此外,为了能够利用上述解释进行推理,有必要获得许多其他的测量结果,以便能够确定这些频率,这是极其罕见的实验情况。

因此,这种高斯"假设"不是对噪声"随机"性质的假设。产生噪声的因素并不总是随机且遵循高斯分布的。它甚至不是真正意义上的假设,而是在不确定的情况下对噪声分布做出最不妥协或者最保守的选择。在这里需要用到两个假设:①噪声可以取任何实际值,但其平均值为零;换句话说,测量没有系统误差(或者说可以系统误差可以检测并校正);②存在噪声的"典型尺度",换句话说,噪声的贡献更可能来自诸多小的因素。也就是说,噪声的分布应该具有零均值和有限的标准差,即使尚未确切地了解后者的价值。另外,我们不知道二阶以上的累积量是否存在。在这些条件下,对于并不了解的特性,最不妥协的选择是假设它们服从高斯分布——这可以通过信息原理[JAY 82]来证明。

此外,如果我们怀疑影响 N 个样本的噪声分量具有不同的尺度并且是相关的,那么分布的协方差矩阵就可以表达这个假设。尽管没有必要指明它的值,但如果它是未知的,它的元素将一起出现在超参数 $\boldsymbol{\theta}$ 向量中,这通常只会使问题复杂化。由于这个原因,它们被称为讨厌参数。

只要这些信息是所了解的关于噪声的全部信息,(高斯分布)这种选择就是合适的。由于这是一种常见的情况,我们经常做出这种选择。如果由于掌握关于噪声的其他信息而选择非高斯分布,我们可以以相同的方式进行处理,但只有当上述分布与高斯分布差异很大时,结果才会明显更好。在某些情况下(例如粒子计数较低时的成像),数据是整数并且具有较低的强度,这时选择二项式或泊松分布将会改善结果。

3.2.2 最大似然估计

简单利用直接分布 $p(\boldsymbol{y}|\boldsymbol{x},\boldsymbol{\theta})$,可以将逆问题的解定义为最大似然(ML)解,似然函数是直接分布,其中 $\boldsymbol{y}$ 取为观测值,参数 $\boldsymbol{x}$ 为变量:

$$\hat{x}^{ML} = \underset{x \in \mathcal{H}}{\arg\max}\, p(\boldsymbol{y}|\boldsymbol{x},\boldsymbol{\theta})$$

一般来说,这种选择的合理性来自于该估计量具有"良好"的统计特征(通常不是渐近)。而最小二乘解则是直接分布为高斯时的最大似然解的特例:

$$\hat{x}^{LS} = \underset{x \in \mathcal{H}}{\arg\min}(\boldsymbol{y} - A(\boldsymbol{x}))^{\mathrm{T}}\boldsymbol{R}^{-1}(\boldsymbol{y} - A(\boldsymbol{x}))$$

按照这种方式,上式仍然属于加权最小二乘法(由矩阵 $\boldsymbol{R}^{-1}$ 加权),当单位在 $\mathcal{H}$ 和 $\mathcal{H}$ 之间变化时保持不变。在许多简单的情况下,这种推理方法提供了我们正在寻找的全部信息。但是,在参数化较为复杂的逆问题中,直接分布没有包含使问题适定的全部信息,并且它无法提供计算所需的所有技术手段。

(1) 在不确定线性问题 $\boldsymbol{y} = \boldsymbol{A}\boldsymbol{x}$、$\boldsymbol{A}$ 奇异这一特殊情况下(称为广义逆问题),不存在"噪声",因此没有直接分布。当然,从根本意义上讲,如果 $\boldsymbol{x}$ 位于 $\boldsymbol{y}$ 的可能的前因类 $\mathcal{C}$ 中,则 $p(\boldsymbol{y}|\boldsymbol{x})$ 为常数,否则为零。由于似然函数在类 $\mathcal{C}$ 中是常数,因此对它最大化也无助于在类中估计 $\boldsymbol{x}$。问题的实质不在于是否存在扰乱数据的"随机"噪声,而在于信息的不完备,尽管根本没有噪声。

(2) 在线性情况式(1.3)中,直接问题中的矩阵 $\boldsymbol{A}$ 通常是病态的。求解算子 $\boldsymbol{A}^{\dagger} = (\boldsymbol{A}^{\mathrm{T}}\boldsymbol{R}^{-1}\boldsymbol{A})^{-1}\boldsymbol{A}^{\mathrm{T}}\boldsymbol{R}^{-1}$ 不稳定,解 $\hat{\boldsymbol{x}}^{\mathrm{ML}} = \boldsymbol{A}^{\dagger}\boldsymbol{y}$ 是不可接受的:噪声被过度放大。

(3) 问题可能包含大量且无用的讨厌参数。当矩阵 $\boldsymbol{R}$ 是满阵时,会增加

$N(N+1)/2$ 个超参数。如果这些超参数是未知的,则需要通过对参数 $\boldsymbol{x}$ 进行 ML 估计获得。同时,全局最大值可能不再是一个点而是整个区域。

(4) 我们可能掌握关于解的一些极为相关的信息。例如,可能知道它必须是正的,或者满足某些约束(如在天文成像中物体的积分可能已知),或者它由边界分隔清晰的均匀区域组成。这些信息没有包含在直接分布中,但不应忽略。

(5) 在许多问题中,不仅需要获得解,还需要给出其置信度。如果只是掌握直接分布式(3.1),则频率方法给出的置信区间仅能给出解的长期行为信息,即其在大量重复实验后的平均行为。但是,我们只拥有单个实验的结果,它通常无法再现。

(6) 最后,有效模型的参数估计通常只是一个步骤,可能需要判断各种模型的相对优点。

因此,有必要寻找超越 ML 的推理方法。上面提到的所有的扩展性能力都是由贝叶斯方法"自动"提供的。

3.3　贝叶斯反演方法

贝叶斯推理得名于它充分利用了贝叶斯规则,这本身就是概率计算中基本规则得出的结果,即乘法法则[COX 61]。设 H 是真实性有待评估的假设,D 是与该假设相关的一组数据。乘法法则规定:

$$\Pr(H,D)=\Pr(H|D)\Pr(D)=\Pr(D|H)/\Pr(H)$$

例如,$\Pr(H|D)$ 通常给出了已知 D 情况下 H 的概率。由此得出贝叶斯法则:

$$\Pr(H|D)=\Pr(H)\Pr(D|H)/\Pr(D)$$

这就是学习的规则。它告诉我们当知识状态随着获取的数据变化时,应该如何调整表征假设真实性的概率。要得到 H 的后验概率 $\Pr(H|D)$,要将其先验概率 $\Pr(H)$ 乘以假设为真时观测数据 D 的概率 $\Pr(H|D)$,整体再除以与假设无关的观测数据出现的概率 $\Pr(D)$。最后一项有时被称为全局似然函数,它起着归一化常数的作用。

很大一部分的统计推理是基于待估量先验信息的利用,从而增加了在数据信息之外的可用信息。因此,如果考虑第2章提出的正则化原理的深层本质,就可看出它与贝叶斯推理之间的紧密联系,这并不意外。

对于诸如式(1.3)的逆问题,假设相关的概率分布具有密度特性,那么在贝

叶斯框架下以先验概率密度函数(PDF)的形式表示对象 $\boldsymbol{x}$ 的先验信息 $p(\boldsymbol{x}|\boldsymbol{\theta})$。贝叶斯法则使我们能够将其与数据中包含的信息相结合,以获得后验概率分布,即

$$p(\boldsymbol{x}|\boldsymbol{y},\boldsymbol{A},\boldsymbol{\theta})=\frac{p(\boldsymbol{x}|\boldsymbol{\theta})p(\boldsymbol{y}|\boldsymbol{x},\boldsymbol{A},\boldsymbol{\theta})}{p(y|\boldsymbol{A},\boldsymbol{\theta})}=\frac{p(\boldsymbol{x},\boldsymbol{y}|\boldsymbol{A},\boldsymbol{\theta})}{p(\boldsymbol{y}|\boldsymbol{A},\boldsymbol{\theta})} \tag{3.2}$$

式中:$\boldsymbol{\theta}$ 为由误差和对象的先验分布所涉及的参数组成的超参数矢量;$p(\boldsymbol{y}|\boldsymbol{x},\boldsymbol{A},\boldsymbol{\theta})$ 为以真实解 $\boldsymbol{x}$ 为条件的数据的概率分布。它完全取决于关于直接模型式(1.3)和噪声概率分布的知识。位于分母的最后一项确保了后验概率的归一化:

$$p(\boldsymbol{y}|\boldsymbol{A},\boldsymbol{\theta}) = \int p(\boldsymbol{y}|\boldsymbol{x},A,\boldsymbol{\theta})p(x|\boldsymbol{\theta})\,\mathrm{d}x \tag{3.3}$$

在贝叶斯方法中,获取观测数据 $\boldsymbol{y}$ 关于对象 $\boldsymbol{x}$(或不确定性)仅由概率分布式(3.2)就能完整描述。这个概率是3.2节中引入的似然函数与先验概率 $p(\boldsymbol{x}|\boldsymbol{\theta})$ 的乘积(还有一个乘法因子)。在3.2节的情况下,如果假设关于 $\boldsymbol{x}$ 的知识(其纯粹来自于观测和问题的结构)由似然函数表示,我们注意到在贝叶斯方法中通过 $p(\boldsymbol{x}|\boldsymbol{\theta})$ 考虑先验信息将会改变我们的知识,并且通常会降低参数 $\boldsymbol{x}$ 的不确定性。但最重要的是,由于利用了贝叶斯框架,贝叶斯方法能够对以下问题给出更广泛的答案:“给定连续或离散参数 $\boldsymbol{x}$ 的概率分布,可以进行什么样的最佳估计以及具有何种准确度?”。这个问题没有唯一的答案;该问题涉及回答“我们应该做什么?”这一问题的决策理论。这意味着价值判断,因此超越了只能回答“我们知道什么?”这一问题的推理原理。因此,同样可以从式(3.3)[MAR 87,TAR 87]中推导出点估计或不确定区域。最大后验概率(MAP)是常用的估计量的选择。它能够给出使最大后验概率(密度)最大化的 $\boldsymbol{x}$ 的值:

$$\hat{\boldsymbol{x}}^{\mathrm{MAP}} = \mathrm{argmax}p(\boldsymbol{x}|\boldsymbol{y},\boldsymbol{A},\boldsymbol{\theta}) \tag{3.4}$$

但是,这只是可能的解决方案之一。该MAP估计对应着平均决策代价(以“全有—全无”型代价函数衡量)的最小化,也是平均代价 $\Pr(\|\hat{\boldsymbol{x}}-\boldsymbol{x}_0\|>\varepsilon)$ 在 $\varepsilon\to0$ 时的极限。人们还在马尔可夫场图像建模框架下提出了其他的代价函数。它们能够使边缘概率最大化[BES 86,MAR 87]。

3.4 与确定性方法的联系

对于我们感兴趣的情况,即有限维空间中的逆问题,根据第2章中一般原则进行正则化从而使式(2.5)之类的准则函数最小,这种方式很明显等价于选择以下的最大后验概率解:

$$p(\boldsymbol{x}|\boldsymbol{y},\boldsymbol{A},\boldsymbol{\theta}) \propto \exp\left\{-\frac{1}{2\sigma^2}(\mathcal{G}(\boldsymbol{y}-\boldsymbol{A}(\boldsymbol{x}))+\alpha\mathcal{F}(\boldsymbol{x}))\right\} \tag{3.5}$$

式中：σ^2 为噪声的方差。

上述概率分布只是可能的选择之一，因为除指数之外的任何严格单调的函数都可以实现。不过，这种选择在这里尤为合适，因为在线性模型式(1.3)下采用通常的独立高斯噪声假设，并考虑到 $\mathcal{G}$ 是一个欧氏范数，条件概率分布 $p(\boldsymbol{y}|\boldsymbol{x},\boldsymbol{A},\boldsymbol{\theta})$ 实际上是：

$$p(\boldsymbol{y}|\boldsymbol{x},\boldsymbol{A},\boldsymbol{\theta}) \propto \exp\left\{\frac{1}{2\sigma^2}\mathcal{G}(\boldsymbol{y}-A(\boldsymbol{x}))\right\} \tag{3.6}$$

为了类比完整性，先验概率分布必须具有以下形式：

$$p(\boldsymbol{x}|\boldsymbol{\theta}) \propto \exp\left\{-\frac{\alpha}{2\sigma^2}\mathcal{F}(\boldsymbol{x})\right\} \tag{3.7}$$

并且严格起见，为确保后验概率分布式(3.5)～式(3.7)合理，充分条件是：

$$\int_{\mathbb{R}^N}\exp\left\{-\frac{1}{2\sigma^2}\mathcal{G}(\boldsymbol{y}-A(\boldsymbol{x}))\right\}\mathrm{d}\boldsymbol{y} < +\infty, \int_{\mathbb{R}^M}\exp\left\{-\frac{\alpha}{2\sigma^2}\mathcal{F}(\boldsymbol{x})\right\}\mathrm{d}x < +\infty$$

用于图像处理的许多局部能量函数也引入了贝叶斯框架，将 $\boldsymbol{x}$ 建模为马尔可夫场（见第 7 章）。虽然图像处理界的一些研究者也支持能量观点，但式(2.5)形式的准则通常可以在贝叶斯框架下重新解释，尽管这意味着要对 $\mathcal{F}$ 略作改变以确保式(3.7)的归一化。

在这种条件下（问题包含有限的变量），求逆过程中最常用的贝叶斯估计量——最大后验概率估计量——与惩罚准则式(2.5)的最小值相同：

$$\begin{aligned}\hat{\boldsymbol{x}}^{\mathrm{MAP}} &= \arg\max_x p(\boldsymbol{x}|\boldsymbol{y},A,\boldsymbol{\theta}) = \arg\max_x p(\boldsymbol{x},\boldsymbol{y}|A,\boldsymbol{\theta}) \\ &= \arg\min_x G(\boldsymbol{y}-A(\boldsymbol{x}))+\alpha\mathcal{F}(\boldsymbol{x})\end{aligned}$$

因此，贝叶斯框架显然给出了统计意义上的惩罚准则最小化结果。但是，问题并不在于贝叶斯方法是否提供了对其他方法的验证。也可以反过来说，相同的结果也提供了最大后验概率估计的确定性解释，而且估计器一旦定义后就不再依赖于产生它的形式框架，而是更依赖于数值计算手段。问题在于贝叶斯方法为 3.2 节中提出的问题提供了一种解决方案。除了极好的一致性外，它还提供了独特的工具：

（1）边缘化（所有我们不感兴趣的东西都用积分进行消除）；

（2）回归（条件期望在能量框架下不存在）；

（3）随机抽样（蒙特卡罗方法、模拟退火算法、遗传算法），若无贝叶斯方法则很难想象可以提出这些方法(关于这一点见第 7 章 7.4.2 节)。

3.5 超参数的选择

贝叶斯框架显然扩展了可用于确定超参数的方法的范围。第 2 章中描述的所有方法都要求我们选择正则化系数 α 的值才能有效发挥作用,更一般地说要选择能够表征 $\mathcal{F}$ 与 $\mathcal{G}$ 距离测度的所有超参数 $\boldsymbol{\theta}$:包括噪声的方差、对象相关参数和局部能量函数参数。确定 $\boldsymbol{\theta}$ 是图像恢复和重建方法中最精细的步骤。虽然问题仍然存在,但贝叶斯方法提供了一致的工具进行解决。

超参数 $\boldsymbol{\theta}$ 位于问题描述层次中的第 2 级,它对于“增强”由参数本身(即对象 $\boldsymbol{x}$)组成的第一级描述是必不可少的。在一个不适定的问题中,这些超参数的值对于获得可接受的解非常重要,但人们对这些值本身并没有内在的兴趣。在贝叶斯方法中,需要区分两个级别的推理。第 1 个是对于给定的 $\boldsymbol{\theta}$ 值,通过式(3.2)的后验分布推断 $\boldsymbol{x}$;第 2 个是通过类推关系推断 $\boldsymbol{\theta}$,即

$$p(\boldsymbol{\theta}|\boldsymbol{y},A)=p(\boldsymbol{\theta}|A)p(\boldsymbol{y}|\boldsymbol{\theta},A)/p(\boldsymbol{y}|A) \tag{3.8}$$

此处可以再次发现使用贝叶斯规则的一个特性:施加于第 2 级数据的边缘似然函数 $p(\boldsymbol{y}|\boldsymbol{\theta},A)$ 是第 1 级中概率分布函数的归一化系数。

如果该项足够大(通常情况都是如此),即如果数据 $\boldsymbol{y}$ 包含足够的信息,则先验分布 $p(\boldsymbol{\theta}|A)$ 的影响可以忽略不计,第 2 级推断可以通过最大化似然函数来求解。但要做到这一点,就必须解决式(3.3)中积分计算涉及的边缘化问题。这种积分很少能得到明确的结果。但我们将在 3.8 节中看到一个明显的例外,也就是联合高斯分布 $p(\boldsymbol{x},\boldsymbol{y}|\boldsymbol{\theta},A)$。

为了解决由边缘似然函数的显式计算引起的问题,可以引入“隐变量”$\boldsymbol{q}$,以更容易计算的新似然函数 $p(\boldsymbol{y},\boldsymbol{q}|\boldsymbol{\theta},A)$ 表征对 y 的观测,然后通过迭代方式执行的确定的或随机的技术(EM 和 SEM 算法)[DEM 77]使条件期望最大化,该算法收敛于 ML 的解。当似然函数无法计算、通过传统优化技术无法使似然最大化方法无法收敛时,就需要这类随机方法。

此外,联合分布或广义似然函数为

$$p(\boldsymbol{y},\boldsymbol{x}|\boldsymbol{\theta},A)=p(\boldsymbol{x}|\boldsymbol{y},\boldsymbol{\theta},A)p(\boldsymbol{y}|\boldsymbol{\theta},A)=p(\boldsymbol{y}|\boldsymbol{x},\boldsymbol{\theta},A)p(\boldsymbol{x}|\boldsymbol{\theta}) \tag{3.9}$$

式(3.9)总结了第一级推断涉及的所有信息。可以设想以 $\boldsymbol{x}$ 和 $\boldsymbol{\theta}$ 为变量对该函数进行最大化。这样,式(3.3)提出的积分问题显然不复存在。在固定 $\boldsymbol{\theta}$ 处,广义最大似然(GML)与 MAP 是一致的;在固定 $\boldsymbol{x}$ 处,$\boldsymbol{x}$ 和 $\boldsymbol{y}$ 已知,它对应于常见的 $\boldsymbol{\theta}$ 的 ML 估计。不过,重复交替执行这两个步骤是危险的:相应估计器的

特性不是通常的 ML 估计器特性[LIT 83]。有时甚至可能发生 GML 没有被定义的情况,因为似然函数可能没有最大值,甚至只是局部最大[GAS 92]。因此,该技术具有典型的经验特征。

因此,贝叶斯方法很自然地要求基于最大似然来估计超参数。尽管实现起来有一定的困难,但在一维框架中已经获得了一些有价值的结果。在二维或三维框架中,必须更加谨慎。虽然在数种情况下可以估计超参数,但是使用该方法获得的值不一定带来感兴趣参数 x 的良好估计结果,特别是当后者来自"自然"数据时。原因可能在于这些自然数据与先验模型行为之间存在太大差异。因此,超参数估计的问题仍然是开放性问题而有待继续研究。

3.6 先验模型

人们对贝叶斯估计经常提出的质疑是,它依赖于待重建对象假定的、不确定的所谓"真实模型"的知识。为了回应这种质疑,必须默认接受客观现实能够"封闭"于数学模型这一假设。这引发了一场巨大的哲学辩论。正如我们所发现的,在用概率方法求解逆问题的情况下,频率论者对概率的解释仍然非常混乱。需要记住的是,概率假设不是对对象"随机"特性的假设,而是一种不完备先验信息——或不确定性知识——的表征方式,且这种表征与所选的推理工具相契合。这种情况比较常见,因为真实问题中的先验信息很少能以直接适合于其处理理论框架的形式出现。

需要认识到,贝叶斯方法的优点与其说是源于先验引入的附加信息(对3.4节正则化函数 $\mathcal{F}(x)$ 的能量解释和确定性解释表明,这种信息并不适用于贝叶斯方法,有关讨厌参数的信息在大多数情况下也并不明确),还不如说是它提供了其他方法中不存在的一套工具,例如边缘化、回归和伪随机算法。

尽管如此,将先验信息转换为概率仍是一个远未解决的棘手问题。在后面将会看到,为了描述对象 $\boldsymbol{x}$,通常会从实用主义出发选择先验。不过,也有一些正式的规则可以指导合理的先验选择[BER 94,KAS 94,ROB 97],并且特别适用于超参数。尽管它们经常会导致一些不合适的概率分布,但如果处理得当不会造成任何特殊的困难[JEF 39]。下面将给出一些例子。

一些方法依赖于变换群理论来确定问题"自然"的参考度量并满足某些不变性原则。然而,这种方法实际上仅仅证明了 Lebesgue 方法用于估计定位参数的合理性(从而为离散情况下应用 Bernouilli"无差别原理"导致的连续均匀分布提供了扩展)和尺度参数情况下 Jeffreys 测度的合理性[JEF 39,POL 92]。

其他方法主要基于信息原则。它们主要是最大熵方法(MEM),需要寻找最接近参考分布的分布(在 Kullback 散度意义上),同时验证不完备的先验信息[JAY 82]。同样,这种方法主要只能帮助验证事件发生后某些选择的合理性。此外,只有当先验信息由概率分布(矩)的线性约束组成时,它才真正可行。因此,相关工作主要在指数分布族中开展。

另一个原则是使用共轭先验,即与问题的直接分布属于同一族分布的先验,以使获得的后验分布也能属于该族分布[ROB 97]。这种做法只有在相应分布尽可能小并且能够参数化时才有意义。在这种情况下,通过应用贝叶斯法则,从先验到后验的步骤可以归结为更新参数的过程。人们对这种方法的兴趣主要在于其技术可操作性,因为后验分布总是可以计算的,至少可以达到某一点。通过不变性推理也可以找到部分证明:如果数据 $\boldsymbol{y}$ 将 $p(\boldsymbol{x})$ 变为 $p(\boldsymbol{x} \mid \boldsymbol{y})$,则 $\boldsymbol{y}$ 对 $\boldsymbol{x}$ 的信息贡献明显受限;它不应该导致 $p(\boldsymbol{x})$ 整个结构的变化,而只能导致其参数的变化。使用该方法的主要动机显然是方便。但是,只有某些直接分布族(如指数族[BRO 86])才能保证共轭先验的存在,并且通常有必要将该方法的使用限制在这类分布中。此外,这种选择方式的“自动”性质是相当具有欺骗性的,因为必然会出现额外的超参数——其值必须要指明。

最后一类非常重要的分布是“量身定制”构建的分布,换言之,不再是基于一般性原则去构建,而是切实使用能够表征解的预期属性的概率方法。吉布斯 - 马尔可夫场便属于这一类,自 1984 年以来这一方法在成像方面获得了惊人的发展[GEM 84],它能够将对象必须具备的基本局部特性纳入先验分布。构建这些模型需要相当多的技巧,但却是一种非常有力的整合利用精细先验信息的方式。为此付出的代价是在处理模型和实现最终估算器时的高度复杂化。本书第 7 章将完全致力于阐述吉布斯 - 马尔可夫模型。

3.7 准则选取

贝叶斯方法将求逆反演问题归结为后验概率的确定。由于无法想象这些概率分布最终能否完全计算,因此我们满足于寻找一个点估计器,它通常是最大后验概率估计。尽管存在某些替代方案(边缘最大后验、均值后验等),但重要的是要仔细评估这种选择的后果,并在必要时考虑替代方案。

数据的解是否必须连续?提出这一问题是合理的,相应地也需要考虑正则化准则函数的凸性。尽管众所周知,平方方法和熵方法可以使逆问题适定,但非凸函数的最小化并不能保证解是连续的:数据的微小变化会导致谷到谷的“跳跃”并因此失去连续性。但是,在很多问题中,这些跳跃不仅是需要的,而且对于恢复不连续性、边缘、交界面、亮点等是必要的,且在空间分辨率方面没有限制。还可以从另外的角度去理解这一问题，即注意到在成像中引入的某些非凸准则与隐变量表达是等价的。在这种情况下，上述问题回避了凸分析，并结合了一种组合分析或假设检验方法，这在判决理论中比估计理论中更多。贝叶斯分析在这种检测-估计混合的情况下仍然是合适的。最近许多工作都符合这个方向，它们把几个级别的变量结合在一起，混合了低级和高级的描述，或者结合了通过不同实验手段获得的数据。从这个意义上说，传统正则化概念（如数据连续性），并不完全合适，应该进行扩展。

3.8　线性高斯情形

与线性正向模型相关联的高斯分布提供了线性的估计结构，因此是非常方便的算法框架。但是，它们只能整合原始信息，基本上只限于二阶特征。因此，在标准正则化理论中[TIT 85]，选择二次项 $\mathcal{G}(\boldsymbol{y}-\boldsymbol{A}\boldsymbol{x}) = \|\boldsymbol{y}-\boldsymbol{A}\boldsymbol{x}\|_P^2$ 描述数据逼真度，相当于选择了噪声的高斯分布：$q(\boldsymbol{b}\mid\boldsymbol{R}_b) \sim \mathcal{N}(0,\boldsymbol{R}_b)$，其中 $\boldsymbol{R}_b \propto \boldsymbol{P}^{-1}$。同样的，选择二次惩罚 $\mathcal{F}(x) = \|\boldsymbol{D}_k\boldsymbol{x}\|^2$，也相当于为对象选择了高斯先验分布：$p(x\mid\boldsymbol{R}_x) \sim \mathcal{N}(0,\boldsymbol{R}_x)$，其中 $\boldsymbol{R}_x \propto (\boldsymbol{D}_k^{\mathrm{T}}\boldsymbol{D}_k)^{-1}$，当然假设矩阵 $\boldsymbol{D}_k^{\mathrm{T}}\boldsymbol{D}_k$ 定义为正定。因此，确定性的“线性二次”正则化严格地等价于高斯线性估计，式(2.11)和式(2.12)给出了显式的解：

$$\hat{\boldsymbol{x}} = (\boldsymbol{A}^{\mathrm{T}}\boldsymbol{R}_b^{-1}\boldsymbol{A} + \boldsymbol{R}_x^{-1})^{-1}\boldsymbol{A}^{\mathrm{T}}\boldsymbol{R}_b^{-1}\boldsymbol{y} \tag{3.10}$$

$$\hat{\boldsymbol{x}} = \boldsymbol{R}_x\boldsymbol{A}^{\mathrm{T}}(\boldsymbol{A}\boldsymbol{R}_x\boldsymbol{A}^{\mathrm{T}} + \boldsymbol{R}_b)^{-1}\boldsymbol{y} \tag{3.11}$$

上述解的显著特征是它是数据 y 的线性函数。这种“线性平方”或线性高斯求逆在逆问题中占据主导地位，容易使人们认为“逆问题并不复杂，只需要在求逆之前平滑数据”。这种看待事物的方式并没有错，实际上对于许多问题来说已经足够了，但它是存在局限性的；它无法使我们走得更远，并且只是给出了一个级联方案——对广义逆解线性滤波，这个方案只能在“线性平方”框架中得到证明。

3.8.1　解的统计特性

在高斯情况下，式(3.10)给出的解同时是后验概率分布式(3.5)的众数、均值和中值。它最小化了几个常见的代价准则函数，特别是均方误差。显然，在这种情况下，我们讨论的是后验分布的均值，但是许多物理学家和工程师只知道均方误差(MSE)定义为直接分布式(3.6)的均值。因此有必要研究 MSE，MSE 是去直流能量和协方差矩阵的迹的总和：$\mathrm{MSE}(\hat{\boldsymbol{x}}) = \|E(\hat{\boldsymbol{x}}) - x_0\|^2 +$

$\mathrm{traceCov}(\hat{\boldsymbol{x}})$,其中$\boldsymbol{x}_0$ 为真实的解。为简单起见,我们假设噪声是平稳的白噪声:$\boldsymbol{R}_b=\sigma_b^2$ 且可写出 $\boldsymbol{R}_x=\sigma_x^2(\boldsymbol{D}^{\mathrm{T}}\boldsymbol{D})^{-1}$。因此,有 $\alpha=\sigma_b^2/\sigma_x^2$。

对于直接分布式(3.6),可以写出正则化解式(2.11)的期望:

$$
\begin{aligned}
E(\hat{\boldsymbol{x}}) &= E((\boldsymbol{A}^{\mathrm{T}}\boldsymbol{A}+\alpha\boldsymbol{D}^{\mathrm{T}}\boldsymbol{D})^{-1}\boldsymbol{A}^{\mathrm{T}}(\boldsymbol{A}\,\boldsymbol{x}_0+\boldsymbol{b}))\\
&= (\boldsymbol{A}^{\mathrm{T}}\boldsymbol{A}+\alpha\boldsymbol{D}^{\mathrm{T}}\boldsymbol{D})^{-1}\boldsymbol{A}^{\mathrm{T}}\boldsymbol{A}\,\boldsymbol{x}_0
\end{aligned}
$$

因此,为使偏差为零($E(\hat{\boldsymbol{x}})-\boldsymbol{x}_0=0$),需要 $\alpha=0$,即不能进行正则化。去直流能量为

$$
\|E(\hat{\boldsymbol{x}})-\boldsymbol{x}_0\|^2=\|((\boldsymbol{A}^{\mathrm{T}}\boldsymbol{A}+\alpha\boldsymbol{D}^{\mathrm{T}}\boldsymbol{D})^{-1}\boldsymbol{A}^{\mathrm{T}}\boldsymbol{A}-\boldsymbol{I})\boldsymbol{x}_0\|^2
$$

上式是关于 α 的增函数,在 $\alpha=0$ 时等于零且具有零导数,当 $\alpha\to\infty$ 时,趋近于 $\|\boldsymbol{x}_0^2\|$。

解的协方差矩阵可以写为

$$
\begin{aligned}
\mathrm{Cov}(\hat{\boldsymbol{x}}) &= E((\hat{\boldsymbol{x}}-E(\hat{\boldsymbol{x}}))(\hat{\boldsymbol{x}}-E(\hat{\boldsymbol{x}}))^{\mathrm{T}})\\
&= \sigma_b^2((\boldsymbol{A}^{\mathrm{T}}\boldsymbol{A}+\alpha\boldsymbol{D}^{\mathrm{T}}\boldsymbol{D})^{-1}\boldsymbol{A}^{\mathrm{T}}\boldsymbol{A}\,(\boldsymbol{A}^{\mathrm{T}}\boldsymbol{A}+\alpha\boldsymbol{D}^{\mathrm{T}}\boldsymbol{D})^{-1})
\end{aligned}
$$

为了计算它的迹,假设矩阵 $\boldsymbol{A}$ 和 $\boldsymbol{D}$ 具有相同的奇异向量①,从而可以进行以下分解:

$$
\boldsymbol{A}^{\mathrm{T}}\boldsymbol{A}=\boldsymbol{U}\boldsymbol{\Lambda}_a^2\boldsymbol{U}^{\mathrm{T}}
$$

$$
\boldsymbol{D}^{\mathrm{T}}\boldsymbol{D}=\boldsymbol{U}\boldsymbol{\Lambda}_d^2\boldsymbol{U}^{\mathrm{T}}
$$

式中:$\boldsymbol{\Lambda}_a$ 和 $\boldsymbol{\Lambda}_d$ 分别为由 $\boldsymbol{A}$ 的奇异值 $\lambda_a(k)$和 $\boldsymbol{D}$ 的奇异值 $\lambda_d(k)$组成的对角矩阵;$k=1,2,\cdots,M$。

由此可以得到:

$$
\mathrm{traceCov}(\hat{\boldsymbol{x}})=\sigma_b^2\sum_{k=1}^{M}\frac{\lambda_a^2(k)}{(\lambda_a^2(k)+\alpha\lambda_d^2(k))^2}
$$

上式是 α 的严格递减函数,$\alpha\to\infty$ 时趋于零。

因此,存在"最佳"的严格为正的 α,使得 MSE 最小。不过值得注意的是,它依赖于真实解$\boldsymbol{x}_0$,因此找到它的努力将是徒劳的。还要注意一种统计学中频繁用到的寻找最小方差无偏估计量的方法②,能够给出广义逆意义上的解,其 MSE 为

---

① 例如,$\boldsymbol{D}$ 是单位矩阵或者 $\boldsymbol{A}$ 和 $\boldsymbol{D}$ 是循环矩阵(将在第 4 章中遇到)时就是这种情况。

② 这种策略没有严格的依据。通常认为这些估计量具有良好的渐近性质(在 $N\to\infty$ 时),无偏并具有最小方差,但是诸如式(3.10)所示的估计量也在相同条件下向 x_0 收敛,并且收敛得更快,因为对于任何有限的 N,其 MSE 更小。

$$\mathrm{MSE}(\hat{\boldsymbol{x}}^{\mathrm{GI}}) = \mathrm{traceCov}(\hat{\boldsymbol{x}}^{\mathrm{GI}}) = \sigma_b^2 \sum_{k=1}^{M} \frac{1}{\lambda_a^2(k)}$$

可见当一些奇异值 $\lambda_a(k)$ 很小时，MSE 误差可能相当大，这正是离散性不适定问题的情况。因此可以说，就 MSE 而言，正则化方法主动引入了一定的偏差以便减小解的方差。

3.8.2 边缘似然函数的计算

线性高斯情形是少数的能够显示计算式(3.3)边缘似然函数的情况之一，计算的目的在于调整超参数 θ 的值。例如，当这些超参数仅包含方差 σ_b^2 和 $\sigma_x^2(\alpha = \sigma_b^2/\sigma_x^2)$ 时，有

$$p(\boldsymbol{x},\boldsymbol{y} \mid \sigma_x^2,\sigma_b^2) = (2\pi\sigma_b^2)^{-N/2}(2\pi\sigma_x^2)^{-M/2}\,|\boldsymbol{D}^{\mathrm{T}}\boldsymbol{D}|^{1/2}\mathrm{e}^{-Q/(2\sigma_b^2)}$$

$$\mathcal{Q} = (\boldsymbol{y} - \boldsymbol{A}\boldsymbol{x})^{\mathrm{T}}(\boldsymbol{y} - \boldsymbol{A}\boldsymbol{x}) + \alpha\,\boldsymbol{x}^{\mathrm{T}}\boldsymbol{D}^{\mathrm{T}}\boldsymbol{D}\boldsymbol{x}$$

为了计算 α 和 σ_b^2 的普通或边缘似然函数，必须通过积分使 $\boldsymbol{x}$ 在问题中消失。为了进行这种积分，通常使 $\mathcal{Q}$ 中出现一个完美的二次型：

$$\mathcal{Q} = (\boldsymbol{x} - \boldsymbol{A}\hat{\boldsymbol{x}})^{\mathrm{T}}(\boldsymbol{A}^{\mathrm{T}}\boldsymbol{A} + \alpha\boldsymbol{D}^{\mathrm{T}}\boldsymbol{D})(\boldsymbol{x} - \hat{\boldsymbol{x}}) + \mathcal{S}(\alpha)$$

其中，$\mathcal{S}(\alpha) = \boldsymbol{y}^{\mathrm{T}}(\boldsymbol{y} - \boldsymbol{A}\hat{\boldsymbol{x}})$，将导致高斯积分为

$$\begin{aligned} p_y \mid \alpha,\sigma_b^2) &= \int p_x,\boldsymbol{y} \mid \sigma_x^2,\sigma_b^2)\,\mathrm{d}\boldsymbol{x} \\ &= (2\pi\sigma_b^2)^{-N/2}\alpha^{M/2}\ |\boldsymbol{D}^{\mathrm{T}}\boldsymbol{D}|^{1/2}\ |\boldsymbol{A}^{\mathrm{T}}\boldsymbol{A} + \alpha\boldsymbol{D}^{\mathrm{T}}\boldsymbol{D}|^{-1/2}\mathrm{e}^{-\mathcal{S}(\alpha)/2\sigma_b^2} \end{aligned}$$

切换到对数后，我们获得了对数边缘似然函数：

$$L(\alpha,\sigma_b^2) = \frac{M}{2}\lg\alpha - \frac{N}{2}\lg(2\pi\sigma_b^2) + \frac{1}{2}\lg|\boldsymbol{D}^{\mathrm{T}}\boldsymbol{D}| - \frac{1}{2}\lg|\boldsymbol{A}^{\mathrm{T}}\boldsymbol{A} + \alpha\boldsymbol{D}^{\mathrm{T}}\boldsymbol{D}| - \frac{\mathcal{S}(\alpha)}{2\sigma_b^2}$$

如果该似然函数具有足够尖的形状，那么找到使 $L(\alpha,\alpha_b^2)$ 最大化的 (α,α_b^2) 即可满足。于是有

$$\frac{\partial L}{\partial\sigma_b^2} = -\frac{N}{2\sigma_b^2} + \frac{\mathcal{S}(\alpha)}{2\sigma_b^4} = 0 \Rightarrow \hat{\sigma}_b^2 = \frac{\mathcal{S}(\alpha)}{N}$$

上式是对方差的“通常”估计方法。然而，难以把 L 作为 α 的函数进行最大化。因此，需要探索通过离散化网格来寻找 α，因为 $\hat{x}(\alpha)$ 通常仅对 α 的量级变化敏感[FOR 93, THO 91]。

3.8.3 维纳滤波

“线性平方”框架是唯一能够在无限维空间问题中给出统计解释的框架

[FRA 70]:

$$y = Ax + b, x \in \mathcal{X}, y \in \mathcal{Y} \tag{3.12}$$

为此,假设式(3.12)中出现的函数 x、y 和 b 是随机过程 X、Y 和 B 的特定轨迹或实现,它们存在以下的关系①:

$$Y = AX + B \tag{3.13}$$

如果零均值过程 X 依赖于变量 r,则其协方差函数定义为 $\Gamma_X(r,r') = E(X(r)X(r'))$,假设函数 x、随机过程 X 的轨迹都位于希尔伯特空间 $\mathcal{X}$,函数 y 和 b 以及 Y 和 B 的轨迹都属于同一希尔伯特空间 $\mathcal{Y}$(可能与 $\mathcal{X}$ 不同)。因此,X 的协方差(函数)可被认为是在空间 $\mathcal{X}$ 上定义的算子 R_X 的核:

$$(R_X\phi)(r) = \int \Gamma_X(r,r')\phi(r')\mathrm{d}r', \phi \in X$$

逆问题是在给定观测数据(Y 的实现 y)以及随机过程 X 和 B 的概率先验知识情况下来估计 X 的一次实现 x。在 X 是高斯过程(或其任何线性变换——例如高斯过程的导数)这一特殊情况下,X 的先验概率分布可以用符号写出②:

$$p_X(x) \propto \exp\left\{-\frac{1}{2}\langle x, R_X^{-1}x\rangle_X\right\}$$

如果假设噪声过程 B 是具有方差 σ^2 的加性高斯白噪声,则可以写出后验分布:

$$p_X(x \mid Y=y) \propto \exp\left\{-\frac{1}{2\sigma^2}\left(\|y - Ax\|_Y^2 + \sigma^2 \langle x, R_X^{-1}x\rangle_X\right)\right\}$$

给定观测数据 y,x 的最佳估计取决于最优准则的选择,但在这种情况下,如果选择后验分布或 MSE 的最大值,并且根据下式对协方差算子进行因式分解:

$$R_X = (C^* C)^{-1} \tag{3.14}$$

则,该解将使准则 $\|y - Ax\|_{\mathcal{Y}}^2 + \sigma^2 \|Cx\|_{\mathcal{X}}^2$ 最小化。由此得出 $\hat{x} = Gy$,其中 G 由式(2.7)给出,$\alpha = \sigma^2$。此外,如果定义算子 $R_B = \sigma^2 Id$,其中 Id 是 $\mathcal{Y}$ 中的恒等算子(R_B 是白噪声的协方差算子),那么 G 也可以写成:

---

① 这里,为了简单起见我们还假设随机过程 X、Y 和 B 具有零均值。这个假设不是必须的,因为即使不这样做上述随机过程总是可以居中,并且由于 A 的线性特点,式(3.13)对于中心化随机过程仍然是正确的。

② 实际上,一个过程的分布是由 n 个随机变量的联合分布给出:$X(r_1), X(r_2), \cdots, X(r_n)$, $\forall (r_1, r_2, \cdots, r_n) \in \mathbb{R}_n$。

$$G = R_X A^* (A R_X A^* + R_B)^{-1} \tag{3.15}$$

这也是维纳滤波器的形式。换言之,Tikhonov 正则化式(2.7)与白噪声情况下的维纳滤波器相似,前提是其中的约束算子 C 通过关系式(3.14)与协方差算子 R_X 相联系。但是请注意,二阶各态历经过程具有有限功率但无限能量的轨迹:$\mathcal{X}$不是可求和的平方函数空间。

式(3.15)与傅里叶域中表示的维纳滤波器的通常表达式不同。事实上,上述表达式更具一般性。利用算子 A 的卷积结构和随机过程 X 和 B 的弱平稳性(二阶)等其他假设,我们将在第4章中再次找到其常见的表达形式。

相反,在$\mathcal{G}$或$\mathcal{F}$非二次函数的情况下,对准则式(2.5)的最小化并没有系统的统计解释。其困难实质上源于以下事实:这种情况下,在限维空间上表征随机过程概率的数学量与式(2.5)没有直接关系,并且无法自然定义似然函数。

参考文献

[BER 94] BERNARDO J. M. ,SMITH A. F. M. ,*Bayesian Theory*,Wiley,Chichester,UK,1994.

[BES 86] BESAG J. E. ,"On the statistical analysis of dirty pictures (with discussion)",*J. R. Statist. Soc. B*,vol. 48,num. 3,p. 259 - 302,1986.

[BRO 86] 9,Hayward,CA,IMS Lecture Notes,Monograph Series edition,1986.

[COX 61] COX R. ,*The Algebra of Probable Inference*,Johns Hopkins University Press,Baltimore,MD,1961.

[DEM 77] DEMPSTER A. P. ,LAIRD N. M. ,RUBIN D. B. ,"Maximum likelihood from incomplete data via the EM algorithm",*J. R. Statist. Soc. B*,vol. 39,p. 1 - 38,1977.

[DEM 89] DEMOMENT G. ,"Image reconstruction and restoration:overview of common estimation structure and problems",*IEEE Trans. Acoust. Speech,Signal Processing*,vol. ASSP - 37,num. 12,p. 2024 - 2036,Dec. 1989.

[FOR 93] FORTIER N. ,DEMOMENT G. ,GOUSSARD Y. ,"GCV and ML methods of determining parameters in image restoration by regularization:fast computation in the spatial domain and experimental comparison",*J. Visual Comm. Image Repres.* ,vol. 4,num. 2,p. 157 - 170,June 1993.

[FRA 70] FRANKLIN J. N. ,"Well - posed stochastic extensions of ill - posed linear problems",*J. Math. Anal. Appl.* ,vol. 31,p. 682 - 716,1970.

[GAS 92] GASSIAT E. ,MONFRONT F. ,GOUSSARD Y. ,"On simultaneous signal estimation and parameter identification using a generalized likelihood approach",*IEEE Trans. Inf. Theory*,vol. 38,p. 157 - 162,Jan. 1992.

[GEM 84] GEMAN S. ,GEMAN D. ,"Stochastic relaxation,Gibbs distributions,and the Bayesian restoration of images", *IEEE Trans. Pattern Anal. Mach. Intell.* , vol. PAMI – 6, num. 6, p. 721 – 741, Nov. 1984.

[JAY 82] JAYNES E. T. , "On the rationale of maximum – entropy methods", *Proc. IEEE*, vol. 70, num. 9, p. 939 – 952, Sep. 1982.

[JEF 39] JEFFREYS, *Theory of Probability*, Oxford Clarendon Press, Oxford, UK, 1939.

[KAS 94] KASS R. E. , WASSERMAN L. , Formal Rules for Selecting Prior Distributions: A Review and Annotated Bibliography, Technical report no. 583, Department of Statistics, Carnegie Mellon University, 1994.

[LIT 83] LITTLE R. J. A. , RUBIN D. B. , "On jointly estimating parameters and missing data by maximizing the complete – data likelihood", *Amer. Statist.* , vol. 37, p. 218 – 220, Aug. 1983.

[MAR 87] MARROQUIN J. L. , MITTER S. K. , POGGIO T. A. , "Probabilistic solution of illposed problemsin computational vision", *J. Amer. Stat. Assoc.* , vol. 82, p. 76 – 89, 1987.

[POL 92] POLSON N. G. , "On the expected amount of information from a non – linear model", *J. R. Statist. Soc.* , vol. 54, num. B, p. 889 – 895, 1992.

[ROB 97] ROBERT C. P. , *The Bayesian Choice. A Decision – Theoretic Motivation*, Springer Texts in Statistics, Springer Verlag, New York, NY, 1997.

[TAR 87] TARANTOLA A. , *Inverse Problem Theory: Methods for Data Fitting and Model Parameter Estimation*, Elsevier Science Publishers, Amsterdam, The Netherlands, 1987.

[THO 91] THOMPSON A. , BROWN J. C. , KAY J. W. , TITTERINGTON D. M. , "A study of methods of choosing the smoothing parameter in image restoration by regularization", *IEEE Trans. Pattern Anal. Mach. Intell.* , vol. PAMI – 13, num. 4, p. 326 – 339, Apr. 1991.

[TIT 85] TITTERINGTON D. M. , "Common structure of smoothing techniques in statistics", *Int. Statist. Rev.* , vol. 53, num. 2, p. 141 – 170, 1985.

第2部分

解卷积

第 4 章　逆滤波和其他线性解卷积方法①

4.1 引　言

许多实际的物理系统可以很好地近似为线性移不变系统，即系统输出与输入呈线性关系，对输入信号的移位（例如，时间变量或空间变量移位）具有移不变性。据此，可以使用卷积对这类系统进行建模。因此，解卷积是个一般性的逆问题，广泛存在于无损检测、地球物理学、医学成像、天文学、通信等诸多领域。本书的第 4 部分将开辟专门章节介绍解卷积在以上部分领域中的应用。

本章首先介绍卷积的特性，然后介绍线性解卷积方法。这类方法相当于频谱均衡，因此无法恢复系统未观测到的频率成分，只能够补偿观测过程中引入的衰减。线性方法的分辨率根本上受限于观测的频谱宽度。如需突破这个限制，需要采用非线性方法。非线性方法需要利用待恢复对象的附加先验信息或假设，本书将在后续章节中介绍这类方法。

线性解卷积方法的主要优势在于其求解速度及其方法的简单性（尽管在过去的 20 年中实现技术已经有了很大的发展，这两点依然具有很大的吸引力），以及对待求对象所作假设具有很强的鲁棒性（得益于这类方法的简单性②）。因此，这类方法可作为参考，用于比较其他更复杂、更高级方法的性能。此外，还可以作为其他方法求解的中间过程，如第 6 章介绍的半二次优化方法。因此，本章将特别关注方法实现过程中的这些问题。

调整线性解相对简单，包括选择待估计信号的二阶特征。这方面有信号二阶建模的大量研究成果可供参考，可指定信号的相关函数、谱密度，或者差分方程模型。最后，还可以调整单个标量参数（正则化系数），这个参数本质上应是输入信号功率和噪声功率之比，即信号噪声比（SNR）。此外，简单有效的正则化参数选择技术请见 3.8 节和 2.3.3 小节。

---

① 本章由 Guy Le Besnerais，Jean – François Giovannelli 和 Guy Demoment 撰写。

② 依据控制论法中的经典法则（如今一定程度被忽视）——“所需的信息量越大，机器越容易出错”[WIE 71]。

4.2 连续时间解卷积

对于连续时间情形，卷积方程可以表述为

$$y(t) = (Ax)(t) = (h * x)(t) = \int_{\mathbb{R}} x(t - t')h(t')\mathrm{d}t', t \in \mathbb{R} \tag{4.1}$$

式中：x 为要恢复的输入信号；h 为卷积算子 A 的核或观测系统的冲激响应(IR)①；y 为观测数据。式(4.1)是第1章式(1.9)的一种特殊形式。

4.2.1 逆滤波

假定 x,y 和 h 是具有傅里叶变换(FT)的广义函数或缓变广义函数，那么通过傅里叶变换，等式(4.1)变为

$$\hat{y}(\nu) = \hat{x}(\nu)\hat{h}(\nu), \quad \nu \in \mathbb{R} \tag{4.2}$$

经逆滤波得到的解为

$$\hat{x}(\nu) = \hat{y}(\nu)/\hat{h}(\nu), \quad x(t) = \mathcal{F}^{-1}\{\hat{x}(\nu)\} \tag{4.3}$$

由于根据信号的频谱 $\hat{x}(\nu)$ 能够完全确定其时域波形 $x(t)$，因此，理论上确定了 $\hat{y}(\nu)$ 和 $\hat{h}(\nu)$ 就能准确求得 $x(t)$。然而，实际中并非如此简单(ARS 66)。

考虑卷积代数 $\aleph$ 的情形，对于任意 $\forall y \in \aleph$，$y = h * x$ 在 $\aleph$ 中有唯一解的充分必要条件是 h 存在卷积逆 h^{-1}，使得 $h * h^{-1} = \delta$。此时，可以通过 $y * h^{-1} = x$ 得到解。然而，h^{-1} 并不一定存在，如当 h 为分布函数时。更为复杂的情况是，h^{-1} 仅在观测为某些特定函数时才存在。此外，如果 $\aleph$ 包含零为除数的特殊情况，则存在无数个解。

考察等式(4.3)，只有 $1/\hat{h}(\nu)$ 存在并且是一个缓变广义函数时该式才有意义。因此，对于任何 ν 值，函数 $\hat{h}(\nu)$ 一定不能为零，并且在 ν 趋于无穷大时不会比 $1/\nu$ 的任意次幂更快地趋于零。这些条件非常严格，在实际中难以满足。此外，对于大多数实际的观测系统，当 $\nu \to \infty$ 时，$|\hat{h}(\nu)| \to 0$，因此式(4.3)给出的解通常是不稳定的。实验数据始终包含误差：

① 在本章中，假设 IR 已知。第8章讨论了 IR 未知的情况。

$$y(t) = \int_{\mathbb{R}} x(t-t')h(t')\mathrm{d}t' + b(t) \tag{4.4}$$

误差或测量噪声 $b(t)$ 的傅里叶变换并不一定会像 $\hat{h}(\nu)$ 那样在无穷远处减小。因此,在 $\hat{x}(\nu)$ 或 $x(t)$ 的支集上引入有界假设并不能解决任何问题。

(1) 对于带限类输入信号,能够正确求解的前提是在输入信号的频谱范围内 $\hat{h}(\nu)$ 已知,这就是仪器和测量领域经典的 Rayleigh 准则。考虑到小的 h 值会导致不稳定,有必要假设输入信号 x 的频谱的支集要比系统冲激响应 h 的频谱的支集窄得多,并且信号频谱处在 h 的高 SNR 谱域。然而,这意味着观测系统需要具备远超信号恢复所需的分辨率,这种情况几乎没有什么实际意义。

(2) 对于有限支集类输入信号,根据 Weïerstrass 的解析函数理论,$\hat{x}(\nu)$ 是解析函数,而且可以利用其在某一个区间上的取值来估计其他区间的函数值。然而,前提是需要精确已知该函数的各阶导数。这几乎是不可能实现的,因为导数计算对观测误差极度敏感[KHU 77]。

考虑移动平均(MA)滤波器的例子:

$$y(t) = \frac{1}{T}\int_{t-T}^{t} x(t')\mathrm{d}t' \tag{4.5}$$

这个滤波器将贯穿本章,其频率响应如图 4.1 所示。从其频率响应可以观察到其求逆过程面临的一系列问题。滤波器的频率响应是一个 Sinc(辛格)函数,频率较高时响应幅度小,对高频率信号成分的衰减大,频率高的信号成分将会淹没在噪声中。此外,对于频率为 $1/T$ 整数倍的信号成分,其将会被完全抑制(响应为零)。对于此种情况,逆滤波方法失效。

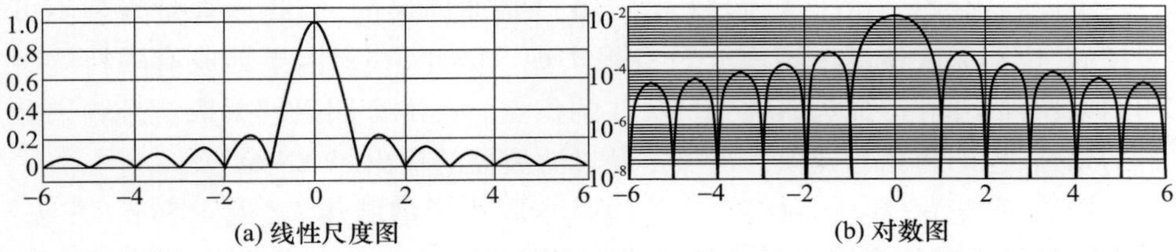

图 4.1　由式(4.5)($T=1$)定义的 MA 滤波器的幅频响应

4.2.2　维纳滤波

等式(4.3)形式上简单,但在实际求解过程中面临的正是第 1 章阐述的核心困难。假设 x,y 和 h 均为平方可积/可和函数(这个假设在物理上通常是成立的),则对应的卷积算子 A 是紧且有界的,但是它的虚部 $\mathrm{Im}A$ 不是闭合的。因此,解卷积问题是不适定的,需要引入正则化方法。本章采用二次函数作为正则化惩罚函数,并使用 Tikhonov 正则化(式(2.7))或维纳滤波器(式(3.15))。

连续时间解卷积的正则化方法可以追溯到 Wiener 在 20 世纪 50 年代关于最优滤波的工作。该方法可直接用于求解方程(4.4),例如,在地球物理学领域中的应用[ROB 54]。如第 3 章所述,Wiener 将输入信号和噪声建模为二阶随机过程,其特征由协方差函数决定。在平稳条件下,协方差函数是平移不变的,因此可建模为单变量的相关函数 $r^x(t)$ 和 $r^b(t)$。相关函数的傅里叶变换为功率谱密度 $S_x(\nu)$ 和 $S_b(\nu)$。

在平稳性和 A 是卷积算子的假设下,维纳滤波器(式(3.15))的一般形式在傅里叶域(频域)的表达式较为简单,其对应的频率传输函数可以写成:

$$\hat{g}(\nu)=\frac{\hat{h}^*(\nu)S_x(\nu)}{|\hat{h}(\nu)|^2S_x(\nu)+S_b(\nu)}=\frac{1}{|\hat{h}(\nu)|}\frac{|\hat{h}(\nu)|^2S_x(\nu)}{|\hat{h}(\nu)|^2S_x(\nu)+S_b(\nu)} \tag{4.6}$$

据此,Wiener 滤波器实际上是传递函数为 $1/\hat{h}(\nu)$ 的逆滤波器与稳定滤波器的级联。对于 SNR 较高的频带,即当 $|\hat{h}(\nu)|^2S_x(\nu)\gg S_b(\nu)$ 时,稳定滤波器具有单位传输特性(频率响应为 1),此时的 Wiener 滤波器等价于逆滤波器。另一方面,对于 SNR 为零的频带,稳定滤波器的频率响应为零,整个 Wiener 滤波器的响应也为零,从而避免逆滤波器发散。因此,Wiener 滤波器或二次正则化方法只能在 SNR 足够高的频段内实现频谱均衡。

需要指出的是,由于滤波器(式(4.6))是非因果的,因此通常是物理不可实现的,也即无法使用模拟电子设备来实现。因此,获得因果性或有限持续时间约束条件下的解,成为研究人员关注的焦点。第 1 个因果解采取信号频谱分解的思路,也即将信号建模为白噪声经过滤波器的输出[VAN 68]。

在 20 世纪 60 年代,状态空间建模基本取代了谱域建模(见 4.5 节)方法,这不仅解决了带约束维纳滤波器的求解和实现问题,而且更重要的是,可以解决非平稳条件下的信号估计和滤波问题。Kalman - Bucy 滤波[KAL 60]诞生于这个时期,并且在 20 世纪 70 年代即被应用于解卷积,例如应用于地球物理学领域。参考文献[BAY 70]很好地介绍了连续时间卡尔曼滤波及其在地球物理中的应用实例,并通过模拟数据处理进行了说明。

如今,随着个人计算机的发展,信号一经获取就会被离散化。因此,在介绍相应的方法之前,有必要研究离散化对解卷积问题特性的影响。

4.3　离散时间解卷积

由于待解卷积的信号 y 被离散化,要恢复的输入 x 在大多数时间也被离散化,这会导出一个离散到离散的求逆问题(见第1章)。输出的离散化通常包括积分(例如,CCD 相机的输出)。对于简单采样情况的场景,系统的后读发展可以直接利用,积分过程已经包含在系统相应的 h 中。

4.3.1　正交方法选择

为了实现离散化,待恢复的输入 $x \in \mathcal{X}$(见1.3节)被分解为函数族$\{g_m\}$的叠加:

$$x(t) = \sum_{m=1}^{M} x_m g_m(t) + x^*(t) \tag{4.7}$$

式中:x_m 为分解系数;x^* 为残余截断误差项。

假设对观测信号 y 等间隔采样有限的 N 个点,采样时刻为 $t_n = n\Delta t$,则观测信号可以表示为

$$y_n = y(n\Delta t) = \sum_{m=1}^{M} h_{n,m} x_m + b_n, \quad n = 1,2,\cdots,N \tag{4.8}$$

其中,$h_{n,m} = \int g_m(n\Delta t - t)h(t)\mathrm{d}t$,$b_n = b(t_n)$表示测量噪声和滤波截断误差 $\int x^*(n\Delta t - t)h(t)\mathrm{d}t$ 的总和。

通常将 x 分解为 Δt 内移位基函数 $g_m(t) = g(t - m\Delta t)$的叠加,于是离散时间卷积可以表示为

$$y_n = \sum_{m=1}^{M} \tilde{h}_{n-m} x_m + b_n, \quad n = 1,2,\cdots,N$$

需要指出的是,离散冲激响应是对 h 滤波后输出的采样:

$$\tilde{h}_k = (h * g)(k\Delta t) \tag{4.9}$$

因此,离散时间系统的截止频率通常不同于对应连续时间系统的截止频率。

如果基本核 g 是宽度为 Δt 的区间指示函数,则系数 x_m 和 $\tilde{h}_k$分别为宽度为 Δt 的区间上输入信号和冲激响应的平均值。如果基本核 g 为伪周期为 Δt 的辛格函数,卷积式(4.9)在带限区间$(-\Delta t/2, \Delta t/2]$截取 $\hat{h}$。如果 h 是带限的且

频率范围包含在以上区间内，则满足香农条件，此时 $\hat{h}=h(k\Delta t)$。否则，离散系统的截止频率低于连续系统，实际上对应于通过维数控制的正则化。

另一个需要考虑的因素是 IR $\tilde{h}_k$的时域截断，这对于构造有限维解卷积问题是必不可少的。从这个角度来看，相比以指示函数作为基本核，缓慢衰减的辛格函数作为基本核会产生更强的截断效应。当然，也存在折中选择，例如样条函数或长椭球函数。

式(4.8)描述了观测信号 y_n、待恢复信号 x_n 和 IRh_n 系数（直接问题）之间的关系。通过组合这 N 个方程，可以得到形如式(1.3)的 $N\times M$ 线性系统，即

$$\boldsymbol{y}=\boldsymbol{H}\boldsymbol{x}+\boldsymbol{b} \tag{4.10}$$

由本书第 2 章可知，对以上线性系统求逆的困难与矩阵 $\boldsymbol{H}$ 的条件数有关，本章后续将讨论该矩阵的结构对该线性系统的求逆问题。

4.3.2 观测矩阵 H 的结构

符号 h_k 用于表示离散形式的 IR，并假设它的有效支集（即系数 h_k 具有较大幅值的时域区间）小于观测 y 的持续时间 $N\Delta t$。由于该 IR 不一定是因果序列，故表示为 $\boldsymbol{h}=[h_{-Q},\cdots,h_0,\cdots,h_{+P}]^{\mathrm{T}}$，$P+Q+1$ 个有效系数满足 $P+Q+1<N$。于是，离散卷积方程为

$$y_n = \sum_{p=-Q}^{P} h_p x_{n-p} + b_n, \quad n = 1,2,\cdots,N \tag{4.11}$$

解卷积问题通常指的是利用观测向量 $\boldsymbol{y}=[y_1,\cdots,y_N]^{\mathrm{T}}$ 估计与之具有相同支集的输入信号向量 $\boldsymbol{x}=[x_1,\cdots,x_N]^{\mathrm{T}}$。然而，等式(4.11)表明由于边界效应，不可能在这两个向量之间建立类似式(4.10)的关系。实际上，如果写出矩阵方程式(4.10)的具体构成，可以得到

$$\begin{bmatrix} y_1 \\ y_2 \\ \vdots \\ y_N \end{bmatrix} = \begin{bmatrix} h_p & \cdots & h_0 & \cdots & h_{-Q} & 0 & \cdots & 0 & \\ 0 & h_p & \cdots & h_0 & \cdots & h_{-Q} & 0 & \cdots & \vdots \\ \vdots & \ddots & \ddots & \ddots & \ddots & \ddots & & & \\ \cdots & 0 & h_p & \cdots & h_0 & \cdots & h_{-Q} & 0 & \\ 0 & \cdots & 0 & h_p & \cdots & h_0 & \cdots & h_{-Q} & \end{bmatrix} \begin{bmatrix} x_{-P+1} \\ \vdots \\ x_0 \\ x_1 \\ \vdots \\ x_N \\ x_{N+1} \\ \vdots \\ x_{N+Q} \end{bmatrix} \tag{4.12}$$

因为 $M = \dim x = N + P + Q > \dim y = N$，因此该问题是不适定的。

可见，由于 $P + Q + 1 < N$，所以矩阵 $\boldsymbol{H}$ 为具有带状结构的 Toeplitz 矩阵。对于图像解卷情形（二维解卷积问题），离散卷积式（4.11）涉及对两个坐标变量进行求和，通常通过字典序扫描方法构造向量 $\boldsymbol{x}$ 和 $\boldsymbol{y}$。例如，逐行从左到右和从上到下将待恢复图像的像素值、模糊观测图像的像素值分别堆叠形成向量 $\boldsymbol{x}$ 和 $\boldsymbol{y}$[HUN 73，JAI 89]，将会得到与式（4.10）相同的矩阵表达形式。由此导出的矩阵 $\boldsymbol{H}$ 具有块 Toeplitz 结构，且每个块本身都是 Toeplitz 矩阵。为简化起见，将该类矩阵称为 Toeplitz－块－Toeplitz 矩阵。

需要指出的是，$\boldsymbol{H}$ 的结构特征使得计算乘积 $\boldsymbol{Hx}$ 时存在快速算法。总是可以通过增加若干行来扩充该矩阵，以便获得阶数为 $M = N + P + Q$ 的循环方阵 $\boldsymbol{C}_h$。循环矩阵是完全由其第一行定义的 Toeplitz 矩阵：任意一行都是其前一行通过循环排列得到的。循环方阵可以在傅里叶基上进行分解[HUN 71]：

$$\boldsymbol{C}_h = \boldsymbol{W}^* \boldsymbol{\Lambda}_h \boldsymbol{W} \tag{4.13}$$

式中：$\boldsymbol{W}_{k,\ell} = \mathrm{e}^{-2\mathrm{j}\pi(k-1)(\ell-1)/L} / \sqrt{M}$ 是阶数为 M 的傅里叶酉矩阵；$\boldsymbol{\Lambda}_h$ 为对角矩阵，且其对角元素是 $\boldsymbol{C}_h$ 第一列的离散傅里叶变换（DFT 可通过快速傅里叶变换计算）。乘积 $\boldsymbol{Hx}$ 可通过以下过程来计算。

（1）计算 $\boldsymbol{x}$，以及 $\boldsymbol{C}_h$ 第一列的 DFT；

（2）将（1）中得到的两个向量进行点乘；

（3）计算（2）所得结果的逆 DFT；

（4）从（3）所得向量中抽取 $\boldsymbol{y}$（维数 N）。

这一方法用到补零，是一种能有效率降低计算成本的技术。在二维解卷积中，可以通过具有方形块的循环—块—循环矩阵的特性（即块循环，并且块本身是循环的）来推广补零技术[HUN 73]。

考虑边界问题：定义向量 $\boldsymbol{x}_1 = [x_{-P+1}, \cdots, x_0]^{\mathrm{T}}$ 和 $\boldsymbol{x}_r = [x_{N+1}, \cdots, x_{N+Q}]^{\mathrm{T}}$ 分别为未知向量 $\boldsymbol{x}$ 的左右边界，此时线性系统式（4.12）可以写成[NG 99]：

$$\boldsymbol{y} = H_l \boldsymbol{x}_l + \boldsymbol{H}_{\mathrm{c}} \boldsymbol{x} + \boldsymbol{H}_{\mathrm{r}} \boldsymbol{x}_{\mathrm{r}} + \boldsymbol{b} \tag{4.14}$$

其中，$\boldsymbol{x} = [x_1, \cdots, x_N]^{\mathrm{T}}$。$\boldsymbol{H}_1$ 由 $\boldsymbol{H}$ 的前 P 列组成，$\boldsymbol{H}_r$ 是 $\boldsymbol{H}$ 的最后 Q 列，$\boldsymbol{H}_c$ 则是 $\boldsymbol{H}$ 剩下的中心部分。

此时存在以下两种情况：

（1）向量 $\boldsymbol{x}_1$ 和 $\boldsymbol{x}_r$ 是未知的，并且需要对它们进行估计。这时需要从 N 个方程中估计 $M = N + P + Q$ 个未知量。由此产生的不确定性问题在第 2 章给出的正则化框架下能够有效解决。另一方面，由于卷积矩阵不具有循环结构，求逆算法的计算复杂度会提高。

(2) 向量 $\boldsymbol{x}_1$ 和 $\boldsymbol{x}_r$ 是未知的,但无需估计。此时,我们希望通过 $N\times N$ 线性系统来近似式(4.14)(相当于只考虑 $\boldsymbol{H}_c\boldsymbol{x}$)。有几个近似值对应于添加到语句中的边界条件这个问题。通过前置窗(或后置窗)将 $\boldsymbol{x}_1$(或 $\boldsymbol{x}_r$)置零,这在因果或瞬态等某些特定情形下是合理的。接下来介绍两个在降低计算成本方面非常有利的边界假设。

4.3.3 常用的边界条件

一个经常使用的近似条件为,假设待恢复信号是周期为 N 的信号:$x_1=[x_{N-P+1},\cdots,x_N]^{\mathrm{T}}$ 和 $\boldsymbol{x}_r=[x_1,\cdots,x_Q]^{\mathrm{T}}$。此时,式(4.14)变为 $\boldsymbol{y}=\boldsymbol{H}_{\mathrm{P}}\boldsymbol{x}+\boldsymbol{b}$,其中新的卷积矩阵

$$\boldsymbol{H}_{\mathrm{p}}=[\boldsymbol{0}_{N\times(N-P)}\,|H_1]+H_{\mathrm{c}}+[H_{\mathrm{r}}\,|\boldsymbol{0}_{N\times(N-Q)}] \tag{4.15}$$

是循环矩阵,因此可以通过傅里叶矩阵实现对角化:$\boldsymbol{H}_{\mathrm{P}}=\boldsymbol{W}^*\Lambda_h\boldsymbol{W}$。其特征值为 $\boldsymbol{H}_{\mathrm{P}}$ 的第一列 h_P(周期为 N 的补零冲激响应)的 DFT。若冲激响应 h 为4.3.2节中介绍的非因果情形,则 $h_P=[h_0,\cdots,h_P,0,0,\cdots,0,h_{-Q},\cdots,h_{-1}]^{\mathrm{T}}$。

另一个不常采用的近似是在边界上增加“镜像条件”(也称为 Neumann 边界条件[NG 99]),或者说,假设 $\boldsymbol{x}_1=[x_Q,x_{Q-1},\cdots,x_1]^{\mathrm{T}}$ 和 $\boldsymbol{x}_r=[x_N,x_{N-1},\cdots,x_{N-P+1}]^{\mathrm{T}}$。此时,式(4.10)和式(4.14)对应的新卷积矩阵具有以下形式:

$$\boldsymbol{H}_{\mathrm{M}}=[\boldsymbol{0}_{N\times(N-P)}\,|H_1]\boldsymbol{J}+H_{\mathrm{c}}+[H_{\mathrm{r}}\,|\boldsymbol{0}_{N\times(N-Q)}]\boldsymbol{J} \tag{4.16}$$

式中:$\boldsymbol{J}$ 为 $N\times N$ 的单位 Hankel 矩阵或倒置矩阵。

在这种情况下,矩阵 $\boldsymbol{H}_M$ 既不是 Toeplitz 矩阵也不是循环矩阵,而是“Toeplitz - Hankel”。当系统的 IR 为偶对称序列($h_k=h_{-k}$和 $P=Q$)时,这些矩阵可以像循环矩阵那样被分解,但需要通过离散余弦变换(DCT)而非 DFT。

这些近似可以直接推广到2D情况[NG 99]。由于循环或 Toeplitz - Hankel 矩阵可以在复指数或余弦基上对角化,因此,得益于 DFT 或 DCT,可以较低的计算复杂度实现对角分解,这是后续求逆的基础。对于既不满足周期性假设也不满足镜像边界假设的信号,这些近似会产生什么影响还有待研究,下面将通过一个示例来说明这一点。

4.3.4 解卷积问题的性态

计算解卷积问题的性态(也即确定系数矩阵的条件数)需要确定矩阵 $\boldsymbol{H}^{\mathrm{T}}\boldsymbol{H}$ 的非零特征值(零特征值的问题可通过求解广义逆来解决)。根据边界假设,要么 $\boldsymbol{H}^{\mathrm{T}}\boldsymbol{H}$ 是循环矩阵,要么 $\boldsymbol{H}\boldsymbol{H}^{\mathrm{T}}$ 或 $\boldsymbol{H}^{\mathrm{T}}\boldsymbol{H}$ 中的一个是 Toeplitz 矩阵(或2D中的 Toeplitz - 块 - Toeplitz 矩阵)。从式(4.13)可以看出,循环矩阵的特征值可以通

过 DFT 计算得出。然而,对于非循环 Toeplitz 矩阵,只有渐近结果。在这两种情况下,所得结果都会带来与离散 IR 相关的传递函数:

$$\hat{H}(\nu) = \sum_{p=-Q}^{P} h_p e^{-2j\pi p\nu} + b_n, \quad \nu \in [0,1)$$

4.3.4.1　循环矩阵情形

已经知道,如果待恢复信号是周期为 N 的信号,那么导出的卷积矩阵 $\boldsymbol{H}_{\mathrm{P}}$ 是 N 阶循环矩阵。式(4.13)表明正规矩阵 $\boldsymbol{H}^{\mathrm{T}}\boldsymbol{H}$ 的特征值为 H 模平方的规则抽样:

$$\hat{H}: \lambda_h^2(k) = |\hat{H}(k/N)|^2, \quad 0 \leqslant k \leqslant N-1$$

因此,矩阵的条件数直接与函数 $|\hat{H}(\nu)|^2$ 的取值分布相关联。图 4.2 给出了式(4.5)MA 滤波器的情况,采样周期为 $\Delta t = T/20$。虽然在这个例子中没有一个特征值为零,但式(1.22)定义的条件数 c 非常高:$c > 10^{10}$,因此可以预见在求取广义逆时会存在不少困难,4.3.5 节将进一步阐述。

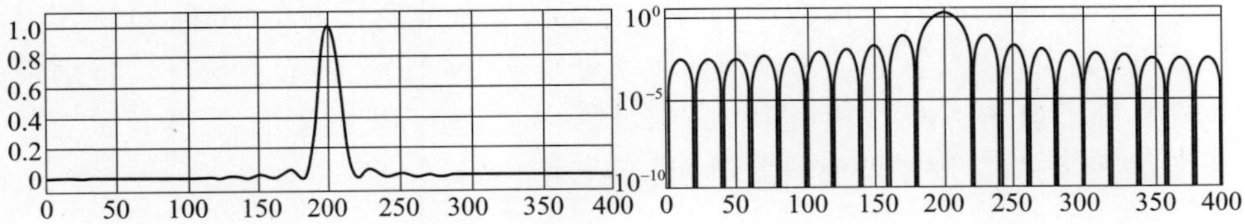

图 4.2　对于 MA 滤波器式(4.5)的正规矩阵 $\boldsymbol{H}^{\mathrm{T}}\boldsymbol{H}$ 的特征值谱(周期边界条件)

4.3.4.2　Toeplitz 矩阵情形

对于式(4.12)的一般形式,N 阶矩阵 $\boldsymbol{H}\boldsymbol{H}^{\mathrm{T}}$ 具有对称的带状 Toeplitz 结构。总是可以将它包含在 $N+P+Q$ 阶的循环矩阵中,该循环矩阵的第一行是由补零 IR 自相关序列排列而成,且其特征值为 $|\hat{H}(k/(N+P+Q))|^2$。N 较大时,矩阵 $\boldsymbol{H}\boldsymbol{H}^{\mathrm{T}}$ 可以看成循环矩阵的微扰。Szegö 定理[GRE 58]论述了这两个矩阵的谱的相互收敛性。这从另一个角度表明,当 N 趋于无穷大时,$\boldsymbol{H}\boldsymbol{H}^{\mathrm{T}}$ 的特征值在 $|\hat{H}(\nu)|^2$ 上趋于均匀分布(或者说是对 $|\hat{H}(\nu)|^2$ 的规则采样)。因此可以证明解卷积问题的条件数趋近于比率:

$$\frac{\max_{\nu \in [0,1)} |\hat{H}(\nu)|^2}{\min_{\nu \in [0,1)} |\hat{H}(\nu)|^2}$$

4.3.4.3 分辨与问题态的矛盾

不可避免地,求解中将会面临以下困境:

(1) IR 有限谱宽,为了满足 Shannon 采样定理,需要选择足够小的采样周期 Δt。4.3 节表明,截止频率并不会因为采样而产生变化。但是,由于函数 $|\hat{H}(\nu)|^2$ 取很小的值,解卷积问题严重不适定。

(2) 为了改变系统的截止频率,调节解卷积问题的不适定性,需要选择足够大的采样周期。为了缓解问题的不适定性,牺牲了获取高分辨率的解(缓解问题的不适定性与提高输入信号恢复的分辨率是一对矛盾)。

这种情况在数值分析中是不寻常的:为了减小正交误差,需要尽可能缩小式(4.1)的离散化间隔,但这也将使得式(4.10)求解难度变大。这正是不适定问题的显著特征。

4.3.5 广义逆

为了说明非良态对解卷积的影响,图 4.3 给出了信号经过式(4.5)所指 MA 滤波器后求逆的最小二乘解(式(1.17))。如果正规矩阵具有零特征值,则广义逆(式(1.19))也具有相类似的特点。正如 1.3 节所预测的那样,即使 SNR 非常高(如 30 dB),在滤波器衰减的频率处噪声分量仍然被显著放大。特别是再次看到了 $\boldsymbol{H}^{\mathrm{T}}\boldsymbol{H}$ 小特征值(图 4.2)邻域第一个传输零点的影响,其导致了周期为 T 的振荡,振荡周期即滤波器积分区间长度。

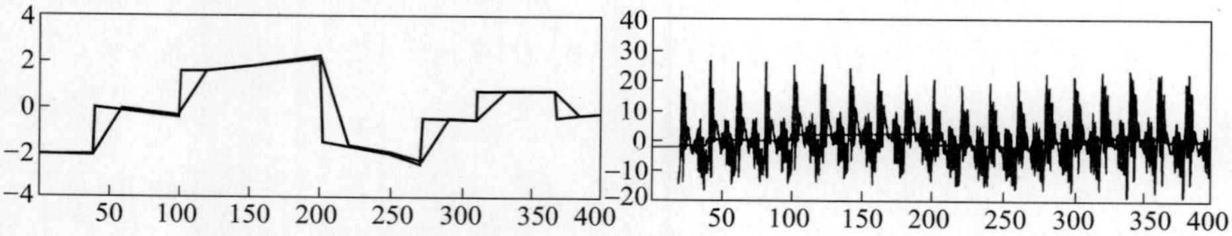

(a) 实际输入及观测数据　　(b) 最小二乘解

图 4.3 一维解卷积示例(式(4.5)的 MA 滤波器,SNR 为 30 dB):解(b)与实际输入相差很大,是不正确的

4.4 批量解卷积

数据批处理的前提是具备相应规模(N)的计算和存储能力。如果满足这些条件,则批处理本质上可归结为矩阵求逆。虽然矩阵规模通常很大,但是往往具有可用来降低计算复杂度的结构化特征,这就是本节要阐述的主要内容。

当不满足上述条件时，可以采取4.5节中提出的递归求解方法。

4.4.1 初步选择

本书中介绍的方法包括选择和最小化如式(2.5)所示的复合正则化准则函数：

$$\mathcal{J}(\boldsymbol{x}) = \mathcal{G}(\boldsymbol{y}-\boldsymbol{H}\boldsymbol{x}) + \alpha\mathcal{F}(\boldsymbol{x})$$

本章则专门讨论二次的情况（符号表示 $\|\boldsymbol{x}\|_A = \boldsymbol{x}^{\mathrm{T}}\boldsymbol{A}\boldsymbol{x}$）：

$$\mathcal{G}(\boldsymbol{y}-\boldsymbol{H}\boldsymbol{x}) = \|\boldsymbol{y}-\boldsymbol{H}\boldsymbol{x}\|^2_{R_b^{-1}} \text{和} \ \mathcal{F}(\boldsymbol{x}) = \|\boldsymbol{x}-\boldsymbol{m}_x\|^2_Q$$

根据第3章给出的贝叶斯解释，该准则等效于高斯噪声条件下的最大后验估计 $\boldsymbol{b}\sim\mathcal{N}(\boldsymbol{0},\boldsymbol{R}_b)$ 和待估参量的高斯先验 $x\sim\mathcal{N}(\boldsymbol{m}_x,\boldsymbol{R}_x)$，其中 $\boldsymbol{R}_x \propto \boldsymbol{Q}^{-1}$，并假设 $\boldsymbol{Q}$ 为正定矩阵。

本章介绍的解卷积方法基于两个重要的性质：

(1) 系统的移不变性。卷积的这个特征，使得 $\boldsymbol{H}$ 成为 Toeplitz 矩阵。

(2) 噪声和待估信号的平稳性。在这个假设下，协方差矩阵 $\boldsymbol{R}_b$ 和 $\boldsymbol{R}_x$ 皆为 Toeplitz 矩阵。

一般来说，需要在噪声分布中选择非零均值 $\boldsymbol{m}_b$，以建模数据获取过程中的系统误差。如果这个额外的自由度确实有用，则必须能够估计这个误差水平，否则在这个“线性-二次”估计框架中，将 $\boldsymbol{m}_b$ 和 $\boldsymbol{Hx}$ 分离是不可能的。如果可以估计这个误差，则只需在求逆运算之前从数据中减去它。在平稳白噪声的情况下，即 $\boldsymbol{R}_b = \sigma_b^2\boldsymbol{I}$，此时正则化参数等效为逆 SNR：$\alpha = \sigma_b^2/\sigma_x^2$。

待估信号的先验均值 $\boldsymbol{m}_x$ 或默认解不必是恒定的常量。同时，为了使观测数据 $\boldsymbol{y}$ 的直方图“高斯化”，应该使用适当的非常数均值，从而更接近于这些方法中隐含的正态假设[HUN 76]。然而，对这种方法也不能抱过多的期待。求解效果根本上受制于数据模型的线性假设，使用非零均值 $\boldsymbol{m}_x$ 并不会显著改善估计器的性能。

就矩阵 $\boldsymbol{Q}$ 而言，二次正则化项通常采用以下形式：

$$\alpha\mathcal{F}(\boldsymbol{x}) = \alpha_0\sum x_n^2 + \alpha_1\sum(x_{n+1}-x_n)^2 \tag{4.17}$$

使用上述正则化项将惩罚解的二范数以及解的一阶差分的二范数（惩罚非平滑解）。式(4.17)右边的两项通常被称为零阶和一阶罚函数。如选择 $\alpha_1 > 0$ 和 $\alpha_0 = 0$，则 $\boldsymbol{Q}$ 为奇异矩阵（对应于7.3.1.3小节所指的不恰当先验分布）。

为了推广以上类型的正则化方法，引入离散化的微分算子 $\boldsymbol{D}$（一维中对应阶数为 p 的差分，二维中对应拉普拉斯算子），并定义

$$Q = D^{\mathrm{T}} D \tag{4.18}$$

4.4.2 估计器的矩阵形式

通过4.4.1小节的选择,正则化准则函数可写作:

$$\mathcal{J}(\boldsymbol{x}) = \| \boldsymbol{y} - \boldsymbol{H}\boldsymbol{x} \|^2_{R_b^{-1}} + \alpha \| \boldsymbol{D}\boldsymbol{x} \|^2 \tag{4.19}$$

其最优解为

$$\hat{\boldsymbol{x}} = (\boldsymbol{H}^{\mathrm{T}} \boldsymbol{R}_b^{-1} \boldsymbol{H} + \alpha \boldsymbol{D}^{\mathrm{T}} \boldsymbol{D})^{-1} \boldsymbol{H}^{\mathrm{T}} \boldsymbol{R}_b^{-1} \boldsymbol{y} \tag{4.20}$$

将该解用于式(4.5)所指MA滤波器求逆,并且使用一阶正则化(在式(4.17)中令 $\alpha_0 = 0$),所得结果示于图4.4(b)。此解存在的问题正是来源于二次正则化估计框架的固有缺陷。关系式(2.8)表明,不可能正确地恢复解的所有分量(在周期假设下是傅里叶级数展开的系数)。信号的不连续处需要大量的傅里叶系数才能正确恢复,而由于特征值 $\lambda_h^2(k)$ 附近较小或为零的分量被强制置零,输入信号的不连续处被滤除了。这导致在不连续处的振荡,也即是吉布斯现象。

式(4.20)的计算量相当于 $O(M^3)$ 量级的基本算术运算(标量乘法和加法)。考虑特定的边界假设,如周期性假设,利用求逆矩阵的结构可使计算复杂度降低到 $O(M\lg M)$ 量级。但代价为显著的边界效应。例如,在图4.4的示例中,周期性边界假设有利于快速计算(见4.4.3节),但估计出的信号 $\boldsymbol{x}$ 具有非常明显的边界效应,表现为两边存在大振幅的振荡(图4.4(a))。然而值得注意的是,对比图4.4的(a)图和(b)图,采用周期性边界假设((a)图)得到的解在除去边界的中间部分与精确计算解((b)图)相同。

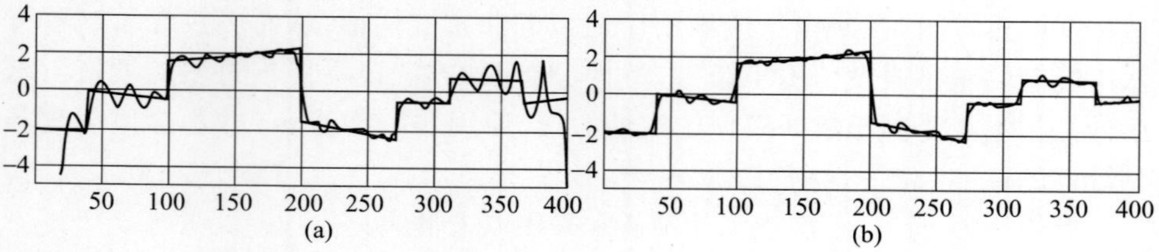

图4.4 一维解卷积:采用周期性边界假设快速计算得到的解(a)和直接求解得到的精确解(b)。实际输入和观测数据如图4.3(a)所示。通过最小化精确解与真实输入(本例是仿真实验,所以可以使用,实际中则难以直接获得)之间的二次误差来选择最优的正则化参数,此例选择 $\alpha_1 = 0.05$

为避免边界效应,必须估计边界信号 x_1 和 x_r 以及中心部分。因此有必要对仅具有Toeplitz或近Toeplitz结构的矩阵求逆。这种矩阵的求逆一直广受关注,是许多工作的研究主题。Levinson[LEV 47]给出的算法能够以与$O(N^2)$[GOL 96]成比例的计算成本进行求逆。在 20 世纪 80 年代,提出了$O(N(\lg N)^2)$量级的求逆算法[MOR 80]。本书不详细介绍这些工作,而是介绍基于 DFT[HUN 73]或共轭梯度(CG)算法[COM 84,CHA 88,CHA 93,CHA 96,NAG 96]的快速求解算法,主要是因为这两类算法对应的代数框架与本书其他章节相近。

4.4.3 Hunt 方法(周期性边界假设)

Hunt 方法[HUN 73]基于 4.3.3 节中介绍的周期近似和有限差分算子 $\boldsymbol{D}$ 的循环近似 $\boldsymbol{D}_{\mathrm{P}}$。这两个循环算子都能够在傅里叶基上实现对角化:

$$\boldsymbol{H}_{\mathrm{P}} = \boldsymbol{W}^* \Lambda_h \boldsymbol{W} \text{ 和 } \boldsymbol{D}_{\mathrm{P}} = \boldsymbol{W}^* \Lambda_d \boldsymbol{W}$$

Λ_h 的对角元素是矩阵 $\boldsymbol{H}_{\mathrm{P}}$ 第一列向量 h_{P} 的 DFT:$\hat{h} = \boldsymbol{W} h_{\mathrm{P}}$。在 4.3.3 节中已经看到 h_{P} 是一个以 N 为周期的补零冲激响应,且易证明其 DFT 是对 $\hat{H}$ 的规则(等间隔)采样:

$$[\Lambda_h]_{\ell,\ell} = \hat{h}_\ell = \hat{H}((\ell-1)/N), \quad 1 \leqslant \ell \leqslant N$$

Λ_d 的对角线是向量 $\hat{\boldsymbol{d}} = \boldsymbol{W}\boldsymbol{d}_{\mathrm{P}}$,其中 $\boldsymbol{d}_{\mathrm{P}}$ 表示循环微分矩阵 $\boldsymbol{D}_{\mathrm{P}}$ 的第一列并且是相应传递函数 $\hat{D}$ 的规则采样。例如,在一阶罚函数情况下(见 4.4.1 节),微分核是 $\boldsymbol{d} = [-1,1]^{\mathrm{T}}$,$\boldsymbol{d}_{\mathrm{P}} = [-1,1,0,\cdots,0]^{\mathrm{T}}$,$\hat{D}(\nu) = \exp(-2\mathrm{j}\pi\nu) - 1$ 和 $\hat{d}_\ell = \hat{D}((\ell-1)/N)$。

在本章后面的讨论中重点关注平稳白噪声情形,也即 $\boldsymbol{R}_b = \boldsymbol{I}$。在式(4.19)和式(4.20)中使用对角化算子,可以在傅里叶域中得到包含分离变量的准则函数:

$$\mathcal{J}(\boldsymbol{x}) = \sum_{\ell=1}^{N} \{ |\hat{y}_\ell - \hat{h}_\ell \hat{x}_\ell|^2 + \alpha |\hat{d}_\ell \hat{x}_\ell|^2 \} \tag{4.21}$$

其中,$\hat{\boldsymbol{x}} = \boldsymbol{W}\boldsymbol{x}$,$\hat{\boldsymbol{y}} = \boldsymbol{W}\boldsymbol{y}$ 皆是从时域到频域的 DFT。以上模型的解是

$$\hat{x}_\ell = \frac{\hat{h}_\ell^* \hat{y}_\ell}{|\hat{h}_\ell|^2 + \alpha |\hat{d}_\ell|^2}, \quad 1 \leqslant \ell \leqslant N \tag{4.22}$$

Hunt 的算法可以概括为以下步骤:

(1) 计算观测数据的 DFT,也即 $\hat{\boldsymbol{y}}=\boldsymbol{W}\boldsymbol{y}$;

(2) 计算以 N 为周期补零 IR 的 DFT,也即 $\hat{\boldsymbol{h}}=\boldsymbol{W}\boldsymbol{h}_{\mathrm{P}}$;

(3) 计算以 N 为周期补零微分核的 DFT,也即 $\hat{\boldsymbol{d}}=\boldsymbol{W}\boldsymbol{d}_{\mathrm{P}}$;

(4) 使用式(4.22)计算频域解,并通过逆 DFT 计算时域解 $\hat{\boldsymbol{x}}$。

由于可使用 FFT 计算每个傅里叶变换,因此得到的算法非常快。需要指出的是,对于具有平稳协方差的二维周期解卷积,由于受益于矩阵的循环－块－循环结构,其算法过程与一维 Hunt 算法完全一致,只是将一维 DFT 替换为二维 DFT,观测系统的 IR 是二维的,并且微分算子(例如拉普拉斯算子)也是二维的。

式(4.22)可以看作是维纳解卷滤波器式(4.6)在白噪声($S_b(\nu)$为常数)、用$1/|\hat{d}|^2$ 取代信号谱 S_x 的情形下的时限形式。这不仅仅是一个类比,而是与矩阵 $\boldsymbol{Q}=\boldsymbol{D}^{\mathrm{T}}\boldsymbol{D}$ 作为待恢复信号相关矩阵逆的贝叶斯解释相一致(除了乘法系数,其在正则化参数 α 中考虑)。对于一阶正则化,可以得到 $S_x(\nu)\propto 1/(1-\cos(2\pi\nu))$,并且通过扩展 $\nu<1$ 中的余弦项,可以观察到这种正则化相当于选择随 $1/\nu^2$ 衰减的信号功率谱。其一般形式为指数衰减信号频谱模型,例如:

$$S_x(\nu_\ell)=\frac{1}{|\hat{d}_\ell|^2}=\frac{1}{1+(\nu_\ell/\nu_c)^p},\nu_\ell=\frac{\ell-1}{N},\quad 1\leqslant\ell\leqslant N \tag{4.23}$$

式中:$2\leqslant p\leqslant 4$;ν_ℓ 为归一化的离散频率;ν_c 为截止频率,或平均相关长度的倒数。

最后,应该注意的是,当 IR 为偶对称时,上述计算(变换空间中的对角化)与[NG 99]的镜像条件类似。此时,可通过 DCT(离散余弦变换)进行对角化。

4.4.4 平稳条件下的精确求逆方法

在平稳条件下,有必要采用边界假设,尽管这样不利于设计快速算法。事实上,对于以下情形,仍然可以设计快速算法:

(1) 待恢复对象(信号)处在重建支集的中心,并且在每个边界处具有相同的值;

(2) 待恢复对象(信号)是散布的,但我们只对它在中心区域的值感兴趣(因此恢复后边界将被消除);

(3) 噪声水平使得正则化使用"擦除"边界效应;

(4) IR 是对称的,镜像条件得以满足。

因此,一般来说鲜见精确处理平稳问题,即不使用近似边界假设①。

如果不作假设(相当于精确处理),则可以使用预条件共轭梯度(PCG)算法。循环PCG(CPCG)算法特别适合解卷积问题。

众所周知,共轭梯度算法可通过 N 次迭代求解 N 维的二次问题。每次迭代的成本主要是矩阵向量相乘,向量维数是数据的维数(长度)。如果矩阵是Toeplitz的,那么通过使用FFT,计算复杂度可降至 $O(N\lg N)$ 量级。

预条件的使用有助于获得线性收敛到问题解的算法(有时甚至更快一些,参见[CHA 96])。这有助于将计算成本降低到 $O(N\lg N)$ 量级,尽管所得到的解并非精确解,但在给定停止标准的意义上是可接受的。事实上,在许多情况下,CPCG算法可以在少于10次迭代后停止,这解释了为什么相对于标准CG更加节省计算成本。Commenges[COM 84]于1984年提出使用CPCG进行解卷积。[CHA 88]重新发现了该方法。CPCG解卷积已成为当今的参照方法,因为它与Toeplitz矩阵求逆算法一样快,并且更易于使用[CHA 96,NAG 96,NG 99]。

为了简化表示,在本节中将考虑噪声为白色并使用基于离散算子 $\boldsymbol{D}$ 的正则化,如式(4.18)所示。因此,最小化的准则函数可以写作:

$$\begin{aligned}\mathcal{J}(\boldsymbol{x}) &= \|\boldsymbol{y}-\boldsymbol{H}\boldsymbol{x}\|^2+\alpha\|\boldsymbol{D}\boldsymbol{x}\|^2\\ &= \|v-\boldsymbol{S}\boldsymbol{x}\|^2\end{aligned}$$

$$v=\begin{bmatrix}\boldsymbol{y}\\ \boldsymbol{0}\end{bmatrix},\boldsymbol{S}=\begin{bmatrix}\boldsymbol{H}\\ \sqrt{\alpha}\boldsymbol{D}\end{bmatrix}$$

预条件处理包括引入一个新的向量 $\boldsymbol{u}=\boldsymbol{\Pi}\boldsymbol{x}$,其中 $\boldsymbol{\Pi}$ 是一个与 $\boldsymbol{S}$ 相近的矩阵(预条件处理器),并能够实现快速复合和求逆。因此,可以使用CG算法来最小化:

$$\mathcal{J}(\boldsymbol{u}) = \|v-\boldsymbol{S}\boldsymbol{\Pi}^{-1}u\|^2$$

其迭代次数要比以 $\boldsymbol{x}$ 为自变量的最小化少得多。但是,由于每次迭代需要计算 $\boldsymbol{\Pi}^{-1}$ 和 $(\boldsymbol{\Pi}^{-1})^{\mathrm{T}}$ 与向量的乘积继而增加计算成本。通过采取循环预条件处理[CHA 88],可以利用FFT计算这些乘积,从而使得每次迭代的计算成本保持为 $O(N\lg N)$ 量级。

例如,受周期性假设下解卷积的启发,可以使用从循环矩阵中推导得出的预条件处理器:

① 例如,参考文献[CHA 93,CHA 96,NAG 96]在严格平稳条件下的二维实例属于类别1,这个例子也可以通过周期性近似来有效处理。

$$C = W^* \operatorname{diag}\left\{\sqrt{|\hat{h}_\ell|^2 + \alpha\ |\hat{d}_\ell|^2}\right\}W, \quad \ell = 1,2,\cdots,M$$

式中：$\hat{h}_\ell$ 和 $\hat{d}_\ell$ 为向量 $\boldsymbol{h}$ 和 $\boldsymbol{d}$ 进行 DFT 之后所得向量的第 l 个元素；$\boldsymbol{h}$ 和 $\boldsymbol{d}$ 为矩阵 $\boldsymbol{H}$ 和 $\boldsymbol{D}$ 的第一列[COM 84,NAG 96]。

通过使用由系统的2D 传递函数和微分核的 DFT 共同构建的循环－块－循环矩阵，可以将该方法扩展到2D 情况，具体参见[NAG 96]。通过将 CPCG 算法初始化为零，算法的第一次迭代与上一节中的 Hunt 算法一致。因此，在第一次循环求逆步骤之后，如果解(4.22)具有明显的边界效应，则可以坚定地继续使用[NAG 96]提出的 CPCG 算法。

4.4.5 非平稳信号情形

在非平稳情况下，矩阵的 Toeplitz 或 Toeplitz－block－Toeplitz 结构丢失，且矩阵求逆的计算成本与 $O(N^3)$ 成比例。尽管仍然可以采用 PCG 算法来计算解，但选择预条件处理器比较棘手。关于这个问题，请参阅 Fessler 等人最近的工作[FES 99]。另请注意使用卡尔曼平滑的可能性，这将在 4.5 节中介绍。

4.4.6 结果和实例讨论

4.4.6.1 在一维解卷积中寻求偏差和方差之间的折中

对于一般情况，在 3.8 节中回顾了线性算子的偏差和协方差矩阵的表达式。对于周期、平稳假设下的解卷积这一特定情况，所涉及的所有矩阵都是方形的、循环的，并且可以在傅里叶基上对角化。因此，可以在频域中进行处理。

以式(4.5)的 MA 滤波器求逆为例，依据式(4.17)进行正则化处理，关系式(4.22)表明等式(2.7)中的正则化器 $\boldsymbol{R}_\alpha$(定义 $\hat{\boldsymbol{x}} = \boldsymbol{R}_\alpha \boldsymbol{y}$)具有频率传输函数：

$$\hat{g}_\ell = \frac{\hat{h}_\ell^*}{|\hat{h}_\ell|^2 + \alpha_0 + \alpha_1\ |\hat{d}_\ell|^2}, \quad \ell = 1,2,\cdots,N$$

因此，易计算得到偏差的 DFT($\boldsymbol{x}^\circ$是真值信号)：

$$E(\hat{\boldsymbol{x}}) - \boldsymbol{x}^\circ \xrightarrow{\text{DFT}} \{(\hat{g}_\ell \hat{h}_\ell - 1)\hat{x}^\circ{}_\ell\}_{\ell=1}^N \tag{4.24}$$

图 4.5(a)和(c)以离散频率 $\nu_\ell = (\ell - 1)/N$ 为自变量绘出了该 DFT 每个坐标(向量中的元素)的模平方(模的平方和为偏差总能量)。从图中可以看出，对于 SNR 高的频率(示例中 $|\hat{h}_\ell|^2 \gg \alpha_0 + \alpha_1\ |\hat{d}_\ell|^2$)，正则化解的偏差对应频率

分量的模值很小(以致可忽略不计)。另一方面,严重恶化的频率成分(高频率和传输零点附近)具有显著值,尽管仍然低于真值(3.8.1 节)。

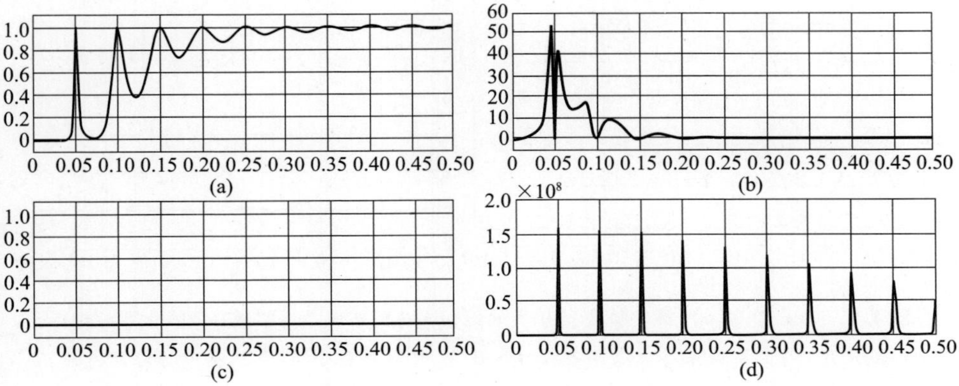

图 4.5　对于 4.2 节的 MA 滤波器示例,(a)、(b)两图是按式(4.17)建模的先验且正则化参数取($\alpha_0=0,\alpha_1=0.05$)时得到的结果,(c)、(d)两图为最小二乘解(注意垂直轴的刻度);(a)、(c)两图为偏差能量随频率的分布(用 $\hat{x}_0$ 归一化),(b)、(d)两图为估计器协方差矩阵的迹随频率的分布(用 σ_b^2 归一化)

类似地,解的协方差矩阵 $\boldsymbol{R}_\alpha$ 的迹可以表示为各频率分量的总和:

$$\text{traceCov}(\hat{\boldsymbol{x}}) = \sigma_b^2 \sum_{\ell=1}^{N} |\hat{g}_\ell|^2$$

并作为离散频率的函数绘制在图 4.5(b)和(d)中。从图中可以看出,对于严重衰减的频率(频率响应的模很小),采用正则化方法恢复的幅度相对于用非正则化方法获得的幅度要小很多。

总的来说,只要 $\alpha_1>0$,也即采用正则化方法,二次误差的均值、偏差能量的总和以及解的协方差矩阵的迹就会减小,图 4.6 清晰地表明了这一点。该误差在 α_1 接近于 $\alpha_1=0.02$ 时取得最小值,这与通过最小化二次误差(定义为 $\|\hat{\boldsymbol{x}}-\boldsymbol{x}^\circ\|^2$)得到的 $\alpha_1=0.05$ 相近。这些二次正则化方法具有一个一般性的特征:正则化参数一个数量级的变化才会引起恢复误差的显著变化。因此,尝试微调正则化参数并没有什么意义。在实践中,真值 $\boldsymbol{x}^\circ$ 显然是未知的,故通过最小化均方误差来优化正则化参数是不可行的。但可以由用户直接设置(监督模式),或只利用已经获取的数据通过交叉验证(CV)或边缘似然最大化方法来估计(非监督模式),这两种估计方法的表达式在 2.3.3 节和 3.8.2 节中已经给出。MA 滤波器求逆结果(此处未给出)表明以这种参数估计方式获得的正则化参数值非常接近于使用均方误差最小化得到的理想值。

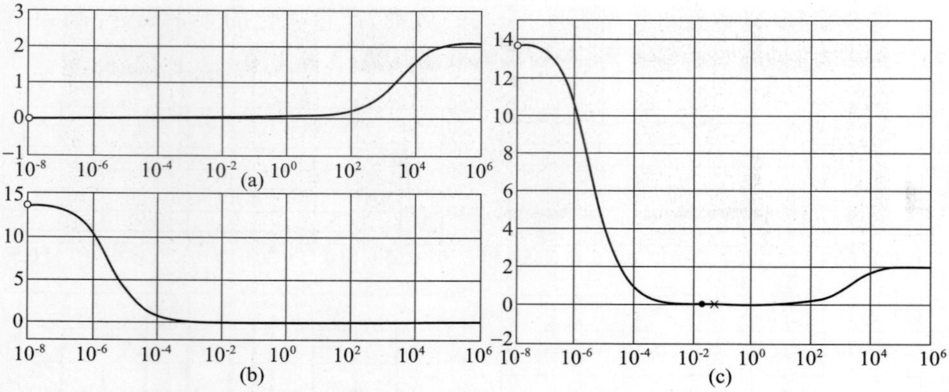

图 4.6　偏差能量(a)、解的协方差矩阵的迹(b)以及平均二次误差(c)随 α_1($\alpha_0=0$，对数尺度)的变化关系。二次误差在 $\alpha_1=0.02$ 时取得最小值，并用星号标记。先前使用的值($\alpha_1=0.05$)用十字标记。最小二乘解求得的值用圆圈标记($\alpha_1=0$)

4.4.6.2　二维处理的结果

本小节将给出基于实测数据实现二维解卷积的结果。这些数据由 LM Mugnier 和 JM. Conan(ONERA / DOTA / HRA)提供，是法国上普罗旺斯天文台使用 ONERA 开发的自适应光学系统对木卫三(木星的卫星之一)的观测数据。这些数据在第 10 章中有更详细的介绍。

人们用普通的望远镜即可从地球上看到这颗由伽利略发现的木卫三。使用具有自适应光学系统的望远镜可以部分地校正大气湍流的影响，但是图 4.7(a)所示的图像由于波前校正的残余误差而仍然存在明显的瑕疵。这种降质(降解)可通过卷积来近似建模，使用残差的时间平均值作为响应①。系统的响应如图 4.7 所示，其在较宽的圆形区域显示出相当精细的峰值。该对象被限制在观测区域的中心，从而能够采用双周期边界假设，并使用 Hunt 方法实现解卷积。

图 4.8(a)为通过截断的奇异值分解(TSVD；见第 2.1.1 节)方法得到的结果，从图中可见，尽管采用了截断措施，所得结果依然非常杂乱(信噪比较低)。使用二次正则化方法，相当于抑制小的奇异值(见(2.8))，而不是将它们突然截断到某个阈值以下，这样可以使噪声放大问题得到更好的控制，如图 4.8 的(b)所示。图 4.7(c)的参考图像是由探测太阳系的探测器②拍摄的图像重建的。通过对比参考图像可知，恢复图像准确呈现了若干细节：左上方的暗区和下中心的亮区。

① 第 10 章介绍了通过近视解卷积来解决这个问题，该方法更适合这个问题。

② 来自 NASA/JPL 基地的数据，http://space.jpl.nasa.gov/。

(a) (b) (c)

图 4.7 (a)观测图像;(b)观测器线性尺度的冲激响应(IR);(c)IR 的对数图,门限为其最大值的 1/1000。在 IR 上,可以观察到中心峰,一片高原占据了图像的大部分支集

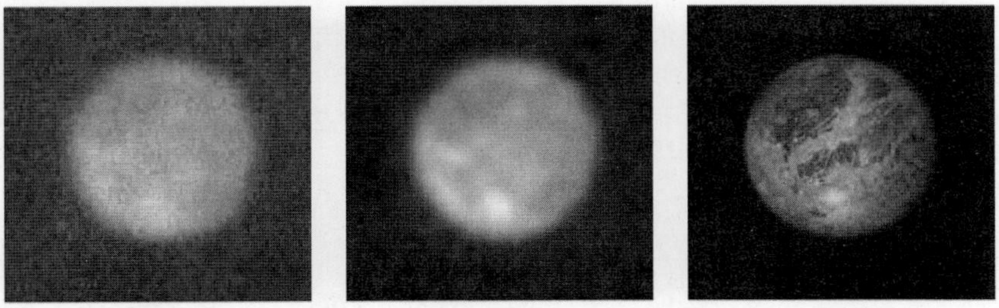

(a) (b) (c)

图 4.8 (a)使用 TSVD 解卷积;(b)使用 Hunt 方法和拉普拉斯正则化式(4.23);(c)参考

图 4.9 比较了从式(4.23)导出的目标二维功率谱密度的两个先验模型。在这两个模型中,功率谱密度随空间频率模值的衰减规律是不同的。从图中可以看出,这两个解很接近,并且线性解的一般性特征再次出现:没有光谱外推,物体边缘的强度跳跃处出现吉布斯现象。

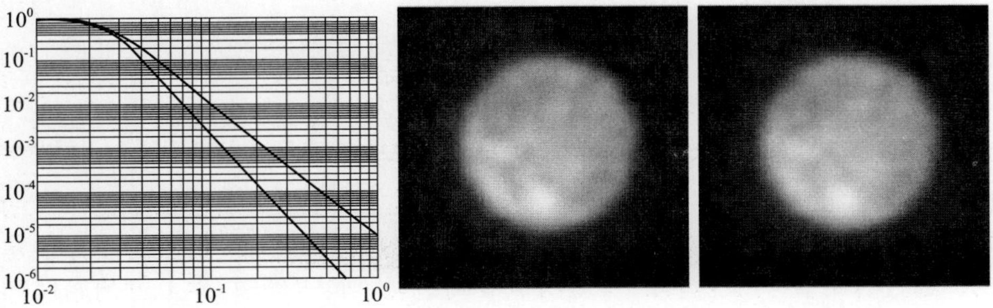

(a) (b) (c)

图 4.9 采用式(4.23)类型的两个不同先验谱得到的结果比较。这两个功率谱(a 图)具有不同的幂次:一个为 $1/\nu^4$(拉普拉斯正则化,结果为(b)图),另一个为 $1/\nu^3$(结果如(c)图所示)

4.5 递归解卷积

由于待求逆的矩阵超出计算机的容量,或者因为需要在线或在获取数据时实时进行处理,因此并不总是能够或者甚至不希望批处理数据。如果我们像最后一种情况放弃多次递归处理数据的想法①,那么卡尔曼滤波自然地提供了一种合适的方法。本节将首先考虑一维信号的情况,4.5.8 小节将简单介绍二维情况。

4.5.1 卡尔曼滤波

对于感兴趣的应用,卡尔曼滤波方程基于以下状态空间表示:

$$\begin{cases} \boldsymbol{x}_{n+1} = \boldsymbol{F}_n \boldsymbol{x}_n + \boldsymbol{G}_n \boldsymbol{u}_n, \\ y_n = \boldsymbol{H}_n \boldsymbol{x}_n + b_n, \end{cases} \quad n = 1, 2, \cdots \tag{4.25}$$

其中观测 y_n 是标量,初始状态、模型和观测误差的 1 阶和 2 阶矩为

$$E\left(\begin{bmatrix} \boldsymbol{u}_n \\ b_n \end{bmatrix}\right) = \boldsymbol{0}, \quad E(\boldsymbol{x}_0) = \boldsymbol{m}_0^x$$

$$E\left(\begin{bmatrix} \boldsymbol{x}_0 - \boldsymbol{m}_0^x \\ \boldsymbol{u}_n \\ b_n \end{bmatrix} [(\boldsymbol{x}_0 - \boldsymbol{m}_0^x)^{\mathrm{T}}, \boldsymbol{u}_n^{\mathrm{T}}, b_n]\right) = \begin{bmatrix} \boldsymbol{R}_0^x & \boldsymbol{0} & \boldsymbol{0} \\ \boldsymbol{0} & \boldsymbol{R}_n^u & \boldsymbol{0} \\ \boldsymbol{0} & \boldsymbol{0} & r_n^b \end{bmatrix}$$

基于贝叶斯解释,卡尔曼滤波器利用观测数据 $y_1, y_2, \cdots, y_m$,递归计算正态状态向量 $\boldsymbol{x}_n$ 后验概率分布的均值和协方差矩阵,分别记为 $\hat{\boldsymbol{x}}_{n|m}$ 和 $\boldsymbol{R}_{n|m}^x$。严格来说,卡尔曼滤波对应于 $m = n$ 的情况。当 $m > n$ 时,称为卡尔曼平滑,此时有两种可能性:

(1) 固定滞后平滑器:对于任意 n,计算 $\hat{\boldsymbol{x}}_{n|n+p}$;

(2) 固定区间平滑器:给定时间区间 $[1, N]$,对于任意 $n \leqslant N$,计算 $\hat{\boldsymbol{x}}_{n|N}$。此种情况与数据批处理完全等价。

接下来,依次回顾滤波器和平滑器的递推方程。为进一步了解这些方程式,请读者参阅文献[AND 79, JAZ 70, VAN 68]。

对于此处选择的所谓"协方差"形式,随着时间的推进($n = 1, 2, \cdots, N$),滤

① 否则可以使用逐项迭代技术,如 2.2.2 节所述。

波器在每个时刻反复执行以下两个步骤。

（1）一步预测：

$$\hat{\boldsymbol{x}}_{n|n-1} = \boldsymbol{F}_{n-1}\hat{\boldsymbol{x}}_{n-1|n-1}$$

$$\boldsymbol{R}^{x}_{n|n-1} = \boldsymbol{F}_{n-1}\boldsymbol{R}^{x}_{n-1|n-1}\boldsymbol{F}^{\mathrm{T}}_{n-1} + \boldsymbol{G}_{n-1}\boldsymbol{R}^{u}_{n-1}\boldsymbol{G}^{\mathrm{T}}_{n-1}$$

（2）更新估计：

$$\begin{cases} r^{e}_{n} = \boldsymbol{H}_{n}\boldsymbol{R}^{x}_{n|n-1}\boldsymbol{H}^{\mathrm{T}}_{n} + r^{b}_{n} \\ k_{n} = \boldsymbol{R}^{x}_{n|n-1}\boldsymbol{H}^{\mathrm{T}}_{n}\,(r^{e}_{n})^{-1} \\ \hat{\boldsymbol{x}}_{n|n} = \hat{\boldsymbol{x}}_{n|n-1} + \boldsymbol{k}_{n}(y_{n} - \boldsymbol{H}_{n}\hat{\boldsymbol{x}}_{n|n-1}) \\ \boldsymbol{R}^{x}_{n|n} = (\boldsymbol{I} - \boldsymbol{k}_{n}\boldsymbol{H}_{n})\boldsymbol{R}^{x}_{n|n-1} \end{cases} \tag{4.26}$$

如果无需在每个时刻都计算两个均值和两个协方差矩阵，那么这两组方程可以合二为一。

卡尔曼平滑从估计出 $\hat{\boldsymbol{x}}_{n|n}$（以 $\hat{\boldsymbol{x}}_{N|N}$ 初始化）开始后向递归估计 $\hat{\boldsymbol{x}}_{N-1|N}, \cdots, \hat{\boldsymbol{x}}_{1|N}$，其中 $\hat{\boldsymbol{x}}_{n|n}$ 由传统的卡尔曼滤波器通过前向处理估计得到。卡尔曼平滑器的递推方程如下。

（1）更新均值：

$$\hat{\boldsymbol{x}}_{n|N} = \hat{\boldsymbol{x}}_{n|n} + \boldsymbol{S}_{n}(\hat{\boldsymbol{x}}_{n+1|N} - \boldsymbol{F}_{n}\hat{\boldsymbol{x}}_{n|n})$$

$$\boldsymbol{S}_{n} = \boldsymbol{R}^{x}_{n|n}\boldsymbol{F}^{\mathrm{T}}_{n}\,(\boldsymbol{R}^{x}_{n+1|n})^{-1}$$

（2）更新协方差：

$$\boldsymbol{R}^{x}_{n|N} = \boldsymbol{R}^{x}_{n|n} + \boldsymbol{S}_{n}(\boldsymbol{R}^{x}_{n+1|N} - \boldsymbol{R}^{x}_{n+1|n})\boldsymbol{S}^{\mathrm{T}}_{n}$$

根据以上公式中可以得到以下结论：

（1）需要平滑依据状态演化模型前向递推获得的估计量。由于数据和观测模型都没有直接体现在这些方程中，平滑器的实现只需要滤波估计值 $\hat{\boldsymbol{x}}_{n|n}$、协方差矩阵 $\boldsymbol{R}^{x}_{n|n}$ 和 $\boldsymbol{R}^{x}_{n+1|n}$。

（2）计算平滑增益 $\boldsymbol{S}_{n}$ 需要对矩阵 $\boldsymbol{R}^{x}_{n+1|n}$ 求逆，该矩阵的维数由状态维数决定（一个量级）。因此，平滑所需的额外计算成本在很大程度上取决于所选择的先验模型。对于阶数为 1 的自回归（AR）模型，例如后面使用的随机走动模型式（4.29），可以使用标量方程。

（3）与滤波处理一样，平滑器也可以处理非平稳的状态模型。

对于卡尔曼滤波在解卷积中的应用，很明显状态模型式（4.25）中的观测方程必须至少部分地与初始离散卷积式（4.11）相关联。然而，$\boldsymbol{x}_{n}$、$\boldsymbol{F}_{n}$ 和 $\boldsymbol{G}_{n}$ 的不同选择和组合方式会产生多种求解方法。

4.5.2 退化状态模型和递归最小二乘法

式(4.12)表明,状态演化方程的第一个可能选择是:

$$\boldsymbol{x}_{n+1}=\boldsymbol{x}_n=\boldsymbol{x}=[x_{-P+1},x_{-P+2},\cdots,x_{N+Q}]^{\mathrm{T}} \tag{4.27}$$

这要求:

$$\boldsymbol{F}_n=\boldsymbol{I},\boldsymbol{G}_n=\boldsymbol{0},\boldsymbol{H}_n=[0,\cdots,0,h_P,\cdots,h_0,\cdots,h_{-Q},0,\cdots,0]$$

因此,该模型是退化的。状态向量保持不变,卡尔曼滤波器可通过选择 $\hat{\boldsymbol{x}}_{0|0}=\boldsymbol{m}_0^x$ 和 $\boldsymbol{R}_{0|0}^x=\boldsymbol{R}_0^x\propto\boldsymbol{Q}^{-1}$ 实现初始化。此时无需区分一步预测和滤波过程($\hat{\boldsymbol{x}}_{n+1|n}=\hat{\boldsymbol{x}}_{n|n}$,$\boldsymbol{R}_{n+1|n}^x=\boldsymbol{R}_{n|n}^x$)。由于前向递推的最后一次递归估计得到了批处理的结果:$\hat{\boldsymbol{x}}_N^N$ 和 $\boldsymbol{R}_{N|N}^x$,因此平滑过程是不必要的。此时的递归方程为

$$\begin{aligned}k_n&=\boldsymbol{R}_{n-1|n-1}^x\boldsymbol{H}_n^{\mathrm{T}}(\boldsymbol{H}_n\boldsymbol{R}_{n-1|n-1}^x\boldsymbol{H}_n^{\mathrm{T}}+r_n^b)^{-1}\\ \hat{\boldsymbol{x}}_{n|n}&=\hat{\boldsymbol{x}}_{n-1|n-1}+\boldsymbol{k}_n(y_n-\boldsymbol{H}_n\hat{\boldsymbol{x}}_{n-1|n-1})\\ \boldsymbol{R}_{n|n}^x&=(\boldsymbol{I}-\boldsymbol{k}_n\boldsymbol{H}_n)\boldsymbol{R}_{n-1|n-1}^x\end{aligned} \tag{4.28}$$

这实际上就是递归最小二乘算法的方程,用于一次处理一个观测数据的正则化最小二乘问题式(4.26)。该算法的主要特点是:

(1) 与前面描述的快速批量求逆算法不同,没有引入边界假设;

(2) 更新的状态及其方差是标量,因此没有矩阵求逆;

(3) 如上所述,可在线获得平滑的估计,而不需要后向递归;

(4) 确切的计算成本取决于先验协方差矩阵 $\boldsymbol{R}_0^x$ 的构成,但每次递归的计算量为 $O(N^2)$ 量级,即总共 $O(N^3)$ 量级,与 N 维矩阵的求逆相当。

可见,该算法的实际意义并不大。为了减少每次递归时的计算和内存负担,有两种可能的途径:①通过恰当选择矩阵 $\boldsymbol{F}_n$、$\boldsymbol{G}_n$ 和 $\boldsymbol{H}_n$ 来减小状态向量的维数,如4.5.3节和4.5.6所述;②利用退化状态模型对应矩阵 $\boldsymbol{H}_n$ 的移不变性,避免每次递归中增益矢量 $\boldsymbol{k}_n$ 的计算都要求解 Riccati 方程,如4.5.4节所述。

4.5.3 自回归状态模型

通常采用 L 阶 AR 模型对待估计信号进行建模:

$$x_n=\sum_{\ell=1}^{L}a_\ell x_{n-\ell}+u_n \tag{4.29}$$

本小节考虑因果系统(即 $Q=0$),将之扩展到通用 FIR 系统并不困难。状

态向量定义为 $\boldsymbol{x}_n = [x_n, \cdots, x_{n-K+1}]^{\mathrm{T}}$，维数 $K > \max(P+1, L)$。回归系数向量定义为 $\boldsymbol{a} = [a_1, \cdots, a_L]^{\mathrm{T}}$，于是可以用式(4.25)写出状态演化方程，前提条件下是矩阵 $\boldsymbol{F}_n$ 和 $\boldsymbol{G}_n$ 满足：

$$\boldsymbol{F}_n = \boldsymbol{F} = \begin{bmatrix} [\boldsymbol{a}^T, \boldsymbol{0}_{1\times(K-L)}]0 \\ \boldsymbol{I}_{K\times K}\boldsymbol{0}_{K\times 1} \end{bmatrix} \tag{4.30}$$

以及

$$\boldsymbol{G}_n = \boldsymbol{G} = [1, 0, \cdots, 0]^{\mathrm{T}} \tag{4.31}$$

因此，状态演化噪声 $\boldsymbol{u}_n$ 是非相关生成过程 u_n（为标量）。此外，还需要将矩阵 $\boldsymbol{H}$ 定义为维数为 $1 \times K$ 的线矢量，也即 $\boldsymbol{H} = h^{\mathrm{T}} = [h_0, \cdots, h_P, 0_{1\times(K-P-1)}]$。在不同的应用领域（通信，自动系统等）①，相应的状态方程式(4.25)称为蛇链模型，或称为相伴模型。

应用于该模型的卡尔曼滤波器式(4.26)在每一次递归中都估计得到了向量：$\hat{\boldsymbol{x}}_{n|n} = [\hat{x}(n|n), \hat{x}(n-1|n), \cdots, \hat{x}(n-K+1|n)]^{\mathrm{T}}$。它的坐标值（向量中的各元素）是待恢复信号 x_n 的所有估计量，该估计量乃是通过固定滞后平滑获得，其延迟为 $1 \sim (K-1)$。如果这种平滑足以确保均方误差在可接受的范围内，那么平滑解 $\{\hat{x}(n-p|n)\}_{n=1,2,\cdots}$ $(0 \leqslant p \leqslant (K-1))$ 可一次性从滤波向量 $\hat{\boldsymbol{x}}_{n|n}$ 序列中提取得到。否则，需要使用固定时间区间平滑器，但这需要额外的后向递推。后续将通过一个例子进一步介绍相关内容。

4.5.3.1　初始化

如果可以获得信号 x_n 的二阶先验信息且可由其相关函数 r_n^x 建模，则通过诸如 Levinson 的分解算法可以得到向量 $\boldsymbol{a}$ 以及生成过程 r^u 的方差。当然，也可以直接选择回归系数。在不同作者的各种选择中，值得注意的是：

(1) 白噪声模型($a_\ell = 0,\quad 1 \leqslant \ell \leqslant L$)。例如，文献[CRU 74]将其用于地球物理学。

(2) 随机走动模型($a_1 = 1$ 和 $a_\ell = 0, 2 \leqslant \ell \leqslant L$)，用来建模非平稳过程。如果能够准确获得信号的均值，则滤波器不会发散。从正则化的角度来看，这是一个合适的选择[COM 84]。

就实现本身而言，包括选择向量 $\boldsymbol{m}_0^x$ 和初始协方差矩阵 $\boldsymbol{R}_0^x$。后者可以直接利用 r_n^x 计算得到，也可以通过逆 Levinson 算法利用 a 和 r^u 推导得出。然而，对

① 该模型与预测解卷积[ROB 54]中使用的模型不同，其中观察到的信号 y_n 被认为是自回归的。因此，系统的传递函数是"全极点"型的，不再是 FIR。然后执行近视解卷，若不存在特定约束，待恢复的信号（生成 AR 模型的过程）是不相关的并且估计的传递函数的相位是最小的（见 9.4.1 节）。

于 $\boldsymbol{m}_0^x$，选择起来更为复杂：显然，$n\leqslant 0$ 时真实信号是未知的，此时需要再一次面对批处理中遇到的边界选择问题。需要指出的是，对于平稳模型，使用大方差的零均值白色向量作为初始化虽不精确，但通常是可行的。

4.5.3.2 卡尔曼平滑器的最小化准则函数

实际中通常采用单向固定滞后平滑。然而，由此获得的解 $\{\hat{x}(n-p|n\}_{n=1,2,\cdots}$ 并不是正则化准则函数式(4.19)的最小化解。因此，十分有必要阐释其所基于的真正准则。为此，考察不变状态模型(例如式(4.25))在0和1时刻的估计。假设 $p(\boldsymbol{x}_0)$ 为 $\boldsymbol{x}_0$ 的先验概率密度函数，且是均值为 $\boldsymbol{m}_0^x$、协方差为 $\boldsymbol{R}_0^x$ 的高斯分布。在0时刻，观测为 y_0，其概率密度为

$$p(y_0)\propto\exp\left\{-\frac{1}{2r^b}(y_0-h^{\mathrm{T}}\boldsymbol{x}_0)^2\right\}$$

估计量 $\hat{\boldsymbol{x}}_{0|0}$ 使条件概率 $p(\boldsymbol{x}_0|y_0)\propto p(y_0)p(\boldsymbol{x}_0)$ 最大化，因此，相当于最小化二次准则函数：

$$\mathcal{J}_0(\boldsymbol{x}_0)=\frac{1}{r^b}(y_0-\boldsymbol{h}^{\mathrm{T}}\boldsymbol{x}_0)^2+\|\boldsymbol{x}_0-\boldsymbol{m}_0^x\|^2_{(\boldsymbol{R}_0^x)^{-1}}$$

在1时刻，条件概率 $p(\boldsymbol{x}_1|y_0,y_1)$ 是联合概率 $p(\boldsymbol{x}_0,\boldsymbol{x}_1|y_0,y_1)$ 的边缘分布。该联合概率分布可以进行如下分解：

$$p(\boldsymbol{x}_0,\boldsymbol{x}_1|y_0,y_1)=p(y_0|\boldsymbol{x}_0)p(y_1|\boldsymbol{x}_1)p(\boldsymbol{x}_1|\boldsymbol{x}_0)p(\boldsymbol{x}_0)$$

此时，对应的二次准则函数为

$$\mathcal{J}_1(\boldsymbol{x}_0,\boldsymbol{x}_1)=\frac{1}{r_b}\sum_{k=0}^{1}(y_k-h^{\mathrm{T}}\boldsymbol{x}_k)^2+\|\boldsymbol{x}_1-\boldsymbol{F}\boldsymbol{x}_0\|^2_{(\mathrm{GR}^u\mathrm{G}^{\mathrm{T}})^{-1}}+\|\boldsymbol{x}_0-\boldsymbol{m}_0^x\|^2_{(\boldsymbol{R}_0^x)^{-1}}$$

最小化该准则函数，可以得到矢量 $\{\hat{\boldsymbol{x}}_0^{(1)},\hat{\boldsymbol{x}}_1^{(1)}\}$，且 $\hat{\boldsymbol{x}}_0^{(1)}=\hat{\boldsymbol{x}}_{0|1}$，$\hat{\boldsymbol{x}}_1^{(1)}=\hat{\boldsymbol{x}}_{1|1}$。推广以上过程，对于任意时刻 n，定义联合准则函数：

$$\mathcal{J}_n(\boldsymbol{x}_0,\boldsymbol{x}_1\cdots,\boldsymbol{x}_n)=\frac{1}{r_b}\sum_{k=0}^{n}(y_k-\boldsymbol{h}^{\mathrm{T}}\boldsymbol{x}_k)^2+\sum_{k=1}^{n}\|\boldsymbol{x}_k-\boldsymbol{F}\boldsymbol{x}_{k-1}\|^2_{(\mathrm{GR}^u\mathrm{G}^{\mathrm{T}})^{-1}}+\|\boldsymbol{x}_0-\boldsymbol{m}_0^x\|^2_{(\boldsymbol{R}_0^x)^{-1}}$$

其最小值为 $(n+1)$ 维矢量 $\{\hat{\boldsymbol{x}}_0^{(n)},\cdots,\hat{\boldsymbol{x}}_n^{(n)}\}$。$n$ 时刻由卡尔曼滤波器得到的估计量 $\hat{\boldsymbol{x}}_{n|n}$ 为 $\hat{\boldsymbol{x}}_n^{(n)}$。此外，固定区间卡尔曼平滑器的 $n+1$ 估计量 $\hat{\boldsymbol{x}}_{0|n},\cdots,\hat{\boldsymbol{x}}_{n|n}$ 是最小化 $\mathcal{J}_n$ 得到的 $n+1$ 个向量。

上述结果不能直接应用于式(4.29)给出的AR先验模型情形，这主要是因为由式(4.31)给 $\boldsymbol{G}$ 构造的矩阵 $\boldsymbol{G}\boldsymbol{R}^u\boldsymbol{G}^{\mathrm{T}}$ 不可逆。为了实现准则函数 $\mathcal{J}_n$，以对角

元素为$\{r^u,\varepsilon^2,\cdots,\varepsilon^2\}$的对角矩阵置换不可逆矩阵$\boldsymbol{G}\boldsymbol{R}^u\boldsymbol{G}^{\mathrm{T}}$。通过使$\varepsilon$趋于0,可以发现两个相接续的估计向量$\hat{\boldsymbol{x}}_{m-1|n}$和$\hat{\boldsymbol{x}}_{m|n}$有$K-1$个相等的元素,这与状态演化方程相符。因此,将解卷积向量$\hat{\boldsymbol{x}}_n^{\mathrm{KS}}$定义为每个向量$\hat{\boldsymbol{x}}_{m|n}$第一个元素的堆叠,并且可以证明$\hat{\boldsymbol{x}}_n^{\mathrm{KS}}$为以下准则函数的最小解:

$$\mathcal{J}^{\mathrm{KS}}(\boldsymbol{x}_n)=\frac{1}{r^b}\|\boldsymbol{y}-\boldsymbol{H}\boldsymbol{x}\|^2+\frac{1}{r^u}\sum_{m=1}^{n}\left(x_m-\sum_{\ell=0}^{L}a_\ell x_{m-\ell}\right)^2+\frac{1}{r^u}x_0^2 \quad (4.32)$$

式中:$\boldsymbol{H}$为观测块矩阵。初始化项来自初始先验矩的选择。

上述准则函数与本章开头的二次正则化准则函数紧密相关。特别是,选择随机走动模型($a_1=1$和$a_\ell=0,\ell\geqslant2$)对应于信号的一阶差分正则化(式(4.17)中$\alpha_0=0$)。其他选择对应于更一般的正则化项,具体见第11章。

4.5.3.3　结果示例

以MA滤波器求逆为例,图4.10给出了使用这些在线解卷积技术基于随机走动模型获得的结果。最小化$\mathcal{J}^{\mathrm{KS}}$得到的固定区间平滑解与图4.4给出的批处理结果相当。通过简单卡尔曼滤波或固定滞后平滑得到的解比固定区间平滑具有更大的估计方差,因此产生的相对二次误差更大。图中的第2个子图显示了误差随滞后量增加的变化情况,该图清楚地表明,在这个例子中,如果要逼近固定区间平滑器产生的误差,则需要选择大的滞后量。

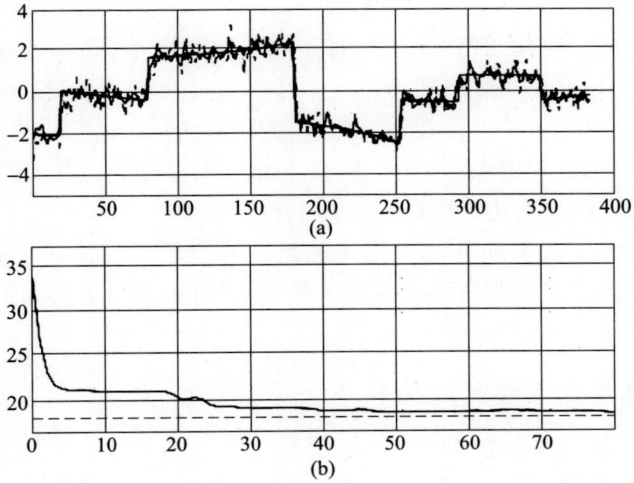

图4.10　一维信号在线解卷积结果。

(a)实际输入由虚线表示,卡尔曼滤波结果由点划线标示,固定间隔平滑器结果用实线标示;(b)实线为固定滞后平滑器相对二次误差随滞后量增大的变化曲线,虚线为固定区间平滑器的误差。SNR为20dB

4.5.4 快速卡尔曼滤波

采用4.5.2节和4.5.3节介绍的两类变种卡尔曼滤波实现在线解卷积并不会降低计算成本，计算复杂度都是 $O(N^3)$。原因是都使用了标准方程式(4.26)，这些方程式为了适应非平稳问题具有很强的一般性，但在本章中，观测模型是不变的、信号是平稳的，具有特殊性。

如果模型式(4.25)是静态平稳的(即，当 $\boldsymbol{F}$、$\boldsymbol{G}$、$\boldsymbol{H}$、$\boldsymbol{R}^u$ 和 r^b 不依赖于 n)，那么通过对滤波器 $\boldsymbol{R}^x_{n|n-1}$ 和 $\boldsymbol{k}_n$ 标称量的增量而不是标称量本身进行递归可以显着降低计算成本[DEM 89]。

因此，对于 AR 模型式(4.30)和式(4.31)，可以证明递归方程可以表述为[COM 84]

$$\begin{bmatrix} (r^e_{n+1})^{1/2} & \mathbf{0} \\ k_{n+1}(r^e_{n+1})^{-1/2} & v_{n+1} \end{bmatrix} = \begin{bmatrix} (r^e_n)^{1/2} & s_n \\ k_n\,(r^e_n)^{-1/2} & Fv_n \end{bmatrix} \boldsymbol{\Theta}_n \tag{4.33}$$

式中：s_n 和 v_n 为在初始化时定义的辅助量；$\boldsymbol{\Theta}_n$ 为 J 正交变换矩阵①。

对于随机游走模型，该算法每次递归仅需要 $5(P+Q+1)$ 个标量乘法，因此总成本为 $O(N(P+Q+1))$。然而，变换 $\boldsymbol{\Theta}_n$ 的性质表明要获得这个益处需要付出一定代价：这类算法具有潜在的数值不稳定性，且使用广泛存在的(例如[AND 79，VER 86])平方根形式(4.33)是不够的。选择相应的双曲线旋转非常重要[LEB 93]。

对于退化模型式(4.27)，不再处理严格不变的模型，而是处理移不变的模型(通过移动坐标从 $\boldsymbol{H}_n$ 移动到 $\boldsymbol{H}_{n+1}$)。可以通过改变滤波器的标称量[DEM 85]中增量的定义来推广上述技术。此时，相应算法每次递归需要 $n+P+Q+1$ 个标量乘法，总的计算成本为 $O(N^2)$，高于前一个算法。但是，应该指出的是，单向固定区间平滑无需边界假设。

这些快速滤波技术和下面要阐述的渐近滤波结果主要用于在线、实时处理。这些技术的实现主要在信息技术工程领域探讨，超出了本书的范围。兴趣的读者可以参考[MAS 99，MOZ 99]。

4.5.5 平稳条件下的渐近技术

4.5.5.1 渐近卡尔曼滤波

在平稳条件下，当 $n\to\infty$ 时，协方差矩阵 $\boldsymbol{R}^x_{n|n}$ 趋近于固定矩阵 $\boldsymbol{R}_\infty$，且 $\boldsymbol{R}_\infty$ 满

① $\boldsymbol{J}$ 正交变换使得 $\boldsymbol{\Theta}_n\boldsymbol{J}\boldsymbol{\Theta}_n^{\mathrm{T}}=\boldsymbol{J}$，其中 $\boldsymbol{J}$ 是签名矩阵，即对角线元素具有值 +1 或 1 的对角矩阵。它不保留欧几里德范数，与正交变换不同，我们失去了控制数值误差传播的手段。

足如下形式的 Riccati 方程：

$$\boldsymbol{R}_{\infty}=\boldsymbol{F}\boldsymbol{R}_{\infty}\boldsymbol{F}^{\mathrm{T}}-\boldsymbol{F}\boldsymbol{R}_{\infty}\boldsymbol{H}\left(\boldsymbol{H}\boldsymbol{R}_{\infty}\boldsymbol{H}^{\mathrm{T}}+r^{b}\right)^{-1}+\boldsymbol{G}\boldsymbol{R}^{u}\boldsymbol{G}^{T} \tag{4.34}$$

卡尔曼增益 $\boldsymbol{k}_n$ 则趋向于恒定矢量（常矢量）。由于这两个量的计算没有引入观测数据 y_n，所以一旦采用卡尔曼滤波，为了降低递归的计算成本，可以提前计算这些渐近量，执行不变的递归滤波：

$$\hat{\boldsymbol{x}}_{n|n}=\boldsymbol{F}\hat{\boldsymbol{x}}_{n-1|n-1}+\boldsymbol{k}(y_n-\boldsymbol{H}\boldsymbol{F}\hat{\boldsymbol{x}}_{n|n-1})$$

但是，仍然需要计算渐近增益 $\boldsymbol{k}$，且必须检验所获得的递归滤波器的稳定性。大量的文献致力于这的研究[AND79]。式(4.34)可以通过多种方法求解，包括迭代与非迭代方法。其中，简单或对偶的 Chandrasekhar 因子分解方法特别适用于广义上的不变模型和不同的初始条件[DU 87]。

4.5.5.2　小内核维纳滤波器

渐近卡尔曼滤波以低成本获得最优的因果解。然而，对于许多问题，特别是二维问题，考虑该时刻的过去和未来，使用局部解更有利。因此，可以选择非因果维纳 FIR 估计器或小内核维纳滤波器：

$$\hat{x}_n=\sum_{j=-J}^{J}g_j y_{n-j}$$

其最优性乃是通过离散时间 Wiener－Hopf 方程式(3.15)的子集来局部定义的。这会导出一个矩阵系统 $\boldsymbol{R}_y\boldsymbol{g}=\boldsymbol{r}_{xy}$，其中 $\boldsymbol{R}_y$ 是随机过程 y 的协方差矩阵，而 $\boldsymbol{r}_{xy}$ 是滞后为 $\{-J,\cdots,0,\cdots,J\}$ 的输入与输出之间的协方差向量。这些量可以表示为 $\boldsymbol{R}_x$、$\boldsymbol{R}_b$ 和 h 的函数。

这种方法已被于处理三维问题[PER 97]和恢复卫星成像中的大尺寸图像[REI 95]，尽管后一种情况并不是处理一个简单的解卷积问题。

4.5.6　ARMA 模型和非标准卡尔曼滤波

当要恢复的输入是先验非相关时，减少卡尔曼滤波器计算成本的另一种方法是不再采用离散卷积对正问题建模的想法，取而代之的是最小实现，也即利用系统的冲激响应导出的最小阶 ARMA 模型[MEN 83]。获得的传递函数的分子系数（MA 部分）用于构造状态模型的矩阵 $\boldsymbol{H}$，分母系数（AR 部分）则用来构造矩阵 $\boldsymbol{F}$。此时，待恢复的信号变为状态演化噪声 u_n，从而引出非标准卡尔曼滤波或平滑问题。针对地震反射问题引入的这种方法具有能够以合理的计算成本处理非平稳解卷积问题的优点。

4.5.7　非平稳信号的情况

只要所有参数的时间演化规律是充分已知的，以致可以建立诸如式(4.25)

的状态模型,那么就可以将卡尔曼滤波扩展到非平稳背景(可变先验模型、可变响应 h、可变噪声方差)。然而,在实际中的非平稳性背景下,我们对这些演化规律往往知之甚少,从而需要面对近似问题,除了输入信号的样本之外还要确定大量参数。这个问题将在第 8 章中讨论。

4.5.8 在线处理:二维解卷积

在 20 世纪 70 年代提出了使用卡尔曼滤波进行二维解卷积。一旦选择了通常以字典顺序扫描图像的方法,问题就了上面看到的卡尔曼滤波的简单扩展。实际上,由于缺少 2D 谱分解定理,难以使该扫描模式与令人满意的概率建模相协调。选择一个非常大的状态向量,这大大增加了算法的复杂性。已经使用了多种近似手段来减少计算。其中,我们注意到“RUM”(简化更新模型)[WOO 81],以及“ROM”(降阶模型)版本[ANG 89]。同时,快速卡尔曼滤波也被广泛应用于求解平稳问题,例如,文献[MAH 87,SAI 85,SAI 87]。图像中边线的处理进一步增大了困难,这将使算法复杂化。

可以认为这种类型的算法在图像恢复中实际上已经基本不再使用了。大多数合理规模的问题(最多 10^6 个像素)可以使用 4.1 节中介绍的解决方法进行批处理。对于非常大尺度的问题(三维问题和 10^8 个像素的二维问题),可以采用基于 4.5.5 节所述平稳建模的小内核滤波方法。

4.6 结　　论

本章介绍的解卷积方法很重要。主要原因是:首先,可以通过卷积对许多物理现象进行建模,至少是第 1 次近似;其次,正向模型在频域中更容易解释,这使得其能够对遇到的现象和困难进行广泛、直观的分析;最后,所提出的反演方法基于只由其二阶属性定义的二次正则化或高斯先验等简单的先验模型。因此,可以得出非常简单的估计量,又因为估计器是线性的,所以可以将重点放在估计器的实现上,如块方法(Hunt 预条件梯度)和递归方法(卡尔曼滤波和平滑)。

然而,所获得的解在分辨率方面存在不足。一方面,所获得的方法实现部分频谱均衡功能,即它们仅设法补偿传感器带宽中的某些衰减;另一方面,它们确实避免了对过度衰减的频率的破坏性恢复。因此,线性方法的分辨率基本上受到数据的频谱宽度限制。

分辨率的增加(除了测量系统的改进,这超出了本书的范围)依赖于利用待重建对象的更多特殊信息,例如,正数特性、脉冲特性(见第 5 章),或图像中轮廓的存在(见第6章)。在其他领域,例如数字通信,输入参数来自于有限字母表也同样是可以加以利用的先验信息。

参考文献

[AND 79] A NDERSON B. D. O. , M OORE*J. B.* , *Optimal Filtering*, Prentice – Hall, Englewood Cliffs, NJ,1979.

[ANG 89] A NGWIN D. L. ,K AUFMAN H. ,"Image restoration using reduced order models" ,*Signal Processing*,vol. 16,p. 21 –28,1989.

[ARS 66] A RSAC J. ,*Fourier Transform and the Theory of Distributions*,Prentice – Hall,Englewood Cliffs, NJ,1966.

[BAY 70] B AYLESS*J. W.* ,B RIGHAM E. O. ,"Application of the Kalman filter to continuous signal restoration" ,*Geophysics*,vol. 35,num. 1,p. 2 –23,1970.

[CHA 88] C HAN R. H. , " An optimal circulant preconditionner for Toeplitz systems ", *SIAM J. Sci. Comput.* ,vol. 9,p. 766 –771,1988.

[CHA 93] C HAN R. H. ,N AGY *J. G.* ,P LEMMONS R. J. ,"FFT – based preconditionners for Toeplitz – block least squares problems" ,*SIAM J. Num. Anal.* ,vol. 30,num. 6,p. 1740 – 1768,Dec. 1993.

[CHA 96] C HAN R. H. , N G M. K. ,"Conjugate gradient methods for Toeplitzsystems" , *SIAM Rev.* , vol. 38,num. 3,p. 427 –482,Sep. 1996.

[COM 84] C OMMENGES D. ,"The deconvolution problem:fast algorithms including the preconditioned conjugate – gradient to compute a MAP estimator", *IEEE Trans. Automat. Contr.* , vol. AC – 29, p. 229 – 243,1984.

[CRU 74] C RUMP N. D. ,"A Kalman filter approach to the deconvolution of seismic signals" ,*Geophysics*, vol. 39,p. 1 –13,1974.

[DEM 85] D EMOMENT G. , R EYNAUD R. , " Fast minimum – variance deconvolution ", *IEEE Trans. Acoust. Speech*,Signal Processing,vol. ASSP –33,p. 1324 – 1326,1985.

[DEM 89] D EMOMENT G. ,"Equations de Chandrasekhar et algorithmes rapides pour le traitement du signal et des images" ,*Traitement du Signal*,vol. 6,p. 103 – 115,1989.

[DU 87] D U X. – C. ,S AINT – F ELIX D. ,D EMOMENT G. ,"Comparison between a factorization method and a partitioning method to derive invariant Kalman filters for fast image restoration" ,in *D URRANI T. S.* ,*A BBIS J. B.* ,*H UDSON J. E.* ,*M ADAN R. N.* ,*M C W HIRTER J. G.* ,*M OORE T. A.* (*Eds.*) ,*Mathematics in Signal Processing*,p. 349 –362,Clarendon Press,Oxford,UK,1987.

[FES 99] F ESSLER*J. A.* ,B OOTH S. D. ,"Conjugate – gradient preconditionning methods for shift – variant PET image reconstruction" ,*IEEE Trans. Image Processing*,vol. 8,num. 5,p. 668 –699,May 1999.

[GOL 96] G OLUB G. H. ,V AN L OAN C. F. ,*Matrix Computations*,John Hopkins University Press,Baltimore, 3rd edition, 1996.

[GRE 58] G RENANDER U., S ZEGÖ G., *Toeplitz Forms and their Applications*, University of California Press, Berkeley, 1958.

[HUN 71] H UNT B. R., "A matrix theory proof of the discrete convolution theorem", *IEEE Trans. Automat. Contr.*, vol. AC – 19, p. 285 – 288, 1971.

[HUN 73] H UNT B. R., "The application of constrained least squares estimation to image restoration by digital computer", *IEEE Trans. Computers*, vol. C – 22, p. 805 – 812, 1973.

[HUN 76] H UNT B. R., C ANNON T. M., "Nonstationary assumptions for Gaussian models of images", *IEEE Trans. Systems*, Man, Cybern., p. 876 – 882, Dec. 1976.

[JAI 89] J AIN A., *Fundamental of Digital Image Processing*, Prentice – Hall, Englewood Cliffs, NJ, 1989.

[JAZ 70] J AZWINSKI A. H., *Stochastic Process and Filtering Theory*, Academic Press, New York, NY, 1970.

[KAL 60] K ALMAN R. E., "A new approach to linear filtering and prediction problems", *J. Basic Engng.*, vol. 82 – D, p. 35 – 45, 1960.

[KHU 77] K HURGIN Y. I., Y AKOVLEV V. P., "Progress in the Soviet Union on the theory and applications of bandlimited functions", Proc. *IEEE*, vol. 65, p. 1005 – 1029, 1977.

[LEB 93] L E B ESNERAIS G., G OUSSARD Y., "Improved square – root forms of fast linear least squares estimation algorithms", *IEEE Trans. Signal Processing*, vol. 41, num. 3, p. 1415 – 1421, Mar. 1993.

[LEV 47] L EVINSON N., "The Wiener RMS error criterion in filter design and prediction", *J. Math. Physics*, vol. 25, p. 261 – 278, Jan. 1947.

[MAH 87] M AHALANABIS A. – K., X UE K., "An efficient two – dimensionnal Chandrasekhar filter for restoration of images degraded by spatial blur and noise", *IEEE Trans. Acoust. Speech*, Signal Processing, vol. 35, p. 1603 – 1610, 1987.

[MAS 99] M ASSICOTTE D., "A parallel VLSI architecture of Kalman – filter – based algorithms for signal reconstruction", *Integration VLSI J.*, vol. 28, p. 185 – 196, 1999.

[MEN 83] M ENDEL*J. M.*, *Optimal Seismic Deconvolution*, Academic Press, New York, NY, 1983.

[MOR 80] M ORF M., "Doubling algorithms for Toeplitzand related equations", inProc. *IEEE ICASSP*, Denver, CO, p. 954 – 959, 1980.

[MOZ 99] M OZIPO A., M ASSICOTTE D., Q UINTON P., R ISSET T., "A parallel architecture for adaptive channel equalization based on Kalman filter using MMAlpha", in Proc. *IEEE Canadian Conf. on Electrical and Computer Engng.*, Alberta, Canada, p. 554 – 559, May 1999.

[NAG 96] N AGY*J. G.*, P LEMMONS R. J., T ORGENSEN T., "Iterative image restoration using approximate inverse preconditionning", *IEEE Trans. Image Processing*, vol. 5, num. 7, p. 1151 – 1162, July 1996.

[NG 99] N G M. K., C HAN R. H., T ANG W. – C., "A fast algorithm for deblurring models with Neumann boundary conditions", *SIAM J. Sci. Comput.*, vol. 21, num. 3, p. 851 – 866, 1999.

[PER 97] P EREIRA S., G OUSSARD Y., "Unsupervised 3 – D restoration of tomographic images by constrained Wiener filtering", in Proc. *IEEE EMB Conf.*, Chicago, IL, p. 557 – 560, 1997.

[REI 95] R EICHENBACH S. E., K OEHLER D. E., S TRELOW D. W., "Restoration and reconstruction of AVHRRimages", *IEEE Trans. Geosci. RemoteSensing*, vol. 33, num. 4, p. 997 – 1007, July 1995.

[ROB 54] R OBINSON E. A., "Predictive decomposition of seismic traces", *Geophysics*, vol. 27, p. 767 –

778,1954.

[SAI 85] S AINT – F ELIX D. ,H ERMENT A. ,D U X. – C. ,"Fast deconvolution:application to acoustical imaging" ,in*J. M. T HIJSSEN* ,*V. M ASSEO* (*Eds.*) ,*Ultrasonic Tissue Characterization and Echographic Imaging*,Nijmegen,The Netherlands,Faculty of Medicine Printing Office,p. 161 – 172,1985.

[SAI 87] S AINT – F ELIX D. ,D U X. – C. ,D EMOMENT G. ,"FiltresdeKalman 2D rapides àmodèle d'état non causal pour larestauration d'image" ,*Traitement du Signal*,vol. 4,p. 399 – 410,1987.

[VAN 68] V AN T REES H. L. ,*Detection*,*Estimation and Modulation Theory*,Part 1,John Wiley,New York,NY,1968.

[VER 86] V ERHAEGEN M. ,V AN D OOREN P. ,"Numerical aspects of different Kalman filter implementations" ,*IEEE Trans. Automat. Contr.* ,vol. AC – 31,num. 10,p. 907 – 917,Oct. 1986.

[W*IE* 71] *W IENER N.* ,Cybernétique et société,Union générale d'édition,Paris,1971.

[WOO 81] W OODS*J. W.* ,I NGLE V. K. ,"Kalman filtering in two dimensions:further results" ,*IEEE Trans. Acoust. Speech*,Signal Processing,vol. 29,num. 2,p. 568 – 577,Apr. 1981.

第 5 章　冲激串的解卷积[①]

5.1 引　言

点源是一类物理源的理想化模型,这类物理源的持续时间或空间展度明显小于观测传感器的分辨率。实际中,这种类型的源存在于以回波或光斑形式观察到的信号或图像中,其形状实质上就是系统的特征:冲激响应(IR)。在这些条件下,观测信号唯一携带的是源的位置和振幅特征。

这种类型的源在天文学和恒星成像中也会遇到。如果成像的恒星的表观直径小于参数 λ/D 时(其中 λ 是波长,D 是接收天线的直径,见第 10 章的 10.1.2 小节),可以将其理想化为点源。如果非均匀或变化的尺度相对于所使用的波长较小,那么在超声回波描记术或地震学中也会采用点源模型(见第 9 章)。

通过"匹配滤波器"技术[VAN 68]可以有效处理单个源的检测和定位。通过扩展,匹配的滤波器可应用于可分离源"回波"情形。如果多个源产生的回波严重重叠,此时匹配滤波将不再有效。

在点源假设成立的情况下,冲激串解卷积旨在通过处理由重叠回波组成的观测信号,以提取点源的位置和振幅。对应的观测模型为 $y(t) = \sum_{k=1}^{K} r_k h(t - t_k) + b(t)$,其中 K 是源数,r_k 是第 k 个源的振幅(在回波描记法中,此为介质的反射率,通常采用变量 r 表示),t_k 是第 k 个源信号到达的时间,h 是仪器的 IR(本章假设其为已知),b 是噪声,其中包括我们不打算确定性建模的所有内容。噪声几乎总是假设为高斯噪声,且在大多数情况下,是白色、零均值和平稳的。除非另有说明,否则后面将一直使用这些假设。实际中常采用的离散和有限观测模型可表述为

$$y(nT) = \sum_{k=1}^{K} r_k h(nT - t_k) + b(nT), \quad n = 0,1,2,\cdots,N-1 \qquad (5.1)$$

式中:T 为信号采样周期。在这种形式中,问题可以从参数化模型辨识的角度

---

① 本章由 Frédéric Champagnat, Yves Goussard, Stéphane Gautier 和 Jérôme Idier 联合撰写。

来解决,其中模型阶数 K 是未知的,需要估计[WAL 97]。

采用这种方法的一个值得注意的贡献是[KWA 80],其灵感来自 CLEAN 技术[HOG 74],它可以被称为"迭代匹配滤波器"。从这点来看,语音编码[ATA 82]中出现的称为多脉冲的脉冲定位算法采用类似原理(在无噪声条件下),其中 h 通过线性预测估计(见第9章的9.4.1.3小节)。

在光谱射线分析的背景下已经研究了相同类型的模型,其对应于接近等式(5.1)[DJU 96,DUB 97,STO 89,WON 92]的模型结构。这些方法导致非常棘手的非凸优化问题,其中一个难点是要辨识的参数空间维数 K 是未知的。

下面介绍的方法通过大大简化模型式(5.1)来解决这个难题。实际上,这意味着大大降低了算法的复杂性。到达时间以采样间隔 T 离散化,因此可以将式(5.1)重写为以下列形式:

$$y(nT) = \sum_m r_m h((n-m)T) + b(nT), n = 0,1,2,\cdots,N-1 \tag{5.2}$$

对于 $mT \neq t_k$, $\forall k$,假设 $r_m = 0$。记 $y_n = y(nT)$ 和 $h_n = h(nT)$,那么式(5.2)实质为第4章的不变线性模型 $y = h * r + b$(见式(4.11))。基于这个模型,阶数 K、到达时间和振幅的估计被转化为对偶问题。在每个时刻 m,需要估计可能(或可能不)位于 m 的脉冲的幅度。因此,脉冲数量和到达时间估计问题都转化为每个时刻 m 脉冲存在或不存在($r_m = 0$)的检测问题。在信号处理领域,该问题被称为检测-估计问题。检测处理使相应的优化问题全局非线性。

在下文中将只考虑式(5.2)的矩阵形式:

$$\boldsymbol{y} = \boldsymbol{H}\boldsymbol{r} + \boldsymbol{b} \tag{5.3}$$

式中:$\boldsymbol{y}$、$\boldsymbol{b}$ 分别为 y 和 b 的 N 个样本组成的向量;$\boldsymbol{r}$ 为由 r 的相应 M 个样本组成的向量。M 取决于 N 和 IR 维数以及所使用的边界假设(见第4.3.3节)。式(5.2)中隐含的时移不变性在矩阵模型式(5.3)中由 $\boldsymbol{H}$ 的 Toeplitz 结构表示,即由 h 构造的 $N \times M$ 卷积矩阵。

冲激串解卷积的目的是估计 $\boldsymbol{r}$。本章将研究两种方法:

(1) 信号估计类方法。这类方法以信号估计为主要过程,决策则在估计之后。在这种情况下,解卷积被认为是对比度增强技术。这类方法采用的框架主要是确定性正则化框架。

(2) 检测-估计类方法。这类方法从一开始就考虑检测-估计问题,并谋求同时解决检测和估计问题。传统上,贝叶斯框架可能是最适合这类方法的框架,且主要使用伯努利-高斯(BG)先验。

无论哪一类、采用何种框架,这些方法都会导出一个优化问题。第1类方法会导出$\mathbb{R}^M$上的非线性优化问题,而第 2 类方法则会导出离散空间$\{0,1\}^M$上的组合优化问题。

5.2 反射率惩罚——L2LP/L2Hy 解卷积

图 5.1 所示合成示例表明传统匹配滤波器和最小二乘解不适合求解式(5.3)。待估计的冲激串信号是[KOR 82]中提出的孟德尔序列,其自从作为基准使用以来经常被采用,如图 5.1(a)所示。IR 在图(c)中表示。输出图(b)被加性噪声破坏,信噪比(SNR,即 $h*r$ 的平均经验功率与噪声方差之比)为 10dB。图(e)显示匹配滤波结果,即通过 h 的时间反转对观测值 y(连续线)进行滤波,然后以 0.05 为门限(虚线)进行阈值处理,检测结果由 × 标记。

结果表明,找不到可以同时实现可接受的虚警率和正确检测概率的门限。此外,最小二乘解(见图 5.1(f))的效果也不好。主要原因在于 IR(d)带宽是有限的,但我们需要重构的信号却是大带宽的。

按照第 2 章中介绍的方法,希望对非零值个数较少的 r 征加稀疏性先验。由于假设了待估计信号是大带宽信号,因此在先验中不引入相邻或远距离样本之间的约束。在确定性正则化框架中,解卷积问题转化为寻找以下形式惩罚最小二乘准则的最小解:

$$J(\boldsymbol{r},\mu) = \|\boldsymbol{y} - \boldsymbol{H}\boldsymbol{r}\|^2 + \mu \sum_m \phi(r_m) \tag{5.4}$$

其中正则化项可以分解为单变量函数之和,以表示样本之间的统计独立性。

难点是指定函数 ϕ 以完全表征正则化的类型。作为表征稀疏先验的函数,ϕ 要倾向于使得解向量的元素接近于零或等于零,同时还有容许少部分元素的绝对值不为零甚至远大于零。因此,ϕ 的确定与图像恢复中相关模型的确定同样困难(见第 6 章)。函数 ϕ 的选择也经历了相似的过程:从选择二次函数开始,然后是非凸函数,再到最近提出的非二次凸函数。

5.2.1 二次正则化

最简单的选择是采用 $\phi(r)=r^2$,因为这样得到的估计量是线性的:

$$\hat{r} = (\boldsymbol{H}^{\mathrm{T}}\boldsymbol{H} + \mu\mathbf{I})^{-1}\boldsymbol{H}^{\mathrm{T}}\boldsymbol{y} \tag{5.5}$$

这可以使用低成本的维纳或卡尔曼滤波技术[CRU 74,DEM 84,FAT 80,WOO 75]来实现。这些技术在解卷积中被广泛使用,但是对于冲激信号的恢复通常难以得到有价值的结果,除非 IR 的高频带宽足够宽。这些方法只能在 SNR 足够大的频段内实现频谱的均衡(见式(4.6)和第 4 章的讨论)。

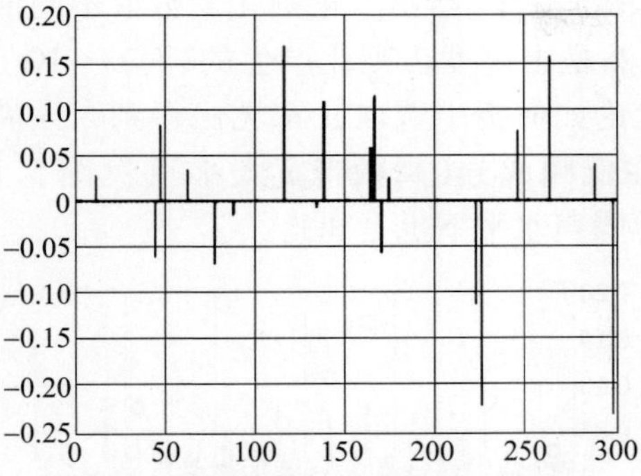

(a) Mendel序列

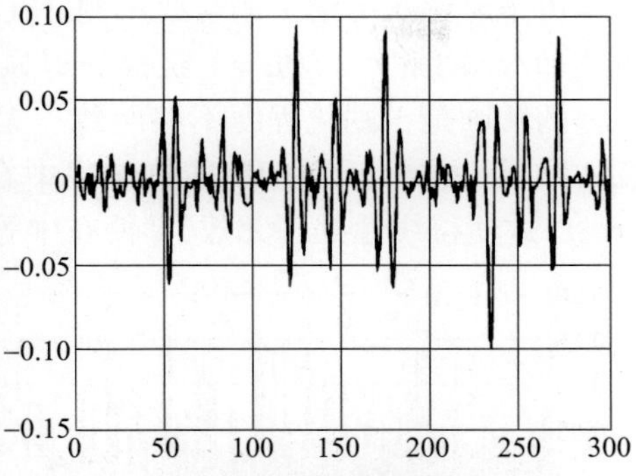

(b) 含噪声的滤波信号

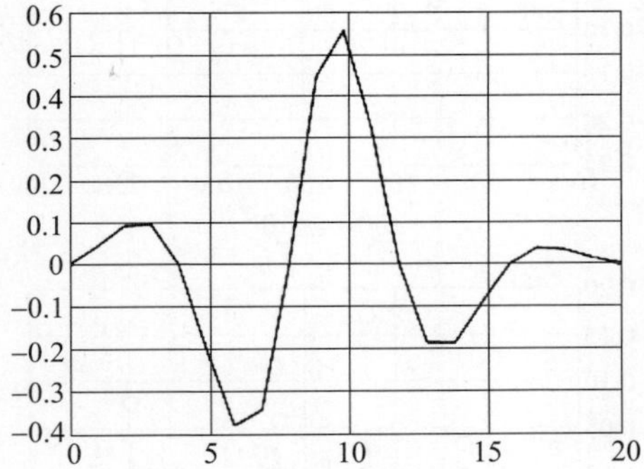

(c) 冲激响应

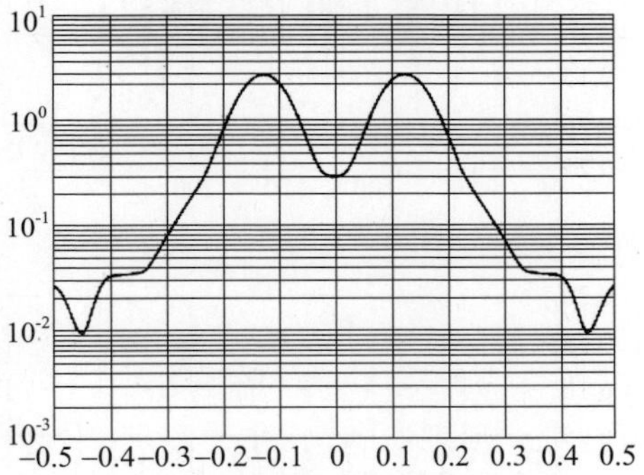

(d) 冲激响应的频谱

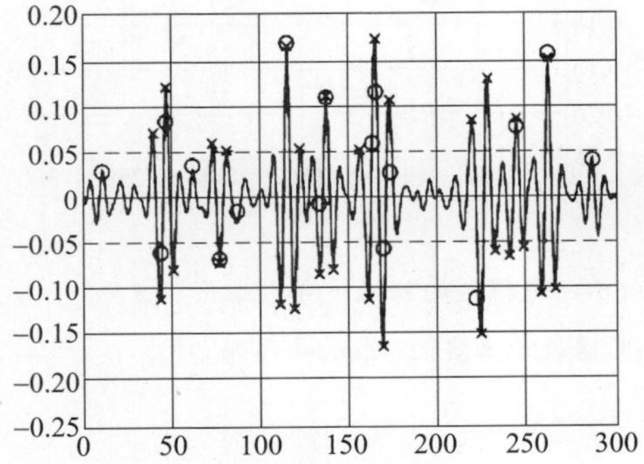

(e) 匹配滤波解

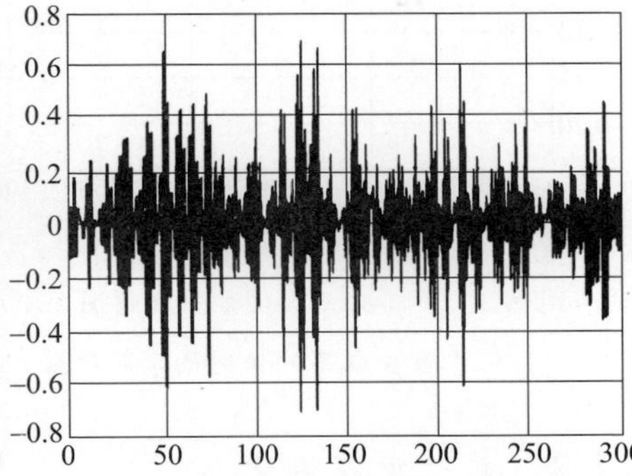

(f) 最小二乘解

图 5.1　基于孟德尔序列(a)的合成滤波器，该序列为文献[KOR 82]中引入的合成冲激串信号。以冲激响应(c)对该信号进行滤波，并加入方差为 $r_b = 5.4 \times 10^{-5}$ 的加性高斯噪声，得到观测信号(b)。(e)中的十字表示经过匹配滤波及门限检测得到的冲激，而圆圈表示真实的冲激。最小二乘解(f)不能用于冲激检测

再来看图 5.1 给出的合成示例。在图 5.2 中,给出了正则化参数取不同值时式(5.5)的解 $\hat{\boldsymbol{r}}$。以 $\mu=1$ 获得的解显然是由过度正则化产生的,而 $\mu=10^{-3}$ 获得的解则是正则化程度不够所致。无论如何折中选取 μ 都无法得到令人满意的结果,主要是因为 IR 的能量集中在低频成分(高频带宽太小)(见图 5.1(d)),这使得线性处理无效,即使在中等噪声水平下也是如此。

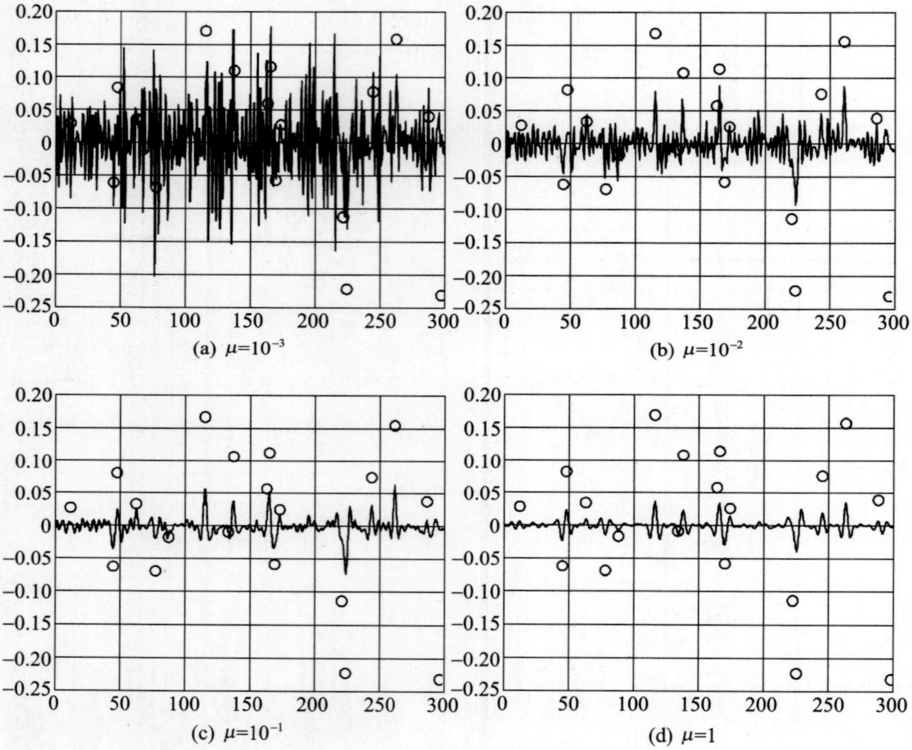

图 5.2 用二次正则化方法求解图 5.1 所示问题得到的结果。分别给出了正则化参数 μ 取不同值时的求解结果 $\hat{\boldsymbol{r}}$,圆圈表示真实的(Mendel 序列)冲激

5.2.2 非二次正则化

由于二次函数对各元素取大值的惩罚大,因此众多作者研究了比 r^2 随 r 增加更慢的函数。

首次提出采用 $\phi(r)=|r|$ 的是 20 世纪 70 年代后期的地球物理学界[TAY 79],接着是[OLD 86]等众多文献,以及更近的文献[O'B 94]。人们试图通过使用单纯形算法来处理该函数的不可微分问题。使用单纯形式意味着

放弃数据拟合的二次项并用绝对值项替换它。实际上,该方法确实能够得到具有明显尖峰特征的解。该算法虽然可在有限的时间内收敛,但计算成本仍然非常高,根据 Kaaresen 的比较[KAA 98a],这是当前计算成本最高的算法之一。不过,目前已经存在更为有效的方法来最小化式(5.4)($\phi(r) = |r|$),这得益于基于同伦方法[OSB 00](见(EFR 04))的变量选择领域取得的进展。此外,这类方法不计算单个 μ 值的 $\hat{\boldsymbol{r}}(\mu)$。相反,它们表征了完整的解族$\{\hat{\boldsymbol{r}}(\mu), \mu > \mu_{\min}\}$,这可以得到定性或定量调节 μ 的方式。

另一方面,Saito[SAI 90]受计算机视觉领域中 Leclerc[LEC 89]的工作启发,提出若 r 非零则令 $\phi(r)=1$,否则 $\phi(r)=0$。因此,J 的正则化部分随非零元素数目线性增加。相应的准则函数既不是凸的也不是可微分的(ϕ 在 $\boldsymbol{r}=0$ 时是不连续的),Saito 建议采用渐进非凸优化技术(GNC;见 2.2.4 节)。Saito 的方法能够得到具有非常明显尖峰特征的解,但是存在非凸优化中固有的问题(比如,通常只能获得局部最优解)。

一般地,这可以使用图像恢复中采用的非凸函数 ϕ(见 6.4 节)。相应的模型包含隐藏的决策过程,在形式上与图像恢复中的线性过程相同(见 6.4.1 节)。从这个角度来看,这些模型可以看作接近于 5.3 节中介绍的伯努利-高斯模型。

5.2.3 L2LP 或 L2Hy 反卷积

二次正则化和非凸或不可微函数的替代方案是选择严格凸和可微函数 $\phi(r)$,$\phi(r)$需要满足如下条件:当 r 增加时,其比 r^2 增加得更慢。值得注意的是,最近才建议使用这些函数(GAU 95)。无损检测领域提出了两类这样的函数(见第9章):分别是函数 $|r|^p(2>p>1)$ 和双曲函数 $\sqrt{T^2+r^2}$,$T>0$。与这两类函数对应的分别是"L2LP 解卷积"和"L2Hy 解卷积"。这些函数与函数 $|r|$ 的行为接近,从而避免过度惩罚大幅度反射率,同时又保留了可微分和严格凸等优良特性。ϕ 的严格凸性确保了准则函数 J 的凸性,从而确保了解的存在性和唯一性以及它对数据与参数的连续性。准则函数的可微性使其可用标准(梯度)下降技术实现优化,这相对于 5.2.2 节中提到的单纯形或 GNC 技术而言更易于调节,并且具有更强的计算成本优势。从实际角度看,解的唯一性降低了初始化的要求。具体地说,准则函数的连续性确保了 L2LP / L2Hy 解卷积相对模型中的噪声和误差、参数选择的鲁棒性。最后,这里介绍的方法很容易理解,非专业读者也可以理解和掌握它们。因此,采用凸的可微惩罚函数是一个很好的折衷计算复杂度、简单性、准确性和稳健性的解决方法。5.4 节通过有关鲁棒

性的对比测试完成了这一分析。

5.3 伯努利-高斯解卷积

5.3.1 复合 BG 模型

下面要介绍的方法族,其显著特征是明确地表征尖峰的存在与否,并将其与尖峰振幅 r 分离。为此,将辅助变量 q 与信号的每个样本(对应向量的每个元素)相关联。每个变量都是二进制的,以表征尖峰的存在($q=1$)或不存在($q=0$)。解卷积的目的是同时估计每个尖峰位置(由 $q=1$ 表示)和幅度。BG 模型是此方法族中最简单的随机模型,其中:

(1) Q 是参数为 $\lambda \triangleq \Pr(Q=1) \ll 1$ 的伯努利变量;

(2) 给定 $Q=q$,R 服从零均值高斯分布,方差为 qr_x。

λ 和 r_x 是假设已知的两个超参数。事实上,BG 模型的简单性掩盖了其在最大似然估计时存在的困难:当 $q=0$ 时,r 的分布是具有零均值和方差的高斯分布,即狄拉克分布。通常,狄拉克分布出现在后验似然函数中,从而不能直接应用 MAP 准则。为了解决这个问题,可以通过具有非常小但非零方差的混合高斯模型来替换 BG 模型。另一种可能性是考虑尖峰振幅 r_e 构成的过程——零均值、方差为 r_x 的高斯,并且仅在 $q \neq 0$ 时定义。这种方法将在下面介绍。

5.3.2 各种估算策略

前一组假设(观测模型式(5.3),白色平稳高斯噪声,BG 输入模型)允许不模糊定义($\boldsymbol{Q}, \boldsymbol{R}_e \mid \boldsymbol{Y}=\boldsymbol{y}$)的后验似然。然而,贝叶斯方法在似然函数类型选择方面给我们留下了很大的自由,即使在实践中选择有限。由于 BG 模型具有复合性质,可通过最大化联合似然 $p(\boldsymbol{r}_e \mid \boldsymbol{q}, \boldsymbol{y}) \Pr(\boldsymbol{q} \mid \boldsymbol{y})$ 来实现解卷积,也可以依序进行,首先通过最大化边缘似然 $\Pr(\boldsymbol{q} \mid \boldsymbol{y})$ 来估计 $\boldsymbol{q}$,然后通过最大化 $p(\boldsymbol{r}_e \mid \hat{\boldsymbol{q}}, \boldsymbol{y})$ 来估计 $\boldsymbol{r}_e$。在仿真中,若使用参数的真实值,则联合估计方法得到的结果比依序优化边缘似然得到的差。具体而言,对于相同的检测概率,联合方法的虚警率过高。然而,如果这两种方法设置不同的超参数,那有可能获得差不多的结果。由于存在上面提到的狄拉克分布,边缘似然不会存在定义上的困难,并且文献中各种 BG 过程都最终导出了相同的边缘似然。出于这些原因,下面用最大化边缘似然来描述该方法,并特别指出三点:

(1) 联合和边缘准则函数在结构上只是相差一个矩阵行列式;

(2) 用于优化其中一个准则函数的大多数方法也可用于优化另一个(这是 5.3.4 节中介绍的 SMLR 的情况);

(3) 在联合和序贯方法中,幅度的 $\boldsymbol{q}$ 条件估计是相同的。

5.3.3　边缘似然的一般表达式

应用贝叶斯法则,边缘似然可以表述为

$$\Pr(\boldsymbol{q}\mid\boldsymbol{y})\propto p(\boldsymbol{y}\mid\boldsymbol{q})\Pr(\boldsymbol{q}) \tag{5.6}$$

$\Pr(q)$的表达式来自 5.3.1 节的伯努利假设:

$$\Pr(q)=\lambda^{M_e}(1-\lambda)^{M-M_e}$$

其中,M_e 是向量 $\boldsymbol{q}$ 非零元素的个数。根据 5.3.1 节中 BG 过程定义,向量 r_e 的元素服从独立的零均值方差为 r_x 的高斯分布。如 5.3.2 节所述,噪声 b 也是服从白色、平稳的零均值方差为 r_b 的高斯分布。根据$(\boldsymbol{R}_e|\boldsymbol{Q}=\boldsymbol{q})$的条件高斯性质和输入—输出的线性关系式(5.3),可以导出:

$$p(\boldsymbol{y}|\boldsymbol{q})=\mathcal{N}(\mathbf{0},\mathbf{B}),\text{且 }\mathbf{B}\triangleq r_x\sum_k h_{t_k}h_{t_k}^{\mathrm{T}}+r_b\mathbf{I} \tag{5.7}$$

其中,h_n 是 $\boldsymbol{H}$ 的第 n 列。需要强调的是,$\boldsymbol{B}$ 也可以表达为

$$\boldsymbol{B}=\boldsymbol{H\Pi H}^{\mathrm{T}}+r_b\boldsymbol{I}\text{ 且 }\boldsymbol{\Pi}\triangleq r_x\mathrm{Diag}\{q(m)\}_{1\leqslant m\leqslant M} \tag{5.8}$$

后者是接下来要使用的表达式。

舍弃不依赖于 $\boldsymbol{q}$ 的项,依据式(5.6)和式(5.7)可得到,最大化 $\Pr(\boldsymbol{q}|\boldsymbol{y})$ 相当于最大化:

$$L(\boldsymbol{q})\triangleq-\boldsymbol{y}^{\mathrm{T}}\boldsymbol{B}^{-1}\boldsymbol{y}-\lg|\boldsymbol{B}|-2M_e\lg\frac{1-\lambda}{\lambda} \tag{5.9}$$

在解决与上述最大化相关的实际问题之前,考察依序方法的第 2 步,即,假设序列 $\boldsymbol{q}$ 已知,估计尖峰振幅。最大化 $p(r_e|\hat{q},y)$ 归结为通过线性系统 $\boldsymbol{H}$ 观测后高斯变量 $\boldsymbol{r}_e$ 的最大后验概率估计。根据先前所述的结果(第 3 章,第 3.8 节),估计值可表示为

$$\forall k,\quad(\hat{r}_e)_k=h_{t_k}^{\mathrm{T}}\boldsymbol{B}^{-1}\boldsymbol{y}$$

并且可以通过标准方法计算,非常长的(观测)信号除外。

如果要实现 $L(q)$ 的最大化,仍然需要做出许多选择——通常由操作条件决定。特别值得一提的是递归或批处理的选择,以及线性系统 h 的表示类型。对所有这些情况的详细阐述超出了本章的范围。出于这个原因,我们将仅对一种方法进行精确描述,对应于将要陈述的假设,同时试图揭示 BG 解卷积的一般

机制以及必须进行的折中。然后,将简要介绍其他重要技术,突出主要特征,并将它们与所选方法进行比较。

5.3.4 一种用于 BG 解卷积的迭代方法

由于 $\boldsymbol{q}$ 的离散性质,L 的精确最大化是组合问题。形式上,问题很简单,需要做的就是计算 2^M 个可能的 $\boldsymbol{q}$ 对应的 L,使 L 最大的 $\boldsymbol{q}$ 即为估计结果 $\hat{\boldsymbol{q}}$。不幸的是,即使对于中等长度的信号,这在实际中是不可想象的(难以实现的),因为计算量太大了。为了获得一种现实可行的方法,将只考虑 q 可行集的子集,并且尽可能避免直接通过等式(5.9)来计算 L。为此,定义相邻序列的概念,并在定义的邻域上迭代最大化似然函数。所得方法的效率主要取决于三个因素:邻域的性质,两个相邻序列的似然函数是否存在简单的数学关系,以及探索邻域的策略。在这里给出的例子中,我们将序列 q_0 的邻域定义为序列 q_k 的集合,相邻序列较 $\boldsymbol{q}_0$ 只有一个元素不同。然后建立 $\boldsymbol{q}_k$ 与 $\boldsymbol{q}_0$ 对应似然之间的数学关系式。这些公式是最大化 L 的次优 SMLR 型[KOR 82]方法的基础,其包括在序列 q_0 的整个邻域上最大化 L,然后重复该过程直到达到局部最大值。我们将在下一节介绍一些性能更优的变种。

标号 0 和 k 分别对应 $\boldsymbol{q}_0$ 和 $\boldsymbol{q}_k$,并且$\mathbb{R}^M$规范基的第 k 个向量标示为 $\boldsymbol{v}_k$。为了获得更新 $\boldsymbol{L}$ 的不需要很多计算的公式,引入以下辅助量:

$$\boldsymbol{A} \triangleq \boldsymbol{H}^{\mathrm{T}} \boldsymbol{B}^{-1} \boldsymbol{H}$$

$$w \triangleq \boldsymbol{H}^{\mathrm{T}} \boldsymbol{B}^{-1} \boldsymbol{y}$$

$$\rho_k \triangleq \varepsilon_k r_x^{-1} + v_k^{\mathrm{T}} \boldsymbol{A}_0 \boldsymbol{v}_k$$

其中,ε_k 根据位置 k 从 $\boldsymbol{q}_0$ 新增或取消尖峰分别取 1 和 -1。根据式(5.9)中 L 的表达式,确定 $\boldsymbol{B}_k$ 和 $\boldsymbol{B}_0$ 之间的数学关系是建立两个相邻序列似然值之间数学表达式的关键。根据等式(5.8),可以得到:

$$\boldsymbol{\Pi}_k = \boldsymbol{\Pi}_0 + \varepsilon_k v_k r_x v_k^{\mathrm{T}}$$

将其代入式(5.7),并应用矩阵求逆引理,可得:

$$\boldsymbol{B}_k^{-1} = \boldsymbol{B}_0^{-1} - \boldsymbol{B}_0^{-1} \boldsymbol{H} \boldsymbol{v}_k \boldsymbol{\rho}_k^{-1} \boldsymbol{v}_k^{\mathrm{T}} \boldsymbol{H}^{\mathrm{T}} \boldsymbol{B}_0^{-1} \tag{5.10}$$

据此可以导出:

$$\boldsymbol{y}^{\mathrm{T}} \boldsymbol{B}_k^{-1} \boldsymbol{y} = \boldsymbol{y}^{\mathrm{T}} \boldsymbol{B}_0^{-1} \boldsymbol{y} - w_0^{\mathrm{T}} \boldsymbol{v}_k \boldsymbol{\rho}_k^{-1} \boldsymbol{v}_k^{\mathrm{T}} \boldsymbol{w}_0$$

并使用另一个已有结果[GOO 77,附录 E]:

$$|\boldsymbol{B}_k| = \varepsilon_k r_x \rho_k |\boldsymbol{B}_0|$$

如果我们假设关于序列 $\boldsymbol{q}_0$ 的所有辅助量都是已知的,则可以使用以下公式计算其邻域序列 $\boldsymbol{q}_k$ 的似然:

$$\boldsymbol{k}_k = \boldsymbol{A}_0 \boldsymbol{v}_k, \quad \rho_k = \varepsilon_k r_x^{-1} + \boldsymbol{v}_k^{\mathrm{T}} \boldsymbol{k}_k \tag{5.11}$$

$$L(\boldsymbol{q}_k) = L(\boldsymbol{q}_0) + \boldsymbol{w}_0^{\mathrm{T}} \boldsymbol{v}_k \rho_k^{-1} \boldsymbol{v}_k^{\mathrm{T}} \boldsymbol{w}_0 - \lg(\varepsilon_k r_x \rho_k) - 2\varepsilon_k \lg \frac{1-\lambda}{\lambda} \tag{5.12}$$

探索 $\boldsymbol{q}_0$ 的整个邻域,选择最大化 L 的序列 $\boldsymbol{q}_k$ 作为新的起始点。为了减少计算量,需要迭代计算而不是每次都重新计算辅助量。依据等式(5.10),可以得到:

$$w_k = w_0 - \boldsymbol{k}_k \rho_k^{-1} v_k^{\mathrm{T}} w_0 \tag{5.13}$$

$$\boldsymbol{A}_k = \boldsymbol{A}_0 - \boldsymbol{k}_k \rho_k^{-1} \boldsymbol{k}_k^{\mathrm{T}} \tag{5.14}$$

并且,在初始化之后,上述两组方程构成完整的 BG 反卷积算法,式(5.11)和式(5.12)用于探索当前序列的邻域,式(5.13)和式(5.14)用于选择新序列。

5.3.5　其他方法

上面给出的方法可以恢复线性失真(线性模型)、平稳高斯白噪声条件下建模为 BG 过程的信号。此外,还有其他几种方法可以解决这个问题,并且已经存在许多扩展方法。下面,我们简要介绍一下其中最重要的几种方法。

要采用以上介绍的框架解卷积,必须选择好几个要素:系统 IR 的表示类型,(联合或边缘)似然函数的确切性质,以及最大化似然函数的方法。需要再次强调的是,似然函数类型的选择对算法几乎没有影响,并且通过选择适当的超参数可使得在这两种情况下(联合或边缘似然)得到类似的结果。然而,应该指出的是,对于联合似然,在非监督框架下,必须要给出远离其“经验”值的最佳超参数值,这是很难做到的(见 5.4.2 节)。当然,对联合似然函数的优化相对要好实现一些。

如何表征 IR 对最大化算法的发展有很大影响,因为它影响了系统输入输出关系的表达方式。不考虑全极点表示(因其对 h 的相位施加约束而很少采用),那么 BG 反卷积的第一个工作是基于 IR 的零极点表示[KOR 82,MEN 83]。由于其节省参数特性,该表示节省了存储器资源,并且在一定程度上减少了优化过程所需的计算成本。不过,自那时起,这些因素的重要性显然已大大降低。此外,使用这样的表示会得到与 5.3.4 节中所述算法在类型和代数结构上非常相似的算法,尽管计算过程更为复杂。最后,应该指出的是,过去10年的大部分工作都使用了离散化IR的 $\boldsymbol{h}$ 表示,这简化了代数表示和处理并且能够利用矩阵 $\boldsymbol{H}$ 的结构。

采用似然函数优化技术是区分BG反卷积方法与其他方法的主要特征。这些技术有三个组成部分:

(1) 用于计算似然增量的算法。需要计算伯努利序列 $\boldsymbol{q}$ 改变一个元素后对应似然的增量;

(2) 用于在得到新的序列 $\boldsymbol{q}$ 后更新所有参量的算法;

(3) 用于探索这些相邻序列的策略。

在所有观测到的数据 $\boldsymbol{y}$ 都可用的情况下(离线处理),提出了几种确定性似然函数最大化的方法:SMLR和MMLR方法及其扩展[CHA 96,KOR 82,MEN 90]使用受限制的邻域(两个相邻的序列相差一个或最多两个元素)并探索当前序列的所有相邻序列,然后在这些相邻序列中选择似然最大的序列并进入新一轮迭代;ICM[LAV 93]方法基于类似于前一个的邻域系统,以预定或随机的方式选择当前序列的一个相邻序列,如果这个相邻序列的似然增大,则以选择该序列为当前序列并进入下一轮迭代;IWM技术[KAA 97]基于更广泛的邻域并通过最大化联合似然函数来补偿因邻域增大带来的计算量增加,而不是顺序交替地对变量 $\boldsymbol{q}$ 和 $\boldsymbol{r}_e$ 进行优化,这样会显著地减少计算量。需要强调的是,这些确定性优化方法并不能保证收敛到似然函数的全局最大值。

应该根据对可行序列 $\boldsymbol{q}$ 的遍历程度与方法的数值复杂性之间的折中权衡来选择解卷积方法。最后一点取决于所选择的策略以及该方法的步骤(1)和步骤(2)之间的计算量。

还应该注意适用于数据在线处理的递归技术[CHI 85,GOU 89,IDI 90]。它们具有与上述相同的三个步骤,但递归处理对探索序列 $\boldsymbol{q}$ 的策略施加了严格的约束。通常,只有对应于 $\boldsymbol{y}$ 的当前或最近样本的 $\boldsymbol{q}$ 的分量发生变化,伯努利序列更远的过去才是固定的。由于关于这个先前的决定没有受到质疑,所有序列 $\boldsymbol{q}$ 的探索比以前的情况更为局部。这导致通常更适度的性能,即递归处理的代价。

需要指出的是,确定性BG解卷积方法的步骤(1)和步骤(2)也是模拟退火类随机优化方法的核心。这些随机方法(理论上)的优势在于能够保证收敛到似然函数的全局最大值,但存在的问题是计算量极大。诸如式(5.11)~式(5.14)之类的公式很适合发展这种方法,但它们在实践中使用得很少,因为相对于确定性优化方法,计算量的增加与结果潜在改善不成比例。

一个有意思的扩展是用"BG+高斯"模型替换目前使用的BG模型。在诸如回波成像的应用中，基于这种类型的模型能够建模和恢复位于高振幅发射子之间的低振幅反射子。使用这个模型对问题建模方式和似然函数表达式影响有限。已经提出了几种类似于确定性[LAV 93，MEN 90]和随机[LAV 93]优化算法的解卷积方法。[KAA 97]研究了幅度为非高斯分布的情况，但似乎没有得到任何实际的应用。

最近提出了基于后验均值估计而不是最大似然的 BG 解卷积方法[CHE 96，DOU 97]。这样的估计器需要根据分布 $p(\boldsymbol{r}_e|\boldsymbol{q},\boldsymbol{y})\mathrm{Pr}(\boldsymbol{q}|\boldsymbol{y})$ 获取 $(\boldsymbol{q},\boldsymbol{r}_e)$ 的随机样本，这是通过马尔可夫链蒙特卡罗方法(MCMC，见第7章)来实现伪随机抽样的。这些方法的主要优势在于能够很好地处理盲解卷积问题(见5.5.2节)。需要再次强调的是，确定性 BG 解卷积方法的步骤(1)和步骤(2)也是根据分布 $p(\boldsymbol{r}_e|\boldsymbol{q},\boldsymbol{y})\mathrm{Pr}(\boldsymbol{q}|\boldsymbol{y})$ 产生随机样本的算法的核心。因此，计算式(5.11)~式(5.14)的高效算法非常重要。

5.4 实例处理和讨论

在本节中，将更详细地讨论和比较 BG 解卷积方法和 L2Hy 解卷积方法获得的解，并从实际考虑和区分这两种解卷积方法。

5.4.1 解的性质

图5.3(a)给出了 BG 解卷积方法 SMLR 对图5.1(b)数据解卷积的结果。超参数的取值为 $(\lambda,r_x,r_b)=(0.07,0.01,5\times10^{-5})$，接近于用于合成数据的"真实"值：$(\lambda,r_x,r_b)=(0.05,0.01,5.4\times10^{-5})$。该结果要优于图5.3(b)所示解卷积结果，后者通过 $\phi(r)=\sqrt{r^2+T^2}$ $(\mu=0.02$ 和 $T=10^{-4})$ 的 L2Hy 方法获得，效果也很不错。对后者进行适当的阈值处理会得到非常接近 SMLR 的结果；相比较而言，SMLR 只是更好地恢复了序号170周围的四个尖峰。此外，利用这组数据无疑无法恢复三个尖峰：位于140附近的极低幅度峰值和最后两个峰值(由于使用了边界假设而在数据中最低限度地表示)。BG 解卷积的结果显然比凸正则化的结果具有更明显的尖峰特征。一般来说，由于估计的信号散布在多个点上，L2Hy 解卷积时峰值幅度估计的质量较低。最后，相对于二次正则化方法，BG/L2Hy 解卷积的结果带来了明显的改进(比较图5.3和图5.2)。

为了深化分析，采用相同的参数集重新执行这两个算法，实验数据为在图5.1(b)的数据上添加高斯白噪声，解卷积结果如图5.4所示，与之对应的是

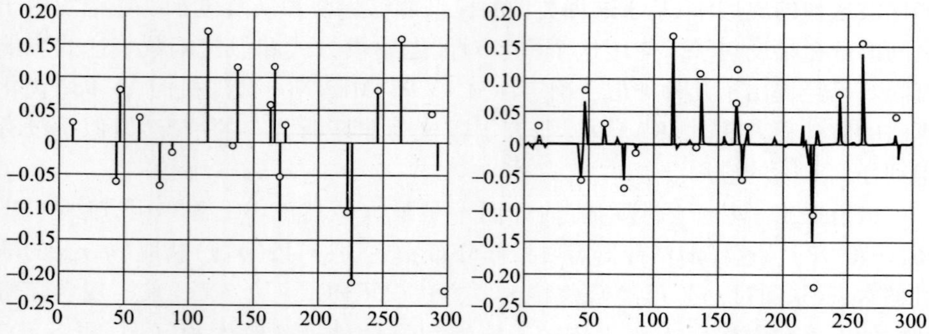

(a) 基于SMLR的BG解卷结果　(b) L2Hy方法解卷结果

图 5.3　利用图 5.1b 的数据比较 BG 和 L2Hy 两种方法的解卷积效果

图 5.3。相比两种情况下 BG 解卷积的结果(图 5.3(a)和图 5.4(a)),L2Hy 解卷积的两个结果(图 5.3(b)和图 5.4(b))更为接近。L2Hy 方法得到的这两组解在阈值取 0.01 时得到的尖峰位置一致。因此,正如所期,L2Hy 所获解更好的稳定性来自于方法的鲁棒性。

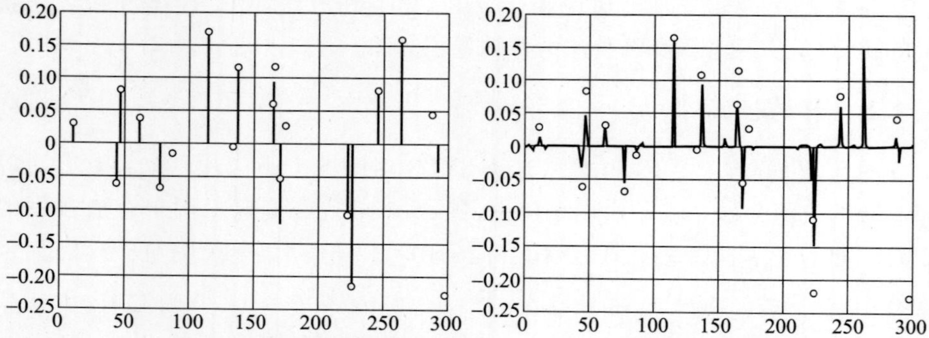

(a) 基于SMLR的BG解卷结果　(b) L2Hy方法解卷结果

图 5.4　BG 和 L2Hy 方法对噪声的鲁棒性测试

尖峰(冲激)解卷积的质量主要取决于 IR 的带宽和 SNR,这些参数通常决定了解卷积的质量。此外,BG 解卷积还有一个特征:对 IR 的不确知的高度敏感性。作为说明,以相同的超参数,再次处理图 5.1(b)的数据,但是 IR 受到扰动。扰动为 10°的相位旋转(见 9.4.3 节),其影响如图 5.5(a)所示。这是一种适度的扰动,仅影响 IR 频率响应的相位(其能量谱不变)。将图 5.5(b)、(c)与图 5.3(a)、(b)进行比较,可以得到 L2Hy 解卷积方法对因 IR 的不确知而产生的扰动表现出更好的鲁棒性。

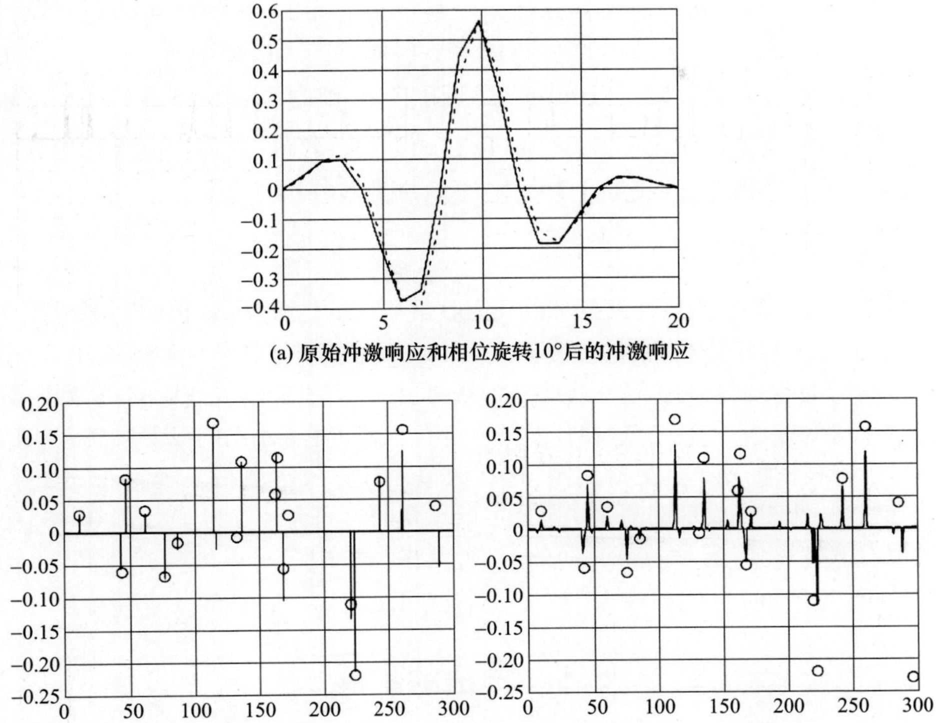

(a) 原始冲激响应和相位旋转10°后的冲激响应

(b) 基于SMLR的BG解卷结果　　(c) L2Hy方法解卷结果

图 5.5　BG 和 L2Hy 方法对冲激响应(建模/估计)误差的鲁棒性测试

5.4.2　设置参数

除了观测数据之外,两种方法都需要初始化,这里将其视为零,并指定 IR 和超参数的数值。L2Hy 正则化方法有两个超参数,这里描述 BG 解卷积方法有三个超参数(Kaaresen 提出的方法只需要两个,见 5.3.5 节)。实际上,L2Hy 解卷积本身不做出是否存在尖峰(或冲激)的决定,因此为了获得与 BG 相同类型的结果,需要引入阈值参数。此外,还需要增加算法的停止参数,但这些参数对结果影响较小。离散状态空间中的最优化方法采用参数化停止策略,因此在有限时间内只能得到局部的极小值,相比之下,SMLR 解卷积不使用参数化停止策略,故能有效避免这个问题。

实际上,这些方法都不需要对参数进行精调。没有一种参数调节方法能同时兼具低成本、通用性和统计上的有效性等优点。感兴趣的读者可在上面提到的文章中找到一些经验策略。

统计上合理的超参数估计器使用起来也是最麻烦的(CHA 96,GOU 92)。它们引入了与第5.5.2节中提到的具有类似性质的MCMC技术。例如,基于图5.1(b)中的合成数据,[CHA 96]中应用于BG解卷积的SEM方法得到了超参数的估计值$(\hat{\lambda},\hat{r}_x,\hat{r}_b)=(0.08,0.008,5.8\times10^{-5})$。以此估计值为超参数的BG解卷积得到的解,其质量介于图5.3(a)和图5.5(b)之间。

5.4.3 数值复杂性

由于方法的迭代特性以及难以预测收敛所需的迭代次数,很难精确地评估BG或L2Hy解卷积算法的数值复杂度。BG方法通过利用了冲激稀疏性(冲激个数的稀少性)的特殊方法来提高求解效率,但只有当冲激以低比率(≤0.1)到达时才能保有这一优势。这些技术的专业化也使得它们比用于L2Hy解卷积的标准下降技术更复杂且更难实现,这在数值上计算成本更高。然而,成本仍然非常合理:处理合成示例的300个样本所需要的时间大致仅为使用[LAB 08]中线搜索策略的CG算法所需时间的一半,其中算法用Matlab编写并在PC上运行(Intel Pentium 4,2 GHz,1GB)。

5.5 方法的扩展

本章介绍的方法可以在许多方面进行扩展:

(1) 充分利用噪声协方差矩阵$\boldsymbol{R}$和观测矩阵$\boldsymbol{H}$的结构,这两个矩阵分别为对角矩阵和Toeplitz矩阵;

(2) 基于观测值$\boldsymbol{y}$和未知反射率估计IR;

(3) 利用相邻位置接收信号之间横向相关性的多通道解卷积,常见于NDE(无损检测,见第9章)和地震学。这个主题与图像恢复有很多联系,这里不进行深入探讨。有关详细信息,请参阅[IDI 93,KAA 98b,LAV 91]。

5.5.1 $\boldsymbol{R}$和$\boldsymbol{H}$结构的推广

关于方法得到的所有结论,对于任何矩阵$\boldsymbol{R}$和$\boldsymbol{H}$都是有效的。由于这里采用矩阵的观点,它们的结构变化对算法的影响很小,(在宏观尺度上)但计算复杂度可能增加N倍。然而,当正问题的矩阵$\boldsymbol{R}$和$\boldsymbol{H}$结构性很强时,所提出的技术可以进一步推广(往低复杂度方向),而且数值有效性(或精度)不会有任何明显的降低。

在有色噪声和模型阶数不是太高的情况下[CHA 93,MEN 83],提出了自回归形式建模噪声情况下有效实现 BG 解卷积的方法。事实上，最引入注目的扩展涉及 $\boldsymbol{H}$ 的其他结构，一些特别值得注意的扩展是：

(1) 光谱射线分析，其中 $\boldsymbol{H}$ 代表傅里叶矩阵。拓展[DUB 97,BOU 06]中的 BG 技术，以及使用[BOU 07]和[SAC 98]中的凸和非凸正则化方法来解决冲激串的恢复问题；

(2)分解成小波包的基选择：$\boldsymbol{H}$ 代表小波变换[PES 96]；

(3)"双 BG"[CHA 93]和"双 L2Hy"[GAU 01]解卷积，其中 $\boldsymbol{H}$ 建模卷积核的非均匀相位旋转(见 9.4.2 节)。

需要指出的是，在这些示例中，矩阵 $\boldsymbol{H}$ 通常具有比行多得多的列，并且使用脉冲先验有效克服了待求解问题的不适定性。

5.5.2 脉冲响应估计

在几乎所有的应用中，IR 以及由此产生的矩阵 $\boldsymbol{H}$ 不是问题的输入：因为卷积通常只是粗糙的物理模型，IR 本身并不直接存在，而是需要估计得到。如有可能，可以采用像仪器校准那样的办法进行特定的辅助测量。否则，需要通过盲解卷积来解决该问题，即利用观测信号估计 IR 和反射率。这种估计显然是有效的，其与真值只相差一个幅度因子和一个时移因子。如果输入信号是高斯分布[LII 82]，则无法估计 IR 的频率响应的相位。从这点来看，冲激序列作为输入信号更有利于本章所提出的解卷积方法。

估计 IR 的主要方法是基于定义、解释和利用反射率的非高斯特征的各种不同方式。第 9 章详细讨论了这些方法。

本节中仅讨论使用 BG 模型或其扩展的方法，例如高斯混合。最简单的盲 BG 方法[GOU 86,KAA 98b]基于广义似然(GML)的最大化，该似然函数定义为以确定性参数(噪声方差、λ)为条件各随机量(观测、反射率、h)的(条件)概率密度分布。广义似然由第 3 章中的式(3.9)给出形式定义。与精确似然最大化不同，其只是定义为参数已知时观测的概率密度；参见第 3 章，式(3.3)广义最大似然(GML)技术没有渐近收敛性质。另一方面，它们是唯一可以通过简单的确定性迭代实现的算法，例如，将 SMLR BG 解卷积步骤与更新估计 h 和超参数的步骤交替进行。在 Kaaresen[KAA 98b]提出的方法中，GML 很好地实现了基于 1000 个合成样本观测信号的解卷积，这些样本由小波生成，且其带宽比本章仿真中使用的更小，信噪比(SNR)为 15dB，但是需要预先固定脉冲密度参数(此参数极可能无法通过 GML 估计)。另外，SNR 降低到 7dB 时，该方法可以通过处理 10 倍的数据来获得类似于 15dB 时的效果。从这个意义上说，该方法对于 IR 的估计似乎是收敛的。

盲 BG 解卷积[ROS 03,LAB 06]的最新工作是基于 Cheng 等人的 MCMC 技术[CHE 96]。MCMC 技术在统计上是最合理的,因为这类方法基于精确的似然值,不过其需要进行大量计算。该方法包括对 IR 和超参数进行概率化,并对反射率、IR 和超参数(以观测为条件下)的后验概率进行采样。如果反射率和 IR 的估计量是条件期望值,则可以通过计算伪随机样本的平均值来逼近,这些伪随机样本是根据后验概率密度函数取样生成的。Cheng 等人[CHE 96]给出的例子由 2000 个合成样本组成,这些样本分别来自于三种 SNR(26 dB,18.6 dB 和 4 dB)情形,并且所采用的小波之带宽与本章仿真中设置的相当。SNR 为 18.6dB 和 26dB 时,IR 和输入信号的估计效果都比较好,而 SNR 为 4dB 时仅是 IR 的估计效果较好。由于实验条件不同,很难通过仿真结果来比较 Cheng 等人所提方法和 Kaaresen 方法的性能。然而,Cheng 等人的方法估计了脉冲密度,而 Kaaresen 方法要求该参数是固定不变的。这说明,基于精确似然的方法要比基于广义似然最大化的方法具有更强的适应性。在实际数据处理方面,Rosec 等人[ROS 03]应用 Cheng 等人的 MCMC 方法处理海洋地震数据。结果表明,MCMC 方法至少能够在界面定位和层检测两个方面改善地震图像分辨率。

虽然上面介绍中没有直接指出,但只有多通道盲解卷积方法似乎能为处理实际数据提供令人满意的结果。

5.6 结　　论

由于传感器的分辨率有限以及点源之间的距离有时会很小,因此,实际中不可避免会存在从观测信号中难以分辨两个点源的情况,此时就需要解决冲激串解卷积问题。假如使用线性和移不变性假设,在离散化之后,问题归结为离散解卷积,其中输入是离散时间稀疏冲激序列。传感器的有限带宽通常使逆滤波方法无法恢复输入(信号)的宽带特性。

本章提出了两类专门用于恢复冲激信号的方法:

(1) 第 1 类方法通过优化$\mathbb{R}^n$上的正则化准则函数来估计输入,这类准则函数通过加大惩罚非冲激解来获得冲激类解。

(2) 第 2 类方法把源检测纳入算法过程,并通过优化取决于脉冲位置的准则函数来减少冲激数量。由于这些位置是离散的,因此需要解决一个组合优化问题,一般采用次优算法进行求解。

最后,本章介绍了两种方法,分别是采用凸惩罚函数的 L2Hy 解卷积方法,以及基于 SMLR 的 Bernoulli - Gaussian 解卷积方法。这两种方法分别代表了上面提到的两类回复冲激信号方法。

L2Hy 解卷积给出了具有明显尖峰特征的解,因为所得解向量由大量模值较小的元素和少量模值较大的元素组成。如需脉冲检测,则需要进一步对所得解施行阈值化处理。由于优化准则是凸的,所获得的解是连续的并且取决于观察结果、IR 和超参数,这确保了解对这些参数不太敏感。相比之下,BG 解卷积方法得到的解直接包含了尖峰检测结果。因此,所得解对于算法参数是不连续的。本章通过一个合成的例子展示了这些特征并比较了这两种方法。在满足模型假设的条件下,BG 解卷积方法求解效果优于或相当于 L2Hy 解卷积方法,具体取决于观测中的噪声情况。相反,BG 解卷积方法对建模误差(如对 IR 的不确知)的鲁棒性不如 L2Hy 方法。

在第 9 章中将进一步探讨建模误差这个关键问题,其中将使用超声波无损检测的实际数据来进行分析。第 9 章呈现了本章所介绍方法与实际数据处理之间的差距,本章方法除了已知观测信号之外,还需要已知一些参量,但在实际中这些参量通常是未知的,例如 IR 和超参数。当假定的卷积模型只是实际物理过程粗略的一阶表示时,这些参量在实际中更难以调整。要处理实际数据通常需要对本章方法进行扩展,第 9 章介绍的其实就是其中一个扩展。此外,对于本书未详细介绍的变种和扩展,感兴趣的读者可以见 5.3.5 和 5.5 节提到的参考文献。

参考文献

[ATA 82] A TAL B. S. , R EMDE *J. R.* , "A new method of LPC excitation for producing natural sounding speech at low bit rates", in Proc. *IEEE ICASSP*, vol. 1, Paris, France, p. 614 – 617, May 1982.

[BOU 06] B OURGUIGNON S. , CARFANTAN H. , "Spectral analysis of irregularly sampled data using a Bernoulli – Gaussian model with free frequencies", in Proc. *IEEE ICASSP*, Toulouse, France, May 2006.

[BOU 07] B OURGUIGNON S. , C ARFANTAN H. , I DIER J. , "A sparsity – based method for the estimation of spectral lines from irregularly sampled data", *IEEE J. Selected Topics Sig. Proc.* , vol. 1, num. 4, p. 575 – 585, Dec. 2007, Issue: Convex Optimization Methods for Signal Processing.

[CHA 93] C HAMPAGNAT F. , I DIER J. , D EMOMENT G. , Deconvolution of sparse spike trains accounting for wavelet phase shifts and colored noise", in Proc. *IEEE ICASSP*, Minneapolis, MN, p. 452 – 455, 1993.

[CHA 96] C HAMPAGNAT F. , G OUSSARD Y. , I DIER J. , "Unsupervised deconvolution of sparse spike trains using stochastic approximation", *IEEE Trans. Signal Processing*, vol. 44, num. 12, p. 2988 –

2998, Dec. 1996.

[CHE 96] C HENG Q. , C HEN R. , L I T. – H. , "Simultaneous wavelet estimation and deconvolution of reflection seismic signals", *IEEE Trans. Geosci. Remote Sensing*, vol. 34, p. 377 – 384, Mar. 1996.

[CHI 85] C HI C. Y. , G OUTSIAS J. , M ENDEL*J. M.* , "A fast maximum – likelihood estimationand detection algorithm for Bernoulli – Gaussian processes", in Proc. *IEEE ICASSP*, Tampa, FL, p. 1297 – 1300, Apr. 1985.

[CRU 74] C RUMP N. D. , "A Kalman filter approach to the deconvolution of seismic signals", *Geophysics*, vol. 39, p. 1 – 13, 1974.

[DEM 84] D EMOMENT G. , R EYNAUD R. , H ERMENT A. , "Range resolution improvement by a fast deconvolution method", *Ultrasonic Imaging*, vol. 6, p. 435 – 451, 1984.

[DJU 96] D JURIC P. , "A model selection rule for sinusoids in white Gaussian noise", *IEEE Trans. Signal Processing*, vol. 44, num. 7, p. 1744 – 1751, July 1996.

[DOU 97] D OUCET A. , D UVAUT P. , "Bayesian estimation of state space models applied to deconvolution of Bernoulli – Gaussian processes", *Signal Processing*, vol. 57, p. 147 – 161, 1997.

[DUB 97] D UBLANCHET F. , I DIER J. , D UVAUT P. , "Direction – of – arrival and frequency estimation using Poisson – Gaussian modeling", in Proc. *IEEE ICASSP*, Munich, Germany, p. 3501 – 3504, Apr. 1997.

[EFR 04] E FRON B. , H AST*IE T.* , J OHNSTONE I. , T IBSHIRANI R. , "Least angle regression", *Annals Statist.* , vol. 32, num. 2, p. 407 – 451, 2004.

[FAT 80] F ATEMI M. , K AK A. C. , "Ultrasonic B – scan imaging: Theory of image formation and atechnique for restoration", *Ultrasonic Imaging*, vol. 2, p. 1 – 47, 1980.

[GAU 95] G AUTIER S. , L E B ESNERAIS G. , M OHAMMAD – D JAFARI A. , L AVAYSSIÈRE B. , "Data fusion in the field of non destructive testing", in *K. H ANSON(Ed.)*, *Maximum Entropy and Bayesian Methods*, Santa Fe, NM, Kluwer Academic Publ. , p. 311 – 316, 1995.

[GAU 01] G AUTIER S. , I DIER J. , C HAMPAGNAT F. , V ILLARD D. , "Restoring separate discontinuities from ultrasonic data", in *Review of Progress in Quantitative Nondestructive Evaluation*, *AIP Conf. Proc.* Vol 615(1), Brunswick, ME, p. 686 – 690, July 2001.

[GOO 77] G OODWIN G. C. , P AYNE R. L. , *DynamicSystem Identification. Experiment Design and Data Analysis*, Academic Press, 1977.

[GOU 86] G OUTSIAS *J. K.* , M ENDEL *J. M.* , "Maximum – likelihood deconvolution: An optimization theory perspective", *Geophysics*, vol. 51, p. 1206 – 1220, 1986.

[GOU 89] G OUSSARD Y. , D EMOMENT G. , "Recursive deconvolution of Bernoulli – Gaussian processes using a MA representation", *IEEE Trans. Geosci. Remote Sensing*, vol. GE – 27, p. 384 – 394, 1989.

[GOU 92] G OUSSARD Y. , "Blind Deconvolution of sparse spike trains using stochastic optimization", in Proc. *IEEE ICASSP*, vol. IV, San Francisco, CA, p. 593 – 596, Mar. 1992.

[HOG 74] H OGBOM J. , "Aperture synthesis with a non – regular distribution of interferometerbaselines", *Astron. Astrophys. Suppl.* , vol. 15, p. 417 – 426, 1974.

[IDI 90] I DIER J. , G OUSSARD Y. , "Stack algorithm for recursive deconvolution of Bernoulli Gaussian processes", *IEEE Trans. Geosci. Remote Sensing*, vol. 28, num. 5, p. 975 – 978, Sep. 1990.

[IDI 93] I DIER J. , G OUSSARD Y. , "Multichannel seismic deconvolution", *IEEE Trans. Geosci. Remote Sensing*, vol. 31, num. 5, p. 961 – 979, Sep. 1993.

[KAA 97] K AARESEN K. F. ,"Deconvolution of sparse spike trains by iterated window maximization", *IEEE Trans. Signal Processing*, vol. 45, num. 5, p. 1173 - 1183, May 1997.

[KAA 98a] K AARESEN K. F. ,"Evaluation and applications of the iterated window maximization method for sparse deconvolution", *IEEE Trans. Signal Processing*, vol. 46, num. 3, p. 609 - 624, Mar. 1998.

[KAA 98b] K AARESEN K. F. , "Multichannel blind deconvolution of seismic signals", *Geophysics*, vol. 63, num. 6, p. 2093 - 2107, Nov. - Dec. 1998.

[KOR 82] K ORMYLO *J. J.* , M ENDEL *J. M.* , "Maximum - likelihood detection and estimation of Bernoulli - Gaussian processes", *IEEE Trans. Inf. Theory*, vol. 28, p. 482 - 488, 1982.

[KWA 80] K WAKERNAAK H. , "Estimation of pulse heights and arrival times", *Automatica*, vol. 16, p. 367 - 377, 1980.

[LAB 06] L ABAT C. , I DIER J. , "Sparsė blind deconvolution accounting for time - shift ambiguity", in Proc. *IEEE ICASSP*, vol. III, Toulouse, France, p. 616 - 619, May 2006.

[LAB 08] L ABAT C. , I DIER J. , "Convergence of conjugate gradient methods with a closedform stepsize formula", *J. Optim. Theory Appl.* , vol. 136, num. 1, Jan. 2008.

[LAV 91] L AVIELLE M. , "2 - D Bayesian deconvolution", Geophysics, vol. 56, p. 2008 - 2018, 1991.

[LAV 93] L AVIELLE M. , "Bayesian deconvolution of Bernoulli - Gaussian processes", *Signal Processing*, vol. 33, p. 67 - 79, 1993.

[LEC 89] L ECLERC Y. G. , "Constructing simple stable description for image partitioning", Int. *J. Computer Vision*, vol. 3, p. 73 - 102, 1989.

[LII 82] L II K. S. , R OSENBLATT M. , "Deconvolution and estimation of transfer function phase and coefficients for non Gaussian linear processes", *Annals Statist.* , vol. 10, num. 4, p. 1195 - 1208, 1982.

[MEN 83] M ENDEL*J. M.* , *Optimal Seismic Deconvolution*, Academic Press, New York, NY, 1983.

[MEN 90] M ENDEL*J. M.* , *Maximum - Likelihood Deconvolution - A Journey into Model - Based Signal Processing*, Springer Verlag, New York, NY, 1990.

[O'B 94] O'B RIEN M. S. , S INCLAIR A. N. , K RAMER S. M. , "Recovery of a sparse spike time series by L 1 norm deconvolution", *IEEE Trans. Signal Processing*, vol. 42, num. 12, p. 3353 - 3365, Dec. 1994.

[OLD 86] O LDENBURG D. W. , L EVY S. , S TINSON K. , "Inversion of band - limited reflection seismograms: Theory and practice", Proc. *IEEE*, vol. 74, p. 487 - 497, 1986.

[OSB 00] O SBORNE M. R. , P RESNELL B. , T URLACH B. A. , "A new approach to variable selection in least squares problems", *IMA J. Numer. Anal.* , vol. 20, num. 3, p. 389 - 403, 2000.

[PES 96] P ESQUET J. - C. , K RIM H. , L EPORINI D. , H AMMAN E. , "Bayesian approach to best basis selection", in Proc. *IEEE ICASSP*, Atlanta, GA, p. 2634 - 2637, May 1996.

[ROS 03] R OSEC O. , B OUCHER J. - M. , N SIRI B. , C HONAVEL T. , "Blind marine seismic deconvolution using statistical MCMC methods", *IEEE Trans. Ocean. Eng.* , vol. 28, num. 3, p. 502 - 512, 2003.

[SAC 98] S ACCHI M. D. , U LRYCH T. J. , W ALKER C. J. , "Interpolation and extrapolation using ahigh - resolution discrete Fourier transform", *IEEE Trans. Signal Processing*, vol. 46, num. 1, p. 31 - 38, Jan. 1998.

[SAI 90] S AITO N. , "Superresolution of noisy band - limited data by data adaptive regularization and its application to seismic trace inversion", in Proc. *IEEE ICASSP*, Albuquerque, NM, p. 1237 - 1240, Apr. 1990.

[STO 89] S TOICA P. , M OSES R. L. , F REIDLANDER B. , S ÖDERSTRÖM T. , "Maximum likelihood estimation of the parameters of multiple sinusoids from noisy measurements", *IEEE Trans. Acoust. Speech*, Signal

Processing, vol. 37, num. 3, p. 378 – 392, Mar. 1989.

[TAY 79] T AYLOR H., B ANKS S., M C C OY F., "Deconvolution with the L 1 norm", *Geophysics*, vol. 44, num. 1, p. 39 – 52, 1979.

[VAN 68] V AN T REES H. L., *Detection, Estimation and Modulation Theory*, Part 1, John Wiley, New York, NY, 1968.

[WAL 97] W ALTER E., P RONZATO L., *Identification of Parametric Models from Experimental Data*, Springer – Verlag, Heidelberg, Germany, 1997.

[WON 92] W ONG K. M., R EILLY*J. P.*, W U Q., Q IAO S., "Estimation of directions of arrival of signals in unknown correlated noise, part I: The MAP approach and its implementation", *IEEE Trans. Signal Processing*, vol. 40, num. 8, p. 2007 – 2017, Aug. 1992.

[WOO 75] W OOD*J. C.*, T REITEL S., "Seismic signal processing", Proc. *IEEE*, vol. 63, p. 649 – 661, 1975.

第 6 章 图像解卷积[①]

6.1 引 言

根据第 1 章的内容,求解图像解卷积等不适定问题,必然需要引入一些先验知识来缩小可行解的范围。对于图像解卷积问题,通常待求的解图像具有一定程度的局部正则性/规则性,并可通过导数或有限方向差分的范数来刻画。更确切地说,如果不考虑纹理特征非常显著的区域,那么可以假设除区域过渡处之外图像强度(灰度)的变化是缓慢的。

本章首先阐述如何将"几乎无处不在"的正则性建模为先验知识。这方面的研究工作很多,应用领域也非常广泛。在本书第 12 章 ~ 第 14 章中,将会看到这个性质也是成像(解卷积之外的逆问题)中必不可少的正则化工具。

通过最小化惩罚函数来寻找离散解是最简单的技术之一。在某些情况下,这种离散解是对泛函框架下定义的连续解的近似。然而,在数学上很难建立泛函解存在且唯一的条件。在实际中,不一定非要限制于泛函框架。本章并没有对泛函解的存在性保证进行深入的数学分析。类似地,建立了(图像)强度变量的惩罚函数同通过各向同性或各向异性扩散方法求解之间的联系。贝叶斯概率解释也可以作为数学框架,其通过寻找最大后验概率估计来证实惩罚函数最小化方法的合理性(见第 3 章)。当然,这个统计框架也不是阐释本章基本方法不可或缺的先决条件。另一方面,对于某些"高级"技术,例如重采样技术,模拟退火和通过最大似然估计超参数,统计框架则是必不可少的。这正是这两章明确使用贝叶斯框架的原因。

本章主要按时间顺序分为三部分:

(1) 通过最小化"Tikhonov 型"惩罚最小二乘准则函数获得的线性解,因其结构简单性和易于实现性,使其在"逆滤波"领域中发挥着中心的历史性作用。6.2 节讨论了这类解的定义和局限性。对于这类方法的实际计算问题,第 4 章的部分内容就此进行了专门的讨论。

---

① 本章由 Jérôme Idier 和 Laure Blanc – Féraud 联合撰写。

(2) 在20世纪80年代,继 Geman 兄弟(GEM 84)的工作之后,出现了一种更加复杂和雄心勃勃的方法,其不仅包含从不精确数据中估计图像,还包括与其相关联的检测步骤,检测刻画图像轮廓或区域的离散隐变量。6.3 节专门讨论由此导出的检测—估计方法。

(3) 自20世纪90年代以来,该领域开始朝着更加方法简单化的方向发展。自此开始从一大类凸的、非二次函数中选择惩罚函数,并且已经舍弃了检测步骤,以便更好地通过凸优化来解决图像解卷问题(6.4节)。

为了完整起见,应该补充一点,最小化惩罚函数并不是图像解卷积问题唯一可行的方法。更具体地,近年来提出了基于观测图像小波域分解的多分辨率方法,并且已经应用于天文(STA 02)和卫星(KAL 03)成像。

6.2 Tikhonov 意义上的正则化方法

6.2.1 方法原理

6.2.1.1 单变量信号情形

根据 Tikhonov 在[TIK 77]和早期文章(最早的1963年)提出的方法,候选解的惩罚函数是信号及其导数的二范数,以此来刻画解的正则性。首先考虑从不精确数据中估计离散或连续的单变量函数(一维信号而不是二维图像)x^*:

$$y = Hx^* + \text{noise} \tag{6.1}$$

其中,$\boldsymbol{H}$ 是(有界)线性算子。Tikhonov 方法需要选择正则化函数 $\| Dx \|^2$,D 是线性算子,例如差分算子。然后将待估计的解 $\hat{x}$ 定义为以下惩罚函数的最小解:

$$\mathcal{J}(x) = \| y - Hx \|^2 + \lambda \| Dx \|^2 \tag{6.2}$$

其中,λ 是正则化参数(大于零)。在实际中,有望通过施加不是非常严格的条件来确保 $\mathcal{J}$ 是严格凸的,因此具有唯一的极小解。特别是,如果 $\| Dx \|$ 是 x 的范数,则就是这种情况。

式(6.2)中 $\mathcal{J}$ 的第1项是一个二范数,它惩罚由可行解 x 根据观测模型得到的拟观测数据与实际观测数据 y 之间的差异。下面将更多地关注 $\mathcal{J}$ 的第2项,即正则化函数的构造。在 Tikhonov 的原始文献中,x 是定义在$\mathbb{R}$ 中区间 $\Omega \subset \mathbb{R}$ 上的连续函数:

$$\| Dx \|^2 = \sum_{r=0}^{R} \int_{\Omega} c_r(s) \left(x^{(r)}(s) \right)^2 \mathrm{d}s \tag{6.3}$$

式中：权重 c_r 为严格正（始终大于零）的函数；$x^{(r)}$ 为 x 的 r 阶导数。定性地来看，这样的正则化函数选择对应于待估计信号 x^* 的平滑性先验假设。

6.2.1.2 多变量扩展

研究人员已实现了多变量扩展。在 d 维空间，为了惩罚 x 的梯度（在此表示为∇x），可以定义：

$$\| Dx \|^2 = \int_{\Omega} \| \nabla x(s) \|^2 \mathrm{d}s = \int_{\Omega} \sum_{i=1}^{d} \left(\frac{\partial x}{\partial s_i}(s) \right)^2 \mathrm{d}s \tag{6.4}$$

惩罚函数也可以包含更高阶的偏导数。在成像（$\Omega \subset \mathbb{R}^2$）领域，有一些研究工作引入了二阶偏导数（例如（TER 83））。

如果式（6.2）定义的函数 $\mathcal{J}$ 具有极小值，那该值是欧拉－拉格朗日方程（AUB 06）的解。在满足式（6.4）的情况下，极小值满足的欧拉－拉格朗日方程可以写作：

$$H^* Hx - \lambda \Delta x = H^* y \tag{6.5}$$

式中：$\Delta = \sum_{i=1}^{d} \partial^2 / \partial s_i^2$ 为关于空间坐标的拉普拉斯算子；$\boldsymbol{H}^*$ 为 $\boldsymbol{H}$ 的伴随算子，边界条件为

$$\left. \frac{\partial x}{\partial \boldsymbol{n}} \right|_{\partial \Omega} = 0 \tag{6.6}$$

式中：$\partial \Omega$ 为 Ω 的边界；$\boldsymbol{n}$ 为$\partial \Omega$ 向外的法向量。

6.2.1.3 离散框架

式（6.3）或式（6.4）的等效离散形式常常出现在以下两类工作中：

一些研究人员试图通过离散近似来逼近函数 $\mathcal{J}$ 的最小化，其通常采用有限差分方法。例如，惩罚函数式（6.4）可以通过以下方式来处理：

$$\sum_{m=2}^{M} \sum_{n=1}^{N} (x_{m,n} - x_{m-1,n})^2 + \sum_{m=1}^{M} \sum_{n=2}^{N} (x_{m,n} - x_{m,n-1})^2 \tag{6.7}$$

考虑矩形区域 Ω，使用相同的行和列间隔将其划分为一个个正方形，形成了 $M \times N$ 个顶点 (m,n)。对于传统的离散化方案（有限差分以及有限元），研究结果表明，随着离散网格变小，离散惩罚函数的最小解会收敛于函数 $\mathcal{J}$ 的最小解（例如，[TER 83]）。

其他一些工作直接采用离散框架，或者在建立正向模型时就将待恢复信号在固定数量的点上进行离散化。以文献[TIT 85]为例，经常建立诸如式（6.7）之类的惩罚函数，然而并没有参照对应的连续正则化函数。

6.2.2 与图像处理的线性偏微分方程方法的关系

基于常规图像计算和热扩散之间在数学上的相似性，Koenderink[KOE 84]

引入偏微分方程(PDE),用于解决噪声图像的恢复问题。这种表示要求噪声图像 $y=\{y(s),s\in\Omega\}$ 为连续统 Ω 上的观测(通常是块$\mathbb{R}^2$上的观测,这显然是不现实的)。根据外部参数 t(时间或尺度)定义一系列图像 $x(s,t)$ 并建立 x 随时间演变的等式。应用于图像的第 1 个扩散方程,称为热方程,是以下线性抛物线 PDE:

$$\frac{\partial x(s,t)}{\partial t}=\Delta x(s,t) \tag{6.8}$$

条件为式(6.6)和:

$$x(s,0)=y(s) \tag{6.9}$$

由式(6.6)、式(6.8)和式(6.9)形成的方程系统适用于从含噪图像 y(即(6.1)中的 $H=Id$)中恢复原图像。该套方程系统与热扩散相似,相当于随着时间的推移,各向同性地“扩散”图像的强度。可以证明,这个扩散过程相当于方差为 $2t$ 的圆高斯线性卷积算子作用于观测 y:

$$x(s,t)=(G_t*y)(s)\text{且 }G_t(s)=\exp(-\|s\|^2/(4t))/(4\pi t)$$

在 PDE 的这个公式中,时间参数可以被认为是尺度参数。在图像序列 $x(s,t)$ 中,小于 t 的尺度的信息模糊,但保留了较粗尺度的信息。当 $t\to\infty$,$x(s,t)$ 趋向于常数(y 的均值):扩散过程必须在一定时间后停止,以起到正则化参数的作用。为了避免解收敛到一个常数,并且能够把退化过程 H 纳入进来,式(6.8)可以被“有偏的”PDE[NOR 90]取代:

$$\frac{\partial x(s,t)}{\partial t}=\mu H^*(y(s)-Hx(s,t))+\Delta x(s,t) \tag{6.10}$$

通过使方程左侧为零来获得该等式的静态解,也就是 $\mu=1/\lambda$ 时求解欧拉—拉格朗日方程式(6.5)。此外,式(6.10)还可以写成如下形式:

$$\frac{\partial x(s,t)}{\partial t}=-\nabla\mathcal{J}(x)$$

其时域离散形式相当于最小化惩罚函数式(6.2)的梯度算法。

6.2.3 Tikhonov 方法的局限性

如果待恢复的图像由不同的区域组成,或者成像的目的是在均匀介质中显示孤立的缺损时(在无损检测应用中),Tikhonov 方法已被证实其检测不连续性的能力有限,甚至无法正确显示缺损的大致位置。

为了阐释这个问题,考虑以下模拟实验:假设 $y=[y_1,\cdots,y_N]^{\mathrm{T}}$ 是含噪观测数据向量,$y_n=x^*(n/N)+b_n$,x^* 为[0,1]区间上的单变量、分段平滑函数,

$x^*(n/N)$是对函数x^*的规则采样。函数x^*和向量y如图6.1所示。

假设$R=2, c_0=c_1=0, c_2=1$，而$\| y-Hx \|^2 = \sum_{n=0}^{N}(y_n - x(n/N))^2$，式(6.2)可以表示为

$$\mathcal{J}(x) = \| y - Hx \|^2 + \lambda \int_0^1 (x''(s))^2 \mathrm{d}s \tag{6.11}$$

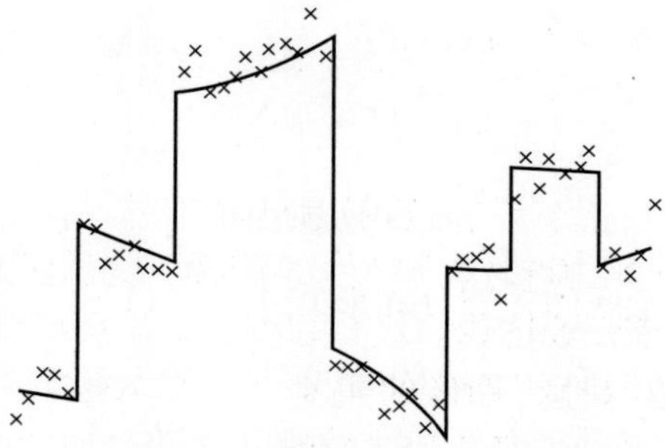

图6.1 分段平滑单变量函数x^*及50个含噪的观测$y_n, n=1,2,\cdots,N=50$

利用有限差分可将式(6.11)离散化为

$$J_M(\boldsymbol{x}) = \| \boldsymbol{y} - \boldsymbol{Hx} \|^2 + \lambda M^3 \sum_{m=2}^{M-1} (2x_m - x_{m-1} - x_{m+1})^2 \tag{6.12}$$

其中，$\| \boldsymbol{y} - \boldsymbol{Hx} \|^2 = \sum_{n=1}^{N}(y_n - x_{nM/N})^2$，$x=[x_1,\cdots,x_M]^{\mathrm{T}}$，$M$为$N$的整数倍。将估计量$\hat{x}^\lambda$定义为$J_M$的最小解。文献(NAS 81)中的结论表明，当$M\to\infty$时，$\hat{\boldsymbol{x}}^\lambda$逐点收敛于式(6.11)的唯一最小解。图6.2表示长度为$M=400$的向量$\hat{\boldsymbol{x}}^\lambda$，其中的$\lambda$是$L_1$意义上的“最佳”$\lambda$值，也即是使$C(\hat{\boldsymbol{x}}^\lambda, x^*)$最小化的值：

$$C(\boldsymbol{x}, x^*) = \sum_{m=1}^{M} | x_m - x^*(m/M) | \Big/ \sum_{m=1}^{M} | x^*(m/M) |$$

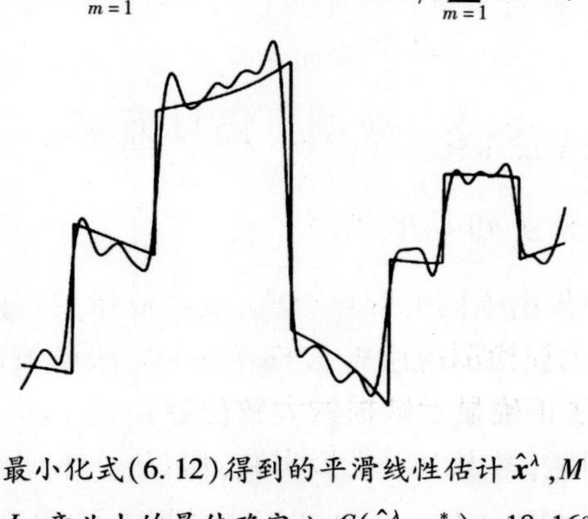

图6.2 最小化式(6.12)得到的平滑线性估计$\hat{\boldsymbol{x}}^\lambda$，$M=400$，以$L_1$意义上的最佳确定$\lambda$：$C(\hat{\boldsymbol{x}}^\lambda, x^*)=18.16\%$

由于需要已知 x^*,超参数的选择需要人工完成。然而,这并不妨碍公平地比较各种信号估计方法的性能。

解 $\hat{\boldsymbol{x}}^{\lambda}$ 的效果(见图 6.2)并不令人满意,因为它是一致光滑的。相比之下,数据的分段线性插值所得结果,其 $\boldsymbol{L}_1$ 范数误差仅为 17.04%,这明显更低。

如果不连续处的数量 $\boldsymbol{I}$ 和位置 $\boldsymbol{\tau}=[\tau_1,\cdots,\tau_I]$ 已知,那么更合适的方法是用下式取代惩罚函数 $\mathcal{J}$:

$$\mathcal{J}_\tau(x) = \| y - Hx \|^2 + \lambda \sum_{i=0}^{I} \int_{\tau_i}^{\tau_{i+1}} (x''(s))^2 \mathrm{d}s$$

其中,$\tau_0=0$,且 $\tau_{I+1}=1$,这个关于 x 的惩罚函数不要求在 $\tau_1,\cdots,\tau_I$ 处可导(这就是为什么不表示成整个区间的积分和形式 $\int_0^1 (x(s)'')^2\mathrm{d}s$)。类似地,对于二维信号,如果不连续处在平面上形成的曲线是一个已知的集合 Γ,那么该信号在除了 Γ 之外的其他地方都具有正则性(例如图像的平滑特性)。该方法可以推广到处理任何维度为 d 的信号,其不连续处构成维数为 $d-1$ 的已知集合 $\Gamma\subset\Omega$。

等效的离散形式可表示为

$$J_\ell(\boldsymbol{x}) = \| \boldsymbol{y} - \boldsymbol{H}\boldsymbol{x} \|^2 + \lambda M^3 \sum_{m=2}^{M-1} (1 - \ell_m)(2x_m - x_{m-1} - x_{m+1})^2 \quad (6.13)$$

其中,$\ell=[\ell_2,\cdots,\ell_{M-1}]$是表征边变量的二元矢量,$\ell_m=1$ 对应于位置 m 处存在不连续性("二阶"不连续性对应于坡度的跳变,因此,x^* 强度的突变(图 6.1)对应于两个连续的坡度突变。例如,对于 x_m 和 x_{m+1}之间的强度突变 $\ell_m=\ell_{m+1}=1$)。

在实际中,这种方法的作用非常有限,这是因为事先并不知道不连续点的位置。本章后续内容专门介绍信号与图像处理领域处理分段规则函数恢复问题的主要思想和工具。

6.3 检测-估计方法

6.3.1 方法原理

在 20 世纪 80 年代中期,对不连续性的受控管理(建模处理)在理论和实践上向前迈出了一大步[BLA 87,GEM 84,MUM 85,TER 83],提出了联合估计 x 和检测不连续性(以 $\boldsymbol{\tau},\ell$ 的形式,或者更一般地,根据上下文背景设置不连续处的集合 Γ)的方法。为此,联合最小化诸如 $\mathcal{J}_\tau(x)$(联合变量$(x,\boldsymbol{\tau})$)或 $J_\ell(\boldsymbol{x})$(联合变量$(\boldsymbol{x},\ell)$)这样的准则函数是不合适的。不难看出,该联合优化策略会导出最大数量的不连续处(即连续形式的 $\Gamma=\Omega$ 和离散形式的 $\ell=[1,\cdots,1]^{\mathrm{T}}$)。如果每次引入不连续性都要施加惩罚 $\alpha>0$(也即是对引入不连续性进行惩罚),则不会出现“导出大量不连续处”这样的情况[EVA 92,MUM 85]。依据此思路可以导出一个增广的函数,对于离散单变量为

$$K(\boldsymbol{x},\ell) = J_{\ell}(\boldsymbol{x}) + \alpha\sum_{m=2}^{M-1}\ell_m \tag{6.14}$$

在连续的单变量情况下为

$$\mathcal{K}(x,\tau) = \mathcal{J}_{\tau}(x) + \alpha l \tag{6.15}$$

对于二维函数,对不连续性的惩罚与集合 Γ 对应曲线的总长度成比例。更一般地,对于 d 维函数,惩罚函数可以写成 $\alpha\mathcal{H}^{d-1}(\Gamma)$,其中 $\mathcal{H}^{d-1}$ 是维数为 $d-1$ 的 Hausdorff 测度[EVA 92,MUM 85]。

在式(6.14)和式(6.15)中,惩罚值仅取决于不连续处的数量,而不取决于它们的相对位置,也即是非耦合的。可以想见,在此方法的基础上可以提出一些变种和扩展方法。例如,可以通过引入随着相邻不连续点之间的距离增加而下降的滑动惩罚,以增大对邻近不连续性的惩罚。当惩罚取决于不连续性的相对位置时,边变量是交互影响的(存在耦合)。第7章提出了用于图像分割的交互变量模型。

最后,可以指出图像恢复和计算机视觉中[BLA 87,GEM 84,MUM 85,TER 86]工作的几个共同特征:

(1) 对于图像不连续性的建模,连续形式采用集合来建模而离散形式则采用更简单的布尔变量来建模。只要它们没有出现在观测方程式(6.1)中,这些变量就可以被认为是(关于观测过程的)隐变量。从概念上和实际上来说,隐变量的使用提供了众多以惩罚的形式建模和利用先验知识的工具及方法。

(2) 在大多数情况下,增广准则函数是半二次型(HQ):如果函数 $\boldsymbol{K}$ 取决于两组变量,例如 $\boldsymbol{x}$ 和 ℓ,且 $\boldsymbol{K}$ 是 $\boldsymbol{x}$ 的二次函数,但不是 $(\boldsymbol{x},\ell)$ 的二次函数,则称其为 HQ。许多图像复原工作已经利用了这一特性,6.5 节将专门介绍该方法。

6.3.2 存在的问题

计算复杂度高是检测-估计类方法在实际应用中存在的主要不足。对于离散情形,处理引入二元变量所导出的组合问题需要计算复杂度很高的数值方法。这些方法主要是在随机(模拟退火,见(GEM 84)和第7章)或确定性(连续方法,如渐变非凸性(BLA 87),见[NIK 98,99])框架下基于松弛原理发展而来。图6.3由 GNC 确定性松弛方法计算得到。

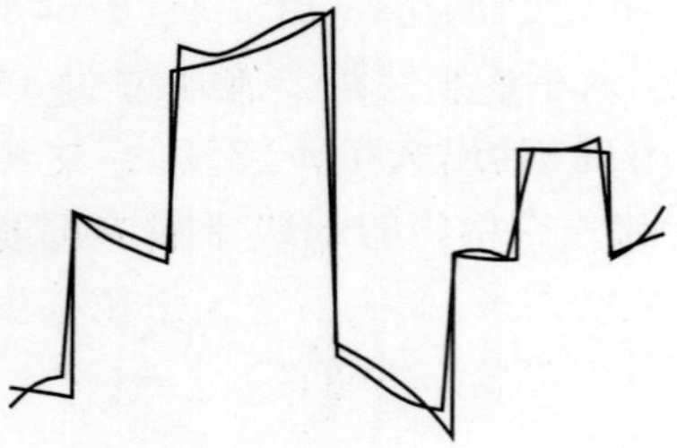

图 6.3　联合最小化式(6.14)得到的分段平滑估计 $\hat{\boldsymbol{x}}^{\alpha;\lambda}$，以 L_1 意义上的最佳确定 λ,α 的最优值：$C(\hat{x}^{\alpha;\lambda},x^*)=16.22\%$

一些作者[BOU 93,LI 95]把 $\hat{\boldsymbol{x}}^{\alpha;\lambda}$ 估计的不稳定性作为检测–估计类方法的另一个不足。不稳定性归因于 $\hat{\boldsymbol{x}}^{\alpha;\lambda}$ 不是观测数据的连续函数。换言之，$\hat{\boldsymbol{x}}^{\alpha;\lambda}$ 不满足 Hadamard 的第 3 个条件，尽管也采用了罚函数法，但问题仍然是不适定的。图 6.4 根据[LI 95]中给出的示例说明了这一点。

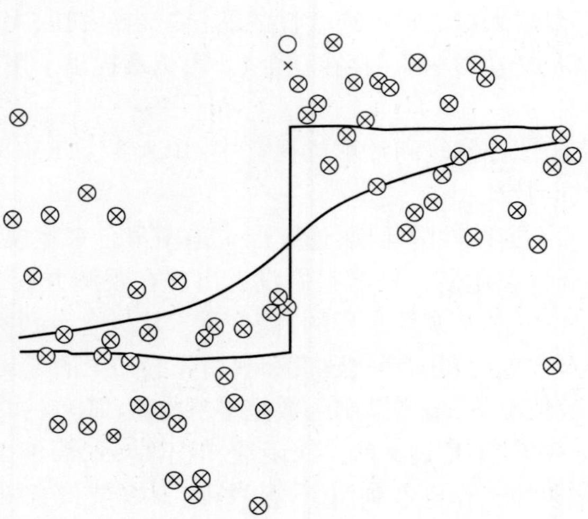

图 6.4　$\hat{\boldsymbol{x}}^{\alpha;\lambda}$ 的不稳定性作为数据的函数：连续线，两个估计值 $\hat{\boldsymbol{x}}^{\alpha;\lambda}$ 来自相同的数据集，除了一个值。数据由一组的圆圈表示，另一组的十字表示。参数 λ 和 α 保持不变

事实上，$\hat{\boldsymbol{x}}^{\alpha;\lambda}$ 是观测数据的分段连续函数，其实这类方法具备这种不连续性检测的能力。实际上，解决具有多个假设的决策问题归结为将数据空间(此处为 $\mathbb{R}^N$)划分为与竞争假设[BRÉ94]一样多的区域 E_k。E_k 被定义为观测 $\boldsymbol{y}$ 的子集，其对应根据决策规则确定的第 k 个假设。在这里，假设的数目与 ℓ 的可能

取值数目相同,即 2^{M-2}。当 $\boldsymbol{y}$ 处于任何一个 E_k 内时,$\hat{\boldsymbol{x}}^{\alpha;\lambda}$ 是连续的(对于固定的 ℓ,$\hat{\boldsymbol{x}}^{\alpha;\lambda}$ 是二次准则函数(6.13)的最小解)。换句话说,不连续性仅在子集的边缘处发生,即当数据的变化导致决策的改变时。在某些情况下,这种特性非但不是缺点反而是必要的,因为它使得自动决策成为可能。另一方面,如果信号复原的目的仅仅是辅助专家决策,那么不建议采用检测—估计类方法,因为它不但存在误判的风险,而且计算复杂度也高。

6.4　非二次方法

在20世纪90年代中期之前,非二次惩罚方法在信号和图像复原中的重要性日益凸显[BOU 93,KÜN 94,LI 95]。这类方法的原理是采用一个能更好恢复信号和图像不连续处的偶函数来代替 Tikhonov 二次罚函数。例如,对于一维连续情形,可将式(6.11)推广为

$$\mathcal{J}_{\phi}(x) = \| y - Hx \|^2 + \lambda \int_0^1 \phi(x''(s))\,\mathrm{d}s \tag{6.16}$$

类似地,对于一维离散情形,将式(6.12)推广为

$$J_{\phi}(x) = \| \boldsymbol{y} - \boldsymbol{H}\boldsymbol{x} \|^2 + \frac{\lambda}{M}\sum_{m=2}^{M-1} \phi\left(\frac{2x_m - x_{m-1} - x_{m+1}}{1/M^2}\right) \tag{6.17}$$

或者,对于二维连续情形,将式(6.4)推广为

$$\int_{\Omega} \phi(\| \nabla x(s) \|)\,\mathrm{d}s \tag{6.18}$$

而对于二维离散情形(参数 v 即是离散化步长),式(6.7)可推广为

$$\nu^2 \sum_{m=2}^{M}\sum_{n=1}^{N} \phi\left(\frac{x_{m,n} - x_{m-1,n}}{\nu}\right) + \nu^2 \sum_{m=1}^{M}\sum_{n=2}^{N} \phi\left(\frac{x_{m,n} - x_{m,n-1}}{\nu}\right) \tag{6.19}$$

具有式(6.19)这样结构的罚函数是实际中图像复原最常用的。正如[AUB 97,第2节]所指出的那样,它不并是式(6.18)(采用有限差分)的离散化形式,而是对下式的离散化:

$$\int_{\Omega} \phi\left(\frac{\partial x(s)}{\partial s_1}\right)\mathrm{d}s + \int_{\Omega} \phi\left(\frac{\partial x(s)}{\partial s_2}\right)\mathrm{d}s$$

其具有相对图像轴的旋转不变性。对于式(6.18),对应的离散形式为

$$\nu^2 \sum_{m=2}^{M}\sum_{n=2}^{N} \phi\left(\frac{1}{\nu}\sqrt{(x_{m,n} - x_{m-1,n})^2 + (x_{m,n} - x_{m,n-1})^2}\right) \tag{6.20}$$

在式(6.19)基础上建立旋转不变模型,通常的办法是增加斜对角项[HUR 96]:

$$\nu^2 \sum_{m=2}^{M} \sum_{n=2}^{N} \phi\left(\frac{x_{m,n} - x_{m-1,n-1}}{\nu\sqrt{2}}\right) + \nu^2 \sum_{m=2}^{M} \sum_{n=2}^{N} \phi\left(\frac{x_{m-1,n} - x_{m,n-1}}{\nu\sqrt{2}}\right) \qquad (6.21)$$

而不是选择准则函数式(6.20)。对于这个问题的进一步讨论请参见(BLA 87，第6.1.1节)。

因此，问题的本质是选择函数 ϕ。为了保护均匀区域之间的边特征，需要容许某些点的估计值有较大的方差，因此 ϕ 必须比抛物线函数增加更缓慢。ϕ 和相关参量的选择与统计学中鲁棒范数的使用[HUB 81，REY 83]非常相似。文献中主要提出了两组函数，即 L_2L_1 函数和 L_2L_0 函数。

1) L_2L_1 函数

这些是非常数的偶函数，它们在0处是凸的 C^1(一阶连续导数)，C^2(二阶连续导数)并且渐近线性。一个简单的、经常使用的例子是双曲线的分支(图6.6(c)和[CHA 97])：

$$\phi(u) = \sqrt{\eta^2 + u^2}, \quad \eta > 0$$

式(6.17)采用该函数后的最小解如图6.5所示。它在恢复平滑区域和保护边界之间提供了相当好的折衷。

使用其他凸函数族得到了效果相近的结果，例如 L_p 范数[BOU 93]：

$$\phi(u) = |u|^p, \quad 1 \leqslant p < 2$$

它们在0处不是 C^2 的，$p=1$ 时甚至不可微，并且比线性函数增加更快，或者再次使用"公平"函数[REY 83]，尽管它也是凸的，但是比线性函数增加慢一点：

$$\phi(u) = |u/\eta| - \lg(1 + |u/\eta|), \quad \eta > 0$$

另外，还有些研究工作采用了特别的凸惩罚函数，其不是对待估计函数的导数或有限差分进行惩罚。值得注意的是，受信息熵[O'S 95]计算公式启发提出的函数，如正数图像的恢复：

$$\sum_{m=2}^{M} \sum_{n=1}^{N} (x_{m,n} - x_{m-1,n}) \lg \frac{x_{m-1,n}}{x_{m,n}} + \sum_{m=1}^{M} \sum_{n=2}^{N} (x_{m,n} - x_{m,n-1}) \lg \frac{x_{m,n-1}}{x_{m,n}} \qquad (6.22)$$

2) L_2L_0 函数

这些是非常数偶函数，在0处为 C^2，在 $\mathbb{R}_+$ 上递增并渐近常数。因此，对强度变化的惩罚随幅度增加，但趋向于一个常数。文献[GEM 87]中给出并在图6.6(e)中显示的典型示例：

$$\phi(u) = \frac{u^2}{\eta^2 + u^2}, \quad \eta > 0$$

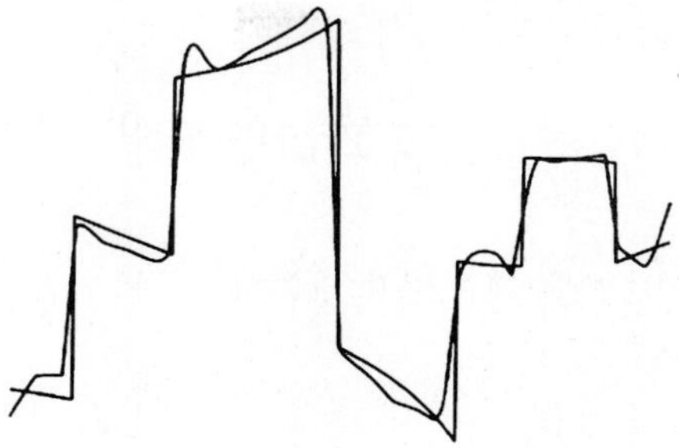

图6.5　最小化式(6.17)获得的非线性平滑估计 $\hat{x}^{\eta;\lambda}$，其中 $\phi(u)=\sqrt{\eta^2+u^2}$，参数 λ 和 η 采用 L_1 意义上的最佳值：$C(\hat{x}^{\eta,\lambda},x^*)=16.57\%$

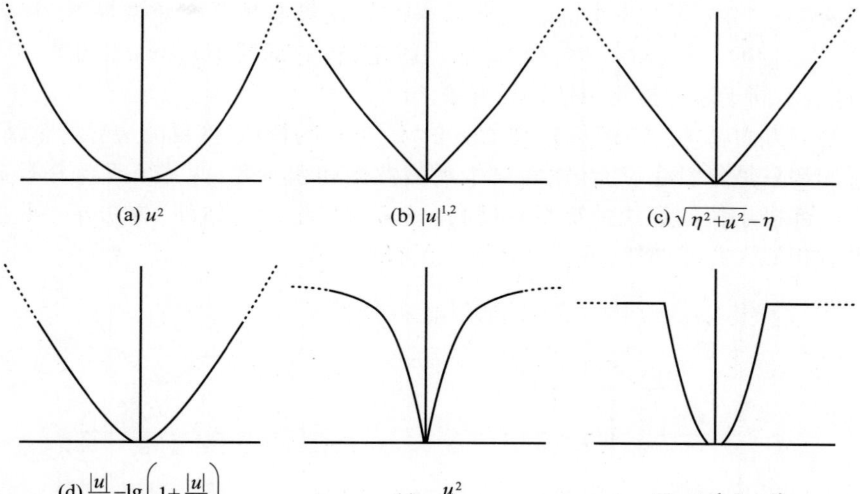

(a) u^2　(b) $|u|^{1,2}$　(c) $\sqrt{\eta^2+u^2}-\eta$

(d) $\frac{|u|}{\eta}-\lg\left(1+\frac{|u|}{\eta}\right)$　(e) $\frac{u^2}{\eta^2+u^2}$　(f) $\min\{u^2,\eta^2\}$

图6.6　惩罚功能的例子，按无穷大的增长速度分类。在前4个中，它们是凸的，(c)和(d)是 L_2L_1。最后两个非凸，是 L_2L_0

L_2L_0 函数不是凸的，并且函数式(6.16)的全局最小化不一定具有数学上的意义。然而，对于离散情形，由于是在有限维空间中，因此函数式(6.17)的全局最小化在数学上总是有意义的(适定的)。当然，从实际的角度来看，局部极小值的存在使得函数式(6.17)的全局最小化变得更加困难。本书虽然没有给出将式(6.17)的最小化估计器用于处理上述例子的结果，但可以预见其特征与通过检测-估计类方法获得的解非常相似(图6.3)。

文献中也提出了一些扩展或变种方法，例如[GEM 92]提出使用凸的偶函

数,其在$\mathbb{R}_+$上递增,因此在0处不可导,诸如:

$$\phi(u)=\frac{|u|}{\eta+|u|},\quad \eta>0$$

3）性能比较

在实际应用过程中,观察到这两类函数 L_2L_1 和 L_2L_0 得到的解的特征和计算复杂度具有显著的差异。

一方面,L_2L_1 方法确保了准则函数 $\mathcal{J}_\phi$ 和 $\mathcal{J}_\phi$ 的凸性。该特性使得式(6.16)存在唯一的全局最小值(在适当的空间中,例如有界变分函数构成的空间 $BV(\Omega)$[EVA 92])。式(6.17)也是如此。此外,凸准则函数不存在局部极小值,采用标准最小化算法(梯度类或坐标下降算法,例如[BER 95])即可收敛于式(6.17)的全局最小值。由此获得的解还具有另一个重要特性,那就是“稳定性”[BOU 93,KÜN 94,LI 95],也就是说,它满足 Hadamard 的第3个条件,这点不同于通过检测－估计类方法。

另一方面,L_2L_0 方法具有“检测－估计”方法的特征:恢复的边界非常清晰,获得的解只是分段稳定,具体取决于观测数据和超参数(见图6.7);并且避免陷入局部极小值的算法计算复杂度高。L_2L_0 和“检测－估计”方法在一些特征上具有相似性并非偶然,下一节将深入阐释这一点。

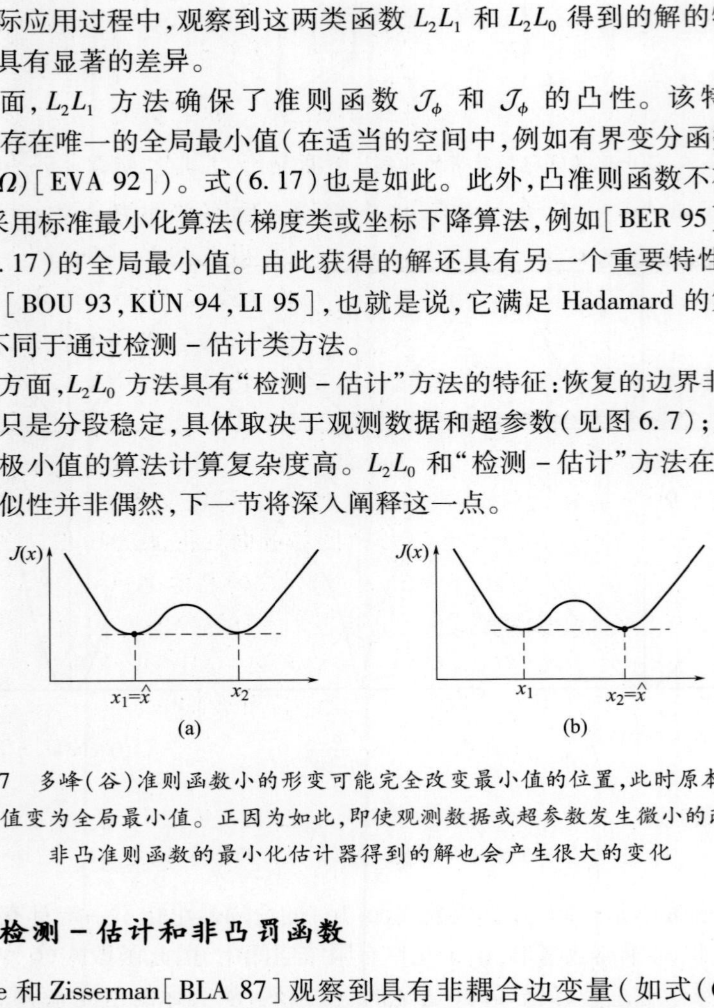

图6.7　多峰(谷)准则函数小的形变可能完全改变最小值的位置,此时原本局部最小值变为全局最小值。正因为如此,即使观测数据或超参数发生微小的改变,非凸准则函数的最小化估计器得到的解也会产生很大的变化

6.4.1　检测－估计和非凸罚函数

Blake 和 Zisserman[BLA 87]观察到具有非耦合边变量(如式(6.14))的 HQ 准则(见6.3.1节),在以下意义下可被视为某一非二次准则函数 $J(x)$ 的增广等价:

$$\min_{\ell\in\{0,1\}^{M-2}} K(\cdot,\ell)=J$$

限定准则 $\boldsymbol{K}$ 作为增广强调了这样一个事实:它不仅取决于 $\boldsymbol{x}$,而且取决于辅助

变量 ℓ,而 J 仅取决于 $\boldsymbol{x}$。更准确地说,根据式(6.13)和式(6.14),可以得到:

$$\begin{aligned}\min_{\ell\in\{0,1\}^{M-2}} K(\boldsymbol{x},\ell) &= \|\boldsymbol{y}-\boldsymbol{Hx}\|^2+\sum_{m=2}^{M-1}\min_{\ell_m\in\{0,1\}}(\lambda M^3(1-\ell_m)\\&\quad(2x_m-x_{m-1}-x_{m+1})^2+\alpha\ell_m)\\&=\|\boldsymbol{y}-\boldsymbol{Hx}\|^2+\sum_{m=2}^{M-1}\min\{\alpha,\lambda M^3(2x_m-x_{m-1}-x_{m+1})^2\}=J_{\phi_\eta}(x)\end{aligned}$$

其中,J_{ϕ_η} 由式(6.17)定义,$\phi_\eta(u)=\min\{u^2,\eta^2\}$,即图6.6(f)中表示的截断二次函数,其中 $\eta=\sqrt{M\alpha/\lambda}$。因此,在以下意义上,$J=J_{\phi_\eta}$ 和 $\boldsymbol{K}$ 具有相同的最小值,且更重要的是,在 $\mathbb{R}^M$ 的所有闭集 X 上具有相同的极小解 $\hat{\boldsymbol{x}}$:

在 X 上最小化 J 得到 $\hat{x}\Leftrightarrow$ 存在 $\hat{\ell}/(\hat{x},\hat{\ell})$,使得 K 在 $X\times\{0,1\}^{M-2}$ 上最小化。

实际中为了求解得到 $\hat{x}$,可以选择最小化 J 或 K。Blake 和 Zisserman 将 K 定义为检测-估计准则函数,从 K 推导出 J 的表达式,并采用渐变非凸方法最小化非凸准则函数 J,因此无需求解由 K 的最小化导出的组合问题。

6.4.2 PDE 的各向异性扩散

类似于 PDE 各向同性扩散和二次惩罚之间建立强联系所采取的方法(见6.2.2节),也可以建立基于 PDE 的图像各向异性滤波和非二次函数准则最小化之间的联系(见[TEB 98]和同一期刊中的其他文章)。Perona 和 Malik [PER 90]提出了处理图像的第1个各向异性 PDE 方法,其将区域的边界纳入 PDE 过程。该想法是鼓励在具有弱梯度的区域(对应于均匀区域)中扩散,同时保留具有强梯度的区域(对应于边界)。这种各向异性扩散在形式上可表示为

$$\frac{\partial x(s,t)}{\partial t}=\operatorname{div}(c(\|\nabla x(s,t)\|)\nabla x(s,t))$$

条件见式(6.6)。其中 $\operatorname{div}=\sum_{i=1}^{d}\partial/\partial s_i$ 是空间散度。传导系数 $c(.)$ 在均匀区域中选择为1(具有弱梯度)并且在强梯度区域中趋于零。因此,扩散在边界延迟。同样,该过程必须在一定时间后停止,这起到正则化参数的作用。

正如 Nordström[NOR 90]指出的,如果在 PDE 中引入数据保真项,那么所得解可从任何初始条件 $x(s,0)$ 收敛到合适的静止状态:

$$\frac{\partial x(s,t)}{\partial t}=\mu H^*(y(s)-Hx(s,t))+\operatorname{div}(c(\|\nabla x(s,t)\|)\nabla x(s,t))\tag{6.23}$$

这个动态方程与惩罚函数式(6.18)的使用有相似之处。作为式(6.18)取极值的必要条件的欧拉方程可以表达为

$$H^*(Hx-y)-\lambda\operatorname{div}\left(\frac{\phi'(\|\nabla x\|)}{2\|\nabla x\|}\nabla x\right)=0$$

如果下式成立,则利用式(6.23)的任何渐近解 $x(s,+\infty)$ 都可以验证以上等式。

$$\mu=1/\lambda \text{ 及 } c(t)=\phi'(t)/2t \tag{6.24}$$

Perona 和 Malik 提出的函数 c 和相应的 ϕ 为

$$c(t)=\exp(-t^2)\Rightarrow\phi(t)=1-\exp(-t^2)+\text{const}$$

$$c(t)=\frac{1}{1+t^2}\Rightarrow\phi(t)=\log(1+t^2)+\text{const}$$

第1个函数 ϕ 是 L_2L_0 函数,第2个函数是文献[HEB 89]中提出的非凸函数(但没有渐近线),该文将其用于医学成像中图像的正则化重建。在非凸函数 ϕ 的情况下,采用诸如式(6.23)对 PDE 的修改,尚不存在既能够确保得到全局最小化解又能方便计算的“神奇”方法。

6.5 半二次增广准则函数

HQ 准则函数的使用已经成为一种强大的图像复原数值工具,可以保留图像的不连续处[BRE 96,CHA 94,CHA 97,VOG 98]。如上所述,在“检测—估计”方法的框架中,HQ 准则起初仅包括交互式或非耦合的二进制边缘变量。根据[GEM 92],本节要阐释 HQ 准则其实涵盖范围很宽。更确切地说,许多惩罚性的非二次方法也可以在 HQ 框架下得到。这样会带来两方面的好处:从形式上看,这种等价可以更好地理解信号和图像模型的真实选择;从实际的角度来看,HQ 公式提供了新的算法工具,用于最小化非二次准则函数。

6.5.1 非二次准则与 HQ 准则的对偶性

D. Geman 等[GEM 92,GEM 95]将 Blake 和 Zisserman 的构造(见6.4.1节)推广到非离散、非耦合的辅助变量情形。通过颠倒构造顺序,他们的研究工作表明,在以下意义上存在增广的 HQ 准则函数 K,适用于广泛的非二次准则函数 J。

$$\inf_{b\in\mathcal{B}}K(\cdot,b)=J \tag{6.25}$$

其中的集合 $\mathcal{B}$，通常不同于 $\{0,1\}$。在随后扩展的形式[CHA 97，IDI 01]中，这种构造适用于满足以下假设的函数 ϕ：

$$\begin{cases}\phi \text{ 是偶函数} \\ \phi(\sqrt{\cdot}) \text{ 是上} \mathbb{R}_+ \text{ 上的凹函数} \\ \phi \text{ 在 0 处连续且是} \mathbb{R}\setminus\{0\} \text{ 上的 } C^1 \text{ 函数}\end{cases} \tag{6.26}$$

在这些条件下，利用传统凸分析结果(ROC 70)可以得到以下对偶关系：

$$\begin{cases}\phi(u) = \inf\limits_{b\in\mathbb{R}_+}(bu^2 + \psi(b)) \\ \psi(b) = \sup\limits_{u\in\mathbb{R}}(\phi(u) - bu^2)\end{cases} \tag{6.27}$$

根据式(6.17)和式(6.27)，对于如下的增广 HQ 准则函数，很容易推导得到式(6.25)：

$$K(\boldsymbol{x},b) = \|\boldsymbol{y} - \boldsymbol{H}\boldsymbol{x}\|^2 + \lambda M^3 \sum_{m=2}^{M-1} b_m (2x_m - x_{m-1} - x_{m+1})^2 + \frac{\lambda}{M}\sum_{m=2}^{M-1}\psi(b_m) \tag{6.28}$$

形式上，该准则函数的第一部分可以用 $J_{1-b}(x)$ 来表示，其中 J_ℓ 由式(6.13)给出，ℓ 为二进制变量。不考虑倍增因子，辅助变量 b_m 相当于式(6.13)和式(6.14)中的 $1-\ell_m$，但 b_m 不是二进制的。

无论是否是凸的，文献中提出的大多数函数 ϕ 都满足式(6.26)。例如，可以得到：

$$\phi(u) = \sqrt{\eta^2 + u^2}, \eta > 0 \Rightarrow \psi(b) = \begin{cases}\eta^2 b + 1/4b, & b \in [0, b_\infty = 1/2\eta] \\ 1, & b \geqslant b_\infty\end{cases}$$

$$\phi(u) = \frac{u^2}{\eta^2 + u^2}, \eta > 0 \Rightarrow \psi(b) = \begin{cases}(1 - \eta\sqrt{b})^2, & b \in [0, b_\infty = 1/\eta^2] \\ 1, & b \geqslant b_\infty\end{cases}$$

6.5.2　HQ 准则函数最小化

6.5.2.1　松弛原理

[GEM 92]指出了与半二次性质相关的结构优势，可用于最小化增广准则 K 而不是 J。更准确地说，可采用松弛原理，即先固定 $\boldsymbol{x}$，优化一个子问题，然后固定 b，再优化另外一个子问题，这样交替优化直到收敛。这两个子问题一个是二次的，而另一个是可分离的，处理简单。[GEM 92]特别研究了 ϕ 为非凸的情况，并基于交替采样原理提出了 HQ 版的模拟退火算法。

其他工作[BRE 96,CHA 94,CHA 97,VOG 98]研究了相应的确定性问题,这非常适合 ϕ 为凸的情况。从初始对($\boldsymbol{x},\boldsymbol{b}$)开始,固定 $\boldsymbol{b}$ 而最小化以 $\boldsymbol{x}$ 为自变量的函数,以及固定 $\boldsymbol{x}$ 而最小化以 $\boldsymbol{b}$ 为自变量的函数,这两个过程交替进行。

(1) 增广准则函数 $K(\boldsymbol{x},\boldsymbol{b})$ 是 $\boldsymbol{x}$ 的二次函数。因此,在固定 $\boldsymbol{b}$ 的情况下计算 $\boldsymbol{x}$ 的最小化是线性系统求逆的简单问题。值得注意的是,该步骤对应于Tikhonov正则化的自适应形式,式(6.28)中每个二次惩罚项前面的正则化参数乘以因子 b_m。

(2) 准则函数 $K(\boldsymbol{x},\boldsymbol{b})$ 是变量 b_m 的可分离函数,故可以并行方式实现准则函数对 $\boldsymbol{b}$ 最小化。此外,每个 b_m 的更新方程是显式的,可以证明,延长 0 处的连续性,下式可达到式(6.27)的下确界①。

$$\forall u \neq 0, \hat{b}(u) = \phi'(u)/(2u) \tag{6.29}$$

因此,$\hat{b}(u)$ 的表示不需要 ψ 的表达式。不同函数 ϕ 对应的 $\hat{b}(u)$ 如图 6.8 所示。

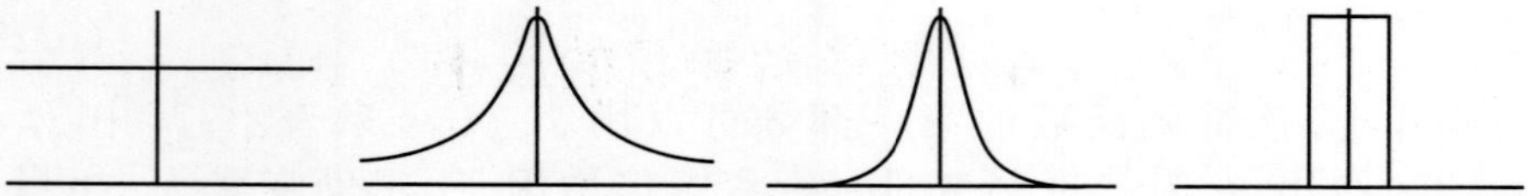

(a) (b) $\frac{1}{2\sqrt{\eta^2+u^2}}$ (c) $\frac{\eta^2}{(\eta^2+u^2)^2}$ (d) $|u|<\eta$ 时非零(取1)

图 6.8 函数 $\hat{b}(u)=\phi'(u)/(2u)$,其中 ϕ 分别为:(a)二次函数(对应图 6.6(a));(b)抛物线函数(对应图 6.6(c));(c)Geman 和 McClure 函数(对应图 6.6(e));(d)截断二次函数(对应图 6.6(f))

6.5.2.2 ϕ 为凸函数的情形

当 ϕ 是凸函数时,已知证明[CHA 94]中名为 ARTUR 的坐标下降方法在宽泛的条件下收敛到唯一的最小值[CHA 97,IDI 01,NIK 05]。有一种相近的表达式,属于鲁棒估计,类似的下降技术(重加权最小二乘(RLS)方法)和相关的收敛结果在很久以前就已经提出来了[YAR 85]。

虽然在相同的正则条件下还有其他的下降技术来计算 $\hat{x}$(例如共轭梯度算法技术[LAB 08]),但 RLS 方法具有显著的优势。如果已经通过 Tikhonov 二次惩罚解决了所考虑的逆问题,则可以通过简单的改变来获得非二次扩展:

① 注意,$\hat{b}$ 与传导系数式(6.24)的表达形式一致。

(1) 将自适应正则化引入 Tikhonov 方法;

(2) 更新辅助变量式(6.29)(这是引入 ϕ 表达式的唯一步骤);

(3) 重复执行这两步。

6.5.2.3　ϕ 为非凸函数的情形

当 ϕ 是非凸函数时,如果极小值被分离,则 RLS 技术像其他简单的确定性下降算法一样收敛于 J[DEL 98]的某一个局部或全局极小值。因此有必要使用模拟退火、GNC 等复杂度更高的方法,以避免局部最小值。

正如存在利用增强准则[GEM 92]的半二次性质的模拟退火算法,将 GNC 与 RLS 结合也具有一定的意义。考虑两个函数 ϕ_0 和 ϕ_1,其分别为 L_2L_0 和 L_2L_1。取 $\phi_0=(1-\theta)\phi_0+\theta\phi_1$ 并假设 θ 以小步长从 1 变为零。因此可以得到一个重要的性质:在 RLS 方法的步骤(2)中,基于 ϕ_θ 更新式(6.29)的表达式是 ϕ_0 和 ϕ_1 有效表达式的简单线性组合(但对偶函数 ψ_θ 不是 ψ_0 和 ψ_1 的线性组合)。最后,由于步骤(1)不依赖于 ϕ_θ,因此可获得 RLS 形式的 GNC。图 6.3 的一维估计值是使用该原理计算得到的。

6.6　图像解卷积的应用

6.6.1　解的数值计算

这一部分将集中讨论以下这类准则函数的最小化问题:

$$J(\boldsymbol{x})=\|\boldsymbol{y}-\boldsymbol{H}\boldsymbol{x}\|^2+\lambda\Phi(\boldsymbol{x}) \tag{6.30}$$

其中 $\boldsymbol{x}$ 是由 $M\times N$ 个像素组成的离散矩形图像,将各列依次上下堆叠形成的长度为 $M\times N$ 的列向量。这种排列是成像中常用的代数表示,这样可将两个矢量的卷积表示为矩阵向量的乘积。因此,卷积矩阵 $\boldsymbol{H}$ 具有 Toeplitz - 块 - Toeplitz 结构(见 4.3.2 节)。

选择诸如式(6.19)和式(6.20)的惩罚 $\Phi(x)$。如果所选函数 ϕ 是二次的,则式(6.19)和式(6.20)是相同的,且其在 $\mathbb{R}^{MN}$ 中的最小解是观测数据的线性函数(见 2.2.2 节),具体计算方法见第 4 章。如果所选函数 ϕ 为 L_2L_1,则式(6.19)和式(6.20)是不同的,但两者都是凸的。此时,式(6.30)的最小化由 2.2.3 节的方法发展而来。最小解 $\hat{x}$(假设它是唯一的,如果式(6.30)是严格凸的则是这种情况)一般来说不是观测数据的显式函数,但基于迭代技术使准则函数值依次减少时会收敛到 $\hat{x}$(也即是说最小解一般不能写成关于观测数据的解析表达式,但可利用观测数据通过迭代计算来逼近)。

从概念上讲,坐标下降(也称为 Gauss - Seidel 方法,或松弛法,或迭代条件模式的ICM,或迭代坐标下降的ICD)是最简单的方法。该方法循环求解这样一个子问题:其他像素固定在它们的当前值(作为定值参量),最小化以像素 x_{mn} 为自变量的准则函数 $J(\boldsymbol{x})$。算法的一轮迭代相当于对图像进行了一次完整的扫描。虽然几乎不推荐这种方法作为一般的最小化方法[PRE 86,303],但这种方法在成像背景下并不总是最慢的[SAU 93]。

通常,最有效的算法利用了问题的卷积性质。例如,在梯度下降法中,$\|\boldsymbol{y}-\boldsymbol{H}\boldsymbol{x}\|^2$ 项的梯度向量为 $2\boldsymbol{H}^{\mathrm{T}}(\boldsymbol{H}\boldsymbol{x}-\boldsymbol{y})$,可以通过傅里叶域中的快速卷积来计算,或者直接利用 $\boldsymbol{H}$ 的稀疏性质来计算。以同样的方式,可以使用有限差分算子是卷积的事实。更一般地说,“现代”算法从特定结构(特别是卷积型)线性系统求逆的快速求解技术中获益。有些是直接利用,而有些是在迭代结构中作为“基本模块”应用,例如像 6.5.2.2 节中提出的 ARTUR 这样的加权最小二乘类算法。值得特别提及的是在图像复原中出现了预处理方法[VOG 98]。

LEGEND 是与 ARTUR 相近的[CHA 94,IDI 01,ALL 06]一个算法结构(参见稳健估计框架中的[YAR 85],泛函情况下的[AUB 97,AUB 06],[GEM 95]中的模拟退火方法)。与 ARTUR 一样,LEGEND 最小化一个 HQ 增广准则函数。该类方法主要特点就在于其特殊的结构。考虑如下的惩罚函数:

$$J(\boldsymbol{x}) = \|\boldsymbol{y}-\boldsymbol{H}\boldsymbol{x}\|^2 + \lambda \sum_{i\in\mathcal{T}} \phi(\boldsymbol{v}_i^{\mathrm{T}}\boldsymbol{x}) \tag{6.31}$$

其中,$\mathcal{T}=\{1,2,\cdots,I\}$ $(I<+\infty)$ 可对固定的列向量 v_i 任意编号,例如,用于产生如式(6.17)、式(6.19)、式(6.21)的有限差分。LEGEND 算法的一个迭代格式为

$$\boldsymbol{x}^{(k)} = (2\boldsymbol{H}^{\mathrm{T}}\boldsymbol{H} + \lambda \boldsymbol{V}\boldsymbol{V}^{\mathrm{T}})^{-1}(2\boldsymbol{H}^{\mathrm{T}}\boldsymbol{y} + \lambda \boldsymbol{V} b^{(k)}) \tag{6.32}$$

其中,$b^{(k)}$ 是长度为 I 的列向量,按下式分别计算其各元素:

$$b_i^{(k)} = v_i^{\mathrm{T}}\boldsymbol{x}^{(k-1)} - \phi'(v_i^{\mathrm{T}}x^{(k-1)}) \tag{6.33}$$

$V=[v_1,\cdots,v_I]$。正规矩阵 $\boldsymbol{M}=2\boldsymbol{H}^{\mathrm{T}}\boldsymbol{H}+\lambda\boldsymbol{V}\boldsymbol{V}^{\mathrm{T}}$ 是可逆的。注意,如果 ϕ 是二次函数,那么对于 $b^{(k)}=0$ 执行式(6.32)一次迭代就足以最小化式(6.31)。如果 ϕ 是非二次的,则需要多次迭代才能收敛到一个固定点。假设式(6.33)的计算成本可以忽略不计,那么每次迭代的计算成本仍然主要来自于线性系统求逆式(6.32),其正规矩阵在迭代过程中不会发生变化,这个性质归因于 LEGEND 类方法的特殊结构。

根据具体情况,对于一维问题,矩阵 $\boldsymbol{V}$ 具有 Toeplitz 结构,而对于二维问题,其具有 Toeplitz - 块 - Toeplitz 结构,或由具有这些结构的块组成($\boldsymbol{V}$ 的精确结构也取决于 $\partial\Omega$ 处的边界条件)。类似地,卷积矩阵 $\boldsymbol{H}$ 具有 Toeplitz 结构或

Toeplitz - 块 - Toeplitz 结构。因此,矩阵 $\boldsymbol{M}$ 具有接近 Toeplitz 的结构,故式(6.32)有望实现快速计算。

如果 ϕ 是凸函数,例如 L_2L_1 函数[IDI 01,NIK 05],则对于任意初值 $x^{(0)}$ 保证收敛到式(6.30)的最小解。在更广泛的背景下也确保了局部收敛性[ALL 06]。

6.6.2 图像解卷实例

以图像解卷积为例,计算准则函数式(6.30)的最小解,其中惩罚函数采用式(6.19)的形式($\nu=1$),ϕ 是 L_2L_1 函数。原始图像 $\boldsymbol{x}^*$(202 行,99 列,如图 6.9(c)所示)在 256 个灰度级上量化。模糊算子是圆高斯的,标准偏差为一个像素。卷积图像(190 行,87 列,如图 6.9(a)所示)叠加了标准偏差为 3 的加性高斯白噪声,对应于33dB 的 SNR。ϕ 是 Huber 函数[HUB 81],为 C^1 函数,分段定义为

$$\phi_\eta^{\text{Huber}}(u)=\begin{cases}u^2, & |u|\leqslant\eta\\ 2\eta|u|-\eta^2, & \text{其他}\end{cases}\tag{6.34}$$

LEGEND 是用于计算最小解 $\hat{\boldsymbol{x}}^{\eta,\lambda}$ 的合适算法。由于与圆高斯核卷积是可分离的(即可以分解为两个一维卷积,一个水平的和一个垂直的),[BRE 96]中提出的算法,与 ARTUR 类似,同时利用了可分离性,也是合适的。图 6.9(d)~(f)的恢复图像正是采用该算法获得的。值得注意的是,也可以用共轭梯度算法求解本问题[LAB 08]。

为了定量评估相应超参数(η,λ)下图像恢复的质量,采用误差的 L_1 范数通常要优于 L_2 范数。根据经验,伪范数 $L_{1/2}$ 定义为

$$c(\eta,\lambda)\propto\|\hat{x}^{\eta,\lambda}-\boldsymbol{x}\|_{1/2}=\left(\sum_{i,j}\sqrt{\hat{x}_{i,j}^{\eta,\lambda}-x_{i,j}^*}\right)^2$$

似乎更好些。就其本身而言,这种选择并非必不可少。与第 8 章中考虑的非监督性参数调整问题相比,风险是有限的。此外,一些视觉上重要的局部细节的恢复情况不一定反映在全局质量评估中。

图 6.9(b)中 $c(\eta,\lambda)$ 的迹线具有理论指导意义。为了获得这一点,穿过连续实线(λ 常数),从右到左(s 递减),用前一个 $c(\eta,\lambda)$ 得到的结果初始化每个最小化。对于 $\eta=100$,通过以循环近似的线性求逆结果来初始化计算。当 s 很大时(相邻像素之间强度差异的量级),准则函数式(6.19)是二次的,因此容易最小化。当 s 减小时,准则函数凸性减弱,并且最终对于 $\eta=0$ 将不可微。正则化方法是最小化不可微分准则函数的方法[GLO 81]。

在二元函数 $c(\eta,\lambda)$ 上,"正确"设置形成一个相对狭窄的谷,将两个过度正

则化的解分离开。山谷的点并非都是等价的:当选择阈值 η 较小时,恢复的边界更加清晰。$L_{1/2}$范数意义上的最佳阈值是 $\eta=9$。此设置与视觉判断非常吻合:除了井架,起重机和 V 形电缆沿图像对角线方向存在块效应之外,恢复图像的虚假点很少。使用对方向不太敏感的罚函数,如式(6.19)~式(6.21),可以有效矫正这个缺陷。

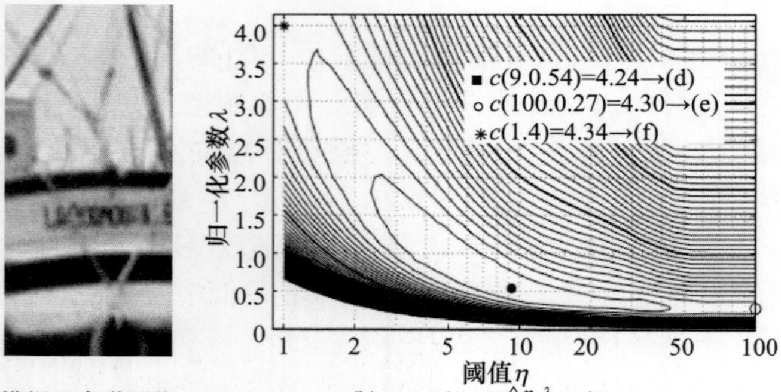

(a)模糊及含噪图像y　　(b) $c(\eta,\lambda)\propto\|\hat{x}^{\eta,\lambda}-x^*\|_{1/2}$

横坐标:门限η(对数尺度),纵坐标:正则化参数λ

(c) 原始图像x^*　　(d) $\hat{x}^{9,0.54}$　　(e) $\hat{x}^{100,0.27}\simeq\hat{x}^{\infty,0.27}$　　(f) $\hat{x}^{1,4}$

图 6.9　合成图像 - 解卷积,通过最小化诸如(6.30)的凸函数来实现,其中 Φ 由式(6.19)定义且 $\nu=1$,ϕ 是 Huber 函数(6.34)。采用 $L_{1/2}$ 定义的误差范数(排除图像边缘)评估修复的质量;(b)为 $c(\eta,\lambda)=\|\hat{\boldsymbol{x}}^{\eta,\lambda}-\boldsymbol{x}^*\|_{1/2}/N$ 以间隔为 0.5 绘出的等高线。黑点表示最小值点(值为式(4.24)),对应的图像为(d)。$\eta\to\infty$ 时对应二次形式(L_2 正则化),此时得到的最小值点(值为式(4.30))用白点表示,对应的图像为(e)。而 $\eta=0$ 时对应 L_1 情形(L_1 正则化),对于最小网格值,$\eta=1$,得到的最小值(值为式(4.34))由星号表示,对应的图像为(f)

对于非常小的阈值($\eta = 1$),λ 的最佳设置产生略微“过度分割”的恢复图像,这看起来不那么“自然”。这种效果在测试图像上并不像在阴影区域那么明显,阴影在这个图像(充气小艇和船体的下部)中很少。为了克服这个不足,可以对二阶而不是一阶差分进行惩罚。然而,除非是要分割图像,否则选择很小(甚至是零)的阈值 η 并不合适。

6.7 结　　论

对于像自然图像一样“几乎处处”规则的对象之恢复问题,本章在惩罚方法框架下介绍了三类方法。

Tikhonov 的原始方法对应于二次惩罚。这是最古老和计算成本最低的方法,它通过简单的线性系统求逆获得解。除了有利的情况(噪声很小的高度冗余数据)之外,恢复分段均匀对象时得到的结果并不好。在本章的例子中,该方法恢复结果的误差范数最好时也只能达到 18.16% (图 6.2)。

凸的非二次惩罚得到了稳健的估计器,并且表现出更好的保留区域之间边界的能力。误差范数为 16.57% (图 6.5)。此外,这些估计器可以通过定点迭代方法计算,例如梯度方法。其他定点下降方法于20 世纪 90 年代提出[BRE 96, CHA 94, CHA 97]。他们致力于最小化准则函数的半二次增广形式。这些方法具有伪牛顿、固定步长算法的特殊结构[VOG 98],而且能够保证收敛性[CHA 97, IDI 01, NIK 05, ALL 06]。

检测—估计方法是非凸惩罚方法的等效半二次形式(更准确地说,使用截断的二次惩罚函数)。这是唯一具有检测不同区域之间边界的能力的方法。在本章的一维示例中,这个能力用误差 L_1 范数的略微下降表示:由凸惩罚方法的 16.57% 下降到 16.22% (图 6.3)。然而,这种性能的降低是以增加计算成本为代价的。而且,超参数的经验性设置因为解的不稳定性而变得更加困难(因为解是数据的不连续函数,因此通常不是超参数的连续函数)。

以记“历史”笔记的方式结束本部分的内容是很有意思的。自 20 世纪 60 年代和 70 年代的开创性工作以来,研究、应用于信号和图像恢复方法的发展通常并不总是朝着增加复杂性的方向发展。在 Geman 兄弟的工作[GEM 84]之后,线性滤波方法(已在第 4 章中详细讨论)与二次准则函数的最小化相关,让位于基于离散隐变量的更复杂的方法并以模拟退火作为优化技术。仅在 20 世纪 90 年代,由于诸如[BOU 93]之类的工作,使用最小化凸非二次准则的计算复杂度更低,成为主流方法。尽管在 20 世纪 80 年代已经以特定形式出现(例如在最大熵框架中[MOH 88])。

参 考 文 献

[ALL 06] A LLAIN M. ,I DIER J. ,G OUSSARD Y. ,"On global and local convergence of half quadratic algorithms" ,*IEEE Trans. Image Processing*,vol. 15,num. 5,p. 1130 – 1142,May 2006.

[AUB 97] A UBERT G. ,V ESE L. ,"A variational method in image recovery" , SIAM*J. Num. Anal.* , vol. 34,num. 5,p. 1948 – 1979,Oct. 1997.

[AUB 06] A UBERT G. ,K ORNPROBST P. ,*Mathematical Problems in Image Processing:Partial Differential Equations and the Calculus of Variations*, vol. 147 of Applied Mathematical Sciences,Springer Verlag,New York,NY,2nd edition,2006.

[BER 95] B ERTSEKAS D. P. ,*Nonlinear Programming*, Athena Scientific,Belmont,MA,1995.

[BLA 87] B LAKE A. ,Z ISSERMAN A. , *Visual Reconstruction*,The MIT Press,Cambridge,MA,1987.

[BOU 93] B OUMAN C. A. ,S AUER K. D. ,"A generalized Gaussian image model for edge – preserving MAP estimation" ,*IEEE Trans. Image Processing*,vol. 2,num. 3,p. 296 – 310,July 1993.

[BRÉ 94] B RÉMAUD P. ,*An Introduction to Probabilistic Modeling*, Undergraduate Texts in Mathematics, Springer Verlag,Berlin,Germany,2nd edition,1994.

[BRE 96] B RETTE S. ,I DIER J. ,"Optimized single site update algorithms for image deblurring" , in Proc. *IEEE ICIP*,Lausanne,Switzerland,p. 65 – 68,1996.

[CHA 94] C HARBONNIER P. ,B LANC – F ERAUD L. ,A UBERT G. ,B ARLAUD M. ,"Two deterministic half – quadratic regularization algorithms for computed imaging" ,in Proc. *IEEE ICIP*,vol. 2,Austin,TX, p. 168 – 172,Nov. 1994.

[CHA 97] C HARBONNIER P. ,B LANC – F ERAUD L. ,A UBERT G. ,B ARLAUD M. ,"Deterministic edge – preserving regularization in computed imaging" , *IEEE Trans. Image Processing*, vol. 6, num. 2, p. 298 – 311,Feb. 1997.

[DEL 98] D ELANEY A. H. ,B RESLER Y. ,"Globally convergent edge – preserving regularized reconstruction:an application to limited – angle tomography" ,*IEEE Trans. Image Processing*,vol. 7,num. 2,p. 204 – 221,Feb. 1998.

[EVA 92] E VANS L. C. ,G ARIEPY R. F. ,*Measure Theory and Fine Properties of Functions*,CRC Press, Berlin,Germany,1992.

[GEM 84] G EMAN S. ,G EMAN D. ,"Stochastic relaxation,Gibbs distributions,and the Bayesian restoration of images" ,*IEEE Trans. Pattern Anal. Mach. Intell.* ,vol. PAMI – 6,num. 6,p. 721 – 741,Nov. 1984.

[GEM87] G EMAN S. ,M C C LURE D. ,"Statisticalmethods for tomographic image reconstruction" , in Proc. *46th Session of the ICI*,*Bulletin of the ICI*,vol. 52,p. 5 – 21,1987.

[GEM 92] G EMAN D. ,R EYNOLDS G. ,"Constrained restoration and the recovery of discontinuities" , *IEEE Trans. Pattern Anal. Mach. Intell.* ,vol. 14,num. 3,p. 367 – 383,Mar. 1992.

[GEM 95] G EMAN D. ,Y ANG C. ,"Nonlinear image recovery with half – quadratic regularization" ,*IEEE*

Trans. Image Processing, vol. 4, num. 7, p. 932 – 946, July 1995.

[GLO 81] G LOWINSKI R., L IONS *J. L.*, T RÉMOLIÈRES R., *Numerical Analysis of Variational Inequalities*, Elsevier Science Publishers (North – Holland), Amsterdam, The Netherlands, 1981.

[HEB 89] H EBERT T., L EAHY R., "A generalized EM algorithm for 3 – D Bayesian reconstructtion from Poisson data using Gibbs priors", *IEEE Trans. Medical Imaging*, vol. 8, num. 2, p. 194 – 202, June 1989.

[HUB 81] H UBER P. J., Robust Statistics, John Wiley, New York, NY, 1981.

[HUR 96] H URN M., J ENNISON C., "An extension of Geman and Reynolds' approach to constrained restoration and the recovery of discontinuities", *IEEE Trans. Pattern Anal. Mach. Intell.*, vol. PAMI – 18, num. 6, p. 657 – 662, June 1996.

[IDI 01] I DIER J., "Convex half – quadratic criteria and interacting auxiliary variables for image restoration", *IEEE Trans. Image Processing*, vol. 10, num. 7, p. 1001 – 1009, July 2001.

[KAL 03] K ALIFA J., M ALLAT S., R OUGÉ B., "Deconvolution by thresholding in mirror wavelet bases", *IEEE Trans. Image Processing*, vol. 12, num. 4, p. 446 – 457, Apr. 2003.

[KOE 84] K OENDERINK*J. J.*, "The structure of images", *Biological Cybernetics*, vol. 50, p. 363 – 370, 1984.

[KÜN 94] KÜNSCH H. R., "Robust priors for smoothing and image restoration", *Ann. Inst. Stat. Math.*, vol. 46, num. 1, p. 1 – 19, 1994.

[LAB 08] L ABAT C., I DIER J., "Convergence of conjugate gradient methods with a closed – form stepsize formula", *J. Optim. Theory Appl.*, vol. 136, num. 1, Jan. 2008.

[LI 95] L I S. Z., H UANG Y. H., F U*J. S.*, "Convex MRF potential functions", in Proc. *IEEE ICIP*, vol. 2, Washington DC, p. 296 – 299, 1995.

[MOH 88] MOHAMMAD – D JAFARI A., D EMOMENT G., "Image restoration and reconstruction using entropy as a regularization functional", in *E RIKSON G. J.*, *R AY S. C.* (*Eds.*), *Maximum Entropy and Bayesian Methods in Science and Engineering*, vol. 2, Dordrecht, The Netherlands, MaxEnt Workshops, Kluwer Academic Publishers, p. 341 – 355, 1988.

[MUM 85] M UMFORD D., S HAH J., "Boundary detection by minimizing functionals", in *IEEE Conf. Comp. Vision Pattern Recogn.*, San Francisco, CA, p. 22 – 26, 1985.

[NAS 81] N ASHED M. Z., "Operator – theoretic and computational approaches to ill – posed problems with applications to antenna theory", *IEEE Trans. Ant. Propag.*, vol. 29, p. 220 – 231, 1981.

[NIK 98] N IKOLOVA M., I DIER J., M OHAMMAD – DJAFARI A., "Inversion of large – support ill – posed linear operators using a piecewise Gaussian MRF", *IEEE Trans. Image Processing*, vol. 7, num. 4, p. 571 – 585, Apr. 1998.

[NIK 99] N IKOLOVA M., "Markovian reconstruction using a GNC approach", *IEEE Trans. Image Processing*, vol. 8, num. 9, p. 1204 – 1220, Sep. 1999.

[NIK 05] N IKOLOVA M., N G M., "Analysis of half – quadraticminimizationmethods for signal and image recovery", SIAM*J. Sci. Comput.*, vol. 27, p. 937 – 966, 2005.

[NOR 90] N ORDSTROM N., "Biased anisotropic diffusion: a unified regularization and diffusion approach to edge detection", *Image and Vision Computing*, vol. 8, num. 4, p. 318 – 327, 1990.

[O'S 95] O'S ULLIVAN*J. A.*, "Roughness penalties on finite domains", *IEEE Trans. Image Processing*, vol. 4, num. 9, p. 1258 – 1268, Sep. 1995.

[PER 90] P ERONA P. , M ALIK J. , "Scale – space and edge detection using anisotropic diffusion", *IEEE Trans. Pattern Anal. Mach. Intell.* , vol. PAMI – 12, p. 629 – 639, July 1990.

[PRE 86] P RESS W. H. , F LANNERY B. P. , T EUKOLSKY S. A. , V ETTERLING W. T. , *Numerical Recipes, the Art of Scientific Computing*, Cambridge University Press, Cambridge, MA, 1986.

[REY 83] R EY W. J. , *Introduction to Robust and Quasi – robust Statistical Methods*, Springer Verlag, Berlin, 1983.

[ROC 70] R OCKAFELLAR R. T. , *Convex Analysis*, Princeton University Press, 1970.

[SAU 93] S AUER K. D. , B OUMAN C. A. , "A local update strategy for iterative reconstruction from projections", *IEEE Trans. Signal Processing*, vol. 41, num. 2, p. 534 – 548, Feb. 1993.

[STA 02] S TARK J. – L. , P ANTIN E. , M URTAGH F. , "Deconvolution in astronomy: a review", *Publ. Astr. Soc. Pac.* , vol. 114, p. 1051 – 1069, 2002.

[TEB 98] T EBOUL S. , B LANC – F ERAUD L. , A UBERT G. , B ARLAUD M. , "Variational approach for edge – preserving regularization using coupled PDE's", *IEEE Trans. Image Processing*, vol. 7, num. 3, p. 387 – 397, Mar. 1998, Special Issue on Partial Differential Equations and Geometry Driven Diffusion in Image Processing and Analysis.

[TER 83] T ERZOPOULOS D. , "Multilevel computational process for visual surface reconstruction", *Comput. Vision Graphics Image Process.* , vol. 24, p. 52 – 96, 1983.

[TER 86] T ERZOPOULOS D. , "Regularization of inverse visual problems involving discontinuities", *IEEE Trans. Pattern Anal. Mach. Intell.* , vol. PAMI – 8, num. 4, p. 413 – 424, July 1986.

[TIK 77] T IKHONOV A. , A RSENIN V. , *Solutions of Ill – Posed Problems*, *Winston*, Washington, DC, 1977.

[TIT 85] T ITTERINGTON D. M. , "General structure of regularization procedures in image reconstruction", *Astron. Astrophys.* , vol. 144, p. 381 – 387, 1985.

[VOG 98] V OGEL R. V. , O MAN M. E. , "Fast, robust total variation – based reconstruction of noisy, blurred images", *IEEE Trans. Image Processing*, vol. 7, num. 6, p. 813 – 823, June 1998.

[YAR 85] Y ARLAGADDA R. , B EDNAR*J. B.* , W ATT T. L. , "Fast algorithms for l p deconvolution", *IEEE Trans. Acoust. Speech*, Signal Processing, vol. ASSP – 33, num. 1, p. 174 – 182, Feb. 1985.

第3部分

高级问题与工具

第 7 章　吉布斯 - 马尔可夫图像模型[①]

7.1　引　　言

第 6 章介绍了一类基于最小化惩戒准则的信号和图像恢复工具。对于模型 $y=H(x^*)+\text{noise}$ 而言,这种方法首先需要做出以下选择:

(1) 一个衡量拟合精度的函数 $\Psi(y-H(x))$,在第 6 章中该函数为二次项;

(2) 一个正则化函数 $\Phi(x)$;

(3) 一个用于控制正则化和拟合精度之间平衡的超参数 λ。

在解存在且唯一的假设下,解 $\hat{x}$ 被定义为使如下目标函数最小化的值:

$$\mathcal{J}(x)=\Psi(y-H(x))+\lambda\Phi(x) \tag{7.1}$$

关于 $\hat{x}$ 有几个关键问题需要注意:

(1) 第 6 章讨论了 Φ 的选择,主要是基于定性分析:一个待估计的信号可能是"平滑的",另一个则可能是"到处都是正则的"。除此之外,是否有更多"客观"依据来支撑 Φ(或 Ψ)的选择?

(2) 因为解 $\hat{x}$ 取决于超参数 λ 和可能的附加参数(例如 L_2L_0 或 L_2L_1 函数的阈值参数),是否可以通过估计的方法得到这些超参数而不是通过经验选择?

(3) $\hat{x}$ 的估计结果准确度如何? 是否可以对其不确定性进行量化评估?

一般而言,统计建模的目标之一恰恰是考虑模糊或不确定的信息。更具体地说,我们在第 3 章中看到贝叶斯推论是一个处理逆问题的自然框架。图像恢复中许多工作都明确使用了这一统计框架[BES 86, BOU 93, DEM 89, GEM 84]。因此,有必要提供有关贝叶斯推论如何有助于信号和图像恢复的更多细节,并更具体说明它在多大程度上为前一章的确定性框架中难以处理的问题提供了答案。

---

① 本章由 Jérôme Idier 撰写。

7.2 贝叶斯统计框架

提出一个信号的概率模型意味着假设该信号是随机过程的一种实现,希望通过将其表示为该过程的统计特征形式,从而更好地组织这些可用信息。严格来说,这并不意味着假设信号本身是随机的,虽然人们经常采用此种假设。

在一定条件下,贝叶斯统计框架适用于解释式(7.1)。采用这种框架意味着假设不确定因素(噪声分量)和信号 x^* 均来自于随机变量。

从现在开始,除非另有说明,我们认为观测量、噪声和信号均为实矢量,分别表示为 $\boldsymbol{y} \in \mathbb{R}^N$、$\boldsymbol{b} \in \mathbb{R}^N$ 以及 $\boldsymbol{x}^* = x^* \in \mathbb{R}^M$:

$$y = H(x^*) + b \tag{7.2}$$

在信号或观测量属于无限维空间的情况下,它们只是部分地适用于一种统计公式。人们早就知道,Tikhonov 方法可以用贝叶斯统计来解释,甚至不需要离散化操作[FRA 70]。相反,在 $\boldsymbol{\Psi}$ 或 $\boldsymbol{\Phi}$ 为非二次泛函的情况下,式(7.1)的最小化没有系统化的统计解释。实际上,困难的根源在于这样一个事实,即在无限维空间上建立索引的随机过程的概率的特征是有限维分布的无限集合。该集合与式(7.1)没有直接关系,并且难以轻易地定义一个似然函数。

进一步假设函数 $\boldsymbol{\Phi}$ 和 $\boldsymbol{\Psi}$ 满足归一化条件:

$$\exists T_x > 0, Z_x(T_x) = \int_{\mathbb{R}^M} \mathrm{e}^{-\Phi(x)/T_x} \mathrm{d}\boldsymbol{x} < +\infty \tag{7.3}$$

$$\exists T_b > 0, Z_b(T_b) = \int_{\mathbb{R}^N} \mathrm{e}^{-\Psi(b)/T_b} \mathrm{d}\boldsymbol{b} < +\infty \tag{7.4}$$

(T_x、T_b 是所谓的温度参数;它们的作用将在后面进一步阐述)。我们据此可以定义具有概率密度特征的函数:

$$p_X(x) = p_X(x; T_x) = \frac{1}{Z_x(T_x)} \mathrm{e}^{-\Phi(x)/T_x} \tag{7.5}$$

$$p_B(b) = p_B(b; T_b) = \frac{1}{Z_b(T_b)} \mathrm{e}^{-\Psi(b)/T_b} \tag{7.6}$$

式中:p_X为先验。

$$p_{Y|X}(y|x) = p_B(y - H(x)) \tag{7.7}$$

式(7.7)给出了数据的似然函数,若 x 已知,可得后验概率:

$$p_{X|Y}(x \mid y) = \frac{p_{Y|X}(y|x) p_X(x)}{p_Y(y)} = \frac{p_{X,Y}(x,y)}{\int_{\mathbb{R}^M} p_{X,Y}(x,y) \mathrm{d}x} \tag{7.8}$$

(X,Y)的联合概率密度可写为

$$p_{X,Y}(x,y)=p_{Y|X}(y|x)p_X(x) \tag{7.9}$$

从式(7.5)~式(7.9)可以得出,最大后验概率(MAP)是最常用于成像的贝叶斯估计量:

$$\begin{aligned}\hat{x}^{\mathrm{MAP}}&=\underset{x}{\operatorname{argmax}}\,p_{X|Y}(x|y)\\&=\underset{x}{\operatorname{argmin}}\,\Psi(y-H(x))/T_b+\Phi(x)/T_x\end{aligned} \tag{7.10}$$

由此可知,当$\lambda=T_b/T_x$时,MAP与式(7.1)给出的最小化惩戒准则相同。两者的一致性已在3.4节中予以证明。

7.3 吉布斯-马尔可夫场

出现在式(6.7)、式(6.12)、式(6.17)、式(6.19)、式(6.21)和式(6.22)中的惩罚函数具有一个共同的特征:在上一节的统计解释中,它们都对应于吉布斯-马尔可夫场先验法则。因此,可以得出结论,“Markov”工具,以及可以被解释为“Markov”的工具,在信号和图像恢复中都有非常广泛的应用,且使用便捷,甚至在对其基本原理不甚理解的前提下也可运用自如。

然而,为了能够讨论诸如本章导言中提出的更高级的问题,需要更好地理解吉布斯-马尔可夫场的定义和基本性质。接下来将从有限集上的吉布斯场和相关词汇的概念理解开始入手。

7.3.1 吉布斯场

7.3.1.1 定义

考虑一组有限的变量$\boldsymbol{x}=\{x_1,\cdots,x_S\}$,例如一张图像所包含的像素,包含集合$\varepsilon$中的部分值。根据具体情况,可能对不同集合$\varepsilon$感兴趣,如$\varepsilon=\mathbb{R}$、$\varepsilon=\mathbb{R}^+$、$\varepsilon=\{1,2,\cdots,256\}$等。下面将$\boldsymbol{x}$中各元素的索引汇集,以定义一组站址集合:$\boldsymbol{S}=\{1,2,\cdots,S\}$。对于尺寸为$I\times J$的矩形图像的情况,其各元素的索引是$(i,j)$,取值范围为从1到$S=IJ$。

令$\mathcal{C}$为一组C的集合,即$\boldsymbol{S}$的子集,其数量与$\boldsymbol{x}$中实函数的数量相同,记为W_c,其中$c\in\mathcal{C}$,遵循以下约束:虽然记为$W_c(x)$,W_c的取值仅取决于变量$x_c=\{x_s,s\in c\}$而非所有的x值。函数集W_c被称为吉布斯势。

如果ε是$\mathbb{R}$或非零测量的$\mathbb{R}$的子集(通常为$\boldsymbol{R}_+$或$\boldsymbol{R}$的区间),对于可被指

定为全局连续的情况①,可以定义包含 ε 中一个值的吉布斯场 $\boldsymbol{X}$,其能量为

$$\Phi = \sum_{c \in \mathcal{C}} W_c \tag{7.11}$$

在温度为 T 时,$\boldsymbol{X}$ 作为随机过程,具有以下概率密度函数:

$$p_X(x) = \frac{1}{Z(T)} \mathrm{e}^{-\Phi(x)/T} \tag{7.12}$$

其中归一化常数为

$$Z(T) = \int_{\varepsilon^S} \mathrm{e}^{-\Phi(x)/T} \mathrm{d}\boldsymbol{x}$$

该函数称为配分函数,假设是有限的。

此外,如果函数 W_c 具有平移不变性(此处隐含假设 $\boldsymbol{x}$ 是空间排布的),则称吉布斯场是齐次的:对于任意可通过平移叠加的集合对 c,c'有:

$$W_c(\boldsymbol{x}) = W_c{}'(\boldsymbol{x}'),\ \forall \boldsymbol{x},\boldsymbol{x}'\text{使得}\boldsymbol{x}_c = \boldsymbol{x}'_{c'}$$

吉布斯场的定义与式(7.5)和式(7.6)相当:在这三种情况下,从“能量”引出概率法则的过程是相同的。另一方面,吉布斯场与一般随机过程的不同之处在于其能量的“局部”结构,如式(7.11)所示,即“宏观”量定义为“微观”“贡献的总和。

在变量 $\boldsymbol{x} = \{x_1,\cdots,x_S\}$ 取离散值(离散情况)的情况下,例如图像的像素具有量化的灰度级时,以类似的方式定义具有离散值的吉布斯场 $\boldsymbol{X}$ 的概率:

$$\Pr(\boldsymbol{X} = x) = \frac{1}{Z(T)} \mathrm{e}^{-\Phi(x)/T} \tag{7.13}$$

其中 Φ 同样由式(7.11)定义,此时,配分函数可写为

$$Z(T) = \sum_{x \in \varepsilon^S} \mathrm{e}^{-\Phi(x)}/T$$

通过采用多种不同的处理方式,包括从最简单的(多变量白噪声全极化滤波、单边场)到最复杂的(对应式(7.13)$S\to\infty$ 的情形),我们还可以在无限网络上定义吉布斯场[GUY 95],或采用连续索引;例如高斯场[MOU 97]或空间点过程[BAD 89]。由于这些扩展模型在图像恢复中的应用还很少见,吉布斯场在有限网络上的定义对我们来说已经足够了。

7.3.1.2 一般实例

对于只包括单个集合 $c = \{s\}$ 的特殊吉布斯场,假设场内的各元素相互独

① 在本章中,连续和离散定义的区别主要在于图像的像素值,而第 6 章则是根据支撑域来区分连续函数和离散函数,即它们的定义域而不是值域。

立,有

$$p_X(x) = \frac{1}{Z(T)}\exp\left\{-\sum_{s\in S}W_s(\boldsymbol{x})/T\right\}$$

$$= \frac{1}{Z(T)}\prod_{s\in S}\mathrm{e}^{-W_s(x)/T} = \prod_{s\in S}p_{X_s}(\boldsymbol{x}_s)$$

在另一个极端中,C 包含集合 S 本身时,S 上所有随机过程都是吉布斯场。然而,显然对这两个极端情形进行“吉布斯”分析并无多大意义。

7.3.1.3　成对相互作用与不恰当准则

作为吉布斯能量,如下所示的惩罚函数可以在由成对的相邻站址$\{(i-1,j),(i,j)\}$和$\{(i,j-1),(i,j)\}$组成的水平和垂直集合上进行分解:

$$\sum_{i=2}^{I}\sum_{j=1}^{J}(x_{i,j}-x_{i-1,j})^2+\sum_{i=1}^{I}\sum_{j=2}^{J}(x_{i,j}-x_{i,j-1})^2 \tag{7.14}$$

类似地,图像恢复中使用的许多其他惩罚函数可以写成$\sum_{r\sim s}\phi_{rs}(x_r,x_s)$,其中 $r\sim s$ 代表一组作为“空间邻居”的站址对。这些函数是限于成对相互作用的吉布斯能量。

在这些函数中,最常用的可以写成 $\Phi(x)=\sum_{r\sim s}\phi(x_r-x_s)$,根据式(7.14)的例子。作为(齐次)吉布斯场的能量,如果 $\varepsilon=R$,这个表达式会产生问题,因为通过变量的线性可逆替换 $t_1=x_1,t_2=x_2-x_1,t_3=x_3-x_1,\cdots,t_S=x_S-x_1$ 可以很容易证明$\forall T,Z(T)=+\infty$。先前未归一的准则 $\exp\{-\Phi(x)/T\}$ 是不合适的。

当先验法则不合适时,后验似然 $p_{X|Y}$仍然可以是合适的概率密度函数,因为它可以由式(7.8)写为

$$p_{X|Y}(\boldsymbol{x}|\boldsymbol{y})=\mathrm{e}^{-\Psi(y-H(x))/T_b-\Phi(x)/T_x}/Z_{x|z}(T_x,T_b) \tag{7.15}$$

其中,$Z_{x|z}(T_x,T_b)=\int_{R^M}\mathrm{e}^{-\Psi(y-H(x))/T_b-\Phi(x)/T_x}\mathrm{d}\boldsymbol{x}<+\infty$ 是一个比式(7.3)和式(7.4)限制性小的条件。如[SAQ 98,1031,脚注],一个不适当的法则可以作为一个概率密度函数族的局限条件来“管理”,例如通过引入增强能量:

$$\Phi_\varepsilon(x)=\sum_{r\sim s}\phi_{rs}(x_r-x_s)+\varepsilon\|x\|^2\underset{\varepsilon\to0^+}{\longrightarrow}\Phi(x)$$

7.3.1.4　马尔可夫链

在本小节和本章的其余部分中,在不引起歧义的前提下,将使用缩短的符号 $p(a|b)$作为条件密度 $p_{A|B}(a|b)$,将 $p(a)$指代 $p_A(a)$。

在连续的情况下,马尔可夫链定义为随机变量 $\boldsymbol{X}=(X_1,\cdots,X_S)$的集合,其联合概率密度 p_X为

$$\forall s \in \{2,\cdots,S\},(x_1,\cdots,x_s) \in \varepsilon^s, p(x_s|x_1,\cdots,x_{s-1}) = p(x_s|x_{s-1})$$

例如,一阶自回归信号是马尔可夫链。当 s 是时间索引时,这种过程随时间的随机演变仅取决于最近的过去。

马尔可夫链是吉布斯场,有

$$p(x) = p(x_1)\prod_{s>1} p(x_s|x_1,\cdots,x_{s-1}) = p(x_1)\prod_{s>1} p(x_s|x_{s-1}) \tag{7.16}$$

从序列贝叶斯规则和马尔可夫链的定义可知:

$$p(x) = \exp\left\{\lg p(x_1) + \sum_{s>1} \lg p(x_s|x_{s-1})\right\} \tag{7.17}$$

相反,可以通过递减递归来证明一个吉布斯场,如果它的群系是成对的:$\{s-1,s\}$,$s=2,3,\cdots,S$,那么它是马尔可夫链[QIA 90]。在更一般的背景下,还有一个"吉布斯-马尔可夫"等价,下一节将会介绍。

7.3.1.5 最小群与势非唯一性

单元素集合$\{1\}$是吉布斯场式(7.17)的一个集合吗?如果是由 S 个元素组成的势函数 $-\lg p(x_1)$, $-\lg p(x_2|x_1)\cdots$,则答案是肯定的;如果前两项被它们的和 $-\lg p(x_1)-\lg p(x_2|x_1)$ 所取代,则答案是否定的。一般,可以认为集合的任何非空子集都是集合;或者,反过来看,可以仅限于最大集合,即那些不是其他集合的子集。

对于给定的吉布斯能量,两种惯例"最大群系与子集"和"仅最大群系"都使得群系列表是唯一的。然而,仍然存在几种描述相同能量的势函数(除了在常规"仅最大群"中的分离群这一微不足道的情况),因为与两个群 c、d 相关的贡献的总和 W_c+W_d 具有非空交点也可写为$(W_c+W'_{c\cap d})+(W_d-W'_{c\cap d})$,其中 $W'_{c\cap d}$为任意定义在 $c\cap d$ 上的函数。

7.3.2 吉布斯-马尔可夫等价

7.3.2.1 邻域关系

设 $\boldsymbol{X}$ 是在 $\boldsymbol{S}=\{1,\cdots,S\}$ 上定义的随机场,其取值于 ε,假设密度 p_X定义在 ε^S 上,且严格为正。设 $V_s, s\in \boldsymbol{S}$ 为 $\boldsymbol{S}$ 的子集,V_s 称为 s 的相邻集合。我们只关注这些集合 V_s,它们具有逆式自反性(s 不是它自己的邻居:$s\notin V_s$)与对称性(如果 s 是 r 的邻居,r 也是 s 的邻居:$s\in V_r \Leftrightarrow r\in V_s$)。接下来,将以"~"表示邻域关系,即 $r\sim s$ 等价于 $r\in V_s$。

邻域关系~的定义是抽象的。在实践中,当邻域概念在集合 S 中已经存在时,通常情况下(但非强制)将邻域关系与其保持一致。例如,如果预先存在的邻域概念由距离 Δ 引入,我们可以通过设定邻域距离 $D>0$ 来定义 $V_s=\{r\neq s,$

$\Delta(r,s)\leqslant D\}$。如果 $S\subset Z^p$,Δ 是常欧几里德距离,且 D^2 是整数,则可定义阶数 D^2 的邻域关系(图7.1)。

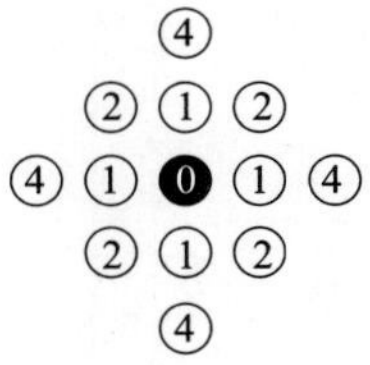

图7.1 一个节点 Z^2 的4个一阶相邻节点、再加4个二阶相邻节点、0个三阶相邻节点、4个四阶相邻节点。更一般地,节点 Z^p 有 $2^1C_p^1=2p$ 个一阶相邻节点、$2^2C_p^2=2p(p-1)$ 个二阶相邻节点、$2^3C_p^3=4p(p-1)(p-2)/3$ 个三阶节点,但后续序列显示,其 q 阶相邻节点数并非 $2^qC_p^q$

7.3.2.2 马尔可夫场定义

满足如下条件时,$\boldsymbol{X}$ 可定义为邻域关系 ~ 的马尔可夫场:

$$\forall s\in S,x\in\boldsymbol{\varepsilon}^S,p(x_s\mid\boldsymbol{x}_{S\backslash s})=p(x_s\mid\boldsymbol{x}_{V_{s_s}})\tag{7.18}$$

换句话说,X_s 关于所有 $\boldsymbol{X}$ 上其他变量的条件概率仅依赖于 X 及其邻域所取的值,而与变量 S 无关。我们再次发现了通过局部特性来对信号或图像进行建模的可能性。

该定义针对的是连续情形。在离散情形下,它转换为:$\forall s\in S,x\in\boldsymbol{\varepsilon}^S$

$$\Pr(X_s=x_s\mid\boldsymbol{X}_{S\backslash s}=x_{S\backslash s})=\Pr(X_s=x_s\mid X_{V_s}=x_{V_s})\tag{7.19}$$

指定 $\boldsymbol{X}$ 的局部特征,也即 S 条件法则:"通过 X_s 可以知道$X_{S\backslash s}$",即可定义 $\boldsymbol{X}$ 的相关法则。在离散的情况下,这个论断可由下述等式证明:

$$\frac{\Pr(x)}{\Pr(w)}=\prod_{s=1}^{S}\frac{\Pr(x_s\mid x_1,\cdots,x_{s-1},w_{s+1},\cdots,w_S)}{\Pr(w_s\mid x_1,\cdots,x_{s-1},w_{s+1},\cdots,w_S)}$$

适用于任意 $\boldsymbol{x},\boldsymbol{w}\in\varepsilon^S$ 对[BES 74],并可转换为连续情况。

以上等式看上去允许马尔可夫场可由式(7.19)所示的自由定义条件法则得到,事实并非如此。除非巧合,任意指定的条件法则不适用于任何联合法则。从这个意义上说,式(7.18)和式(7.19)不是构建性定义,而是特征属性。要定义马尔可夫场,必须间接进行,首先指定一个联合法则,然后检查它是否满足式(7.18)或式(7.19)所示马尔可夫条件。吉布斯场会自动满足此条件,如下一小节所示。

7.3.2.3 吉布斯场是马尔可夫场

这里考虑连续情况,离散的情况类似。当 $\boldsymbol{X}$ 是吉布斯场时,其条件概率密

度 $p(x_s|x_{S\backslash s})$ 有如下结构：

$$p(x_s \mid x_{S\backslash s}) = \frac{p(\boldsymbol{x})}{p(\boldsymbol{x}_{S\backslash s})} = \frac{p(\boldsymbol{x})}{\int_{\varepsilon} p(\boldsymbol{x})\,\mathrm{d}x_s}$$

$$= \frac{\exp\{-\sum_{c \in C} W_c(x)/T\}/Z(T)}{\int_{\varepsilon} \exp\{-\sum_{c \in C} W_c(x)/T\}/Z(T)\,\mathrm{d}x_S}$$

无论 $\boldsymbol{X}$ 是否是吉布斯场，第 1 行的方程都是正确的。吉布斯结构出现在第 2 行，并且需要简化所有不依赖于 x_s 的乘法项，即 $1/Z(T)$ 和所有由群 c 索引且不包含 s 的任意 $\exp\{-W_c(x)/T\}$ 项。从而，上式可简化为

$$p(x_s \mid \boldsymbol{x}_{S\backslash s}) = \frac{\exp\left\{-\sum\limits_{c \ni s} W_c(\boldsymbol{x})/T\right\}}{\int_{\varepsilon} \exp\left\{-\sum\limits_{c \ni s} W_c(\boldsymbol{x})/T\right\}\mathrm{d}x_s}$$

其中求和仅限于包含 s 的群。需要注意的是，该表达式不依赖于所有满足 x_r，$r \in S$的变量：不包括那些不属于任何包含 s 的群的变量。这也证明了式(7.18)的准确性：吉布斯场是马尔可夫场，其邻域结构描述为：

$$V_s = \{r, \exists c/r \in c\epsilon s\}$$

7.3.2.4 哈默斯利－克利福德定理

是否存在不是吉布斯场的马尔可夫场？哈默斯利和克利福德 1968 年在一份未发表的报告中通过一个等价定理回答了这个问题。这个定理说，在离散的情况下，马尔可夫场在 $\forall \boldsymbol{x}, \Pr(\boldsymbol{X}=\boldsymbol{x})>0$ 的条件下是吉布斯场，它的群是单个或 2×2 相邻节点的集合。这个定理过于专业，因此没有在此展示，具体可以参见[WIN 03,3.3 节]和[BRÉ 99,7.2 节]。从理论的角度来看，这个结果很重要，因为它表明吉布斯和马尔可夫场从本质而言是相同的数学对象，在下文中称为吉布斯－马尔可夫随机场(GMRF)。

7.3.3 GMRF 后验法则

对一个 GMRF $\boldsymbol{X}$ 的后验法则的分析给图像恢复带来了一个有用的结果：在不是特别严格的条件下，这个法则本身就是一个用于研究邻域结构的有趣的 GMRF。对于能量由式(7.11)给出、观测条件在 7.2 节中给出的 GMRF$\boldsymbol{X}$，由式(7.15)可知，它的后验法则能量可写为

$$\Psi(y-H(x))/T_b + \Phi(x)/T_x \tag{7.20}$$

这对应于通过共同对数似然 $-\lg p_{Y|X} = -\lg p_B(y - H(x))$ 所表示的先验的吉布斯势。因此,我们可以说后验法则是这样一个马尔可夫场,它的邻域图来自于面向群的对数似然函数的分解。可以根据具体情况进行更精细的分析。

例如,考虑高斯线性观测的常见情况 $y = Hx + b$,其中 b 是独立于 x 的高斯噪声,它的均值为m_B,可逆协方差为R_B。因此,观察的条件共同对数似然是二次的,它是 x 的函数,可以分解为如下形式:

$$\begin{aligned} -\lg p_B(y - Hx) &= (y - Hx)^{\mathrm{T}} R_B^{-1}(y - Hx)/2 + \text{const} \\ &= -y^{\mathrm{T}} R_B^{-1} Hx + x^{\mathrm{T}} H^{\mathrm{T}} R_B^{-1} Hx/2 + \text{const} \\ &= -\sum_s \alpha_s x_s + \sum_{r,s} \beta_{rs} x_r x_s /2 + \text{const} \end{aligned} \tag{7.21}$$

式中:α_s 和 β_{rs}分别为向量 $\boldsymbol{H} \boldsymbol{R}_{\boldsymbol{B}}^{-1} \boldsymbol{y}$ 以及矩阵$\boldsymbol{H}^{\mathrm{T}} \boldsymbol{R}_{\boldsymbol{B}}^{-1} \boldsymbol{H}$ 的元素。

式(7.21)中涉及的唯一群是单节点和对。如果$\boldsymbol{H}^{\mathrm{T}} \boldsymbol{R}_{\boldsymbol{B}}^{-1} \boldsymbol{H}$ 是满秩矩阵,则所有站点都是相邻的。它越稀疏,后验法则邻域图中新的连接就越少。在极端情况下,如果 $\boldsymbol{H}$ 和$\boldsymbol{R}_{\boldsymbol{B}}$是对角矩阵(也即去噪或插值的情况),则先验和后验邻域结构是相同的。

7.3.4　图像的吉布斯－马尔可夫模型

在本节中,我们将绘制一个在图像处理文献中发布的 GMRF 的分类示意图,其灵感来自[BES 86]。请注意,这些模型中的大多数都是几乎无处不在的正则化定性概念的数学表达式,这在前一章中已经多次提到过。

7.3.4.1　用于分类的具有离散值和标签字段的像素

最古老的模型使用离散值,毫无疑问有两个原因:第一,长期以来,计算机有限的计算能力将图像编码限制在每像素一个字节甚至更少;第二,在有限数量的色调上估计图像是将像素按类分组的一种方式,将其邻域考虑在内,即接近上下文分类问题。

伊辛模型是最简单、最古老的非一般的离散值 GMRF[PIC 87]。它是一个二元模型,具有成对的交互关联和一阶邻域,定义于$\mathbb{Z}^2$,由伊辛于 1925 年提出,以解释铁磁材料的物理行为,特别是相变行为。在低于特定温度(称为临界温度)下,通过无限远像素之间的非零相关性发生。在成像中,模型是在有限大小的网络上定义的,因此很少研究相变的作用[MOR 96]。伊辛场的能量可以写为

$$\Phi(x) = \alpha \sum_s x_s + \beta \sum_{r \sim s} x_r x_s \tag{7.22}$$

其中，$\varepsilon=\{-1,1\}$。如果 $\alpha\neq0$，则第一项倾向于与 α 符号相反的状态。如果 $\beta>0$，则低能量（最可能）配置由不相似的相邻元素组成，其行为相互排斥。相反，$\beta<0$，则会在元素之间产生相互吸引的行为。这是分类所需的行为，因为它有利于形成均匀同质区域。

伊辛模型可以很容易地推广到 K 种颜色，其能量表达式为

$$\Phi(x) = \sum_{k=1}^{K} \alpha_k n_k + \sum_{k=1}^{K} \sum_{k=1}^{K} \beta_{kl} v_{kl}$$

其中，n_k 是第 k 种颜色的像素个数，第 k 和 l 种颜色的领域对的数目相同，即 $v_{kl}=v_{lk}$。比较可知，对于式(7.22)有：$\alpha_1=-\alpha_{-1}=\alpha$，且 $\beta_{1,1}=\beta_{-1,-1}=-\beta_{-1,1}=\beta$。

在有序颜色（例如灰度级）的情况下，可以选择 β_{kl} 为关于 $|k-l|$ 的递增函数，以促进阴影的逐渐变化。最小化诸如 $\|y-x\|^2+\lambda\Phi(x)$ 的判据，其中 y 是通过 K 个以上阴影观察到的图像，然后给出降低到 K 级的 y，有利于实现区域均匀同质。

在无序颜色的情况下，可以简化模型：如果 $k=l$，则 $\beta_{kl}=\beta<0$，否则 $\beta_{kl}=\beta=0$。由此，我们获得了波茨模型。“无序颜色”的情况可能看起来微不足道，但它带给我们标签域的概念，这是现代图像分类方法的基础。从非常一般的观点来看，可以认为上下文分类包括将像素划分到同质的类中，并且由非颜色或灰度级的标签来标记。选择标签的空间模型，例如波茨模型（或其改进型，如 chien - model[DES 95]），以有利于形成分配给同一类的像素聚合（称为上下文分类）。第 2 级 K 模型（每类一个模型）使像素法则能够逐个区域地指定，从而确定每个类的同质性。以这种方式，可以通过它们的平均强度、方差或纹理来区分不同区域。在纹理的情况下，二级模型可以是专门的 GMRF（例如自动二项式模型[BES 74]，另见[CRO 83]），也可以是标记点过程、基元组合、分形模型等[WIN 03]。

用于分类的图像建模还可以是复杂堆栈模型，这与图像恢复中最常用模型的相对简单特征形成对比。对这种差异有一种解释：鉴于分类是为了寻求给出复杂但已知对象（即图像）的简化表示，而恢复的目的是从不完整的数据中恢复最可信的图像。数据越不完整，对模型细节建模的效果就越差，例如纹理信息无论如何都难以准确恢复。

下面，我们主要考虑连续情况（$\varepsilon=\mathbb{R}$），并重点介绍更适用于图像恢复而非图像分类的 GMRF 模型。实质上，这些模型的吉布斯能量是前一章中提出的惩罚函数：首先是二次能量，然后是与检测估计相关的半二次能量，最后是非二次能量，凸或非凸。

7.3.4.2 高斯 GMRF

惩罚函数式(7.14)是高斯 GMRF 的能量(反常的)。更一般地,一个正二次能量在任何温度 T 下均对应一个高斯 GMRF:

$$\Phi(x) = \boldsymbol{x}^{\mathrm{T}}\boldsymbol{M}\boldsymbol{x} - 2\boldsymbol{m}^{\mathrm{T}}\boldsymbol{x} + \mu = \sum_{r=1}^{S}\sum_{s=1}^{S} M_{rs}x_r x_s - \sum_{s=1}^{S} m_r x_s + \mu \tag{7.23}$$

其中,M 为对称正矩阵。只有 M 在广义上为正时,才对应上述反常情况。

通过将 $\Phi(x)/T$ 与 $(x-\boldsymbol{m}_x)^{\mathrm{T}}\boldsymbol{R}_x^{-1}(\boldsymbol{x}-\boldsymbol{m}_x)/2$ 匹配在一个加性常数内,可得 $\boldsymbol{X}$ 的均值和协方差:

$$\boldsymbol{m}_x = \boldsymbol{M}^{-1}\boldsymbol{m}, \boldsymbol{R}_x = T\boldsymbol{M}^{-1}/2$$

此外,从式(7.23)可以清楚地看出,高斯 GMRF 的群是单体和对,并且邻域关系可以直接从矩阵 $\boldsymbol{M}$ 或$\boldsymbol{R}_x^{-1}$ 中获得:如果 $s \neq r$ 且 $M_{rs} \neq 0$,则 r 与 s 相邻。高斯 GMRF 具有许多其他结构属性,包括$\mathbb{R}^S$上的配分函数的显式特征:

$$\int_{\mathbb{R}^S} \exp\left\{-\frac{1}{2}(x-m_x)^{\mathrm{T}}\boldsymbol{R}_x^{-1}(x-m_x)\right\}\mathrm{d}x = (2\pi)^{\frac{S}{2}}\,|\boldsymbol{R}_x|^{\frac{1}{2}} \tag{7.24}$$

7.3.4.3 边缘变量与复合 GMRF

6.3 节的检测估计方法支持半二次惩罚函数,其最简单形式为

$$\Phi(x,l) = \sum_{r\sim s}(1-l_{rs})(x_r - x_s)^2 + \alpha\sum_{r\sim s} l_{rs} \tag{7.25}$$

其邻域为一阶,在少数情况下,它为二阶,如式(6.13)所示。每个变量 l_{rs}取值为 0 或 1,以表示像素 r 和 s 之间的不连续性:$l_{rs}=1$ 表示不连续,$l_{rs}=0$ 表示连续,α 表示每处不连续的代价。式(7.25)可解释为吉布斯能量,其定义了一个分布在像素点和边缘站点上的复合(x,l)GMRF,其值为 $\varepsilon^S \times \{0,1\}^C$,其中 C 是相邻像素对数量,如图 7.2 所示。

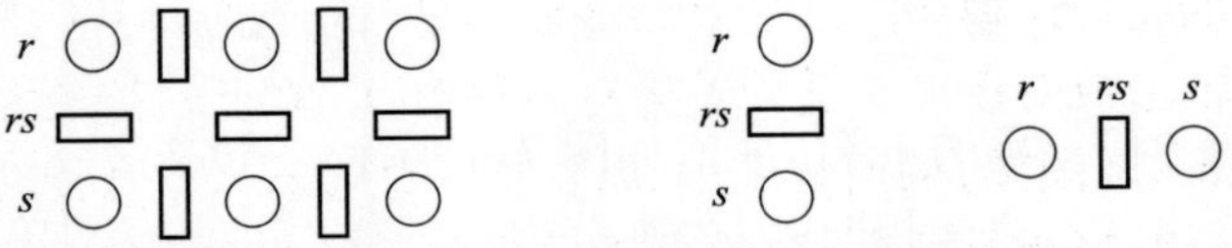

(a) 散布的像素点和边缘点　(b) 垂直分布的群　(c) 水平分布的群

图 7.2　式(7.25)所示复合 GMRF 能量的空间结构

复合 GMRF 集成了连续与离散变量,其不是由概率密度函数或离散分布定义,而是以混合形式定义:

$$p(x \mid l)\Pr(L = l) = \frac{1}{Z(T)}e^{-\Phi(x,l)/T}, Z(T) = \sum_{l}\int_{x} e^{-\Phi(x,l)/T}dx \quad (7.26)$$

在式(7.25)的情况下，如果 $\varepsilon = \mathbb{R}$，则 $Z(T) = +\infty$，此时式(7.26)定义是不成立的。

可以认为式(7.25)的两个项分别对应于 $p(x|l)$ 和 $\Pr(L=l)$。但是，为了正确推理，式(7.26)的 $\Pr(L=l)$ 应通过边缘化减少。让我们从能量 $\Phi_{\varepsilon}(x,l) = \Phi(x,l) + \varepsilon \|x\|^2$ 开始，如果 $\varepsilon > 0$，则使 (X,L) 法则成立：

$$\Pr(L = l) = \frac{1}{Z(T)}\int_{\varepsilon^s} e^{-\Phi_{\varepsilon}(x,l)/T}dx$$

$$= \frac{1}{Z(T)}\exp\left\{-\frac{\alpha}{T}\sum_{r\sim s} l_{rs}\right\}\int_{\varepsilon^s}\exp\left\{-\frac{\varepsilon}{T}\|x\|^2 - \frac{1}{T}\sum_{r\sim s}(1-l_{rs})(x_r - x_s)^2\right\}dx$$

最后一个积分来自式(7.24)，它是高斯 GMRF$X|L$ 的配分函数，如果 $\varepsilon = \mathbb{R}$，$Z_{x|l}(T) = (\pi T)^{s/2}|M|^{-1/2}$，其中 M 由下式定义：

$M_{ss} = \varepsilon + \sum_{r,r\sim s}(1 - l_{rs})$；如果 $r \sim s$ 且 $l_{rs} = 0$，则 $M_{rs} = -2$，否则 $M_{rs} = 0$。

最后，L 法则不是独立同分布，因为 $Z_{x|l}(T)$ 取决于 l：

$$\Pr(L = l) = \frac{Z_{x|l}(T)}{Z(T)}\exp\left\{-\frac{\alpha}{T}\sum_{r\sim s} l_{r|s}\right\} \propto \exp\left\{-\frac{\alpha}{T}\sum_{r\sim s} l_{rs}\right\}$$

7.3.4.4 交互边缘变量

边缘变量的作用是包围均匀区域，从而实现图像分割。图像分类和图像分割不是相同的操作，因为图像分割没有预先指定的类。

最小化诸如式(7.25)之类的判据并不能保证轮廓的闭合。为了实现轮廓的闭合，文献[GEM 84]引入了交互式边缘变量。这并不意味着这些变量变得相关；我们在上面提到它们已经处于由能量引起的模型式(7.25)中。新的特征是由 4 个边缘点组成的群的集合，它们被添加以惩罚那些中断的轮廓：

$$\Phi(x,\boldsymbol{l}) = \sum_{r\sim s}(1 - l_{rs})(x_r - x_s)^2 + \alpha\sum_{c\in C_L} G_c(\boldsymbol{l}) \quad (7.27)$$

文献[GEM 84]提出的 $G_c(\boldsymbol{l})$ 的值如图 7.3 所示。式(7.27)所示结果与文献[GEM 84]提出并不完全相同，因为本节提出的模型是基于具有离散值的像素(具有无序颜色)。为了保证轮廓的系统闭合，G_c 对于类型②结构必须是无限的(图 7.3)。然而，这种情况不遵循哈默斯利－克利福德定理的正条件，并且会使后验能量最小化问题变得更为棘手。

边缘变量的交互性不仅鼓励轮廓闭合，而且还允许修改它们的外观。水平或垂直边缘更受青睐：图 7.3 中类型④比类型③的代价函数更低。其他交互式边缘模型也以同样的原因被提出，例如，以细化轮廓[MAR 87]或减少方向效应(SIL 90)。

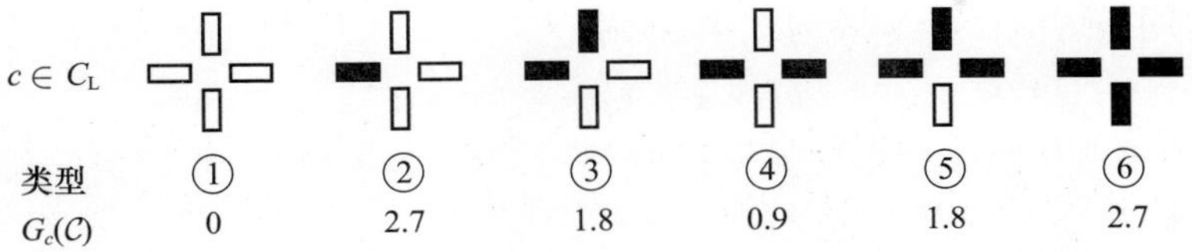

图 7.3　由 4 个边缘点组成的群 c，以及不同类型 $\boldsymbol{l}$ 下的 $G_c(\boldsymbol{l})$ 的值。“激活”变量 $l_{rs}=1$ 用黑色表示。$G_c(\boldsymbol{l})$ 具有对称和旋转不变性

7.3.4.5　非高斯 GMRF

在非高斯 GMRF 中，最常用于图像恢复的是一阶，它们的能量是像素间差异的函数：

$$\Phi(x) = \sum_{r \sim s} \phi(x_r - x_s) \tag{7.28}$$

其中，ϕ 通常是 L_2L_1、L_2L_0 函数[KÜN 94]，或相关函数，例如 $\phi(u) = |u|^p$[BOU 93]。在 MAP 估计过程中使用这些模型作为先验，与 6.4 节中采用非二次惩罚方法相同。

7.4　统计工具与随机抽样

7.4.1　统计工具

第 7.3 节在贝叶斯概率框架下给定了第 6 章的惩罚函数。引言中提出的一些“重大”问题现在找到了一个自然的答案，至少从形式上来看是这样。尤其是可能通过后验概率密度 $p_{X|Y}(x|y)$（见第 3 章）来量化不确定性，并从该法则中提取更简单的指标，例如后验均值和协方差：

$$\hat{\boldsymbol{x}}^{PM} = E(\boldsymbol{X}|y)\int_{\mathcal{E}^S} \boldsymbol{x} p_{X|Y}(\boldsymbol{x}|\boldsymbol{y})\mathrm{d}\boldsymbol{x} \tag{7.29}$$

$$\begin{aligned}\boldsymbol{R}^{CP} &= \mathrm{Cov}(\boldsymbol{X}|\boldsymbol{y}) = E((\boldsymbol{X} - \hat{\boldsymbol{x}}^{PM})(\boldsymbol{X} - \hat{\boldsymbol{x}}^{PM})^{\mathrm{T}}|\boldsymbol{y}) \\ &= \int_{\mathcal{E}^S}(\boldsymbol{x} - \hat{\boldsymbol{x}}^{PM})(\boldsymbol{x} - \hat{\boldsymbol{x}}^{PM})^{\mathrm{T}} p_{X|Y}(\boldsymbol{x}|\boldsymbol{y})\mathrm{d}x\end{aligned} \tag{7.30}$$

后验均值 $\hat{x}^{PM}$ 具有 S 个分量。它是一个贝叶斯估计，是 MAP 的竞争对手。Marroquin[MAR 87]提出了它在图像恢复中的应用，但未能普及。

后验协方差$\boldsymbol{R}^{CP}=(R_{rs}^{CP})$是大小为$S\times S$的矩阵。它可用于生成估计强度的置信区域。例如,从标准差$\boldsymbol{\sigma}_s=(\mathrm{var}(X_s|y))^{1/2}=\sqrt{R_{SS}^{CP}}$,可以定义一个笛卡儿积,它的间隔为$I(\mu)=\otimes_s I_s(\mu)$,端点为

$$b_s^{+}=\hat{x}^{PM}+\mu\sigma_s,\quad \mu>0$$

这种方法忽略了后验法则中的相关性,但却具有吸引力,因为它相对简单和直观:b_s^+是每个像素上的误差条,由$\hat{\boldsymbol{x}}_S^{PM}$估算。

另一个关于超参数估计的基础统计工具是数据的似然函数,其通过对$\boldsymbol{X}$进行积分获得。在连续的情况下,其结果是数据的概率密度,同样取决于问题的超参数:

$$p_Y(\boldsymbol{y};\boldsymbol{\theta})=\int_{\mathcal{E}^S}p_{X,Y}(\boldsymbol{x},\boldsymbol{y})\,\mathrm{d}\boldsymbol{x}=\int_{\mathcal{E}^S}p_B(y-H(x))p_X(\boldsymbol{x})\,\mathrm{d}\boldsymbol{x}\tag{7.31}$$

向量$\boldsymbol{\theta}$表示超参数集合,其中包括通过联合法则(7.9)构建的估计量$\hat{\boldsymbol{x}}$,例如$\hat{\boldsymbol{x}}^{MAP}$和$\hat{\boldsymbol{x}}^{PM}$,取决于:确定正则化系数$\lambda=T_b/T_x$的温度参数$T_x$和$T_b$,以及对$\boldsymbol{\Phi}$或$\boldsymbol{\Psi}$进行参数化的所有其他自由度(例如,$L_2L_1$或$L_2L_0$函数的阈值)。概率密度$p_Y(y)$取决于$\boldsymbol{\theta}$,因此它可以表示为$p_Y(y;\theta)$。

最大似然估计量$\hat{\theta}^{MV}$被定义为最大化$p_Y(y;\theta)$(见3.5节)。这是解决非监督框架中逆问题的首选工具,第8章将会对其进行描述。

这些统计工具的实际应用从两个非常不同的层面产生了两个重要问题。

在信息层面,应该对这些统计量赋予什么意义?例如,我们假设μ定义了95%的置信区域:

$$\Pr(\boldsymbol{X}\in\boldsymbol{I}(\mu)\mid y)=\int_{I(\mu)}p(\boldsymbol{x}\mid\boldsymbol{y})\,\mathrm{d}x=0.95\tag{7.32}$$

在贝叶斯框架下,这是一个平均置信区域,它考虑了由噪声量化的、与测量值y相关的不确定性,以及由先验量化的、对$\boldsymbol{x}$的不确定性。对于贝叶斯原理,这个先验应该总结出一种独立于数据的知识状态。在这些条件下,可以凭经验观察到,式(7.32)在某种意义上是正确的,在相同的实验、相同的知识状态下重复N次,如果N足够大,则会发现事件$X\in I(\mu)$的次数约为$0.95N$。在大多数实际情况中,显然7.3.4节的吉布斯—马尔可夫模型违背了这些原则,因为它们只考虑了现有先验信息的一部分。考虑的信息足以得出可用的估计量和相关不确定性的指示,但无法量化这些不确定性。因此,图7.4(d)的标准偏差仅仅是定性的。正如预期的那样,它们在均匀域(如背景)中减少,而在边缘处增加。然而,它们的精确值并不明确。例如,可以验证$\boldsymbol{x}^*\notin\boldsymbol{I}(7)$,即存在点$s$使得$|\hat{x}_s^{PM}-x_s^*|>7\sigma_s$。对于这些点而言,$\boldsymbol{\sigma}_s$的值显然被低估了。类似地,图7.4(c)

的后验平均值没有充分比对。

(a) 原始图像x^*, 37×30像素，量化强度在0~256之间

(b) 噪声图片，$y=x^*+b$，b满足独立同分布$N(0,\sigma_n=20)$

(c) $\hat{x}^{PM}=E(X|y)$

(d) 标准差$(\sigma_s)_s$

图7.4 (c)和(d)分别表示先验吉布斯－马尔可夫能量法则式(7.28)的均值和后标准差，其中ϕ属于L_2L_1。这些量通过MCMC方法计算(见7.4.2.2小节)。它们取决于3个参数：固定在真值$\sigma_n=20$以及(T,η)的噪声标准差，根据经验选择的GMRF温度和函数ϕ的阈值。灰度等级因标准差进行了扩大，最大值不超过16

从操作的角度来看，为了分析评估式(7.29)～式(7.31)，有必要能够计算积分$\boldsymbol{\varepsilon}^S$。前两个可以写为简单积分形式：

$$\hat{\boldsymbol{x}}_s^{PM} = E(X_s \mid y) = \int_{\varepsilon} x_s p_{X_s|Y}(x_s \mid y)\,\mathrm{d}x_s$$

$$\mathrm{var}(X_s \mid y) = \int_{\varepsilon} (x_s - \hat{x}_S^{PM})^2 p_{X_s|Y}(x_s \mid y)\,\mathrm{d}x_s$$

但这些表达式不允许直接计算,因为其中边界密度 $p_{X_s|Y}$ 本身就是关于 ε^{S-1} 的积分。对于式(7.31),我们关心的是它的最大化而不是评估,因为直观来看这并不会简化问题。

在诸如高斯情况的特殊情况之外,复杂计算几乎不可避免,或者至少与实际应用不相容。幸运的是,名为马尔可夫链蒙特卡洛(MCMC)技术的特殊伪随机技术帮助我们克服了许多计算难题。这些技术将在 7.5 节中介绍。读者可以参考[ROB 04]中更为全面的推理和分析内容,还可参考[BRÉ 99,WIN 03]中关于空间统计和图像分析的内容。

7.4.2 随机抽样

通过抽样,我可以实现概率法则的伪随机生成。在成像中,特别是就 GMRF 而言,取样有几个作用。最明显的是图像合成。GMRF 的实现可以用来“装饰”物体,给它们一个恰当的纹理外观[CRO 83]。能量 GMRF 式(7.28)的实现效果如图 7.5 中所示,其中 φ 属于 L_2L_1 类型,具有“木纹”纹理。

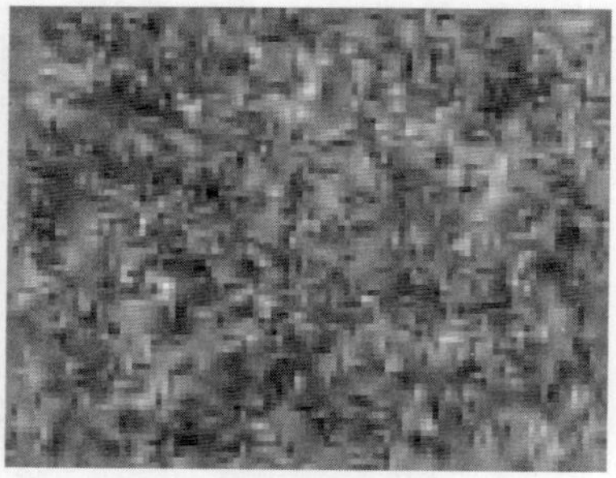

图 7.5 在 80×100 网格上的模拟能量 GMRF(7.28),其中 ϕ 为是 Huber 函数(L_2L_1 函数)。边界像素的值保持为零确保准则的适用性

在图像恢复中,模拟后验法则 $p_{X|Y=y}$ 十分有趣,目的是计算贝叶斯估计量,例如后验均值 $\hat{x}^{PM}=E(X|y)$。事实上,如果 $\boldsymbol{X}^{(1)},\boldsymbol{X}^{(2)},\cdots,\boldsymbol{X}^{(k)}$ 是一系列满足法则 $p_{X|Y=y}$ 的随机变量。则有:

$$E(F(X)\mid Y=y)=\lim_{k\to\infty}\frac{1}{K}\sum_{k=1}^{K}F(X^{(k)}) \tag{7.33}$$

几乎可以肯定的是,对于任何函数 F 这个序列都是遍历的。特别地,如果这些实现是从对于均值遍历的序列中提取的,那么我们可以通过后验法则 K 次实现的经验均值来逼近 $\hat{x}^{PM}$。

在独立序列的情况下,如果 $E(F(X)|y)$ 存在,则遍历性是有保证的,即

$E(|F(X)||y)<\infty$。这是一个强大的大数法则。因此,可以设想从瞬时法则$p_{X|Y=y}$的独立同分布序列$\boldsymbol{X}^{(1)},\boldsymbol{X}^{(2)},\cdots,\boldsymbol{X}^{(k)}$开始应用式(7.33)。标准的蒙特卡洛方法正是严格基于这个原理的[HAM 64,第5章]。不幸的是,这种方法并不适合于生成$p_{X|Y=y}$法则的单一样本,因为它涉及到一个过于复杂而无法重复的迭代过程。尽管如此,我们还是会分析此过程,因为它仍然是MCMC方法的核心,更适合于这种情况(见7.4.2.2小节)。

7.4.2.1 迭代采样法

实现随机量的生成本身就是一个研究领域,涉及到各种不同的技术。当待生成的量是小维度(通常是一个真实的随机变量)时,对于许多系列的概率法则都有直接的技术。最常用的一种方法是使用控制良好的抽样定理来改变变量,在这方面"通用"的方法是统一法[PRE 86,7.2节]。对于更复杂的法则,可尝试采用抑制技术[PRE 86,7.3节]。

当待抽样量的尺度超过了一定范围,直接技术将有数变得效率低下,除了诸如高斯的一些特殊情况:一个取值属于$\mathbb{R}^S$的随机向量$\boldsymbol{X}$,服从于$N(m,R)$,分布,可以用$\boldsymbol{AE}+m$的形式进行采样,其中E是一个归一化的高斯向量(即服从$N(0,1)$),前提是矩阵$\boldsymbol{A}$满足$\boldsymbol{AA}^{\mathrm{T}}=\boldsymbol{R}$($\boldsymbol{A}$不一定是方阵)。换句话说,对具有任意协方差的高斯向量进行抽样可以归结为对协方差进行因式分解($\boldsymbol{R}=\boldsymbol{AA}^{\mathrm{T}}$),生成独立的高斯变量,然后进行线性组合($X=\boldsymbol{A}E+m$)。

在更一般的情况下,用马尔可夫链进行抽样是不可避免的。序列$\boldsymbol{X}^{(1)}$,$\boldsymbol{X}^{(2)},\cdots,\boldsymbol{X}^{(k)}$是一个马尔可夫链,在分布上向着预期的规律收敛。在本节接下来的部分,我们假设这个规律密度为p,这意味着这个符号可以指定一个条件密度,比如$p_{X|Y}$。

序列$(X^{(k)})$由马尔可夫链构造而成:第一个量$X^{(1)}$的值属于ε^S,由任意方式产生,最好是一个简单的方法。后续量通过随机变换逐步得到。此转换由称为转换内核的条件密度$t(x'|x)$定义。最古老的是梅特罗波利斯算法[MET 53](表7.1(a))。更近的吉布斯采样器[GEM 84]尤其适合于对GMRF进行采样,因为这种过渡是通过对条件律$p(x_s|x_{S\backslash s})$进行采样而发生的,根据式(7.18)(表7.1(b)),这些条件律是局部的。这是一个更常见结构的两个特例,梅特罗波利斯—黑斯廷斯采样器[HAS 70]。

这些结构的第一个特性是向p分布收敛。是否满足此属性显然取决于过渡核$t(x'|x)$的结构,即取决于已知$X^{(k)}$时控制$X^{(k+1)}$生成的概率法则。我们得到以下结果,它是[ROB 04,定理6.53]简化后的情形。

令$(X^{(k)})_{k\in N}$是齐次非周期的马尔可夫链,具有一个过渡核t,该核满足密度

p 的 π 法则不变性：

$$\int_{\varepsilon^S} t(x' \mid x) p(x) \mathrm{d}x = p(x')$$

因此，$X^{(k)}$ 在分布上朝着 π 收敛。

同质性意味着过渡核在迭代过程中不进化。π 不变性的含义为：如果 $X^{(k)}$ 的法则是 π，则 $X^{(k+1)}$ 的法则也是 π。关于这个问题，请注意，平衡条件 $t(x'|x)p(x) = t(x|x')p(x')$ 蕴含了 π 的不变性。非周期性是一个更专业的概念[ROB 04，第 6.3.3 节]，可以排除循环行为。简单直观的选择自然会尊重这些条件。例如，对于梅特罗波利斯算法的命题内核 p（表 7.1(a)，步骤(2)），在 $S = \mathbb{R}$ 的情况下，如果 ε 遵循中心对称密度法则，则随机步长 $x' = x + \varepsilon$ 可确保 p 的对称性 $p_\varepsilon : p_\varepsilon(-\varepsilon) = p_\varepsilon(\varepsilon)$。

表 7.1　用于概率密度 p 抽样的梅特罗波利斯和吉布斯算法

(a) 梅特罗波利斯算法 初始化：选择任意的 $X^{(1)}$。 (1) 当前配置：$X^{(k)} = x$； (2) 通过对对称命题内核 $p(x'\|x) = p(x\|x')$ 采样得出 x'； (3) 如果 $p(x') \geqslant p(x)$，$X^{(k+1)} = x'$。否则，$X^{(k+1)} = x$，但仍然有 $p(x')/p(x)$ 的概率 $X^{(k+1)} = x'$
(b) 吉布斯采样器 初始化：选择任意的 $X^{(1)}$。 (1) 当前配置：$X^{(k)} = x$； (2) 随机选择一个点 s（例如等概率地）； (3) 根据由 p 推导的条件法则 $p(x_s \| x_{S\backslash s})$ 对 $X_s^{(k+1)}$ 进行采样； (4) $X_{S\backslash s}^{(k+1)} = x_{S\backslash s} = X_{S\backslash s}^{(k)}$

对于在吉布斯采样器中选择要重新采样的站点（表 7.1(b)，步骤(2)），逻辑上倾向于等概率，但在选址的确定性策略下，也会出现分布上的收敛。此选项使吉布斯采样器部分可并行化：非两两相邻的像素可以独立地重采样，因此可以同时重采样。图 7.5 是通过“棋盘式”更新生成的，其中一半站点在每次迭代中都被重新采样（或者，所有“白子”或所有“黑子”）。

采样和优化是相近的问题。如果 $p(x') < p(x)$（表 7.1(a)，步骤 3），则不接受命题 $X^{(k+1)} = x'$ 的简单事实会将梅特罗波利斯算法转换为随机搜索优化方法。同样，吉布斯采样器是高斯 - 塞德尔下降技术的“随机版本”（2.2.2.2 节中 D）。在这个层面，可以说马尔可夫链采样方法是采样，而准则下降的迭代方法是优化。像下降技术一样，采样技术可以有多种变化。例如，文献[GEM 92]和[GEM 95]强调了基于采样半二次能量模型的全局更新方法，该方法被认为比逐

个像素进行处理的方法更快。这些算法是第6章介绍的下降算法的“随机版本”。

7.4.2.2 MCMC类的蒙特卡洛方法

迭代方法的关注点不在于分布的收敛,而是在于用于计算随机量的“大数泛化法则”:当$(X^{(k)})_{k \in N}$是在7.4.2.1小节条件下获得的马尔可夫链时,属性式(7.33)为真。乍看之下,由于连续变量$X^{(k)}$的密度不一定为p,因此结果令人惊讶。重要的是,当k增加时,它接近p。

MCMC方法利用这一结果,通过采样器有限次连续迭代的经验均值来接近统计期望,MCMC方法通过有限次数的采样器连续迭代的经验均值来接近统计期望值。这也是获得图7.4(c)和(d)的方法。首先,收敛于GMRF后验律的$K=500$个样本$X^{(1)},X^{(2)},\cdots,X^{(k)}$由棋盘格吉布斯采样器生成(从$k$到$k+1$对应于一个完整的更新,包括所有“白子”和所有“黑子”)。由此得出:

$$\hat{m} = \frac{1}{K - k_0 + 1}\sum_{k=k_0}^{K} X^{(k)},\ \hat{v} = \frac{1}{K - k_0 + 1}\sum_{k=k_0}^{K} (X^{(k)})^{[2]}$$

最后,$\hat{\sigma} = (\hat{v} - \hat{m}^{[2]})^{[1/2]}$,其中$[p]$表示逐项取指数。面向$\hat{m}$和$\hat{v}$的求和可以在采样过程中递归执行。此外,引入预烧时间k_0意味着未使用前k_0个样本(其分布距离目标最远)[GEY 92,3.7节]。对于固定的K,选择k_0是“偏差方差折衷”的结果,此处经验设置为$k_0=10$。

MCMC方法的更详尽的数学描述使我们考虑各种结构的收敛速度。如同最小化算法一样,采样算法也适用于收敛速度的分析计算[ROB 04]。实际上,某些采样算法非常长。最重要的是对动机和原因进行定性理解分析。要避免的主要陷阱是,当随机变量X_S强烈相关时对条件法则$X_S \mid X_{S \setminus s}$进行循环采样。尽管以这种方式进行的吉布斯采样器的确很可能收敛于联合法则,但是收敛将非常缓慢,连续的样本具有高度的相关性,并且所计算的经验均值的残差方差将逐渐减小。这个问题与另一个更为常见的试图通过高斯—赛德尔技术(见2.2.2.2小节)找到窄谷的最小值所引发的问题相类似,该问题在[PRE 86,图10.6.1]中进行了说明。

7.4.2.3 模拟退火法

后验期望$\hat{x}^{PM} = E(X \mid y)$可以通过源于MCMC方法的经验均值得出。更普遍地,如[MAR 87]中所示,其他具有可分离成本的贝叶斯估计也是如此,但MAP式(7.10)与此不同。当后验能量在x中为凸(甚至为二次方)时,尝试使用随机算法来计算$\hat{x}^{\mathrm{MAP}}$是荒谬的。另一方面,当此能量具有局部最小值时,或者当状态空间为较大的离散空间时,使用随机搜索方法查找$\hat{x}^{\mathrm{MAP}}$的想法很有吸引力,因为可以避免诸如局部最小值之类的陷阱。

模拟退火具有这种性质,首先在离散情况下(GEM 84)中得到证明,然后扩展到连续情况下(见(GEM 92)中的参考文献)。它的基本结构是一种迭代采样方法,该方法由于迭代过程中温度参数的缓慢降低而变得不均匀。下面就连续情况进行了简短介绍。令 p 为要最大化的法则的密度,并令:

$$p_T(x) = \frac{1}{Z(T)}(p(x))^{1/T},\ Z(T) = \int_{\varepsilon_S}(p(x))^{1/T}\mathrm{d}x$$

为温度 T 下的重新归一化的密度。最后,令 $t_T(x'|x)$ 为允许对 p_T 进行采样的过渡内核。

模拟退火结合了两个特性。一个涉及不均匀采样方法的行为,该方法在 $t_{T(k)}(x'|x)$ 之后生成一个随机序列 $(X^{(k)})_{k\in N}$,其中 $(T^{(k)})_{k\in N}$ 是一个趋向于零的确定递减序列。如果初始温度"足够高",而递减"足够慢",则可以证明,当 k 值较大时,$X^{(k)}$ 法则的密度接近于 $p_T(k)$。另一个特性涉及作为 T 的函数的 p_T 的行为。如图 7.6 所示,该密度在高温下变得均匀,而在趋于零的温度下集中在 $\hat{x}^{\mathrm{MAP}}$ 上。

文献[GEM 84]提出的图像处理(去卷积,分割)中的第一个模拟退火算法是基于吉布斯采样器的,该采样器工作于具有交互边缘变量的离散情况下。随后,通过继续讨论连续情况下对具有半二次能量的模型进行采样,最终提出了更快速的方法[GEM 92,GEM 95]。然而,模拟退火仍然很少用作成像中的优化方法。显然,通过模拟退火最小化多峰准则比通过精心选择的下降算法处理凸准则代价更大。当准则的凸性或非凸性取决于模型的选择时,计算成本和简化性通常是决定性的考虑。

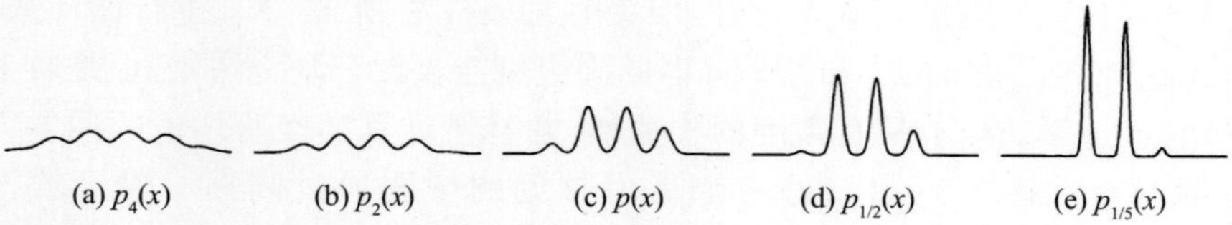

图 7.6 通过温度变化相互推导得出的概率密度:$p_T(x)\propto(p(x))^{1/T}$。当 T 增加时,密度在其定义集中变得均匀。相反,T 的降低会加剧最可能和最不可能事件的概率之间的差异。当 $T\searrow 0$ 时,概率会均匀分布在使 $p(x)$ 最大化的 x 值上。在最大化唯一的情况下,极限法则服从狄拉克分布

7.5 结　　论

在贝叶斯概率框架中,局部惩罚函数可以被解释为吉布斯势和寻找最大后

验概率的最小化准则。与第6章的定性方法相比，这种概率解释是否提供了构建更客观模型的工具？在某些特定情况下，答案为"是"：通过大气湍流成像的柯尔莫戈洛夫模型（第10章）和用于计算微粒成像中颗粒的泊松过程（第14章）。然而，对于许多成像问题，模型仍然是"手动建立"的。因此，通常通过指定特殊的吉布斯能量来定义吉布斯—马尔可夫场。虽然概率框架可能确实能够通过条件独立属性对吉布斯—马尔可夫模型进行表征，但这个属性并不具有建设性，因为它不允许模型被有效地指定，除了几个明显的例外，如马尔可夫链和单边场[IDI 01]。

此外，贝叶斯概率框架给出了数学运算的意义，例如边缘化和条件作用，它们在确定性框架中没有自然的等价。这允许定义除最大后验之外的估计量，并且还能够量化不确定性（见7.4.1节）和"二级问题"，例如需要被正规化的超参数估计（第8章）。

最后，在计算方面，MCMC方法在信号和图像处理中的出现是一个重要的实际进展，这是不容置疑的。特别是，这些数字工具使得统计指标能够在现实环境中进行评估（数据量小且存在噪声的情形），而对于渐近机制之外的估计器的行为分析结果却很少。

参考文献

[BAD 89] BADDELEY A. J., MØLLER J., "Nearest-neighbour Markov point processes and random sets", *Int. Statist. Rev.*, vol. 57, p. 89-121, 1989.

[BES 74] BESAG J. E., "Spatial interaction and the statistical analysis of lattice systems (with discussion)", *J. R. Statist. Soc. B*, vol. 36, num. 2, p. 192-236, 1974.

[BES 86] BESAG J. E., "On the statistical analysis of dirty pictures (with discussion)", *J. R. Statist. Soc. B*, vol. 48, num. 3, p. 259-302, 1986.

[BOU 93] BOUMAN C. A., SAUER K. D., "A generalized Gaussian image model for edge preserving MAP estimation", *IEEE Trans. Image Processing*, vol. 2, num. 3, p. 296-310, July 1993.

[BRÉ 99] BRÉMAUD P., *Markov Chains. Gibbs Fields, Monte Carlo Simulation, and Queues*, Texts in Applied Mathematics 31, Springer, New York, NY, 1999.

[CRO 83] CROSS G. R., JAIN A. K., "Markov random field texture models", *IEEE Trans. Pattern Anal. Mach. Intell.*, vol. PAMI-5, p. 25-39, 1983.

[DEM 89] DEMOMENT G., "Image reconstruction and restoration: overview of common estimation structure and problems", *IEEE Trans. Acoust. Speech, Signal Processing*, vol. ASSP-37, num. 12, p. 2024-

2036, Dec. 1989.

[DES 95] DESCOMBES X., MANGIN J. - F., PECHERSKY E., SIGELLE M., "Fine structure preserving Markov model for image processing", in *9th Scand. Conf. Image Analysis SCIA'95*, Uppsala, Sweden, p. 349 - 356, 1995.

[FRA 70] FRANKLIN J. N., "Well - posed stochastic extensions of ill - posed linear problems", *J. Math. Anal. Appl.*, vol. 31, p. 682 - 716, 1970.

[GEM 84] GEMAN S., GEMAN D., "Stochastic relaxation, Gibbs distributions, and the Bayesian restoration of images", *IEEE Trans. Pattern Anal. Mach. Intell.*, vol. PAMI - 6, num. 6, p. 721 - 741, Nov. 1984.

[GEM 92] GEMAN D., REYNOLDS G., "Constrained restoration and the recovery of discontinuities", *IEEE Trans. Pattern Anal. Mach. Intell.*, vol. 14, num. 3, p. 367 - 383, Mar. 1992.

[GEM 95] GEMAN D., YANG C., "Nonlinear image recovery with half - quadratic regularization", *IEEE Trans. Image Processing*, vol. 4, num. 7, p. 932 - 946, July 1995.

[GEY 92] GEYER C. J., "Practical Markov chain Monte - Carlo (with discussion)", *Statistical Science*, vol. 7, p. 473 - 511, 1992.

[GUY 95] GUYON X., Random Fields on a Network. Modeling, Statistics, and Applications, Springer Verlag, New York, NY, 1995.

[HAM 64] HAMMERSLEY J. M., HANDSCOMB D. C., *Monte Carlo Methods*, Methuen, London, UK, 1964.

[HAS 70] HASTINGS W. K., "Monte Carlo sampling methods using Markov Chains and their applications", *Biometrika*, vol. 57, p. 97, Jan. 1970. 196 Bayesian Approach to Inverse Problems.

[IDI 01] IDIER J., GOUSSARD Y., RIDOLFI A., "Unsupervised image segmentation using a telegraph parameterization of Pickard random fields", in MOORE M. (Ed.), *Spatial statistics: Methodological Aspects and Applications*, vol. 159 of *Lecture notes in Statistics*, p. 115 - 140, Springer Verlag, New York, NY, 2001.

[KÜN 94] KÜNSCH H. R., "Robust priors for smoothing and image restoration", *Ann. Inst. Stat. Math.*, vol. 46, num. 1, p. 1 - 19, 1994.

[MAR 87] MARROQUIN J. L., MITTER S. K., POGGIO T. A., "Probabilistic solution of illposed problems in computational vision", *J. Amer. Stat. Assoc.*, vol. 82, p. 76 - 89, 1987.

[MET 53] METROPOLIS N., ROSENBLUTH A. W., ROSENBLUTH M. N., TELLER A. H., TELLER E., "Equations of state calculations by fast computing machines", *J. Chem. Phys.*, vol. 21, p. 1087 - 1092, June 1953.

[MOR 96] MORRIS R., DESCOMBES X., ZERUBIA J., An analysis of some models used in image segementation, Research Report num. 3016, INRIA, Sophia Antipolis, France, Oct.

[MOU 97] MOURA J. M. F., SAURAJ G., "Gauss - Markov random fields (GMrf) with continuous indices", *IEEE Trans. Inf. Theory*, vol. 43, num. 5, p. 1560 - 1573, Sep. 1997.

[PIC 87] PICKARD D. K., "Inference for discrete Markov fields: The simplest nontrivial case", *J. Acoust. Soc. Am.*, vol. 82, p. 90 - 96, 1987.

[PRE 86] PRESS W. H., FLANNERY B. P., TEUKOLSKY S. A., VETTERLING W. T., *Numerical Recipes, the Art of Scientific Computing*, Cambridge University Press, Cambridge, MA, 1986.

[QIA 90] QIAN W., TITTERINGTON D. M., "Parameter estimation for hidden Gibbs chains", *Statistics & Probability Letters*, vol. 10, p. 49 - 58, June 1990.

[ROB 04] ROBERT C. P. , CASELLA G. , *Monte Carlo Statistical Methods*, Springer Texts in Statistics, Springer Verlag, New York, NY, 2nd edition, 2004.

[SAQ 98] SAQUIB S. S. , BOUMAN C. A. , SAUER K. D. , "ML parameter estimation for Markov random fields with applications to Bayesian tomography", *IEEE Trans. Image Processing*, vol. 7, num. 7, p. 1029 - 1044, July 1998.

[SIL 90] SILVERMAN B. W. , JENNISON C. , STANDER J. , BROWN T. C. , "The specification of edge penalties for regular and irregular pixel images", *IEEE Trans. Pattern Anal. Mach. Intell.* , vol. PAMI - 12, num. 10, p. 1017 - 1024, Oct. 1990.

[WIN 03] WINKLER G. , *Image Analysis, Random Fields and Dynamic Monte Carlo Methods*, Springer Verlag, Berlin, Germany, 2nd edition, 2003.

第 8 章　无监督问题①

8.1　引言和问题描述

这一章我们将考虑一个“一般”问题，即估算一个由线性过程退化且受噪声破坏的物理量，这个物理量将被认为是白色的。该公式通过合理近似，包括信号和图像处理中常见的许多问题，例如分割、反卷积以及一维或多维量的重建，最终将获得一个合理的估计值。在这里，我们只讨论用离散的有限变量来表示的感兴趣的物理量的情况，这是处理有限维的采样数据时的一种常见情况。所考虑的系统总结为以下等式：

$$y = \boldsymbol{H}x + b \tag{8.1}$$

式中：y，x 和 b 分别为对应包含观测数据的矢量、要估计的未知量以及噪声样本；$\boldsymbol{H}$ 为表示作用于 x 的线性退化矩阵。

如前几章所示，x 的估计通常是一个不适定的问题，如果要获得可接受的结果，通常需要进行正则化。在本章中，从一开始就采用贝叶斯框架，因此有关 x 的信息用后验法则的形式总结为

$$p(\boldsymbol{x}|\boldsymbol{y}) \propto p(\boldsymbol{y}|\boldsymbol{x})p(\boldsymbol{x}) \tag{8.2}$$

式中：$p(\boldsymbol{y}|\boldsymbol{x})$ 和 $p(\boldsymbol{x})$ 分别为当 x 已知时的 y 的条件密度函数和 x 的先验密度函数。不失一般性，可以将 $p(\boldsymbol{y}|\boldsymbol{x})$ 和 $p(\boldsymbol{x})$ 写为

$$p(y|x) = p(y|x;\vartheta) \propto \exp(-\boldsymbol{\Psi}_{\vartheta}(y - \boldsymbol{H}x)) \tag{8.3}$$

$$p(\boldsymbol{x}) = p(\boldsymbol{x};\theta) \propto \exp(-\boldsymbol{\Phi}_{\theta}(x)) \tag{8.4}$$

这意味着指定法则 $p(\boldsymbol{y}|\boldsymbol{x})$ 和 $p(\boldsymbol{x})$ 等效于指定函数 $\boldsymbol{\Psi}$ 和 $\boldsymbol{\Phi}$，此外，函数 $\boldsymbol{\Psi}$ 和 $\boldsymbol{\Phi}$ 取决于将 $\boldsymbol{\Psi}$ 表示为 ϑ 的参数和将 $\boldsymbol{\Phi}$ 表示的 θ 的参数。一旦指定了这些函数，结果的质量很大程度上取决于已知线性退化 H 的精度以及 θ 和 ϑ 的取值。在某些情况下，可以通过对所研究现象的认知或通过初步测试来精确确定 H。类似地，可以通过对模拟问题的反复实验来经验地指定 θ 和 ϑ 的值。但是，这种

① 本章由 Xavier Descombes 和 Yves Goussard 撰写。

方法并不总是适用，例如，如果 H 不可能事先确定或具有明显的时变特性（例如通信渠道的情况），或者如果该方法需要由非信号或图像处理领域专业人士使用（处理需要 θ 或 ϑ 的值随不同条件而改变的问题）。在这种情况下，不仅需要从观测数据 y 估计 x，还需要估计 H，θ 和 ϑ（或这些量中的一部分）。这就是无监督估计的问题，也是本章的主题。

无监督估计是一个巨大而艰难的问题。目前已经提出了许多方法，这里不可能一一涉及。出于这个原因，这里将集中讨论一种特定类型的问题，以便揭示无监督估计中的固有难题，并针对性提出一系列重要解决方法。我们选择的问题类型是惩罚函数 $\boldsymbol{\Phi}$，它相对于参数①和马尔可夫链是线性的，可表示为

$$\Phi_\theta(x) = \sum_i \theta_i N_i(x) \tag{8.5}$$

其中，每个 $N_i(x)$ 表示相邻 x 元素之间的局部相互作用（见第7章）。应该强调的是，当前使用的许多先验分布对应于具有上述形式的函数 $\boldsymbol{\Phi}$，特别是高斯密度的情况。

首先，我们认为 H 是完全已知的并且等于单位矩阵 I，噪声 b 为零。这个直接观测随机场的例子使我们能够意识到估算 θ 的困难并提出应对的基本概念和基本方法。接下来，我们将解决 H 已知但与单位矩阵不同且存在噪声 b 的情况。这就需要对前面介绍的技术进行调整和改进。

从上面提到的选择来看，本章中描述的技术似乎特别适用于 x 代表图像的情况。应该注意的是，将待处理数据扩展到三维不会带来任何方法学问题；额外的困难主要来自要处理的数据量。相反，由于 x 的因果结构，一维情况可以使得处理过程极大地简化。随着研究的深入，将发现这种简化是必要的。

8.2　直接观测场

首先考虑完整数据的情况，即，对于场 X，其具体实现 x_0 是已知的，需要从中估计参数 θ。再次采用线性依赖于参数的能量模型，可以得到：

$$p(\boldsymbol{x};\boldsymbol{\theta}) = \frac{1}{Z(\boldsymbol{\theta})}\exp\left\{-\sum_i \theta_i N_i(\boldsymbol{x})\right\} \tag{8.6}$$

其中，$Z(\boldsymbol{\theta})$ 是配分函数（归一化常数）：

$$Z(\boldsymbol{\theta}) = \int \exp\left\{-\sum_i \theta_i N_i(\boldsymbol{x})\right\}\mathrm{d}x \tag{8.7}$$

① 概率法则由指数形式定义。

应当注意,式(8.7)中定义的积分是关于变量 x 的,即位于构型空间中。因此,不可能设想通过计算机进行数值评估。此外,除非在非常特殊的情况下,否则不可能以解析的方法进行分析。

8.2.1 似然属性

为了使推导更简单,我们这里采用对数似然的形式,参照式(8.6)的形式可得:

$$\lg L(\boldsymbol{\theta}) = -\sum_i \theta_i N_i(\boldsymbol{x}_0) - \lg Z(\boldsymbol{\theta}) \tag{8.8}$$

如果对这个函数求一阶导数,可以得到:

$$\begin{aligned}\frac{\partial}{\partial\theta_i}\lg L(\boldsymbol{\theta}) &= -N_i(\boldsymbol{x}_0) - \frac{1}{Z(\boldsymbol{\theta})}\frac{\partial}{\partial\theta_i}\int\exp\left\{-\sum_i \theta_i N_i(x)\right\}\mathrm{d}x \\ &= -N_i(\boldsymbol{x}_0) + \frac{1}{Z(\boldsymbol{\theta})}\int N_i(x)\exp\left\{-\sum_i \theta_i N_i(\boldsymbol{x})\right\}\mathrm{d}x \\ &= -N_i(\boldsymbol{x}_0) + E_{\boldsymbol{\theta}}(N_i(\boldsymbol{x}))\end{aligned} \tag{8.9}$$

其中,$E_\theta(N_i(x))$表示 $N_i(\boldsymbol{x})$相对于 $p(\boldsymbol{x};\boldsymbol{\theta})$的力矩,即数学期望值。类似地,可以获得海赛矩阵(Hessian)H 元素的表达式,如下式所示:

$$\frac{\partial^2\lg L(\boldsymbol{\theta})}{\partial\theta_i\partial\theta_j} = E_{\boldsymbol{\theta}}(N_i(\boldsymbol{x}))E_{\boldsymbol{\theta}}(N_j(\boldsymbol{x})) - E_{\boldsymbol{\theta}}(N_i(\boldsymbol{x})N_j(\boldsymbol{x})) = -\mathrm{cov}(N_i(\boldsymbol{x})N_j(\boldsymbol{x}))$$

矩阵 H 是负的,因为它与协方差矩阵相反。所以对数似然是凹的。因为没有局部极值,所以梯度下降或共轭梯度类型的算法适合于计算 θ 的最大似然(ML)。另一方面,计算海赛矩阵需要评估力矩 $E_{\boldsymbol{\theta}}(N_i(\boldsymbol{x}))$和 $E_{\boldsymbol{\theta}}(N_i(\boldsymbol{x})N_j(\boldsymbol{x}))$。由于这些量的解析计算是不可行的,因此有必要通过蒙特卡罗方法对分布进行抽样以评估它们。

8.2.2 最优化

8.2.2.1 梯度下降

对数似然的最大化可以使用牛顿型迭代方案来执行:

$$\boldsymbol{\theta}^{n+1} = \boldsymbol{\theta}^n - H^{-1}\nabla_\theta \lg L(\boldsymbol{\theta}^n)$$

为简单起见,可以通过样本上的相应值来接近表达梯度和海赛矩阵的期望值。在这种情况下,Younes 已经证明了以下算法的收敛性几乎是确定的[YOU 88]:

$$\theta_i^{n+1} = \theta_i^n + \frac{N_i(\boldsymbol{x}^{n+1}) - N_i(\boldsymbol{x}_0)}{(n+1)V} \tag{8.10}$$

其中，x^{n+1}是 $p(x;\theta^n)$的一个样本，V 是足够大的正的常数。需要注意的是，由于需要在算法的每个步骤中对法则 $p(x;\theta^n)$进行采样，由此带来的计算时间使得该方法在实践中难以使用。

8.2.2.2　重要性采样

重要性采样的概念提供了一种成本较低的解决方案[DES 99, GEY 92]。让我们考虑两个不同参数向量的配分函数的比值：

$$\frac{Z(\boldsymbol{\theta})}{Z(\boldsymbol{\omega})}=\frac{\int\exp\left\{-\sum_i\theta_iN_i(\boldsymbol{x})\right\}\mathrm{d}x}{\int\exp\left\{-\sum_i\omega_iN_i(\boldsymbol{x})\right\}\mathrm{d}x} \tag{8.11}$$

然后可得：

$$\begin{aligned}\frac{Z(\theta)}{Z(\omega)}&=\frac{\int\exp\left\{-\sum_i(\theta_i-\omega_i)N_i(x)\right\}\exp\left\{-\sum_i\omega_iN_i(x)\right\}\mathrm{d}x}{\int\exp\left\{-\sum_i\omega_iN_i(x)\right\}\mathrm{d}x}\\&=\frac{\int\exp\left\{-\sum_i(\theta_i-\omega_i)N_i(x)\right\}p(x;\omega)\mathrm{d}x}{\int\exp\left\{-\sum_i\omega_iN_i(x)\right\}\mathrm{d}x}\\&=E_\omega\left(\exp\left\{-\sum_i(\theta_i-\omega_i)N_i(x)\right\}\right)\end{aligned}$$

通过添加一个常量(使最小值的参数保持不变)稍微修改对数似然的定义：

$$\lg L_\omega(\theta)=-\sum_i\theta_iN_i(\boldsymbol{x}_0)-\lg\frac{Z(\theta)}{Z(\omega)} \tag{8.12}$$

然后可以写出对数似然函数的一阶微分：

$$\begin{aligned}\frac{\partial\lg L_\omega(\theta)}{\partial\theta_i}&=-N_i(\boldsymbol{x}_0)-\frac{Z(\omega)}{Z(\theta)}\frac{1}{Z(\omega)}\frac{\partial}{\partial\theta_i}\int\exp\left\{-\sum_j(\theta_j-\omega_j)N_j(x)\right\}p(\boldsymbol{x};\omega)\mathrm{d}x\\&=-N_i(\boldsymbol{x}_0)+\frac{E_\omega\left(N_i(x)\exp\left\{-\sum_j(\theta_j-\omega_j)N_j(x)\right\}\right)}{E_\omega\left(\exp\left\{-\sum_j(\theta_j-\omega_j)N_j(x)\right\}\right)}\end{aligned} \tag{8.13}$$

二阶微分可以表示为

$$\begin{aligned}\frac{\partial^2\log L_\omega(\theta)}{\partial\theta_j\partial\theta_i}=&\frac{E_\omega(N_i(x)\mathrm{e}^{-\sum_k(\theta_k-\omega_k)N_k(x)})E_\omega(N_j(x)\mathrm{e}^{-\sum_k(\theta_k-\omega_k)N_k(x)})}{(E_\omega(\mathrm{e}^{-\sum_k(\theta_k-\omega_k)N_k(x)}))^2}\\&-\frac{E_\omega(N_i(x)N_i(x)\mathrm{e}^{-\sum_k(\theta_k-\omega_k)N_k(x)})E_\omega(\mathrm{e}^{-\sum_k(\theta_k-\omega_k)N_k(x)})}{(E_\omega(\mathrm{e}^{-\sum_k(\theta_k-\omega_k)N_k(x)}))^2}\end{aligned} \tag{8.14}$$

得到的表达式虽然看起来更复杂，但可以使用更快的算法。此处，根据法则 $p(\boldsymbol{x};\boldsymbol{\omega})$而采取不同的统计矩。理论上，就给定的参数一组 $\boldsymbol{\omega}$ 进行一次采样就足够了。然后在法则 $p(\boldsymbol{x};\boldsymbol{\omega})$ 的样本基础上评估与不同 θ^n 值的法则有关的矩。但在实践中,应采取一些预防措施。如果参数 θ 和 ω 的两个向量相距太远,则对于期望的估计将不准确。如果期望的估计是可靠的,则两个分布 $p(\boldsymbol{x};\boldsymbol{\omega})$ 和 $p(\boldsymbol{x};\boldsymbol{\omega})$ 之间必须有足够的重叠。在优化过程中,如果当前值 θ^n 与 ω 相距太远,则必须在 $\omega=\theta^n$ 条件下对法则进行重采样。

该算法流程如下:

(1) 计算图像统计特性 $N_i(\boldsymbol{x}_0)$;

(2) 初始化 θ^0 并设置 $n=0$;

(3) 用参数 θ^n 的当前值对分布进行采样;

(4) 估计 θ^n 附近的置信区间;

(5) 使用式(8.13)和式(8.14)求 θ^{n+1},作为由式(8.12)定义的对数似然的最大值,其中 $\omega=\theta^n$;

(6) 如果 θ^{n+1} 位于置信区间的边缘,则设置 $n=n+1$ 并返回第 3 步;否则 $\hat{\theta}=\theta^{n+1}$。

8.2.3 近似

因此,即使使用重要性采样,在 ML 意义下的估计也是非常耗时的。其他估计器(类似于 ML)给出的算法虽然不是最优的,但从计算时间的角度来看,效率要高得多。

8.2.3.1 编码方法

Besag[BES 74]提出的编码方法是 ML 的第一个简单替代方案。它由定义图像的分离子集组成,以使给定子集的像素是条件上独立的。

假设 X 是吉布斯-马尔可夫场(GMRF):

$$\forall s\in S, p(x_s|x_t, t\neq s)=p(x_s|x_t, t\in\nu_s) \tag{8.15}$$

其中,ν_s 是 s 的邻域。设 S'为 S 的子集,使得:

$$\{s,t\}\subset S'\Rightarrow s\notin\nu_t, t\notin\nu_s \tag{8.16}$$

然后可以写出相对于编码集 S'的可能性:

$$L^c(\boldsymbol{\theta})=p(x_s, s\in S'\mid x_t, t\in S\backslash S')=\prod_{s\in S'}p(x_s\mid x_t,, t\in\nu_s) \tag{8.17}$$

在 GMRF 的情况下,$N_i(x)$被写为本地函数的总和:

$$N_i(\boldsymbol{x})=\sum_{c(i)\in C}n_i(x_s, s\in c(i)) \tag{8.18}$$

$c(i)$被称为群并包含一组有限的像素,于是:

$$\{s,t\} \subset c(i) \Rightarrow t \in \nu_s \tag{8.19}$$

然后可以写出相对于编码集 S' 的对数似然：

$$\begin{aligned}\lg L^c(\boldsymbol{\theta}) &= \sum_{s \in S'} \lg p(x_s \mid x_t, t \in \nu_s) \\ &= \sum_{s \in S'} \left(- \sum_i \theta_i \left(\sum_{c(i) \in s} n_i(r, r \in c(i)) \right) - \lg Z_s(x_t, t \in \nu_s) \right)\end{aligned}$$

这样做的优势是，我们处理的是一个局部配分函数，无需抽样即可对其进行评估：

$$Z_s(\boldsymbol{\theta}) = \int \exp\left\{ - \sum_i \theta_i \left(\sum_{c(i) \ni s} n_i(r, r \in c(i)) \right) \right\} \mathrm{d}x_s \tag{8.20}$$

可以考虑通过不同的编码集获得几个估计量。然而，对于每个估计量，仅使用了部分数据，并且组合各种所得估计量的“最佳”方式仍然是一个悬而未决的问题。在文献中，所考虑的估计量通常由各种编码集上的估计量的均值来定义。

以四连通性为例。$s=(u,v)$ 的邻域定义如下：

$$\nu_{(u,v)} = \{(u-1,v);(u+1,v);(u,v-1);(u,v+1)\} \tag{8.21}$$

然后可以写出实现 x 的概率为

$$\begin{aligned}f(\boldsymbol{x};\boldsymbol{\theta}) = \frac{1}{Z_\theta}\exp\Bigg(- \sum_{(u,v) \in S} (\theta_1 n_1(x_{(u,v)}) &+ \theta_2 n_2(x_{(u,v),(u+1,v)}) \\ &+ \theta_3 n_3(x_{(u,v),(u,v+1)})) \Bigg)\end{aligned}$$

可以定义两个编码集：

$$S_1 = \{(2u,2v),(2u,2v) \in S\} \cup \{(2u+1,2v+1),(2u+1,2v+1) \in S\}$$

$$S_2 = \{(2u+1,2v),(2u+1,2v) \in S\} \cup \{(2u,2v+1),(2u,2v+1) \in S\}$$

8.2.3.2　伪似然

以近似为代价，伪似然允许考虑所有数据[BES 74]。将等式(8.17)扩展到完整的站点集来得到伪似然函数：

$$PL(\boldsymbol{\theta}) = \prod_{s \in S} p(x_s \mid x_t, t \in \nu_s) \tag{8.22}$$

对于编码方法，式(8.22)仅引入局部配分函数。如果像素是条件独立的，则伪似然等同于似然。如果没有，它只是一个近似值。它通常提供比编码方法更准确的结果。

8.2.3.3　平均场

平均场近似是一种最初在统计物理学中用于研究相变现象的技术。然后被应用于基于 GMRF 模型的图像处理[CEL 03，GEI 91，ZER 93，ZHA 93]。在每个站点,平均场近似忽略了其他站点的波动,用均值逼近它们的状态,然后通过一组独立的随机变量来近似随机场。

式(8.5)中定义的能量函数,由平均场近似,可以写成:

$$\boldsymbol{\Phi}_{\theta,s}^{\mathrm{MF}}(x_s)=\boldsymbol{\Phi}_{\theta}(\boldsymbol{x}=(x_s,m_t,t\neq s)) \tag{8.23}$$

其中,m_t 代表 t 的均值。我们可以将 $\boldsymbol{\Phi}_{\boldsymbol{\theta},s}^{\mathrm{MF}}(x_s)$ 写成如下形式:

$$\boldsymbol{\Phi}_{\boldsymbol{\theta},s}^{\mathrm{MF}}(x_s)=\boldsymbol{\Phi}_{\boldsymbol{\theta},s}^{\mathrm{MF},\nu}(x_s)+\overline{\boldsymbol{\Phi}}_{\boldsymbol{\theta},s}^{\mathrm{MF}}(m_t,t\neq s) \tag{8.24}$$

其中,$\overline{\boldsymbol{\Phi}}_{\boldsymbol{\theta},s}^{\mathrm{MF}}(m_t,t\neq s)$ 不依赖于 x_s。马尔可夫结构(局部相互作用)意味着函数 $\boldsymbol{\Phi}_{\boldsymbol{\theta},s}^{\mathrm{MF},\nu}(x_s)$ 只取决于 x_s 和它各相邻值的均值 $m_t,t\in v_s$。

平均场近似包括近似 x 中的边际法则,定义如下:

$$p(x_s)=\frac{1}{Z(\boldsymbol{\theta})}\int_{x_t,t\neq s}\exp\{-\boldsymbol{\Phi}_{\boldsymbol{\theta}}(\boldsymbol{x})\}\mathrm{d}x_t \tag{8.25}$$

利用法则:

$$p_s^{\mathrm{MF}}(x_s)=\frac{1}{Z_s^{\mathrm{MF}}(\boldsymbol{\theta})}\exp\{-\boldsymbol{\Phi}_{\boldsymbol{\theta},s}^{\mathrm{MF}}(x_s)\} \tag{8.26}$$

式(8.26)也可以被改写为

$$p_s^{\mathrm{MF}}(x_s)=\frac{1}{Z_s^{\mathrm{MF},\nu}(\boldsymbol{\theta})}\exp\{-\boldsymbol{\Phi}_{\boldsymbol{\theta},s}^{\mathrm{MF},\nu}(x_s)\} \tag{8.27}$$

然后马尔可夫属性允许将平均场近似写为局部条件概率,即

$$p_s^{\mathrm{MF}}(x_s)=p(x_s\,|\,x_t=m_t,t\in\nu_s) \tag{8.28}$$

因此,在每个站点已经定义了与独立随机变量相关的边际法则。然后,所考虑的随机场的平均场近似可以写成如下形式:

$$p^{\mathrm{MF}}(x)=\prod_{s\in S}p_s^{\mathrm{MF}}(x_s) \tag{8.29}$$

因此,平均场估计包括由以下定义的最大化似然:

$$L^{\mathrm{MF}}(\boldsymbol{\theta})=p^{\mathrm{MF}}(\boldsymbol{x}_0)=\prod_{s\in S}p_s^{\mathrm{MF}}(\boldsymbol{x}_0(s)) \tag{8.30}$$

值得注意的是,通过平均场近似获得的似然非常接近伪似然。不同之处在于条件变量,因为相邻站点固定在其均值上,而对于伪似然,它们固定在所考虑的 $x_t=x_0(t)$ 的实现值上。难度在于估计 m_ts,与伪似然的情况不同,此处条件变量的值是未知的。为了估计这些值,我们声明,根据 s 的近似值计算出的站点 s 的平均值必须等于用于近似 s 相邻站点法则的平均值。根据定义,在近似意义上站点 s 的平均值可表示为

$$m_s = E_s^{\mathrm{MF}}(x_s) = \int x_s p_s^{\mathrm{MF}}(x_s)\mathrm{d}x_s = \frac{1}{Z_s^{\mathrm{MF},\nu}(\boldsymbol{\theta})}\int x_s \exp\{-\boldsymbol{\Phi}_{\boldsymbol{\theta},s}^{\mathrm{MF},\nu}\}\mathrm{d}x_s$$

这种期望取决于 s 邻域的均值。因此,该类型可总结为方程:

$$m_s = p^{\mathrm{MF}}(m_t, t \in \boldsymbol{\nu}_s) \tag{8.31}$$

如果我们考虑每个站点,便可获得一个方程组。通过迭代算法求解该系统,可得出平均值 m_s 的近似值。由于乘积项是独立的,因此由式(8.30)给出的似然很容易最大化。

8.3　间接观测场

8.3.1　问题描述

现在我们将关注由式(8.1)描述的系统,系统受噪声影响。假设线性失真 H 是已知的,但可以与单位矩阵不同,目的是估计分别控制概率分布 $p(\boldsymbol{x};\boldsymbol{\theta})$ 和 $p(\boldsymbol{y}|\boldsymbol{x};\boldsymbol{\vartheta})$ 的参数 $\boldsymbol{\theta}$ 和 $\boldsymbol{\vartheta}$。在这里,我们将仅限于 ML 估计量,因此估计量定义为

$$(\hat{\boldsymbol{\theta}}, \hat{\boldsymbol{\vartheta}}) = \underset{\theta,\vartheta}{\operatorname{argmax}}\, p(\boldsymbol{y};\boldsymbol{\theta},\boldsymbol{\vartheta}) \tag{8.32}$$

最初的困难来自于这样一个事实:在大多数情况下,即使在归一化因子内,也不可能获得 $p(\boldsymbol{y};\boldsymbol{\theta},\boldsymbol{\vartheta})$ 的闭合形式表达式。因此仅能得到以下关系:

$$p(\boldsymbol{y};\boldsymbol{\theta},\boldsymbol{\vartheta}) = \int p(\boldsymbol{y},;\boldsymbol{\theta},\boldsymbol{\vartheta})\mathrm{d}x = \int p(\boldsymbol{y} \mid \boldsymbol{x};\boldsymbol{\vartheta})p(\boldsymbol{x};\boldsymbol{\theta})\mathrm{d}x \tag{8.33}$$

其中,$p(\boldsymbol{y};\boldsymbol{x},\boldsymbol{\vartheta})$ 和 $p(\boldsymbol{x};\boldsymbol{\theta})$ 是问题规范的一部分,但无法解析评估上述积分。期望最大化(EM)技术提供了一种相当通用的方法,用于在联合似然 $p(\boldsymbol{y},\boldsymbol{x};\boldsymbol{\theta},\boldsymbol{\vartheta}) = p(\boldsymbol{y}|\boldsymbol{x};\boldsymbol{\vartheta})p(\boldsymbol{x};\boldsymbol{\theta})$ 的基础上最大化 $p(\boldsymbol{y};\boldsymbol{\theta},\boldsymbol{\vartheta})$,但没有明确评估方程式(8.33)中给出的积分。应该强调,引入 $p(\boldsymbol{y}|\boldsymbol{x};\boldsymbol{\vartheta})$ 和 $p(\boldsymbol{x};\theta)$ 将导致 8.2 节中提到的困难。在检查 EM 算法在超参数估计中的应用之前先介绍一下 EM 算法。

8.3.2　EM 算法

设 θ 是拟通过最大化似然 $p(\boldsymbol{y};\boldsymbol{\theta})$ 来估计的矢量参数,其中 y 是观测数据矢量。EM 算法是一个迭代过程,它在每次迭代时都增加似然性,并使用辅助变量 X,其作用大致是使扩展似然 $p(\boldsymbol{y}|\boldsymbol{x};\boldsymbol{\theta})p(\boldsymbol{x};\boldsymbol{\theta})$ 比原始似然 $p(\boldsymbol{y};\boldsymbol{\theta})$[DEM 77] 更容易评估。设 θ^0 为估算的当前值,定义以下关系:

$$Q(\boldsymbol{\theta},\boldsymbol{\theta}^0;\boldsymbol{y}) \triangleq \int p(\boldsymbol{x} \mid \boldsymbol{y};\boldsymbol{\theta}^0)\lg p(\boldsymbol{y},\boldsymbol{x};\boldsymbol{\theta})\,\mathrm{d}x \tag{8.34}$$

$$D(\boldsymbol{\theta} \parallel \boldsymbol{\theta}^0) \triangleq \int p(\boldsymbol{x} \mid \boldsymbol{y};\boldsymbol{\theta}^0)\lg \frac{p(\boldsymbol{x} \mid \boldsymbol{y};\boldsymbol{\theta}^0)}{p(\boldsymbol{x} \mid \boldsymbol{y};\boldsymbol{\theta})}\mathrm{d}x \tag{8.35}$$

观察到 $Q(\boldsymbol{\theta},\boldsymbol{\theta}^0;y)$ 可以解释为以下数学期望：

$$Q(\boldsymbol{\theta},\boldsymbol{\theta}^0;y) = E(\lg p(\boldsymbol{y},\boldsymbol{x};\boldsymbol{\theta})\boldsymbol{y} \mid ;\boldsymbol{\theta}^0) \tag{8.36}$$

并且 $D(\boldsymbol{\theta} \parallel \boldsymbol{\theta}^0)$ 是概率密度 $p(\boldsymbol{x} \mid \boldsymbol{y};\boldsymbol{\theta})$ 和 $p(\boldsymbol{x} \mid \boldsymbol{y};\boldsymbol{\theta}^0)$ 之间的 Kullback 伪距离，其值总为正的或零[DAC 86]。另外，很容易获得如下关系：

$$\lg p(\boldsymbol{y};\boldsymbol{\theta}) - \lg p(\boldsymbol{y};\boldsymbol{\theta}^0) = Q(\boldsymbol{\theta},\boldsymbol{\theta}^0;\boldsymbol{y}) - Q(\boldsymbol{\theta}^0,\boldsymbol{\theta}^0;y) + D(\boldsymbol{\theta} \parallel \boldsymbol{\theta}^0) \tag{8.37}$$

通过函数 $D(\boldsymbol{\theta} \parallel \boldsymbol{\theta}^0)$ 的正定性，满足 $Q(\boldsymbol{\theta},\boldsymbol{\theta}^0;y) > Q(\boldsymbol{\theta}^0,\boldsymbol{\theta}^0;y)$ 条件的 θ 的任何值都将导致似然度的增加。EM 算法的一般思路是通过选择使 $Q(\boldsymbol{\theta},\boldsymbol{\theta}^0;y)$ 最大化的 θ 值来增加每次迭代的似然度。算法的一次迭代包括以下两个步骤：

$$\text{期望(E)：计算 } Q(\theta,\theta^k;y) \tag{8.38}$$

$$\text{最大化(M)：}\theta^{k+1} = \arg\max_{\theta} Q(\theta,\theta^k;y) \tag{8.39}$$

可以证明，该算法的收敛速度足以确保朝着似然度的局部最大值收敛[DEM 77]。当 $Q(\boldsymbol{\theta},\boldsymbol{\theta}^k;y)$ 的计算和最大化比似然 $p(\boldsymbol{y};\boldsymbol{\theta})$ 的最大化更简单时，EM 算法将是有意义的。

8.3.3 GMRF 参数估计的应用

使用 EM 方法最大化似然 $p(\boldsymbol{y};\boldsymbol{\theta},\vartheta)$，首先需要选择辅助变量 X。这里，显而易见的选择是将间接观测场作为辅助变量。通过这种选择，是否有可能评估式(8.34)中定义的量 Q，并相对于超参数使它最大化，这仍有待研究。我们回顾 $p(\boldsymbol{y} \mid \boldsymbol{x})$ 和 $p(\boldsymbol{x})$ 均采用了式(8.3)和式(8.4)给出的形式。通过将这些表达式放入式(8.36)，得到[ZHA 94]：

$$\begin{aligned} Q(\boldsymbol{\theta},\vartheta) = {} & E(-\boldsymbol{\Phi}_{\theta}(\boldsymbol{x}) - \lg Z(\boldsymbol{\theta}) \mid \boldsymbol{y};\boldsymbol{\theta}^0,\vartheta^0) + \\ & E(-\boldsymbol{\Psi}_{\vartheta}(-\boldsymbol{H}x) - \lg Z(\vartheta) \mid y;\boldsymbol{\theta}^0,\vartheta^0) \end{aligned}$$

其中，为了简化表达，省略了 Q 对参数 θ^0 和 ϑ^0 以及 y 的依赖性。期望是相对于概率密度 $p(\boldsymbol{x} \mid \boldsymbol{y};\boldsymbol{\theta}^0,\vartheta^0)$ 得出的，显然通常无法进行解析评估，这需要对类似于式(8.34)的积分进行复杂计算。但是，由于 X 的马尔可夫性质，前一章中描述的 MCMC 方法非常适合对这些期望进行数值评估。使用 7.4.2 节中给出的随机抽样技术，可以根据概率密度分布 $p(x \mid y;\theta^0,\vartheta^0)$ 随机抽取 N 个值 $\{x_n, 1 \leqslant n \leqslant N\}$。因此，$g(X)$ 的数学期望验证了以下关系：

$$E(g(X)\mid y;\theta^0,\vartheta^0) = \lim_{N\to+\infty}\frac{1}{N}\sum_{n=1}^{N}g(\boldsymbol{x}_n)$$

并且,对于足够大的 N:

$$E(g(\boldsymbol{X})\mid \boldsymbol{y};\boldsymbol{\theta}^0,\vartheta^0) \simeq \frac{1}{N}\sum_{n=1}^{N}g(\boldsymbol{x}_n)$$

因此,可以通过 EM 算法估计 GMRF 的超参数,流程如下:

(1) 确定初始值 θ^0 和 ϑ^0;

(2) 第 K 次迭代(超参数当前值:θ^k 和 ϑ^k):

① 根据 $p(x\mid y;\theta^k,\vartheta^k)$ 确定 N 个值 $\{\boldsymbol{x}_n, 1\leqslant n\leqslant N\}$。

② 通过 $\tilde{Q}_\theta^k \triangleq \frac{1}{N}\sum_{n=1}^{N}(-\Phi_\theta(\boldsymbol{x})-\lg Z(\boldsymbol{\theta}))$ 估计

$$E(-\Phi_\theta(\boldsymbol{x})-\lg Z(\boldsymbol{\theta})\mid y;\boldsymbol{\theta}^k,\vartheta^k)$$

通过 $\tilde{Q}_\theta^k \triangleq \frac{1}{N}\sum_{n=1}^{N}(-\Psi_\vartheta(\boldsymbol{y}-\boldsymbol{H}\boldsymbol{x}_n)-\lg Z(\vartheta))$ 估计

$$E(-\Psi_\vartheta(\boldsymbol{y}-\boldsymbol{H}\boldsymbol{x})-\lg Z(\vartheta)\mid y;\boldsymbol{\theta}^k,\vartheta^k)$$

③ $\boldsymbol{\theta}^{k+1} = \arg\max_\theta \tilde{Q}_\theta^k et \vartheta^{k+1} = \arg\max_\vartheta \tilde{Q}_\vartheta^k$。

(3) 通常通过基于 $\boldsymbol{\theta}$ 和 ϑ 的连续估计之间的差异的收敛准则来停止迭代。

必须明确在评估和最大化 $\tilde{Q}_\theta$ 和 $\tilde{Q}_\vartheta$ 时所面临的困难。应该强调的是,就 $\tilde{Q}_\theta$ 而言,除了对 X 实现的直接观测被对 N 次实现的间接观测所取代之外,我们发现自己处于类似于本章第 1 部分所研究的情况。这种变化几乎没有实际意义。因为大多数困难来自归一化项 $Z(\theta)$,这与实现的次数无关。因此,需要使用 8.2 节中提出的方法:评估 $\tilde{Q}_\theta$,然后在 EM 算法的每 k 次迭代处使其相对于 θ 最大化。因此,计算结果的过程将非常复杂。至于参数 ϑ,难度取决于噪声 b 的性质,如果采用简单的噪声模型,$\tilde{Q}_\vartheta$ 的评估及其相对于 ϑ 的最大化可以相对容易地进行。对于独立同分布的零均值高斯噪声,可以获得 $Z(\vartheta)$ 的闭合形式表达式,然后可得 ϑ^{k+1}[BRU 00,RED 84]。

8.3.4 EM 算法和梯度

EM 算法不是唯一能够使似然递归最大化的方法。通常,当可以使用 EM 算法时,也可以通过梯度方法最大化对数似然。如果回到 8.3.2 节中定义的框架,对数似然的梯度定义如下:

$$\nabla_\theta \lg p(\boldsymbol{y};\boldsymbol{\theta}) = \frac{1}{p(\boldsymbol{y};\boldsymbol{\theta})}\nabla_\theta p(\boldsymbol{y};\boldsymbol{\theta}) \tag{8.40}$$

在扩展似然性 $p(\boldsymbol{y},\boldsymbol{x};\boldsymbol{\theta})$ 的弱正则条件下，可以在积分符号下求微分并得到：

$$\begin{aligned}\nabla_\theta \lg p(\boldsymbol{y};\boldsymbol{\theta}) &= \frac{1}{p(\boldsymbol{y};\boldsymbol{\theta})}\int \nabla_\theta p(\boldsymbol{y},\boldsymbol{x};\boldsymbol{\theta})\,\mathrm{d}x \\ &= \frac{1}{p(\boldsymbol{y};\boldsymbol{\theta})}\int \frac{\nabla_\theta p(\boldsymbol{y},\boldsymbol{x};\boldsymbol{\theta})}{p(\boldsymbol{x}\mid\boldsymbol{y};\boldsymbol{\theta})}p(\boldsymbol{x}\mid\boldsymbol{y};\boldsymbol{\theta})\,\mathrm{d}x \\ &= \int \frac{\nabla_\theta p(\boldsymbol{y},\boldsymbol{x};\theta)}{p(\boldsymbol{x},\boldsymbol{y};\boldsymbol{\theta})}p(\boldsymbol{x}\mid\boldsymbol{y};\boldsymbol{\theta})\,\mathrm{d}x \\ &= \int \nabla_\theta \lg p(\boldsymbol{y},\boldsymbol{x};\boldsymbol{\theta})p(\boldsymbol{x}\mid\boldsymbol{y};\boldsymbol{\theta})\,\mathrm{d}x \end{aligned} \tag{8.41}$$

$$\nabla_\theta \lg p(\boldsymbol{y};\boldsymbol{\theta}) = E(\nabla_\theta \lg p(\boldsymbol{y},\boldsymbol{x};\boldsymbol{\theta})\mid\boldsymbol{y};\boldsymbol{\theta}) \tag{8.42}$$

式(8.41 和式 8.42)表明对数似然的梯度采用类似于 Q 的梯度表达式，术语 $\lg p(\boldsymbol{y},\boldsymbol{x};\boldsymbol{\theta})$ 由其相对于 θ 的梯度代替。

上述等式表明，可以通过非常接近于 EM 方法的梯度法估计 GMRF 的参数。如果回到 8.3.3 节的符号，会看到 $\lg p(\boldsymbol{y},\boldsymbol{x};\boldsymbol{\theta},\vartheta)$ 相对于超参数的梯度可以分解为如下两种形式：

$$\nabla_\theta \lg p(\boldsymbol{y},\boldsymbol{x};\boldsymbol{\theta},\vartheta) = \nabla_\theta \lg p(\boldsymbol{x};\boldsymbol{\theta}) = -\nabla_\theta \boldsymbol{\Phi}_\theta(\boldsymbol{x}) - \frac{\nabla_\theta Z(\boldsymbol{\theta})}{Z(\boldsymbol{\theta})}$$

$$\nabla_\vartheta \lg p(\boldsymbol{y},\boldsymbol{x};\boldsymbol{\theta},\vartheta) = \nabla_\vartheta \lg p(\boldsymbol{y}\mid\boldsymbol{x};\vartheta) = -\nabla_\vartheta \boldsymbol{\Psi}_\vartheta(\boldsymbol{y}-\boldsymbol{H}\boldsymbol{x}) - \frac{\nabla_\theta Z(\vartheta)}{Z(\vartheta)}$$

因此，通过梯度方法估计 $\boldsymbol{\theta}$ 和 ϑ 可以根据以下过程来实现：

(1) 确定初始值 $\boldsymbol{\theta}^0$ 和 ϑ^0；

(2) 第 k 次迭代(当前超参数值为 θ^k 和 ϑ^k)：

① 根据 $p(\boldsymbol{X}\mid\boldsymbol{y};\boldsymbol{\theta}^k,\boldsymbol{\vartheta}^k)$ 确定 N 个值 $\{\boldsymbol{x}_n, 1\leqslant n\leqslant N\}$

② 通过 $G_\theta^k \triangleq \frac{1}{N}\sum_{n=1}^{N}(-\nabla_\theta \boldsymbol{\Phi}_{\theta^k}(\boldsymbol{x}_n) - \nabla_\theta Z(\boldsymbol{\theta}^k)/Z(\boldsymbol{\theta}^k))$ 估计

$$E(\nabla_\theta \lg p(\boldsymbol{y},\boldsymbol{x};\boldsymbol{\theta}^k,\vartheta^k)\mid y;\boldsymbol{\theta}^k,\vartheta^k)$$

通过 $G_\vartheta^k \triangleq \frac{1}{N}\sum_{n=1}^{N}(-\nabla_\vartheta \boldsymbol{\Psi}_{\vartheta^k}(\boldsymbol{y}-\boldsymbol{H}\boldsymbol{x}_n) - \nabla_\vartheta Z(\vartheta^k)/Z(\vartheta^k))$ 估计

$$E(\nabla_\vartheta \lg p(y,\boldsymbol{x};\boldsymbol{\theta}^k,\vartheta^k)\mid y;\boldsymbol{\theta}^k,\vartheta^k)$$

③ $\boldsymbol{\theta}^{k+1}=\boldsymbol{\theta}^{k}+\mu^{k}G_{\theta}^{K}$ 和 $\vartheta^{k+1}=\vartheta^{k}+\mu^{k}G_{\vartheta}^{K}$,其中 μ^{k} 是梯度算法的步进;

(3) 通常通过基于 $\boldsymbol{\theta}$ 和 ϑ 的连续估计之间的差异的收敛准则来停止迭代。

通过比较 EM 和梯度方法我们发现,在两种情况下,通过利用扩展似然 $p(y,\boldsymbol{x};\boldsymbol{\theta})$ 可以避免评估似然 $p(\boldsymbol{y};\boldsymbol{\theta})$ 的难度。同样在这两种情况下,数学期望可以通过采用随机抽样技术进行数值评估(见第 7 章)。就差异而言,EM 方法包括最大化步骤,而梯度方法需要评估关于超参数的导数。两种方法面临的难题在很大程度上取决于 $p(\boldsymbol{y},\boldsymbol{x};\boldsymbol{\theta})$ 的形式,因此要根据不同的问题选取合适的方法。

关于收敛的问题,两种方法都是局部迭代技术,只能保证收敛到似然的局部最大值,这通常不是凸的。两种方法都具有线性收敛速度,但收敛的有效速度很大程度上取决于待估计问题的条件以及当前参数值与解决方案之间的差距。同样,方法的选择必须适应具体问题的特征。值得一提的是,当两种方法都可行时,可以设想将其中一种用于第 1 次迭代而另一种用于其余的,或者甚至在两者之间交替,以使收敛速度最大化。这种技术的一个例子可以在[RID 97]中找到。

8.3.5　超参数相关的线性 GMRF

下面给出一些关于 EM 和梯度技术的使用细节,其中,X 是一个相对于参数能量为线性的场。因此,$p(\boldsymbol{x})$ 采用式(8.6)中给出的形式。进一步假设矩阵 H 是已知的并且加性噪声 b 是零均值高斯的、独立同分布的,且方差为 θ。可得如下公式:

$$p(\boldsymbol{b})=(2\pi\vartheta)^{-P/2}\exp\{-\|\boldsymbol{b}\|^{2}/2\vartheta\} \tag{8.43}$$

式中:P 为矩阵 $\boldsymbol{b}$ 的大小。

无论使用何种技术,每次迭代都需要根据 $p(x\mid y;\theta^{k},\vartheta^{k})$ 得到 X 的 N 个实现。这是一种常规操作,在第 7 章中有详细描述。它的计算量基本上取决于 H 的支持程度和场 X 的邻域系统的复杂性。

如果使用 EM 技术,接下来必须分别评估并最大化与 θ、ϑ 相关的 $\tilde{Q}_{\theta}^{k}$ 和 $\tilde{Q}_{\vartheta}^{k}$。根据式(8.43),因为归一化项 $Z(\theta)$ 是明确已知的并且等于 $(2\pi\vartheta)^{-P/2}$,因此 $\tilde{Q}_{\vartheta}^{k}$ 项不存在任何困难。由此,直接推导出更新 ϑ 的公式:

$$\vartheta^{k+1}=\frac{1}{NP}\sum_{n=1}^{N}\|\boldsymbol{y}-\boldsymbol{H}\boldsymbol{x}_{n}\|^{2} \tag{8.44}$$

主要困难发生在 $\tilde{Q}_\theta^k$ 项,更确切地说,是归一化项 $Z(\theta)$。如 8.3.3 节所述,$\tilde{Q}_\theta^k$ 的表达式非常接近式(8.8)中给出的直接观测场的对数似然的表达式,并且 8.2 节所有用于确定直接观测场的 θ 的方法,原则上都可以用于关于 EM 算法中 θ 的最大化步骤。然而,在实践中,不可能设想在 EM 算法的每次迭代中使用繁琐的迭代优化方法,该算法本身计算复杂。如果参数 θ^k 和 ϑ^k 的当前值离最终解不太远,我们可以考虑使用重要抽样技术,将 θ^k 作为参考参数,或者甚至在 EM 算法的几次迭代中采用相同的参考参数。但是,为避免遇到难以克服的计算量,使用 8.2.3 节中描述的近似值往往更好。

现在让我们看看渐变方法。一旦根据 $p(\boldsymbol{x}|\boldsymbol{y};\boldsymbol{\theta}^k,\vartheta^k)$ 得出了 X 的 N 个值,就必须评估量 G_θ^k 和 G_ϑ^k。同样,ϑ 中的术语也没有什么困难,很容易证明它可以显式计算,且表达式为

$$G_\vartheta^k = \frac{1}{N}\sum_{n=1}^{N}\frac{\|\boldsymbol{y}-\boldsymbol{H}\boldsymbol{x}_n\|^2}{2\vartheta^2} - \frac{P}{2\vartheta} \tag{8.45}$$

就 G_θ^k 的评估而言,计算类似于式(8.9),并且可以写出 G_θ^k 的每个分量:

$$(G_\theta^k)_i = -\frac{1}{N}\sum_{n=1}^{N}N_i(\boldsymbol{x}_n) + E_{\theta^k}(N_i(\boldsymbol{x})) \tag{8.46}$$

因此,根据 $p(\boldsymbol{x};\theta^k)$ 法则,对 $E_{\theta^k}(N_i(\boldsymbol{x}))$ 的评估必须在每次迭代时对 X 进行采样①。为了避免这种操作,也可以参照 8.2.3 节中思路得出 $p(\boldsymbol{x},\boldsymbol{\theta})$ 的近似,然后计算所得近似结果的梯度。

上面提到的要素指出了无监督问题的难度和解决这些问题的方法的复杂性。在上面的示例中,无论选择何种方法,在每次迭代时都需要至少一个,可能两个随机采样步骤。近似可以减轻方法实现的难度,但不能避免降低其鲁棒性和降低估计器的质量。因此,在使用这些技术时要特别小心。

8.3.6 扩展和近似

8.3.6.1 广义最大似然

如上所述,估计间接观测量的超参数通常需要大量计算,从而引发了对于任何旨在降低该数值复杂度的方法的关注度。正是为了简化该计算,才提出了广义最大似然(GML)的方法。

这些技术属于我们当前一直在使用的贝叶斯框架。它们包括通过最大化

① 注意,由此产生的过程具由[YOU 91]中提出的随机近似算法作为特例,作者给出了收敛条件。

广义似然 $p(\boldsymbol{x},\boldsymbol{y};\boldsymbol{\theta},\boldsymbol{\vartheta})$ 来同时估计感兴趣的 X 量和超参数 $(\boldsymbol{\theta},\boldsymbol{\vartheta})$。因此有：

$$(\boldsymbol{x}^*,\boldsymbol{\theta}^*,\vartheta^*)=\underset{\boldsymbol{x},\boldsymbol{\theta},\vartheta}{\operatorname{argmax}}\ p(\boldsymbol{x},\boldsymbol{y};\boldsymbol{\theta},\vartheta) \tag{8.47}$$

其中，$\boldsymbol{x}^*$，$\boldsymbol{\theta}^*$ 和 $\boldsymbol{\vartheta}^*$ 分别是 GML 意义上的 $\boldsymbol{x}$，$\boldsymbol{\theta}$ 和 $\boldsymbol{\vartheta}$ 的估计。

关于所有变量共同最大化广义似然仍然是困难的。因此，常根据以下方案使用次优迭代块最大化过程：

$$\boldsymbol{x}^{k+1}=\underset{\boldsymbol{x}}{\operatorname{argmax}}\ p(\boldsymbol{x},\boldsymbol{y};\boldsymbol{\theta}^k,\boldsymbol{\vartheta}^k) \tag{8.48}$$

$$(\boldsymbol{\theta}^{k+1},\boldsymbol{\vartheta}^{k+1})=\underset{\theta,\vartheta}{\operatorname{argmax}}\ p(\boldsymbol{x}^{k+1},\boldsymbol{y};\boldsymbol{\theta},\boldsymbol{\vartheta}) \tag{8.49}$$

式中：k 为迭代索引。以 $p(\boldsymbol{x},\boldsymbol{y};\boldsymbol{\theta},\boldsymbol{\vartheta})=p(\boldsymbol{y}|\boldsymbol{x};\boldsymbol{\vartheta})p(\boldsymbol{x};\boldsymbol{\theta})$ 的形式分解联合法则将超参数的估计解耦如下：

$$\boldsymbol{\theta}^{k+1}=\underset{\boldsymbol{\theta}}{\operatorname{argmax}}\ p(\boldsymbol{x}^{k+1};\boldsymbol{\theta}) \tag{8.50}$$

$$\boldsymbol{\vartheta}^{k+1}=\underset{\boldsymbol{\vartheta}}{\operatorname{argmax}}\ p(\boldsymbol{y}|\boldsymbol{x}^{k+1};\boldsymbol{\vartheta}) \tag{8.51}$$

这种方法之所以具有吸引力，是因为在一个框架中，通过单个法则（即广义似然）估算了 x 和超参数。此外，通过式（8.48）确定 x 的过程精确对应于用 MAP 法则估计 x 的过程，其中，超参数取值（$\boldsymbol{\theta}^k$，$\boldsymbol{\vartheta}^k$）。以类似的方式，使用式(8.50)和式(8.51)确定超参数与使用 ML 对直接观测到数据的估计完全一致，其中，$\boldsymbol{x}$ 取值 $\boldsymbol{x}^{k+1}$。在每次迭代中，只需要解决与 8.2 节中所述相同类型的问题，这对于 8.3.2 节和 8.3.4 节中描述的 EM 或梯度方法来说是一个显著的简化。

然而，这种方法的使用导致了与 GML 估计的特征和广义似然准则的相关性相关联的困难。与最大简单或后验似然[DAC 86]估计不同，GML 估计的特征不是众所周知的，并且即使在渐近框架中也难以将获得的估计与参数的真实值相关联。此外，有时会发生广义似然在参数$(\boldsymbol{x},\boldsymbol{\theta},\boldsymbol{\vartheta})$的自然域中没有上界，这可能导致由式(8.48)和式(8.49)定义的迭代过程发散[GAS 92]。

从实际角度来看，一些作者报道了使用 GML 方法获得的有趣的结果，包括处理基于 GMRF[KHO 98，LAK 89]建模的图像和处理一维信号[CHA 96]。很明显，GML 方法由于其简单实用而值得关注，但上面所强调的理论上的困难应该使我们在解释所获得的结果时非常谨慎。

8.3.6.2　全贝叶斯方法

所谓的完全贝叶斯方法的基本思想是通过引入第 2 级先验来概率化问题的超参数。停留在 8.3.5 节中采用的假设框架内，这意味着我们将 $\boldsymbol{\theta}$ 和 $\boldsymbol{\vartheta}$ 概率化，并将相应的先验概率将分别标记为 $p(\boldsymbol{\theta})$ 和 $p(\boldsymbol{\vartheta})$。然后从全后验似然 $p(\boldsymbol{x},\boldsymbol{\theta},\boldsymbol{\vartheta}|\boldsymbol{y})$ 估计感兴趣的量 $\boldsymbol{x}$ 和超参数 $\boldsymbol{\theta}$ 与 $\boldsymbol{\vartheta}$。请注意，这是有道理的，因为 $\boldsymbol{\theta}$ 与

$\boldsymbol{\vartheta}$ 现在已被概率化了。

现在问题变成了应当如何使用完全后验似然。最直接的方法是将其关于 $\boldsymbol{x},\boldsymbol{\theta}$ 与 $\boldsymbol{\vartheta}$ 进行联合最大化处理。然而,这种最大化可能会相当棘手,这取决于给予第二级先验的具体形式。最重要的是,相应估计器的特征与 8.3.6.1 节中描述的 GML 估计器的特征一样鲜为人知。为了说服我们自己,只需要注意,当 $p(\boldsymbol{\theta})$ 和 $p(\boldsymbol{\vartheta})$ 是在参数域上均匀分布的密度时,完全似然与广义似然相同,并且最大化完全似然具有与 GML 方法相同的限制。这就是为什么完全贝叶斯方法是以根据概率 $p(\boldsymbol{x},\boldsymbol{\theta},\boldsymbol{\vartheta}|\boldsymbol{y})$ 对 $X,\boldsymbol{\theta}$ 和 $\boldsymbol{\vartheta}$ 进行采样为基础的,采样实际上是使用 7.4.2 节中介绍的随机抽样方法进行的。因此,可以构造一个马尔可夫链 $\{(X,\boldsymbol{\theta}^k,\boldsymbol{\vartheta}^k)\}$,其元素是通过以下完整条件随机选择的。

$$x^{k+1}:p(\boldsymbol{x}|\boldsymbol{y},\boldsymbol{\theta}^k,\boldsymbol{\vartheta}^k)\propto p(\boldsymbol{y}|\boldsymbol{x},\vartheta^k)p(\boldsymbol{x}|\boldsymbol{\theta}^k) \tag{8.52}$$

$$\boldsymbol{\theta}^{k+1}:p(\boldsymbol{\theta}|\boldsymbol{y},\boldsymbol{x}^{k+1},\boldsymbol{\vartheta}^k)\propto p(\boldsymbol{x}^{k+1}|\boldsymbol{\theta})p(\boldsymbol{\theta}) \tag{8.53}$$

$$\vartheta^{k+1}:p(\boldsymbol{\vartheta}|\boldsymbol{y},\boldsymbol{x}^{k+1},\boldsymbol{\theta}^{k+1})\propto p(\boldsymbol{y}|\boldsymbol{x}^{k+1},\boldsymbol{\vartheta})p(\boldsymbol{\vartheta}) \tag{8.54}$$

根据式(8.52)进行 X 抽样在本章中已经提到过几次了,并没有遇到特别的问题。在这个阶段,还需要做两个主要的选择:

(1) $p(\boldsymbol{\theta})$ 和 $p(\boldsymbol{\vartheta})$ 的选择,它们都使得第二级先验相关并且给出了计算全边界的可能性,或者根据后者进行采样;

(2) 估算器的选择,该估算器将使用由式(8.52)~式(8.54)的采样器产生的数据。

关于选择(2),正如我们在 8.3.3 节中所看到的,采样方法允许数学期望通过马尔可夫链达到其平衡状态后的简单平均来经验地计算。这个数学期望是针对 $p(\boldsymbol{x},\boldsymbol{\theta},\boldsymbol{\vartheta}|\boldsymbol{y})$ 进行的,对于 $\boldsymbol{\theta}$ 和 $\boldsymbol{\vartheta}$,它根据后验平均值 $\hat{\boldsymbol{\theta}}=E(\boldsymbol{\theta}|\boldsymbol{y})$ 和 $\hat{\boldsymbol{\vartheta}}=E(\boldsymbol{\theta}|\boldsymbol{y})$ 给出了估计量。因此,采样器提供的 $\boldsymbol{\theta}$ 和 $\boldsymbol{\vartheta}$ 的均值接近上述估计。还需要注意到,尽管随机采样器使用完全条件概率,但是获得的估计值相对于除了观测值 y 之外的所有量都被边缘化了。

对于选择(1),处理的方法很大程度上取决于超参数的精确先验信息的可用性。如果存在这种信息,则问题接近传统贝叶斯估计的问题,其难点在于将先验信息形式化为概率定律,以及调整先验模型的准确性与结果器的复杂性之间的权衡。但是,一般来说,除了可能的支持信息外,我们拥有的超参数的先验信息非常少。一个简单谨慎的解决方案是采用在参数定义域上的统一函数作为第 2 级先验。还可以选择共轭先验,也即使第 2 级先验和相应的完全条件属于相同的参数化概率族。这种方法在文献[CHE 96,DUN 97,MCM 96]中相当普遍,似乎符合美学,而实际问题在于引入共轭先验很少能够简化主要问题,即根据完整条件对超参数进行采样。为此,可以使用统计中常规使用的所有方法[PRE 92]。

一旦根据上述程序估计了超参数,我们就可以继续使用第 7 章中介绍的方法之一或与超参数相同的技术和相同的估计器[MCM 96]在监督框架下估算 X。通过平均在由等式(8.52)~式(8.54)定义的迭代期间获得的 x 的值,获得 $E(X|y)$ 的近似值,因此没有必要使用不同的程序来估计 X。这种方法在[CHE 96]中用于一维问题,在[DUN 97]中涉及马尔可夫网络的简化图像模型同样也用到了。X 估计方法的选择本质上是一个在使用简单性和结果质量之间找到一个可接受的平衡问题。还应该强调,通过采用全贝叶斯方法,可以在要估计的量中包含 **H** 线性退化。这种可能性已成功用于一维框架[CHE 96],但在二维框架中中似乎并非如此,可能是因为计算量和随机采样器的收敛性。

8.4　结　　论

在本章中,我们介绍了在使用马尔可夫正则化求解多维逆问题时估计超参数的主要工具。从方法论和算法的角度来看,所提出的技术的一个主要特征是它们的复杂性。因此,有理由怀疑采用这种方法是否真的有用或可取。

当然,总是可以根据经验设置超参数。对于具有确定类型数据的给定应用,可以在校准阶段之后修订参数。然而,作为一般规则,X 的估计结果随超参数的变化很大,并且确定可接受值的范围也比较困难,特别是对于不是信号或图像处理领域专业人士的操作员。此外,对于给定的问题,可接受值的范围会根据实验条件而变化。因此,无监督方法的发展具有实际意义。

在这里,我们仅介绍了基于似然的方法。还有其他估计超参数的方法,例如,交叉验证[GOL 79]或"L 曲线"[HAN 92]。但是,从算法的角度来看,利用它们来处理上述问题似乎不太现实,从方法论的角度来看也没有很好的基础。

正如已经指出的那样,我们描述的方法相对复杂,可以看作是超参数估计问题难度的体现。可以考虑所得估计结果的质量是否与获得它们所付出的努力成正比。从这个角度来看,情况是相反的。对于合成或真实的一维信号,基于似然的方法通常能够产生可接受的结果。在二维情况中,如果仿真框架下待处理的图像是对逆问题进行正则化的 GMRF 的实现,结果非常令人鼓舞(参见[FOR 93])。另一方面,对于真实数据,相对于要处理的图像上述方法明显缺乏鲁棒性。对应最佳结果的参数并不总是那些通过最大似然得到的参数

[DES 99]。这似乎表明 GMRF 虽然对正则化 X 的估计有用,但却不能高保真地模拟来自现实世界的图像。这就是为什么寻找更有效的估算方法以及寻找对于所寻求的解决方案更稳健和更忠实的模型,对于改进超参数估计方法的目标是一条需要遵循的有趣途径。就目前的情况而言,这也是为什么采用这种方法时必须细致地进行验证的原因。

参考文献

[BES 74] BESAG J. E. ,"Spatial interaction and the statistical analysis of lattice systems (with discussion)", *J. R. Statist. Soc. B*, vol. 36, num. 2, p. 192 – 236, 1974.

[BRU 00] BRUZZONE L. ,FERNANDEZ PRIETO D. ,"Automatic analysis of the difference image for unsupervised change detection", *IEEE Trans. Geosci. Remote Sensing*, vol. 38, p. 1171 – 1182, 2000.

[CEL 03] CELEUX G. ,FORBES F. ,PEYRARD N. ,"EM procedures using mean field – like approximations for Markov model – based image segmentation", *Pattern Recognition*, vol. 36, num. 1, p. 131 – 144, 2003.

[CHA 96] CHAMPAGNAT F. ,GOUSSARD Y. ,IDIER J. ,"Unsupervised deconvolution of sparse spike trains using stochastic approximation", *IEEE Trans. Signal Processing*, vol. 44, num. 12, p. 2988 – 2998, Dec. 1996.

[CHE 96] CHENG Q. ,CHEN R. ,LI T. – H. ,"Simultaneous wavelet estimation and deconvolution of reflection seismic signals", *IEEE Trans. Geosci. Remote Sensing*, vol. 34, p. 377 – 384, Mar. 1996.

[DAC 86] DACUNHA – CASTELLE D. ,DUFLO M. , *Probability and Statistics*, vol. 1, Springer Verlag, New York, NY, 1986.

[DEM 77] DEMPSTER A. P. ,LAIRD N. M. ,RUBIN D. B. ,"Maximum likelihood from incomplete data via the EM algorithm", *J. R. Statist. Soc. B*, vol. 39, p. 1 – 38, 1977.

[DES 99] DESCOMBES X. ,MORRIS R. ,ZERUBIA J. ,BERTHOD M. ,"Estimation of Markov random field prior parameters using Markov chain Monte Carlo maximum likelihood", *IEEE Trans. Image Processing*, vol. 8, p. 954 – 963, 1999.

[DUN 97] DUNMUR A. P. ,TITTERINGTON D. M. ,"Computational Bayesian analysis of hidden Markov mesh models", *IEEE Trans. Pattern Anal. Mach. Intell.* , vol. PAMI – 19, num. 11, p. 1296 – 1300, Nov. 1997.

[FOR 93] FORTIER N. ,DEMOMENT G. ,GOUSSARD Y. ,"GCV and ML methods of determining parameters in image restoration by regularization: fast computation in the spatial domain and experimental comparison", *J. Visual Comm. Image Repres.* , vol. 4, num. 2, p. 157 – 170, June 1993.

[GAS 92] GASSIAT E. ,MONFRONT F. ,GOUSSARD Y. ,"On simultaneous signal estimation and parameter identification using a generalized likelihood approach", *IEEE Trans. Inf. Theory*, vol. 38, p. 157 – 162, Jan. 1992.

[GEI 91] GEIGER D. ,GIROSI F. ,"Parallel and deterministic algorithms from MRF's: Surface reconstruction", *IEEE Trans. Pattern Anal. Mach. Intell.* , vol. 13, num. 5, p. 401 – 412, May 1991.

[GEY 92] GEYER C. J. ,THOMPSON E. A. ,"Constrained Monte Carlo maximum likelihood for dependent data",*J. R. Statist. Soc. B*, vol. 54,p. 657 - 699,1992.

[GOL 79] GOLUB G. H. ,HEATH M. ,WAHBA G. ,"Generalized cross - validation as a method for choosing a good ridge parameter",*Technometrics*,vol. 21,num. 2,p. 215 - 223,May 1979.

[HAN 92] HANSEN P. ,"Analysis of discrete ill - posed problems by means of the L - curve",*SIAM Rev.* ,vol. 34,p. 561 - 580,1992.

[KHO 98] KHOUMRI M. ,BLANC - FERAUD L. ,ZERUBIA J. ,"Unsupervised deconvolution of satellite images",*in Proc. IEEE ICIP*,vol. 2,Chicago,IL,p. 84 - 87,1998.

[LAK 89] LAKSHMANAN S. ,DERIN H. ,"Simultaneous parameter estimation and segmentation of Gibbs random fields using simulated annealing", *IEEE Trans. Pattern Anal. Mach. Intell.* , vol. PAMI - 11, num. 8, p. 799 - 813,Aug. 1989.

[MCM 96] MCMILLAN N. J. ,BERLINER L. M. ,"Hierarchical image reconstruction using Markov random fields",*in Bayesian Statistics* 5,Spain,Fifth Valencia Int. Meeting on Bayesian Statistics,June 1996.

[PRE 92] PRESS W. H. ,TEUKOLSKY S. A. ,VETTERLING W. T. ,FLANNERY B. P. ,*Numerical Recipes in C,the Art of Scientific Computing*,Cambridge University Press,New York,2nd edition,1992.

[RED 84] REDNER R. A. ,WALKER H. F. ,"Mixture densities,maximum likelihood and the EM algorithm",*SIAM Rev.* ,vol. 26,num. 2,p. 195 - 239,Apr. 1984.

[RID 97] RIDOLFI A. ,Maximum Likelihood Estimation of Hidden Markov Model Parameters,with Application to Medical Image Segmentation,Thesis,Politecnico di Milano,Facoltà di Ingegneria,Milan,Italy,1997.

[YOU 88] YOUNES L. ,"Estimation and annealing for Gibbsian fields", *Ann. Inst. Henri Poincaré*, vol. 24,num. 2,p. 269 - 294,Feb. 1988.

[YOU 91] YOUNES L. ,"Maximum likelihood estimation for Gibbs fields",in POSSOLO A. (Ed.), *Spatial Statistics and Imaging:Proceedings of an AMS - IMS - SIAM Joint Conference*,Lecture Notes - Monograph Series,Hayward,Institute of Mathematical Statistics,1991.

[ZER 93] ZERUBIA J. ,CHELLAPPA R. ,"Mean field annealing using compound GMRF for edge detection and image estimation",*IEEE Transactions on Neural Networks*,vol. TNN - 4,p. 703 - 709,1993.

[ZHA 93] ZHANG J. ,"The mean field theory in EMprocedures for blind Markov random field image restoration",*IEEE Trans. Image Processing*,vol. 2,num. 1,p. 27 - 40,Jan. 1993.

[ZHA 94] ZHANG J. ,MODESTINO J. W. ,LANGAN D. A. ,"Maximum - likelihood parameter estimation for unsupervised stochastic model - based image segmentation",*IEEE Trans. Image Processing*, vol. 3, p. 404 - 420,1994.

第4部分

应用

第9章 解卷积在超声波无损检测中的应用①

9.1 引 言

使用超声波进行无损检测(NDE)时,在待检测部件的外表面发射超声波,超声波沿部件内部材料传播。当入射波与部件内在不连续处相遇时,超声波被反射,位于部件表面上的接收器将接收到一系列反射波。因此,接收到的信号由超声波与材料的相互作用产生,携带了介质中不连续性的信息。无损检测的目标是从接收到的超声信号中找出零件是否有缺陷,如果有缺陷,确定它们的特性。具体而言,不连续点产生的回波的持续时间与入射波持续时间相等。然而,超声波的波长与两个不连续点之间的距离具有相同的数量级甚至更长,因此,两个靠近的不连续点(缺陷)的回波叠加在一起,形成单个共同的回波。解卷积可以克服测量的分辨率不足,实现回波信号的正确解译。

本章首先介绍一个利用超声波来评估焊接效果的示例,通过这个例子来说明测量结果解译所面临的困难。然后,将以卷积的形式建立正向模型:观测数据建模为材料不连续分布函数与由发射波形成的卷积核之间进行卷积的结果。如果发射波形已知,那么可以应用第5章中提出的冲激串解卷积方法来推断不连续分布函数。然而,实际中入射波通常是未知的,因此估计不连续分布类似于解决不连续分布和卷积核皆未知的盲解卷积问题。因此,本章的核心是介绍为各种类型应用提出的盲解卷积技术。最后,对于NDE,解卷积的价值可以通过焊接效果评估示例加以阐述。

9.2 无损检测案例及数据解译的困难

这里选择焊缝检测作为例子,主要是因为有关的数据非常难以解译。首先回顾焊接的特点和效果评估原理。然后将直接利用超声测量的原始回波数据做出推断。最后,将确定为解译测量数据需要达成的信号处理目标。

① 本章由 Stéphane Gautier,Frédéric Champagnat 和 Jérôme Idier 撰写。

本章使用的数据由法国电力公司 EDF 的研发部门 EDF – R&D 提供。撰写本章所需的专业 NDE 知识由 EDF – R&D 的 Daniel Villard 慷慨帮助，我们对此表示最诚挚的感谢。

9.2.1 待检查部位的描述

待检部位为不锈钢/不锈钢焊缝，切口高 3mm，厚 0.2 mm，在平行于焊缝轴线的焊道水平处通过电腐蚀制成，如图 9.1 所示。这个缺口代表裂缝；它构成了一个平面缺陷，与之相对应的是“体”缺陷，“体”缺陷更厚。

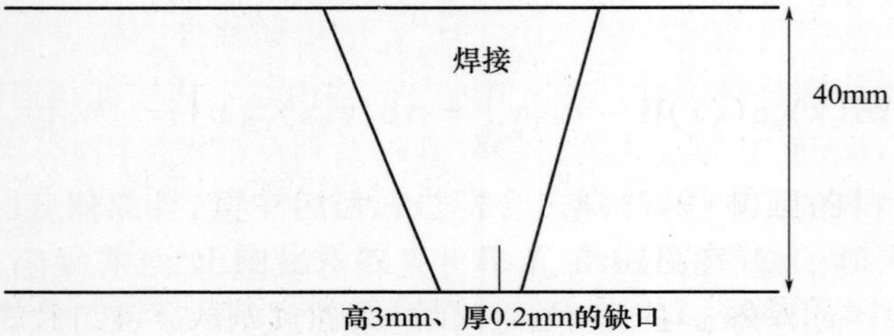

图 9.1 待检查部位的横截面

9.2.2 评估原理

评估在块的上表面进行（图 9.2）。发射器和接收器都嵌入在传感器中，传感器垂直于焊接轴扫描零件表面，朝与试块表面法向成 60°倾角的方向发射 2MHz 纵波。

缺陷与入射波相互作用时将会产生两类回波：经凹口底部反射形成的后向散射角回波以及在凹口顶部产生的衍射回波，其中衍射回波向所有方向上散射（图 9.2）。后者仅当存在衍射点时产生，故在体缺陷的情况下不存在。因此，它是平面缺陷的特征。当传感器处在某些位置时，由于波束较宽，这两类回波可能同时存在。因此，无损检测应当：①通过确定除了角回波之外是否还存在衍射回波来检测平面缺陷；②根据两类回波之间的时间差确定缺陷的高度。

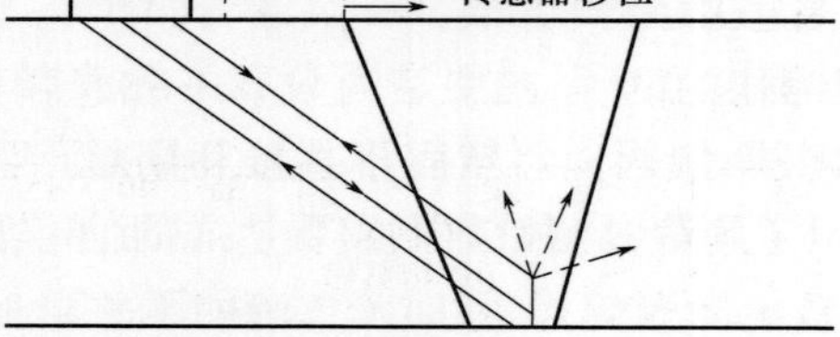

图 9.2 角及衍射回波

9.2.3　评估结果及解译

在给定位置处传感器记录的信号称为 A 扫描。把在一系列位置上传感器获得的众多 A 扫描转化为灰度级图像,该图像被称为 B 扫描。9.2.2 节所述无损检测获得的 B 扫描如图 9.3(a)所示。从图中可以看出,在大部分的 A 扫上都能清晰地辨认出高振幅回波所在。在本例中,缺陷的回声在 B 扫平面上是倾斜的,这表示声波从发射到接收所需的时间随着传感器的移动而减少(也即是传感器迫近缺陷)。

操作员可以根据这些回波检测到缺陷的存在但无法得到其特征。区分角回波和衍射回波非常困难。以编号为 40 的 A 扫为例(图 9.3(b)),衍射回波和角回波彼此重合:凹口的顶部和底部非常靠近,因而产生重叠的回波。

对于评估来说,直接利用原始数据是非常难的;不可能从原始数据中得出缺陷是平面这样的结论,更确切地说,不能确定缺陷的高度。因此数据的解译是一个问题。

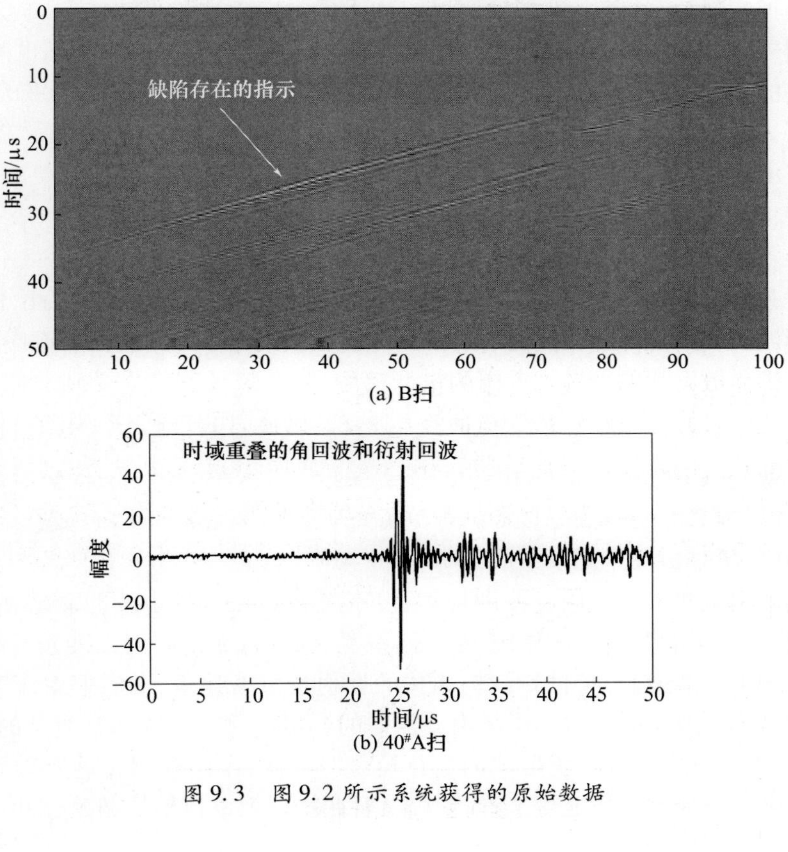

图 9.3　图 9.2 所示系统获得的原始数据

9.2.4 不连续处的恢复及数据解译

从上面的例子可以看出,解释超声波测试数据的主要困难之一源于测量的分辨率不足。非常靠近的反射器会产生重叠(共同)的回波。因此,揭示观测数据中隐藏的不连续性对数据解译意义重大。在上述示例中,这将使得凹口的顶部和底角对应的两个反射器能够被分离并且可以推导出缺陷的高度。因此,下面将研究恢复不连续性的处理方法。

9.3 正向卷积模型的定义

由于处理的目的是恢复不连续性,这里将其表示为具有所需特征的函数。反射率函数与声阻抗的空间导数有关:它在不连续处是非零的(阻抗变化),在其他任何地方都是零(阻抗是恒定的)。基于这种表示,反射率通过卷积模型与测量数据建立关系:每次 A 扫描可以解释为反射率函数和小波(在目标对象中传播)核之间卷积的结果。该模型严格成立的条件是:介质中波的速度 C 必须是恒定的,因此材料必须仅具有小的不均匀性。最后,假设传播是一维的,观测由逐个 A 扫描组成。使用符号 $r(d)$ 表示深度 d 处的反射率,$h(t)$ 表示卷积核,$y(t)$ 表示测量。因此观测方程可以表示为

$$y(t) = \int h(s) r(C(t-s)) \mathrm{d}s$$

对观测数据进行数值处理要求对以上模型进行离散化表示。为此,假设采样的回波图 $\boldsymbol{y}$ 是由传感器发射的小波 $\boldsymbol{h}$ 与沿着波束路径分布的反射率序列 $\boldsymbol{r}$ 之间的一维离散卷积的结果。考虑测量和模型误差,该卷积结果受到加性噪声 $\boldsymbol{b}$ 的干扰,并假设其为高斯白噪声,且与 $\boldsymbol{r}$ 独立。因此,回波的正向模型可以写成如下形式:

$$\boldsymbol{y} = \boldsymbol{H}\boldsymbol{r} + \boldsymbol{b} \tag{9.1}$$

其中,$\boldsymbol{H}$ 是由 $\boldsymbol{h}$ 中元素组成的 Toeplitz 矩阵。

这个模型非常的理想。特别是,它没有考虑传播过程中波的衰减和形变。而且,超声波束的宽度未被建模:考虑波束宽度的话,需要使用二维甚至是三维的核[SAI 85]。最后,与材料结构相关的反射也没有建模,而它们对于某些类型的钢是不可忽略的。材料中超声波传播的严格建模是一项非常复杂的任务,在 NDE 领域很少看到卷积形式的简化模型。然而,正向模型是从有效数据处理的角度来选择的。从这点来看,卷积模型在物理现象建模的精确性和可求解

性之间提供了良好的折衷。

9.4 盲解卷积

只要声透介质是由一个个均匀区域组成,那么反射率就可以通过一系列冲激来建模,其中每个冲激对应于一个不连续处。根据反射率和正向卷积模型式(9.1)两者的先验知识,估计反射率类似于求解冲激串的解卷积问题,其中输入和内核分别是反射率函数和小波函数。在波函数已知的情况下,采用第 5 章中介绍的冲激串解卷积技术有望恢复不连续性。实际上,入射波通常是未知的,因此有必要解决输入和卷积核皆未知的盲解卷积问题。

本节将首先概述文献中出现的各种盲解卷积方法。然后将扩展 L2Hy 和 BG 冲激串解卷积方法。所得到的方法能够处理声波传播过程中产生的相变,并通过引入双变量反射率来丰富已有的正向模型。相应的方法分别命名为 DL2Hy 和 DBG,其中“D”指的是双反射率。最初提出在超声成像中考虑相位旋转,这些方法也能够减轻波形(因解卷积而引入)中相位误差的影响。最后,提出一种原创的盲解卷积方法,该方法将依次使用次优波形估计技术和 DL2Hy、DBG 解卷积方法。

9.4.1 盲解卷积方法概述

本节介绍盲解卷积的主要方法,主要是综述盲解卷积方法,因此会涉及超声成像以外的应用领域。需要提醒的是,对于 NDE 中解卷积的特定情况,输入和卷积核分别是反射率和小波(发射波形)。

对于卷积核未知的情形,文献中最常见的方法是获得输入(反射率)不明确依赖于卷积核的估计。盲解卷技术发展的第 1 条路径依次是是预测解卷积、最小熵解卷积以及“多脉冲”技术。第 2 种方法先估计卷积核然后应用冲激串解卷积技术。最后,还有一些方法联合估计卷积核和输入(反射率)。

9.4.1.1 预测解卷积

盲解卷积最早的工作出现在地球物理学领域。其中,罗宾逊在 20 世纪 50 年代对预测解卷积[ROB 67]的研究工作是直至当前的许多研究工作的基础。这种方法隐含着卷积模型是无噪声的,测量是递归滤波器的滤波结果,该递归滤波器为

$$y_n = \sum_{\ell=1}^{q} a_\ell y_{n-\ell} + r_n \tag{9.2}$$

这归结为将卷积核视为因果、稳定的自回归滤波器的冲激响应。如果还假设输入为白色的，则预测解卷积首先估计预测系数，然后辨识出相应预测误差的输入。预测向量 $a=[a_1,\cdots,a_q]^{\mathrm{T}}$ 的估计是通过最小化由等式(9.2)形成的最小二乘准则得到的，并采用特别的边界假设 $y_n=0,\forall n<1$：

$$\hat{\boldsymbol{a}} = \underset{a}{\operatorname{argmin}} \sum_n \left(y_n - \sum_{\ell=1}^{q} a_\ell y_{n-\ell} \right)^2 \tag{9.3}$$

输入则由最小二范数的预测误差给出：

$$\hat{\boldsymbol{r}}_n = y_n - \sum_{\ell=1}^{q} \hat{a}_\ell y_{n-\ell} \tag{9.4}$$

因此，利用上式估计得到的输入不再包含单位冲激响应的未知系数。

该方法仅利用测量的二阶特征。另外，根据式(9.3)估计矢量 $\boldsymbol{a}$ 等效于求解 AR 频谱分析问题：得到了一个递归滤波器，其幅度谱与观测数据的幅度谱相匹配。对于一些边界假设，获得的滤波器是因果、稳定的。在文献中，该滤波器被认为是最小相位滤波器[ORF 85]。通过提取单位圆外的极点可以得到其他具有相同幅度谱的稳定(但非因果)AR 滤波器。

一方面，仅使用卷积核的谱特性；另一方面，用滤波器系数的估计误差来辨识反射率，这种看待解卷积的方式今天仍然被广泛使用。

只利用二阶特性是通常被用来解释预测解卷积方法性能受限的主要依据。已经有许多研究工作利用测量的更高阶(高于 2 阶)统计特性，从而设计出对相位敏感的估计器。然而，这些方法需要大量的测量点(测量数据)，这严重限制了它们的应用领域[LAZ 93]。

最后，选择二次预测误差准则函数相当于隐含地假设输入是高斯的。这表明该方法引入了关于输入的先验信息，而这正是为许多预测解卷积方法的支持者所不满的地方。因此，使用预测误差的 $L_p(p<2)$ 范数，相比传统预测解卷积(使用 L2 范数)，恢复出的输入更尖锐(更像冲激)，但是达不到 L2LP 解卷积的性能。事实上，预测解卷积相关方法的缺点是没有考虑观测噪声和建模误差。

9.4.1.2 最小熵解卷积

在地震反射背景下，Wiggins[WIG 78]提出通过对测量数据的线性滤波来估计输入，即式(9.4)，但其估计滤波器系数的方法不同于预测解卷积。Wiggins 定义了“varimax”范数来衡量信号的无序程度。假设输入由脉冲组成，通过最小化信号的无序度准则函数来估计滤波器系数。将无序概念与熵联系起来，作者称此方法为最小熵解卷积。在这里，根本没有用到卷积核。隐含地，卷积核仍然是因果递归滤波器的冲激响应。事实上，经验方法包括通过巧妙地利用输入的先验信息来得到卷积核的“逆滤波器”。然而,其性能仍然受到滤波器因果性这一隐含假设、未考虑观测噪声和建模误差等的限制。

9.4.1.3 通过“多脉冲”技术进行解卷积

这种方法在[ATA 82]中被提出作为LPC(线性预测编码)类型的语音编码方法,但其原理可以适用于脉冲串解卷积[COO 90]。该方法与最小熵方法接近:像预测解卷积方法一样以AR形式对输入进行建模,并引入输入的脉冲特征。该方法以一种特别的方式来利用输入的这一特性:确定预测误差最高峰的位置,交替迭代(或不迭代)进行峰值检测、已检测峰的幅度更新估计以及滤波器系数的更新估计。总的来说,这种方法的缺陷与Wiggins方法相同。

9.4.1.4 顺序估计:先估计卷积核,再估计输入

为了使用冲激响应(IR)已知条件下的解卷积方法,盲解卷积可以分两个阶段进行:首先是卷积核的估计;然后借助于(已知IR的)解卷积技术估计输入。从历史发展的角度看,这种推进方式并不顺利,因为没有高效的解卷积工具。但是,现在已经提出了更有效的解卷积方法,这种盲解卷方法对我们来说似乎很自然。相对于传统的解卷积,新增的困难在于当输入未知时从测量中估计出卷积核。事实上,这方面的研究工作很少。这里介绍的估计卷积核的主要方法最初是由Vivet[VIV 89]为NDE提出的,该方法可以扩展到其他应用领域。

假设输入是白色的并且不含噪声,那么测量数据的幅度谱相当于卷积核的幅度谱。因此,所提出的方法需要估计小波(波形),使其幅度谱与测量数据幅度谱一致。如9.4.1.1小节所述,估计器式(9.3)精确给出了递归形式滤波器的系数。在不掌握小波(波形)相位知识的情况下,所选择的卷积核是最小相位滤波器的截断IR。通过递归应用下式来计算该IR:

$$h_n = \sum_{\ell=1}^{q} \hat{a}_\ell h_{n-\ell} + \delta_n \tag{9.5}$$

其以 $h_n = 0, \forall n < 0$ 作为初始化。结合滤波器的名称,该卷积核也被称为“最小相位”核。

当然,这种方法的主要局限在于可任意选择卷积核的相位。这种局限性可以通过扩展解卷积技术加以补偿,下面将对此进行介绍。

9.4.1.5 卷积核和输入的联合估计

在贝叶斯方法的框架中,通过使用联合密度函数(是卷积核和输入的函数),可以很好地扩展冲激串解卷积方法(见第3章)。为此,采用对输入建立先验模型的方式来建立卷积核的先验模型。通常,在地球物理或NDE背景下,卷积核的先验模型可以是与平滑先验信息相对应的相关高斯过程。然后可以采

用多种方法来利用联合概率密度函数。

考虑最大后验估计,首先建立输入的伯努利 - 高斯(BG)先验模型[GOU 89],然后是凸 L_p 模型[GAU 96,GAU 97]。估计器的计算需要最小化一个准则函数,但是我们对这个准则函数的性质知之甚少①。可分别以卷积核和输入为自变量交替地最小化这个准则函数。在这两种情况下,对仿真数据的处理结果是令人信服的。但是,对于在 NDE 中的应用[GAU 96],事实证明这种方法不如后面小节中提出的方法有效。最后,最近已经提出 BG 型输入的后验均值估计[CHE 96]。为此,使用 Gibbs 采样器生成服从联合后验概率密度分布的一系列样本(见表 7.1),然后使用样本的经验平均来逼近后验均值。

9.4.2 DL2Hy/DBG 解卷积

在 9.3 节中提出的正向模型中,假设发射波形在传播过程中不会发生形变。然而,这种假设在超声成像中并不十分切合实际。特别是,回波的形式和/或极性会随着遇到的缺陷类型变化而变化。这些现象可能与波相位的变化相对应,但我们对具体的对应关系仍然知之甚少。可以通过考虑发射波可能的变形来改进正向模型,这些变形由每个反射子处的小波(波形)的相位"旋转"建模。对旋转进行建模会导出双反射率的定义,而一些先验信息与这个双反射率相关联。这种方法首先在伯努利 - 高斯解卷积[CHA 93]中提出,然后扩展到凸先验模型[GAU 97]。它最初是为超声波 NDE 提出的,但也适用于其他应用,特别是当发射波经历相变时。

9.4.2.1 改进的正向模型

假设 h 是实变量的函数。其希尔伯特变换(HT)g 定义为幅度谱与 h 相同但相位偏移 $\pi/2$ 的函数。函数 $h_\theta = h\cos\theta + g\sin\theta$ 在相位上相对于 h 移位 θ;但是,h_θ 和 h 具有相同的幅度谱。因此,相移为常数后的信号可以表示为初始信号与其 HT 的线性组合。通过利用卷积的线性性质,可以将每个反射子的相位旋转模型转换为分离的反射率序列(r,s),其中 r 和 s 分别与小波(波形)及其 HT 进行卷积。因此,正向模型可以表示为 $y = \boldsymbol{Hr} + \boldsymbol{G}s + \boldsymbol{b}$,其中 $\boldsymbol{y}$ 是观测,$\boldsymbol{H}$ 是对应于已知小波(波形)的卷积矩阵,$\boldsymbol{G}$ 是与小波(波形)的 HT 相关联的卷积矩阵,并且 $\boldsymbol{b}$ 为独立于 $\boldsymbol{r}$ 和 s 的零均值高斯白噪声。该模型是对由简单卷积模型表征的正向模型的发展和丰富:通过引入双反射率来建模小波(波形)相位旋转现象。

9.4.2.2 关于双反射率的先验信息

解卷积过程对正向模型求逆以估计$(\hat{\boldsymbol{r}},\hat{\boldsymbol{s}})$参数对。如前所述,求逆需要引

① 在这里,再次指出第 3 章中提到的关于广义最大似然的问题(见 3.5 节)。

入先验信息。反射率分布被认为是由一个个冲激组成的：$\boldsymbol{r}$ 和 $\boldsymbol{s}$ 的元素除了对应不连续处非零之外都是零。类似地，一点上的反射率与路径上其他点处的反射率不相关：也即是对于 $i \neq j$，(r_i, s_i) 与 (r_j, s_j) 是相互独立的。

9.4.2.3　双伯努利 - 高斯(DBG)解卷积

为了利用这些先验假设(先验信息)，文献[CHA 93]引入了三元组$(\boldsymbol{q}, \boldsymbol{r}, \boldsymbol{s})$，由相互独立的自变量 $\boldsymbol{q}_i, \boldsymbol{r}_i, \boldsymbol{s}_i$ 组成，其中：

(1) $\boldsymbol{q}$ 是伯努利过程，表征是否存在不连续性；

(2) 给定 $\boldsymbol{q}_i$，$(\boldsymbol{r}_i, \boldsymbol{s}_i)$服从零均值高斯分布，协方差矩阵为 $r_x q_i \boldsymbol{I}$，其中 $\boldsymbol{r}_x$ 是先验的反射率方差。

如“简单”伯努利 - 高斯解卷积那样(见第 5 章)，文献[CHA 93]提出了一种顺序估计方法，首先基于观测数据确定向量 $\hat{\boldsymbol{q}}$，然后以 $\hat{\boldsymbol{q}}$ 为条件(也即是给定 $\hat{\boldsymbol{q}}$)，联合估计$(\hat{\boldsymbol{r}}, \hat{\boldsymbol{s}})$。可通过调整第 5 章介绍的算法来获得估计量。由此获得的解卷积方法被称为双伯努利 - 高斯(DBG)解卷积。

9.4.2.4　双曲线(DL2Hy)反卷积

文献[GAU 97]将双解卷积原理应用于凸先验模型，其形式如下：

$$(\hat{\boldsymbol{r}}, \hat{\boldsymbol{s}}) = \underset{\boldsymbol{r}, \boldsymbol{s}}{\arg\min}\left(\|\boldsymbol{y} - \boldsymbol{H}\boldsymbol{r} + \mathbf{G}\boldsymbol{s}\|^2 + \lambda \sum_i \rho(r_i, s_i)\right), \quad \lambda \geqslant 0$$

其中，λ 是正则化参数；而双变量函数 ρ 表征关于双反射率序列的先验信息。为了得到严格凸、可微分的准则函数，需要选择严格凸和可微的函数 ρ。此外，考虑到先验信息的利用，该双变量函数的单变量形式(固定一个变量)也必须与简单解卷积情况中罚函数具有很相似的特性。双曲线情形到双变量情形的转换需要寻找函数 $\rho(u,v)$。对于小的 u 和 v 值，该函数是一个二次函数，而对于其中一个或多个变量都取较大值时，其为圆锥曲线。双变量双曲函数$\rho(u,v) = \sqrt{T^2 + u^2 + v^2}$具有这些性质(见图 9.4)。参数 T 可控制属于二次函数的区域(扩张或减小)，并在 u 和 v 之间引入或多或少的强相互依赖性：T 越小，u 和 v 的相互关联性越强(对于 T 趋于无穷大这样的极端情况，u 和 v 相互独立)。

相关的估计器最终由下式给出：

$$(\hat{\boldsymbol{r}}, \hat{\boldsymbol{s}}) = \underset{\boldsymbol{r}, \boldsymbol{s}}{\arg\min}\left(\|\boldsymbol{y} - \boldsymbol{H}\boldsymbol{r} + \boldsymbol{G}\boldsymbol{s}\|^2 + \lambda \sum_i \sqrt{T^2 + r_i^2 + s_i^2}\right)$$

由于待最小化的准则函数对于双变量 $\boldsymbol{r}$ 和 $\boldsymbol{s}$ 是联合凸的，因此可以通过下降算法求解。考虑到所选择的正则化函数，与该估计器相关联的方法称为双双曲线(DL2Hy)解卷积。

9.4.2.5　DL2Hy/DBG 解卷积方法的特点

这些方法的特点主要来自于所采用的先验模型。因此，对 L2Hy/BG 方法的讨论可以扩展到 DL2Hy/DBG 情况。由于 DBG 解卷积包含判决过程，其相比 DL2Hy 解卷积会得到更明显的峰值。从另一个角度来看，DL2Hy 没有决策过程，这使得 DL2Hy 解卷积对于数据和超参数的变化更加稳健。

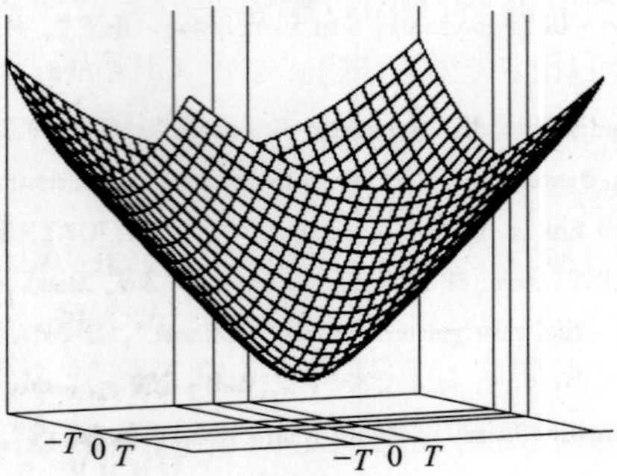

图 9.4　双变量双曲函数的图形表示

9.4.3　盲 DL2Hy/DBG 解卷积

在上述要素的基础上，使用以下两个步骤[GAU 97]可以得到盲解卷积的顺序方法。首先，如 9.4.1 节所述，通过 AR 估计来估计卷积核。然后通过常规 DL2Hy 或 DBG 解卷积方法估计输入。在这种情况下，卷积核的相位是任意选择的，但是 DL2Hy/DBG 解卷积使其有望适应卷积核的相位旋转，特别是补偿引入解卷积过程的发射波的相移。

从现在开始，这种方法将简称为“盲 DL2Hy/DBG 解卷积”。其应用不应局限于预见到存在相位旋转的情况；DL2Hy/DBG 解卷积毫无疑问为该方法提供了一定程度的适应性（鲁棒性），足以补偿比一般旋转更一般的卷积核形变。因此，使用 DL2Hy/DBG 解卷积可以考虑卷积核的任何相位变化，同时还能够弥补卷积核估计存在的不精确性。

9.5　实际数据处理

使用 9.2 节的焊接效果评估示例来阐释解卷积方法的性能。在这个数据中，缺口的顶部和底部产生共同的回波。解卷积处理的目的是提取凹口末端（顶部）对应的反射子，以便确定是否存在平面缺陷，若存在，则可估计出凹口的高度。

对于这项工作，超声波传感器发出的波是通过实验测量的，但这种测量并不总是可用的。为了对图 9.3(a)的原始 B 扫描进行盲解卷积，每个 A 扫描采用八阶的 AR 滤波器估计出具有 50 个样本的“最小相位”小波（波形）。图 9.5

显示了编号为 40 的 A 扫描对应小波(波形)的估计和测量结果。对比估计和测量结果可以看出波形估计技术的局限性:特别是,波形的能量集中在第一时刻(据此得名“最小相位”),而测量波的情况并非如此。

所有处理都是一维的:B 扫描的解卷积仅仅是单独处理一个个 A 扫描后并置的结果。首先,解决盲解卷积在实际应用中存在的问题。然后,使用波形的测量结果来解卷积以恢复反射率分布。最后,比较 DL2Hy 和 DBG 方法的性能。

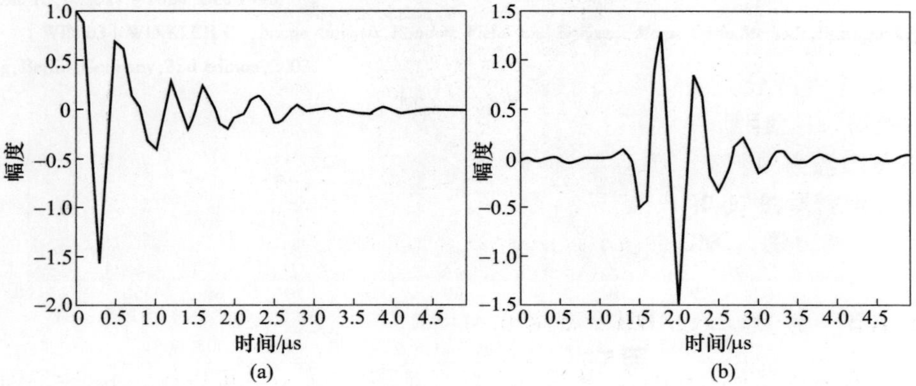

图 9.5　(a)利用 40#A－扫描数据,使用 $q=8$ 的 AR 模型估计出的波形;(b)测量得到的波形

9.5.1　盲解卷积处理

图 9.6 给出了预测解卷积结果,结果表明该方法没有分辨出对应于凹口顶部和底部的两个反射子。在本节的其余部分,讨论 L2Hy/BG 和 DL2Hy/DBG 方法的特性,方法实现过程中使用每个 A 扫描对应的估计波形(而非测量得到波形)。

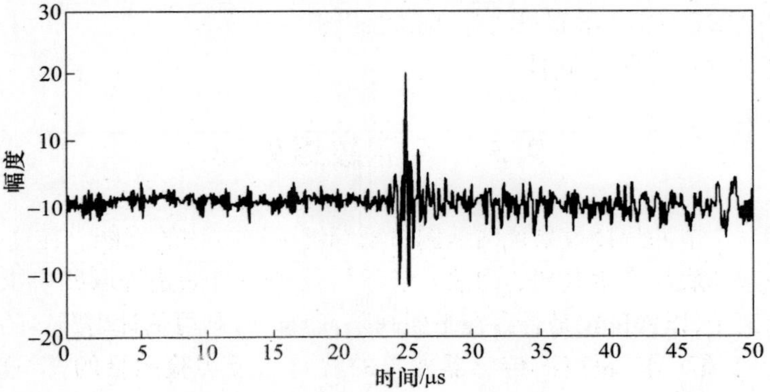

图 9.6　预测解卷积方法对图 9.3(b)中 A 扫数据的解卷积结果

L2Hy 解卷积得到了分别与凹口顶部和底部相对应的峰,表示焊缝中存在这种平面缺陷,见图 9.7(a)和(b)。BG 解卷积得到类似的结果(图 9.7(c))。然而,这些方法的效果受到反射子分裂的干扰,这应该是由于波形相位估计的性能较差。

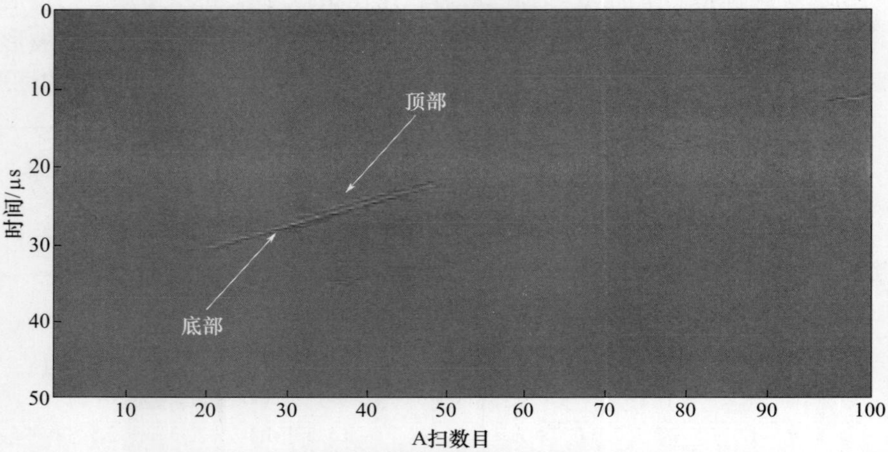

(a) L2Hy方法对B扫数据的盲解卷积结果,(λ,T)=(100,0.005)

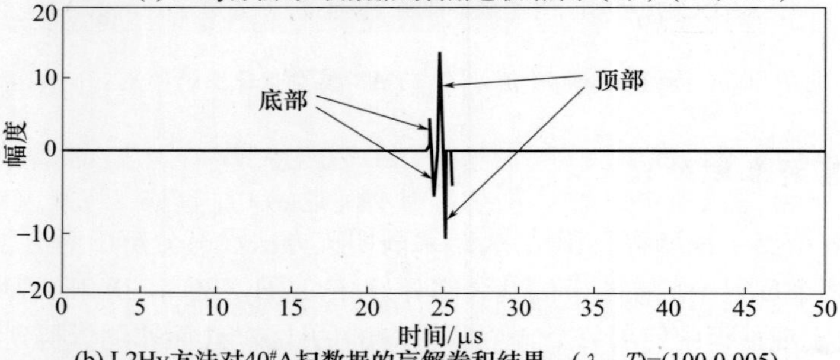

(b) L2Hy方法对40#A扫数据的盲解卷积结果,(λ, T)=(100,0.005)

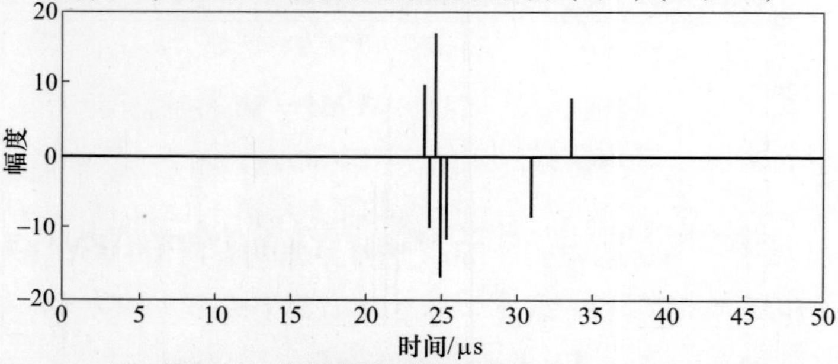

(c) BG方法对40#A扫数据的盲解卷积结果,(λ,r_x,r_n)=(0.005,50,30)

图 9.7　图 9.3 的数据的盲 L2Hy/BG 反卷积。预先估计小波,
通过 A 扫描进行 A 扫描,通过 AR 估计,$q=8$

DL2Hy 解卷积方法基于更有优势的框架(如9.4.3 节所述),特别是可以改善之前的解卷积结果:与凹口相关的两个反射子比 L2Hy 更清晰(比较图 9.8(a)与图 9.7(a));反射子的分裂现象也消失了(比较图 9.7(b)与图 9.8(b))。最后,DBG 反卷积也得到了类似的结果(比较图 9.7(c)与图 9.8(c))。

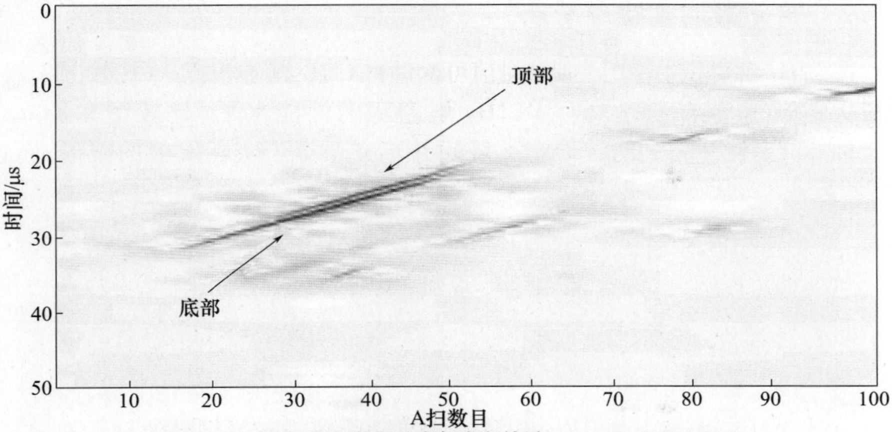

(a) DL2Hy方法对B扫数据的盲解卷积结果,(λ, T)=(100,0.005)

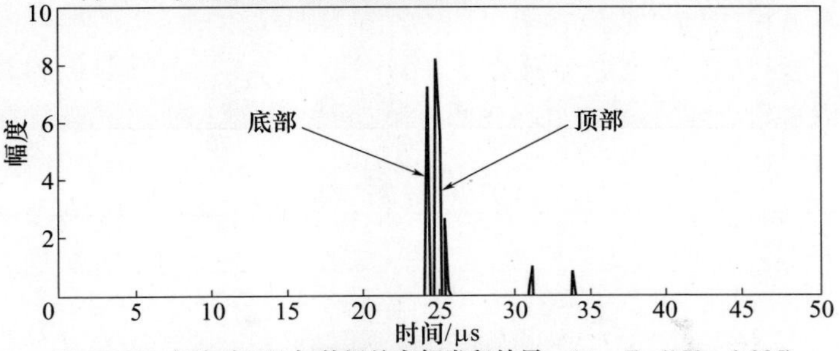

(b) DL2Hy方法对40#A扫数据的盲解卷积结果,(λ, T)=(100, 0.005)

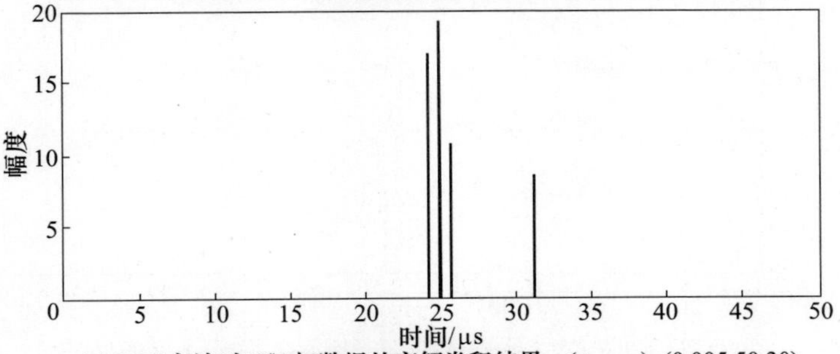

(c) DBG方法对40#A扫数据的盲解卷积结果,(λ, r_x, r_n)=(0.005,50,30)

图 9.8　Blind DL2Hy/DBG 对图 9.3 所示数据的解卷积结果。预先估计波形,然后采用 $q=8$ 的 AR 滤波器对 A 扫数据逐个解卷积

盲解卷积大大提高了超声波检测的分辨率:最初淹没在共同回波中的反射子在解卷积后被分离开。利用反射子之间的时间差能够容易地估计出凹口的深度。DL2Hy/DBG 解卷积比 L2Hy/BG 方法提供更好的结果,并有效地补偿了波形相位的低质估计。

9.5.2 用波形测量值解卷积

在 L2Hy 解卷积中使用波形测量值可改进盲 L2Hy 解卷积方法(比较图 9.7(a)和图 9.9(a)),但没有达到盲 DL2Hy 解卷积的性能水平(比较图 9.8(a)和图 9.9(a))。测量得到的波形毫无疑问并不完全等于实际发射的波形,而且,

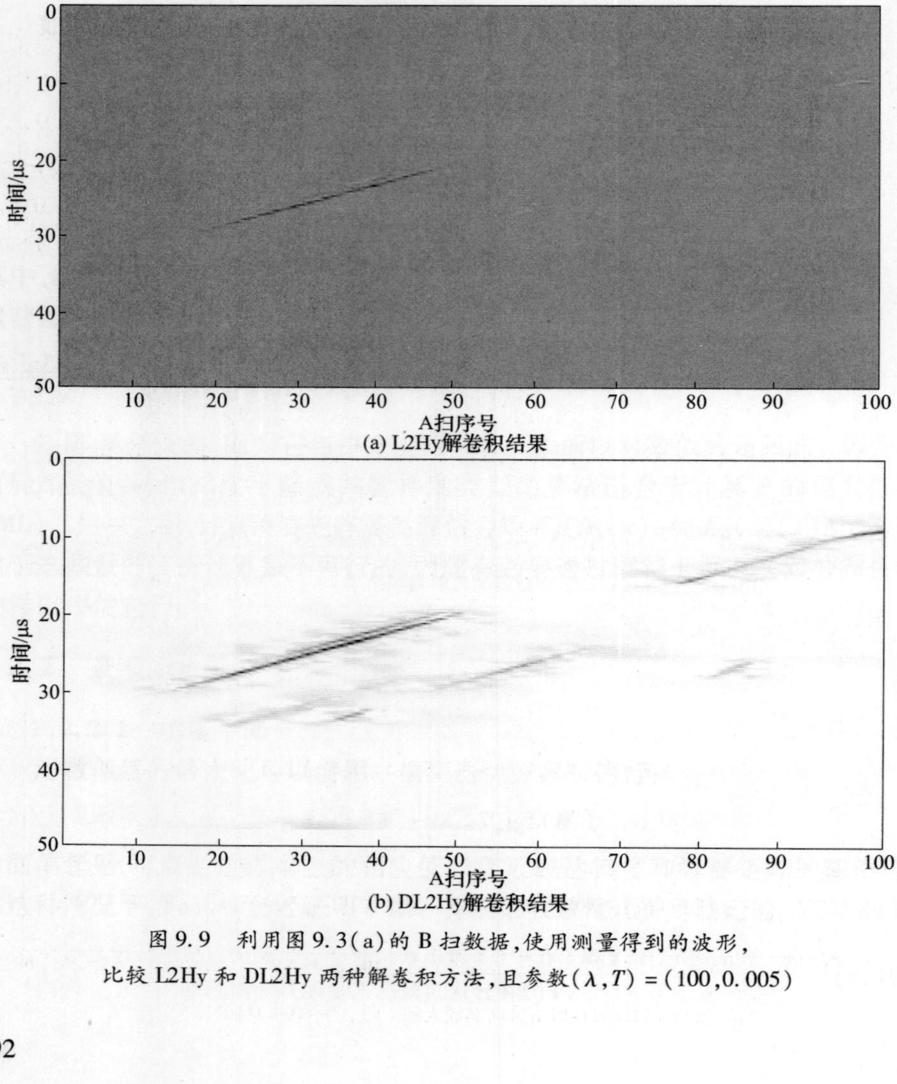

图 9.9 利用图 9.3(a)的 B 扫数据,使用测量得到的波形,比较 L2Hy 和 DL2Hy 两种解卷积方法,且参数$(\lambda,T)=(100,0.005)$

与L2Hy解卷积不同,DL2Hy解卷积允许波形在其传播时有一定程度的变形。

与使用估计波形相比,DL2Hy的B扫描解卷积产生略微“更清晰”的结果(见图9.8(a)和图9.9(b))。毫无疑问,产生更好结果的原因是测量波的谱保真度更高。

因此,DL2Hy/DBG盲解卷积得到的结果虽然变差,但非常接近于使用测量波形获得的结果。对于难以获得测量波的现实情况,DL2Hy/DBG盲解卷积方法是非常有效的。

9.5.3 DL2Hy和DBG的比较

正如在盲解卷积结果的分析中所提到的,DL2Hy和DBG解卷积产生类似的结果。因此,这里对这两种方法进行细致深入的比较。重点是比较恢复从应用角度来看有重要意义的反射率的能力,诸如恢复凹口顶部和底部反射子的反射率之能力。实验中使用测量波形是为了研究解卷积方法在解卷各A扫描时的稳定性。

通过DL2Hy和DBG解卷积恢复重要反射子,恢复结果的细节如图9.10(a)和9.10(b)所示。从这些B扫描中可以看出,恢复结果确实非常相似。然而,通过研究两个反射器的幅度和它们之间的时间差,可以得到更精细的比较。

理论上,角回波在单个方向上传播,而衍射在所有方向上散射。因此,除了当凹口的底部位于超声波束的边缘处这样的极端情况外,凹口底部反射子的反射振幅(强度)应该高于凹口顶部的衍射振幅。基于DL2Hy解卷积方法得到的结果确实出现了这种幅度差异(见图9.11(a))。但是,DBG解卷积方法恢复的凹口顶部衍射振幅有时与底部反射振幅相当(见图9.11(b))。此外,比较图9.11(a)和(b)可知反射子幅度的变化在DL2Hy解卷积情况下比DBG方法更稳定。

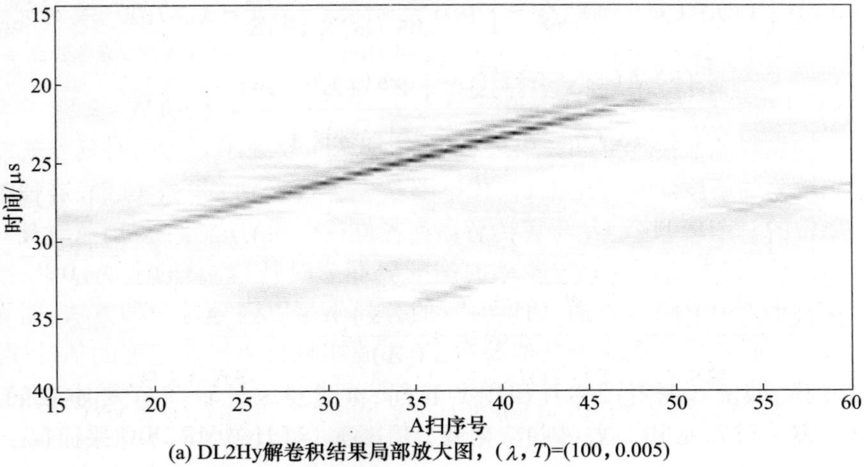

(a) DL2Hy解卷积结果局部放大图，(λ, T)=(100, 0.005)

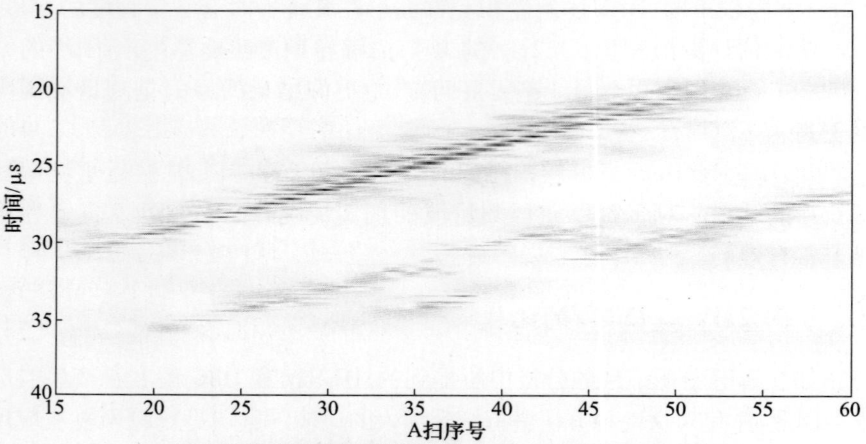

(b) DBG解卷积结果局部放大图，$(\lambda, r_x, r_n)=(0.005, 50, 25)$

图 9.10　利用图 9.3(a)的 B 扫数据，使用测量得到的波形，比较 DL2Hy 和 DBG 两种解卷积方法(感兴趣区域的放大图)

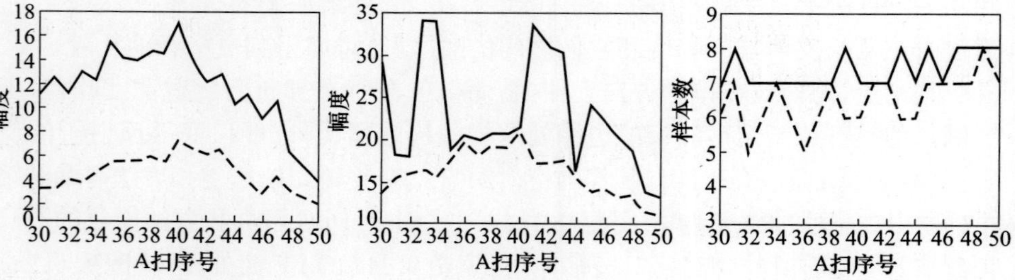

(a) DL2Hy方法　(b) DBG方法　(c) 凹口尺寸

图 9.11　通过测量波形的解卷积恢复凹口顶部(实线)和底部对应的反射器的振幅(虚线)：(a) DL2Hy 方法；(b) DBG 方法；(c) DL2Hy(实线)和 DBG(虚线)解卷积方法估计得到的凹口顶部和底部对应反射器回波相隔的样本数

已知发射波传播速度和波束入射角，依据两个反射子之间的时延差就能估计得到缺陷的高度。从理论上讲，传感器从一个位置到另一个位置，这种时延差是稳定的。图 9.11(c)给出了传感器在各位置得到的这两个反射子时延对应的样本点数(样本点数乘以样本间时间间隔即为时延)。总的来说，DBG 给出的时延要小于 DL2Hy。然而，估计时延的差异不足以区分这两种方法，因为高度测量的不确定性还取决于其他参数，例如波在材料中传播速度的估计误差。相比之下，DBG 方法得到的时延样本散布区间更大：在 5 ~ 8 个样本之间，而 DL2Hy 方法在 7 到 8 之间。因此，从这个角度看 DL2Hy 仍比 DBG 要稳定。

9.5.4　小结

实际数据处理充分阐释了解卷积方法之于 NDE 的意义。特别是，DL2Hy/DBG 盲解卷积方法能够显著提高分辨率，并且能够精确测量反射子之间的距离。这种方法提高了测试性能并开辟了新的视角。由于能够提取测量中隐含的信息，NDE 专家有时会难以理解这些结果。因此，在无损检测专家应用这些新技术之前，应先了解解卷积的关键步骤。DL2Hy 和 DBG 解卷积方法得到的结果相差不大。然而，反射率幅度和反射子之间距离恢复的稳定性研究表明，DL2Hy 方法更具鲁棒性。在只有一个缺陷的情况下，稳健性的意义还不明显，但是存在裂纹的背景下却是具有决定性意义的。

9.6　结　　论

时间分辨率不够是超声波检测的不足：两个靠近的反射子产生同一个回波。测量采集值可建模为表征被检查对象的一系列反射子与入射波相关的卷积核之间的一维卷积结果。在这个框架中，提高超声波无损检测的分辨率转化为脉冲串盲解卷积问题。

本章跳出 NDE 框架概述了盲解卷积技术，然后介绍了一种脉冲序列盲解卷新方法，该方法先后由卷积核（非精确）估计、DL2Hy/DBG 脉冲解卷积两步组成。第 2 步补偿波形（卷积核）估计中产生的误差以及传播过程中卷积核发生的相变。

应用于超声波 NDE，解卷积方法显著提升了时间分辨率、助力对测量数据的解译，突破了检测技术的掣肘，提升了无损检测能力。这些新成果对于 NDE 专家来说是令人惊讶的，需要接受来自信号处理专家的解释和培训。从这个观点来看，将解卷积描述为惩罚函数最小化问题具有简单性优势。

盲解卷积方法可应用于其他类型通过机械波传播进行成像的领域：生物医学超声扫描，地球物理学中的地震反射等。DL2Hy/DBG 解卷积方法适用于众多脉冲解卷积问题，特别是对卷积核知之甚少或卷积核易于随时间变形这样的情形。

从方法论的角度来看，DL2Hy/DBG 解卷积方法也可用于二维解卷积问题。应用于超声波 NDE，Labat 等人提出了二维解卷积方法［LAB 05］并成功实现了横向分辨率的提升。并行或独立地建立反射率二维先验模型可利用反射子横向分布的连续性先验［IDI 93］。最后，通过修订数据拟合项可以处理具有相关结构的噪声。因此，改进后的方法可以有效处理包含强结构噪声的测量数据。

参 考 文 献

[ATA 82] A TAL B. S. , R EMDE*J. R.* , "A new method of LPC excitation for producing natural sounding speech at low bit rates", in Proc. *IEEE ICASSP*, vol. 1, Paris, France, p. 614 – 617, May 1982.

[CHA 93] C HAMPAGNAT F. , I DIER J. , D EMOMENT G. , "Deconvolution of sparse spike trains accounting for wavelet phase shifts and colored noise", in Proc. *IEEE ICASSP*, Minneapolis, MN, p. 452 – 455, 1993.

[CHE 96] C HENG Q. , C HEN R. , L I T. -H. , "Simultaneous wavelet estimation and deconvolution of reflection seismic signals", *IEEE Trans. Geosci. Remote Sensing*, vol. 34, p. 377 – 384, Mar. 1996.

[COO 90] C OOKEY M. , T RUSSELL H. J. , W ON *I. J.* , "Seismic deconvolution by multipulse coding", *IEEE Trans. Acoust. Speech*, Signal Processing, vol. 38, num. 1, p. 156 – 160, Jan. 1990.

[GAU 96] G AUTIER S. , *Fusion de données gammagraphiques et ultrasonores. Application aucontrôle non destructif*, PhD thesis, University of Paris XI, France, Dec. 1996.

[GAU 97] G AUTIER S. , I DIER J. , M OHAMMAD – D JAFARI A. , L AVAYSSIÈRE B. , "Traitement d' échogrammes ultrasonores par déconvolution aveugle", in *Actes* 16 *e coll. GRETSI*, Grenoble, France, p. 1431 – 1434, Sep. 1997.

[GOU 89] G OUSSARD Y. , D EMOMENT G. , "Recursive deconvolution of Bernoulli – Gaussian processes using a MA representation", *IEEE Trans. Geosci. Remote Sensing*, vol. GE – 27, p. 384 – 394, 1989.

[IDI 93] I DIER J. , G OUSSARD Y. , "Multichannel seismic deconvolution", *IEEE Trans. Geosci. Remote Sensing*, vol. 31, num. 5, p. 961 – 979, Sep. 1993.

[LAB 05] L ABAT C. , I DIER J. , R ICHARD B. , C HATELLIER L. , "Ultrasonic nondestructive testing based on 2D deconvolution", in*PSIP' 2005 : Physics in Signal and Image Processing*, Toulouse, France, Jan. 2005.

[LAZ 93] L AZEAR G. D. , "Mixed – phase wavelet estimation using fourth – order cumumants", *Geophysics*, vol. 58, p. 1042 – 1049, 1993.

[ORF 85] O RFANIDIS S. J. , *Optimal Signal Processing—An Introduction*, *Macmillan*, New York, NY, 1985.

[ROB 67] R OBINSON E. A. , "Predictive decomposition of time series with application to seismic exploration", *Geophysics*, vol. 32, p. 418 – 484, 1967.

[SAI 85] S AINT – F ELIX D. , H ERMENT A. , D U X. – C. , "Fast deconvolution: application to acoustical imaging", in *J. M. T HIJSSEN*, *V. M ASSEO* (*Eds.*), *Ultrasonic Tissue Characterization and Echographic Imaging*, Nijmegen, The Netherlands, Faculty of Medicine Printing Office, p. 161 – 172, 1985.

[VIV 89] V IVET L. , *Amélioration de la résolution des méthodes d' échographie ultrasonore encontrôle non destructif par déconvolution adaptative*, PhD thesis, University of Paris XI, France, Sep. 1989.

[WIG 78] W IGGINS R. A. , "Minimum entropy deconvolution", *Geoexploration*, vol. 16, p. 21 – 35, 1978.

第10章　大气湍流光学成像反演①

10.1　湍流光学成像

10.1.1　引言

望远镜的理论分辨率受其直径的限制。在实际仪器中,由于存在光学像差,通常无法达到这种称为衍射极限分辨率的理论极限。这些像差可能来自望远镜本身或来自光波传播介质。就地基天文学而言,像差主要是由于大气湍流引起的。人们提出了几种技术用来提高观测仪器的分辨率并避免由湍流引起的退化。在本节中,我们首先回顾光学成像中的一些基本思想,特别是关于湍流的光学效应,然后回顾通过湍流进行高分辨率成像的各种技术。

10.2 节简要介绍本章中使用的反演方法和正则化标准。10.3 节介绍波前传感器(WFS)及其使用产生的处理问题。WFS 是一种测量光学像差的设备,是当今许多高分辨率光学成像仪器的重要组成部分。

本节通过与之相关的逆问题,介绍三种成像技术。这些逆问题包括:在10.4 节中讨论的用于波前传感解卷积和用于自适应光学成像的图像恢复,以及用于光学干涉测量的图像重建(10.5 节)。

10.1.2　成像

10.1.2.1　衍射

标量衍射理论可以很好地描述成像,这在[GOO 68,BOR 93]等参考文献中有详细描述。现代的介绍性概述可参考[MAR 89]。图像形成可以通过卷积来建模,至少在仪器的所谓等晕区内是这样的。在可见光波段,当仅考虑由于望远镜本身引起的像差时,这个等晕区通常在 1°左右的量级,而对于通过湍流观

---

① 本章由 Laurent Mugnier,Guy Le Besnerais 和 Serge Meimon 撰写。Laurent Mugnier 和 Serge Meimon 非常感谢高角分辨率团队的同事,尤其是其历届领导人 Marc Séchaud 和 Vincent Michau,他们创建并保持了一种饱含求知欲与分享精神的令人振奋的团队精神。Laurent Mugnier 特别感谢与 Jean - Marc Conan 的有益讨论将他带入这个领域,Serge Meimon 特别感谢与 Frédéric Cassaing 的深入交流。

察空间的望远镜而言,等晕区约为几个弧秒(1 弧秒 = 1/3600°)。

当观察对象是一个点光源时,望远镜或"望远镜 + 大气"系统的瞬时点扩展函数(PSF)等于仪器孔径中存在的场 $\psi = P\exp(j\varphi)$ 的复振幅的傅里叶变换(FT)的平方模:

$$h(\xi) = \left| \mathrm{FT}^{-1}(P(\lambda\mu)\mathrm{e}^{j\varphi(\lambda\mu)}) \right|^2(\xi) \tag{10.1}$$

其中,λ 是成像波长,且假定为准单色成像。该 PSF 通常归一化为单元积分。在式(10.1)中,FT 是由望远镜在光瞳面和焦平面之间执行的场变换,而平方模表示检测量的为光强信息。矢量 $\xi = [\xi,\zeta]^{\mathrm{T}}$ 由天空中的角度信息组成,以弧度表示。对于没有湍流的理想望远镜,P 在孔径中是恒定的,φ 为零①。对于真实的望远镜,场 $P\exp(j\varphi)$ 的变化同时归因于望远镜自身的像差和由湍流引入的像差。

假设 P 仅仅是孔径指示量,即入瞳中的光强变化可以忽略不计。该假设在天文成像中通常是有效的,并且被称为近场近似。

式(10.1)表明光学传递函数(OTF)是由波长的倒数扩大的 $\psi = P\exp(j\varphi)$ 的自相关,可以写为

$$\hat{h}(u) = Pe^{j\varphi} \otimes Pe^{j\varphi}(\lambda u) \tag{10.2}$$

在没有像差的情况下,即当相位 φ 为零时,OTF 是孔径 P 的自相关。它的空间截止频率等于 $D/\lambda\,\mathrm{rad}^{-1}$,其中 D 是光阑的直径,并且在其之外严格为零。因此,望远镜(有时称为单镜面望远镜,与下面描述的干涉仪相区别)的最终分辨率受到直径 D 的限制。由于尺寸和质量的限制,当今的技术将地基望远镜的直径限制在 10m 左右,而将星载望远镜的直径限制在几米以内。光学干涉测量(OI)技术使我们能够超越上述分辨率限制。

10.1.2.2 光学干涉测量原理

这种技术提取阵列孔径的每个孔径单元接收到的电磁场并使它们相干。对于每对孔径(k,l),数据包含在角度空间频率 $B_{k,l}/\lambda$ 处(或附近)的高分辨率信息,其中 $B_{k,l}$ 是分割孔径或基线的矢量。该空间频率可以远大于单个孔径的截止频率 D/λ。

根据干涉仪的类型和光束组合,可以直接形成和测量物体的图像(对应的干涉仪称为成像干涉仪)或测量感兴趣物体的离散空间频率集(对应干涉仪可

① 相应的 PSF 称为艾利斑。

以称为“相关干涉仪”,因为它测量孔径之间电磁场的相关性[CAS 97])。对更精确描述不同类型光学干涉仪感兴趣的读者可以参考[ROU 01]。

对于单镜面望远镜,就像对于干涉仪一样,传递函数是入瞳的自相关(见式(10.2)),条件是,如果干涉仪是相关类型的,则孔径将被当作点。对于长基线干涉仪,即当基线相对于各个孔的直径较大时(通常是相关干涉仪的情况),就数据中所记录的信息而言,成像和相关干涉仪之间的差异可以忽略不计。单镜面望远镜、成像干涉仪和相关干涉仪的传递函数如图10.1所示。对于成像干涉仪,所需的处理可以很好地近似为解卷积,但由于孔径的形状不同,其PSF仍然由式(10.1)给出但比单镜面望远镜的更不规则。

对于相关干涉仪,数据处理问题的本质发生变化:这里,目标是从傅里叶系数重建对象,这是一个称为傅里叶合成的问题,将在10.5节中展开。

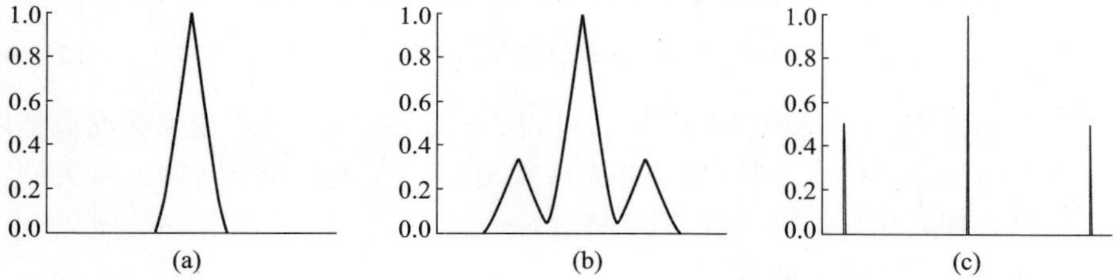

图10.1　单镜面望远镜(a),三望远镜成像干涉仪(b)和双望远镜相关干涉仪(c)的传递函数横截面图

在长基线干涉仪中表示数据形成的直观方式是杨氏双孔实验,其中每个望远镜的孔径是一个(小)孔,来自远处物体的光可以穿过。然后,每对望远镜(k, l)可以得到条纹状干涉图案,其空间频率为$B_{k,l}/\lambda$,其中$B_{k,l}$是联系望远镜k和l的矢量。这些条纹的对比度和位置可以直接地测量和组合为一个数字,称为复杂能见度,在不考虑湍流的理想情况下,该数字可以给出$\hat{x}(B_{k,l}/\lambda)/\hat{x}(0)$的值(Van Cittert - Zernike 定理[GOO 85,MAR 89])。

10.1.3　湍流对成像的影响

10.1.3.1　湍流和相位

大气空气温度的不均匀性导致空气折射率的不均匀性,这会扰乱光波在大气中的传播。这些扰动导致光瞳相位φ随空间和时间变化,可以通过随机过程对此建模。在本节中,我们回顾一些使湍流孔径相位可以二阶建模的结果。我们将采用这样一种假设,这种假设至少在10m以下的尺度上得到了充分的验证,即空气折射率的随机变化遵循定律:它们遵循高斯概率定律,具有零均值且

功率谱密度(PSD)与$|\nu|^{-11/3}$成正比,其中ν是三维空间频率[ROD 81]。

通过沿光路并在近场近似框架内对相位进行积分,可以推算出进入大气层的平面波在望远镜孔径中的相位空间统计。孔径中的相位是高斯相位,因为它是从高层大气到地面的所有指数扰动之和的结果[ROD 81]。该相位的PSD是[NOL 76]:

$$S_{\varphi}(u)=0.023r_0^{-5/3}u^{-11/3} \tag{10.3}$$

式中:u为孔径中的二维空间频率;u为其模值;r_0为量化湍流强度的关键参数,称为Fried直径[FRI 65]。r_0值越小,则湍流越强。通常,在相对较好的位置,其在可见光范围内的值约为10cm。

孔径中湍流相位的典型变化时间τ由该相位的特征尺度r_0与平均风速Δv的比值给出(更准确地说,是风速模量分布的标准差[ROD 82]):

$$\tau=r_0/\Delta\nu \tag{10.4}$$

对于$r_0\simeq10\text{cm}$和$\Delta\nu\simeq10\text{m}\cdot\text{s}^{-1}$,可得$\tau=10^{-2}\text{s}$。因此,讨论长曝光成像对应的积分时间显然比这个长,而短曝光成像对应于较短的积分时间。有关湍流相位时间统计的完整处理,见[CON 95]。

10.1.3.2 长曝光成像

湍流的长曝光OTF是不考虑大气条件下望远镜所谓的静态OTF$\hat{h}^s$与大气传递函数$\hat{h}^a$的乘积,其中$\hat{h}^a$的截止频率为r_0/λ[ROD 81]:

$$\hat{h}(u)\triangleq\langle\hat{h}_t(u)\rangle=\hat{h}^s(u)\hat{h}^a(u),\text{其中 }\hat{h}^a(u)=\exp\{-3.44\,(\lambda\mu/r_0)^{5/3}\} \tag{10.5}$$

其中,尖括号$\langle\cdot\rangle$表示任意长时间内的平均值。因此,可知对于具有大直径$D\gg r_0$的望远镜,长曝光成像分辨率受到湍流的限制,并且不比直径为r_0的望远镜好。

10.1.3.3 短曝光成像

正如Labeyrie[LAB 70]所指出的,当曝光时间足够短以冻结湍流时(通常小于10ms,见式(10.4)),图像将保留散斑形式的高频信息,具有典型尺寸λ/D和随机位置。这在图10.2中进行了说明,给出了使用短(图10.2(a))和长(图10.2(c))曝光时间通过湍流($D/r_0=10$)观察到的星体的模拟图像。

通过评估散斑传递函数(STF)$\langle|\hat{h}_t(u)|^2\rangle$(可以将其定义为瞬时传递函数的二阶矩),可以量化短曝光图像中的高频信息。对于大直径望远镜($D\gg r_0$),

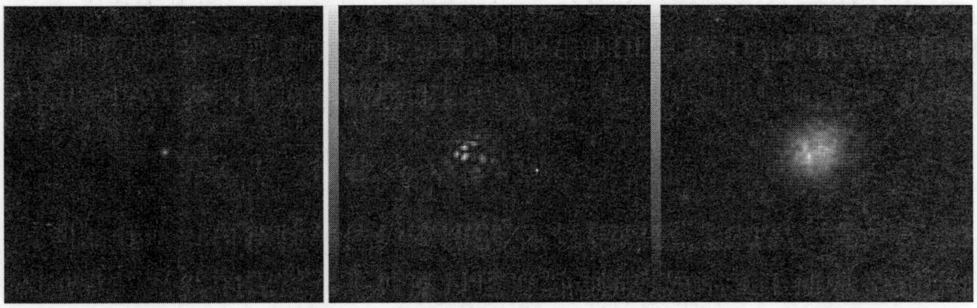

(a)　(b)　(c)

图 10.2　在没有大气湍流的情况下模拟的星体图像(a)和透过湍流的成像结果((b)和(c)图分别对应短曝光和长曝光成像结果)。其中湍流强度为 $D/r_0=10$,图像采样服从香农定律

如果我们对湍流统计量进行近似,可以得到 STF 的近似表达式(ROD 81):

$$\langle|\hat{h}_t(u)|^2\rangle \simeq \langle\hat{h}_t(u)\rangle^2+0.435\,(r_0/D)^2\hat{h}_0^s(u) \tag{10.6}$$

其中,$\hat{h}_0^s$ 是直径为 D 的完美望远镜(即没有像差)的传递函数。

该表达式允许我们将 STF 描述为长曝光传递函数的平方和,即低频(LF)和高频(HF)分量,高频分量一直延伸到望远镜的截止频率,其衰减正比于 $(D/r_0)^2$。因此,如果使用比简单取平均值更明智的方法处理一组短曝光图像,就有可能恢复被观察对象的高分辨率图像。

10.1.3.4　长基线干涉仪的例子

式(10.5)适用于任意形状的仪器孔径,因此特别适用于干涉仪。在长时间曝光中,对于基线 $B_{k,l}/\lambda$ 测量的条纹的对比度被乘上了 $\hat{h}^a(B_{k,l}/\lambda)$,其强度被显著衰减以致于测量值 $\hat{x}(B_{k,l}/\lambda)$不可用。

在短时间曝光中,对于一台干涉仪,如果其单个孔径直径小于 Fried 直径 r_0,或者使用自适应光学系统校正了湍流效应(见 10.1.4.3 小节),则湍流对干涉仪测量的影响易于建模:在上面提到的杨氏小孔实验中,因为每个小孔前端的湍流会引入像差,所以每个孔 k 均会对经过它的光波施加相位延迟 $\varphi_k(t)$。两个孔径 k 和 l 之间的干涉会因“级差”$\varphi_l(t)-\varphi_k(t)$引起反相,其在短时间曝光中表现为条纹的随机位移,而对比度不会衰减。长曝光中的对比度衰减是由这些随机位移的平均值引起的。10.5 节将介绍回避级差的平均技术。在频率 $B_{k,l}/\lambda$ 处的短曝光传递函数可以写为

$$\hat{h}_t(B_{k,l}/\lambda)=\eta_{k,l}(t)e^{j(\varphi_l(t)-\varphi_k(t))} \tag{10.7}$$

其中，$\eta_{k,l}(t)$是一个通常被称为“仪器可见性”的数字。在没有许多潜在的能见度损失来源（每个望远镜的波前残余扰动，望远镜之间的差分倾斜，差分极化效应，非零谱宽度等）的情况下，考虑到 P 是狄拉克 δ 函数的和，$\eta_{k,l}(t)$的值是同时干扰孔径数量的倒数（式(10.2)）。实际上，这种仪器可见性是在干涉仪无法分辨的星体上校准的。考虑到这种校准，我们可以在式(10.7)中将 $\eta_{k,l}(t)$替换为 1。

请注意，孔径 k 和 l 之间的测量基线 $B_{k,l}$取决于时间：从物体看到的孔径结构随着地球旋转而变化。这用于“超合成”，当照射源不随时间变化时，这种技术通过在夜间观测过程中重复测量以增加干涉仪的频率范围。

10.1.4 成像技术

通过湍流进行高分辨率成像的目的是恢复超长曝光成像的截止频率 r_0/λ 之外的高频信息。这通过各种实验技术成为可能，这些技术避免了对由湍流引入的相位误差的时间积分。因此，对该技术有效性的评估主要通过高空间频率下产生的信噪比（SNR）。

10.1.4.1 散斑技术

第 1 类高分辨率技术是基于一系列短曝光图像的采集和经验矩的计算。散斑干涉仪①[LAB 70]使用图像傅里叶变换的二次均值，这使得观测对象的自相关可以被估计。Knox 和 Thomson[KNO 74]以及随后的 Weigelt[WEI 77]提出了分别使用短曝光图像的交叉谱和双谱，以便估计目标而不仅仅是其自相关。即使对于简单对象，这些方法也要求对大量图像取平均，以便使统计量的估计有效并改善 SNR。

10.1.4.2 波前感知解卷积

一种显著改善通过湍流进行短曝光成像的方法被提了出来，该技术不是通过改进测量的处理而是通过改变实验技术本身来实现。

穿过湍流的短曝光成像质量的显著增强并不是通过改进测量过程实现的，而是通过改变实验技术本身实现的。1985 年，Fontanella[FON 85]提出了一种新的成像技术：波前传感的解卷积。这项技术基于一种称为波前传感器（WFS）的设备，不久之后就得到了实验验证[PRI 88，PRI 90]。

迄今仅用于控制望远镜镜面质量的 WFS 的目的是测量光学系统的像差（式(10.1)的相位 φ）。其中一些，如用于波前传感解卷积的 Hartmann - Shack 传感器，即使感兴趣的物体被扩展（而不是点源）也依然有效。

① 干涉测量术语可能误导读者认为这里使用的仪器是干涉仪。这绝不是这种情况；所讨论的干涉是由单片望远镜的孔径引起的。

波前传感解卷积技术包括同时记录一系列短曝光图像和 Hartmann – Shack 波前测量数据。在实际应用中,至少需要 10 张左右的短曝光图像,才能给出望远镜截止频率之内的正确空间频率覆盖范围(式(10.6))。如果观察到的物体不是很明亮,则所需的图像数量会更多。

波前传感解卷积是对上面提到的其他短曝光技术的一个很大的改进。首先,像 Knox – Thomson 或双光谱技术一样,它使我们能够恢复的不是物体的自相关而是物体本身。然后,不同于之前的短曝光技术,这一技术不需要记录参考星的图像,因此它被称为自参考散斑干涉测量法。最后,它在光子收集方面的测量是有效的:由于短曝光图像必须是准单色的,以保持斑点不模糊,所有剩余的光子可以转向 WFS 而不会在图像通道上丢失任何信号。因此,这种技术可以比以前的短曝光技术记录更多的信息,而且与那些技术不同,由于其自参考性质,它的 SNR 不受高通量处的散斑噪声的限制[ROD 88b]。这就解释了散斑干涉法现在已经不再使用的原因。

10.4.2 节给出了该技术中数据处理的更多细节,这是一个双逆问题(从 WFS 测量中估计波前,这允许计算每个图像对应的瞬时 PSF,以及从图像和 WFS 测量中估计目标)。

10.1.4.3 自适应光学

在 SNR 方面具有最佳性能的成像技术是自适应光学(AO),其通常使用镜子来对大气湍流引入的像差进行实时补偿,所述镜子的表面形状可以根据 WFS 的测量结果在伺服驱动下实时自适应调整。

因此,这种技术能够用来记录长时间曝光的图像(通常在几秒到几十分钟之间曝光),同时能够保留望远镜截止频率以下的物体的高频信息。然而,高频信息是逐渐衰减的,因为仅仅是局部校正[CON 94]并且需要解卷积。对于这种 PSF 通常不完全已知的解卷积,在 10.4.3 节中将进行阐述。

最常用的 WFS 是 Hartmann – Shack 传感器(见 10.3.2 节)。对应的可变形镜具有由高电压控制的多层压电材料等构成的致动器。早在 1953 年 Babcock 就提出了 AO 技术,并从 20 世纪 70 年代开始用于防御目的,首先在美国,然后在法国,但直到 20 世纪 80 年代末才出现了第 1 个用于天文学的 AO 系统[ROU 90]。希望进一步详细了解 AO 技术的读者可参考[ROD 99]。

10.1.4.4 光学干涉测量法

本节介绍了地基星体干涉测量技术发展的一些主要步骤,部分信息来自[MON 03]。

1)第一次测量星体

1868 年,Fizeau 首次提出使用干涉测量法来观测星体,其目的仅仅是测量天体的大小。然而,直到 1890 年,该技术才被迈克尔逊[MIC 91]实验性地实施,他通过用两个相距 4 英寸的细缝遮蔽望远镜来测量木星卫星的直径。在 1920—1921 年,他和 Pease 使用 20 英尺(6m)的干涉仪测量了 Betelgeuse 星的直径[MIC 21]。

Pease 试图达到 50 英尺的基线,但没有成功,这标志着光学干涉测量困难时期的开始。与此同时,第二次世界大战期间雷达的进步导致了射电波段干涉测量学的发展。在射电干涉测量中,已经达到了小于 1 毫弧秒的分辨率,而在光学干涉测量中,由于要把两个望远镜的光束相干合成,由此涉及到许多技术难题,因而被忽视了。在光学中,难以直接记录相位,因此必须通过两束光实时相干合成。光学手段的另一个障碍是湍流的影响比无线电的发展要快得多。

2）光学干涉测量法的新发展

Labeyrie 在 1974 年[LAB 75]首次使用长基线干涉仪实现了星体发出的光束的相干合成,该干涉仪是一台名为 I2T 的双望远镜干涉仪,基线长度为 12m。随后又推出了一个更加雄心勃勃的版本,由直径 1. 5m,基线长达 65m 的望远镜组成,被命名为 Grand Interféromètre à 2 Téléscopes(GI2T)[MOU 94]。到那时为止,基于双孔径的干涉测量法已经被用于测量天文场景的空间光谱,从中提取一些参数来验证或推翻天体物理模型。特别地,只能使用空间谱的模量。此外,由于没有相位,通常不可能确定观测场景的几何形状。1987 年,Hannif 等人证明可以利用单镜面望远镜掩膜技术实现干涉阵列[HAN 87],也即使阵列的每对望远镜同时形成干涉条纹。这种技术除了一次实现多个测量外(一台由 6 个望远镜组成的干涉仪每次曝光可获得 15 个频率信息),还可以访问物体的空间光谱相位[BAL 86],从而使得对较均匀圆盘或双星系统更复杂的场景进行干涉成像成为可能。干涉成像可能比一个统一的复杂场景磁盘或一个双星系统更为复杂。这种方法的巨大潜力推动了几个团队建造这样的仪器。1995 年,COAST 干涉仪首次实现了与 3 个望远镜系统的同步组合[BAL 96],几个月后 NPOI[BEN 97]和 IOTA(IOT)(现已退役)紧随其后。由于这些仪器发展迅速,有兴趣的读者可访问 http://olbin. jpl. nasa. gov/获取最新信息。

3）干涉测量法的未来

建立光学干涉阵列所需的技术现在已经成熟,并借鉴了集成光学、自适应光学和光纤光学等相关领域的经验与技术:

(1) 集成光学已经成功应用于多台望远镜的同步组合好几年了,特别是在 IOTA 干涉仪上[BER 03](本章末尾处理的实验数据均采用该系统获得)。

(2) 在诸如超大型望远镜干涉仪等大型望远镜上的自适应光学技术使观察低亮度物体成为可能。

(3) 光纤光学提供了单模光纤,允许望远镜在非常远的距离上进行干涉测量连接。OHANA 项目计划将夏威夷 Mauna Kea 山顶的 7 个最大的望远镜组合成一个干涉仪。由此形成的阵列将具有 800m 的最大基线[PER 06]。

在研制这些大型相关干涉仪的同时,现在也有了制造成像干涉仪的技术。与同等的单镜面望远镜相比,这些仪器最终可以大大节省体积和质量,这将使它们成为执行太空任务的理想选择。在地面上,它们将成为巨型单镜面望远镜(几十米)的替代品。第 1 个是大型双目望远镜 LBT[HIL 04],它将由两个经过自适应光学校正的 8m 望远镜组成。

分段望远镜,例如 Keck Observatory 的望远镜,已经使用了好几年,并且处于成像干涉仪和望远镜之间。它们的主镜由连接的分立金属片组成,比单镜面反射镜更容易加工制造。这项技术已经被选用于未来的欧洲巨型望远镜 E-ELT(欧洲的超大望远镜)和美国的 TMT(30m 望远镜)。

除了本节中描述的相关成像干涉仪之外,还有其他类型的干涉仪。P. Lawson[LAW 97]收集了这一领域的一系列参考出版物。在本章中,我们只讨论利用地面上的相关干涉仪通过湍流观测空间所收集的数据的处理问题。

10.2 采用的求逆方法与正则化准则

湍流光学成像中的反演在单镜面望远镜中通常是一个不适定问题,在干涉仪中则是一个待定问题。

在波前传感的解卷积和自适应光学中,可以直接使用本书中描述的贝叶斯方法解决图像恢复问题。在所谓的传统解卷积的情况下,PSF 被认为是完全已知的,估计对象被定义为包含数据保真项 J_y 和先验保真项 J_x 的复合准则的最小值。在 OI 中,图像是由异构数据和传递函数的知识重建的,由于湍流的影响,该传递函数非常不完整。有几种可能的方法来处理这类数据,详情如下。

在所有情况下,都有必要对反演进行正则化,以得到可接受的解。这里将通过使用最小化准则中的正则化术语 J_x 来获得解决方案。本章使用的正则化标准取自下面描述的内容,并且它们都是凸的。

二次准则是使用最广泛的。我们将在 DWFS 和 OI 中使用这种类型的准则,其具有对象光谱的参数模型,例如在[CON 98b]中为自适应光学提出的模型。这些准则的一个优点是可以很容易地估计模型的参数,例如通过最大似然估计。参见[BLA 03]以识别[CON 98b]的光谱模型,同时估计像差,也可参见[GRA 06]以了解在 PSF 已知的自适应光学中的应用。该模型也可以从 OI[MEI 05a]的数据中识别出来。

对于具有尖锐边缘的物体,例如人造卫星、小行星或行星,二次准则倾向于使边缘过平滑并在其邻域中引入虚假振荡或振铃。因此,解决方案是使用边缘保留准则,例如所谓的二次线性准则或 L_2L_1 准则,该准则对于物体的弱梯度是二次的而对于较强的梯度则是线性的。二次部分确保良好的噪声平滑,线性部分抵消边缘惩罚(第 6 章)。在这里,对于 DWFS(10.4.2 节)和 AO(10.4.3 节),我们将使用一个准则的各向同性版本[MUG 01],该准则由 Rey[REY 83]在稳健估计的背景下提出并由 Brette 和 Idier 应用于图像恢复[BRE 96]:

$$J_x(x) = \mu\delta^2 \sum_r \left(\Lambda x(l,m)/\delta - \lg(1 + \Lambda x(l,m)/\delta) \right) \tag{10.8}$$

其中,$\Lambda x(l,m) = \sqrt{\nabla_\xi x\,(l,m)^2 + \nabla_\zeta x\,(l,m)^2}$,$\nabla_\xi x$ 和 $\nabla_\zeta x$ 表示在两个空间方向上用有限差分得到的近似梯度。

对于由相当平滑的背景上的亮点组成的物体,例如在天文学中经常发现的物体,可以考虑一个白色的 L_2L_1 先验,即像素是独立的。通过使用式(10.8)的正则化 $\Lambda x = x$ 来获得这样的先验。这就是我们对 10.5.4 节中所有干涉数据所将要做的工作。与具有物体光谱模型的二次正则化的情况不同,必须在此对超参数的调整进行监督。

10.3 像差测量

10.3.1 介绍

WFS 是现代高分辨率成像仪器的一个关键元素,因为它允许测量仪器的像差和大气湍流,以便可以实时(AO)或通过后处理对其进行补偿。

目前有许多 WFS 技术可供使用,(ROU 99)对此进行了全面回顾。它们可以分为两大类:焦平面传感器和光瞳面传感器。

目前的 AO 系统要么使用 Hartmann - Shack 传感器[SHA 71],这在[FON 85]中有详细描述,要么使用曲率传感器(ROD 88a)。它们都属于光瞳面传感,使用的是入射光的一小部分,而入射光被双色分光镜改变了方向。对于 AO 来说,它们都具有吸引人的特性,即它们都可以工作于宽光谱波段(因为它们可以用几何光学很好地描述),并且未知像差与数据之间的关系是线性的,因此可以进行实时反演。10.3.2 节将介绍 Hartmann - Shack 传感器的原理。该传感器将在后面的 DWFS 技术中看到,并且是 AO 中使用最为广泛。

焦平面传感器系列诞生于一个非常自然的想法,即给定物体的图像不仅包含关于物体的信息,还包含关于波前的信息。因此,焦平面传感器除了成像传感器之外几乎不需要或完全不需要其他光学器件;这也是对焦平面上所有像差敏感的唯一方法。

10.3.3 节简要介绍称为相位分集的焦平面波前传感技术[GON 82]。这种技术,像 Hartmann – Shack 一样,可以用于非常扩展的对象。最后,应该注意的是,有一种称为共相位传感器的特殊 WFSs,可以测量孔径之间的差异活塞,这是干涉仪特有的像差。相位分集既可用作 WFS,也可用作共相传感器。级差目前在干涉仪上尚未进行校正。

10.3.2　Hartmann – Shack 传感器

该传感器的原理如图 10.3 所示,$N_{ml} \times N_{ml}$ 微透镜阵列放置在光瞳平面(望远镜入射光瞳的图像)上。它采样或切断入射波前。在阵列的焦点处,一组探测器(例如 CCD 摄像机)记录下 N_{ml}^2 幅子图像,每个子图像都是通过相应的微透镜的光瞳部分观察到的物体的图像。当波前受到像差扰动时,每个微透镜都能近似地看到一个倾斜的平面波前,因此相应的子图像相对于其参考位置的偏移量与波前的平均斜率成正比。在大气湍流引起的像差情况下,应选择 N_{ml},使得每个微透镜相对于仪器入射光瞳的大小为 Fried 直径 r_0 的量级。测量每个子图像的重心位置,从而给出 $N_{ml} \times N_{ml}$ 网格上的波前的平均斜率的分布图①。

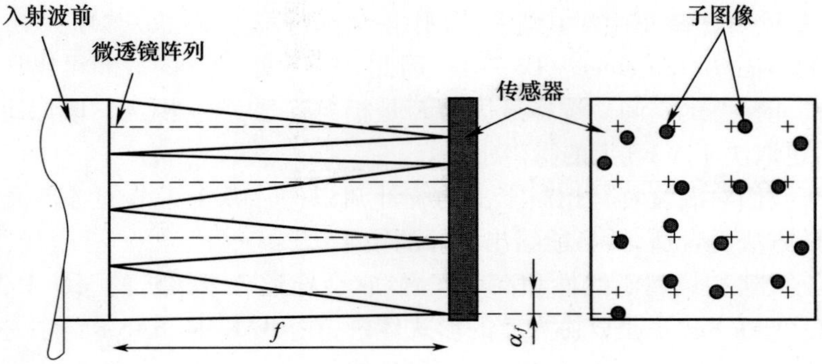

图 10.3　Hartmann – Shack 传感器的原理

将任意时刻 t 的未知相位表示为 φ_t,其通常可扩展为 Zernike 多项式[NOL 76],并且该扩展的系数表示为 ϕ_t^q:

① 可以设想,如果测量的不是局部斜率的分布图,而是一组原始子图像集。实际上,这些子图像将产生大量数据流,因此通常不会存储在磁盘上:因为在湍流成像中,波前必须以几十甚至几百赫兹的频率进行采样。

$$\varphi_t(r) = \sum_q \phi_t^q Z_q(r) \tag{10.9}$$

其中,r 是光瞳中的当前点。然后可以将直接问题表示如下:

$$\boldsymbol{s}_t = \boldsymbol{D}\boldsymbol{\phi}_t + \boldsymbol{b}'_t$$

式中:$\boldsymbol{s}_t$ 为连接 $2N_{ml}^2$ 个斜率测量值(x 和 y)的矢量;$\boldsymbol{\phi}_t$ 为未知相位的坐标向量;$\boldsymbol{D}$ 为"交互矩阵"的采样微分算子。

通常假设噪声是独立同分布高斯噪声。不同子光瞳的测量之间的独立性是自然的,并且高斯特征是合理的,因为它来自于对大量像素(通常是几十个像素)的重心估计。

传统上用于估计相位的方法是最小二乘估计,尤其是在实时约束条件(AO)下。矩阵 $\boldsymbol{D}^{\mathrm{T}}\boldsymbol{D}$ 不是先天可逆的,因为测量的数量是有限的($2N_{ml}^2$),而矢量 $\boldsymbol{\phi}$ 的维度 K 在理论上是无穷大的。在实践中,即使选择 K 略小于 $2N_{ml}^2$,$\boldsymbol{D}^{\mathrm{T}}\boldsymbol{D}$ 也是病态的。通常的补救措施是减小未知量 $\boldsymbol{\phi}$ 空间的维度 K,并过滤掉一些传感器未感知到或未充分感知到的模式。这些模式对应于 $\boldsymbol{D}^{\mathrm{T}}\boldsymbol{D}$ 为数不多的几个零值或非常小的特征值。通常取 $K \simeq N_{ml}^2$。

这种补救方法是正确有效的,因为 Zernike 多项式的基础非常适合大气湍流。首先,这些多项式的顺序对应于越来越高的空间频率,湍流的 PSD 下降得非常快(见式(10.3)),因此基于 Zernike 的湍流相位协方差矩阵的对角线将会减小。其次,该矩阵集中在其对角线周围。换句话说,Zernike 多项式 Z_i 非常接近湍流的本征模(Karhunen – Loève)。因此,在 Z_k 处 $\{Z_i\}$ 的截断可以选择一个包含最高能模态的空间。选择最优的 K 是相当有难度的,因为它既取决于湍流强度 r_0,也取决于 WFS 上的噪声水平。

由于我们对湍流具有相当丰富的统计知识(见 10.1.3 节的参考文献),因此贝叶斯方法更合适,并且能给出更好的结果。

由于重建相位属于线性和高斯问题,它会导致一个解析的 MMSE/MAP 估计量,在[WAL 83]中是以协方差的形式体现,在[BAK 94,SAS 85]中是以信息形式体现(见第 3 章)。每个相位的 MAP 估计对应于最小化混合法则 $\boldsymbol{J}_{\mathrm{MAP}}^{\phi} = \boldsymbol{J}_s + \boldsymbol{J}_\phi$,即

$$\boldsymbol{J}_s = \frac{1}{2}(\boldsymbol{s}_t - \boldsymbol{D}\boldsymbol{\phi}_t)^{\mathrm{T}}\boldsymbol{C}_{b'}^{-1}(\boldsymbol{s}_t - \boldsymbol{D}\boldsymbol{\phi}_t) \tag{10.10}$$

$$\boldsymbol{J}_\phi = \frac{1}{2}\boldsymbol{\phi}_t^{\mathrm{T}}\boldsymbol{C}_\phi^{-1}\boldsymbol{\phi}_t \tag{10.11}$$

式中:$\boldsymbol{C}_{b'}$ 为斜率测量噪声的协方差矩阵(对角线,实际上是恒定的对角线);$\boldsymbol{C}_\phi$ 为 Zernike 基中湍流相位的协方差矩阵,可由式(10.3)推导得出[NOL 76],仅取决于 r_0。通用的解是:

$$\hat{\boldsymbol{\phi}}_t = (\boldsymbol{D}^{\mathrm{T}}\boldsymbol{C}_{b'}^{-1}\boldsymbol{D} + \boldsymbol{C}_{\phi}^{-1})^{-1}\boldsymbol{D}^{\mathrm{T}}\boldsymbol{C}_{b'}^{-1}\boldsymbol{s}_t \tag{10.12}$$

该解决方案利用了我们对湍流空间统计的知识。对于在 AO 中使用,采样频率通常远高于 $1/\tau_0$,选择此 MMSE 估计器的自然扩展是明智的,该估计器也使用关于湍流的时间统计的先验知识。该扩展是卡尔曼滤波的最佳估计[LER 04,PET 05,KUL 06]。

10.3.3　相位恢复和相位分集

相位恢复包括从点源图像估计仪器观测到的像差。这可归结为对式(10.1)求逆,即从 h 的测量估计其相位 ϕ。这项技术首先用于电子显微镜[GER 72],然后在光学系统[GON 76]中重新应用,它有两个主要局限性:①它仅适用于点目标;②所获得的解存在符号模糊性,且通常不唯一。

Gonsalves[GON 82]已经表明,通过使用相差变化相对于第 1 幅图像已知的第 2 幅图像,例如轻微的散焦,即使物体在空间上是扩展的和未知的,也可以估计其像差。此外,该第 2 图像提升了上述的不确定性,并且估计的像差在实践中对于小的像差是唯一的。该技术被称为相位分集,类似于无线通信中使用的技术。

相位分集用于两种不同的情况。第 1 种情况,我们希望获得远距离目标的图像,例如在太阳天文学中;第 2 种情况,我们希望测量仪器所观察到的像差,以便实时或离线校正它们。这两个问题是相关联的,但又截然不同。在这两种情况下,反演的基础是估计与测量图像最匹配的像差和目标。传统方法是对物体和相位的联合估计[GON 82],可能对这两个未知数进行正则化。虽然这种类型的联合估计通常具有较差的统计特性,但在相位分集的特定情况下,已经表明联合估计会导致像差的相容估计[IDI 05]。此外,最近提出了一种所谓的边缘方法,该方法将对象从问题中整合出来以便估计相位,从而对噪声具有更好的鲁棒性[BLA 03]。

感兴趣的读者可以在[MUG 06]中找到更完整的描述和对该 WFS 应用的回顾,其中还包括对上述两个估计的详细研究。

10.4　成像中的近视恢复

10.4.1　动机和噪声统计

在使用单镜面望远镜进行湍流成像时,所需的数据处理基本上是解卷积。然而,PSF 的估计或测量往往是不完善的,并且通常需要特别考虑仪器响应不确定性,以此来获得最佳的解卷积结果。这就是我们所说的近视解卷积,它可以采取不同的形式,取决于湍流是通过 DWFS 离线校正(10.4.2 节)还是通过 AO 实时校正(10.4.3 节)。

最常用的数据保真项是普通最小二乘准则。在概率解释中,该准则符合噪声为高斯平稳白噪声的假设(第 3 章)。

$$J_y(x)=\frac{1}{2\sigma_b^2}\|Hx-y\|^2 \tag{10.13}$$

式中:x 为观察对象;y 为记录图像;H 为成像算子;σ_b 为噪声的标准差。在天文成像中,这种解释通常是粗略的近似,除了大的明亮物体,因为主要的噪声通常是光子的,因此遵循泊松统计,从而可得以下数据保真项:

$$J_y(x)=\sum_{l,m}(Hx-y\lg Hx)(l,m) \tag{10.14}$$

当使用基于梯度的数值方法时,这种非二次准则可能给最小化带来实际困难。更重要的是,在图像非常暗的部分,传感器的电子噪声相对于光子噪声变得不可忽略,并且噪声的精细建模必须同时考虑来自传感器(通常是 CCD 设备)的噪声和光子噪声。第 14 章将对此进行详细研究。

在噪声的精细建模和有效最小化之间可以得到一个很好的折衷。首先推导出式(10.14)的二阶近似,它对应于纯光子噪声。对于不太暗的图像(实际上,每个像素 10 个左右的光子就足够了),可以采用近似 $Hx-y\ll y$,并将式(10.14)扩展到二阶。结果对应于高斯非平稳白噪声,其方差等于每个点处的图像。然后,通过简单的对方差求和,得到了一个数据保真准则,该准则对传感器和光子噪声同时存在的情况进行了建模[MUG 04]:

$$J_y(x)=\sum_{l,m}\frac{1}{2(\sigma_{ph}^2(l,m)+\sigma_{\det}^2)}|(Hx)(l,m)-y(l,m)|^2 \tag{10.15}$$

式中:$\sigma_{ph}^2(l,m)=\max\{y(l,m),0\}$ 是每个像素处的光子噪声的方差估计量;$\sigma_{\det}^2$ 为预先估计的传感器噪声的方差。

10.4.2 波前传感解卷积中的数据处理

10.4.2.1 短曝光图像常规处理

在本小节中,描述非近视多帧解卷积。换句话说,我们认为从 WFS 测量值推导出的 PSF 是正确的。在下一小节中,我们将展示近视解卷积(即 WFS 数据和图像的联合处理)是如何改善观察对象的估计的。

有一个比等晕斑还小的物体的一系列 N_{im} 短曝光图像，对应离散化正问题的表达式可以写成：

$$y_t = h_t * x + b_t = H_t x + b_t, \quad 1 \leqslant t \leqslant N_{im} \tag{10.16}$$

其中，x 和 y_t 分别是在 t 时刻的离散对象和图像，并且其中的 PSFh_t 通过式(10.1)与光瞳中同一时刻的相位 φ_t 相关。我们还有波前测量值，在这种情况下，Hartmann - Shack 斜率测量 S_t 与每个图像相关联。

传统的 DWFS 数据处理顺序的是：首先通过式(10.12)估计相位 ϕ_t，然后通过式(10.1)推导出 PSFh_t，最后通过多帧的解卷积估计出对象。下面给出了这个顺序处理的细节。

DWFS 技术早期使用的图像处理是一种简单的多帧最小二乘法[PRI 90]；因此，解决方案是多帧反滤波器，在实际应用中，必须通过在傅里叶域中的分母上加一个小常数来对其进行正则化。更好的方法是明确正则化要最小化的标准。对于人造卫星等边缘明显的物体，采用的正则化准则为式(10.8)给出的 L_2L_1。

利用第 3 章中介绍的贝叶斯框架，估计 MAP 意义上的目标。两个因素允许简化图像集的似然：首先，图像之间的噪声是独立的，其次，连续采样之间的延迟通常比典型的湍流演化时间长。因此，似然可以被重写为每个图像似然的乘积，每个图像似然都同时受到物体和相位的制约。然后，对象的估计值就是下式最小化值：

$$J^x_{\mathrm{MAP}}(x) = \sum_{t=1}^{N_{\mathrm{im}}} J_y(x;\phi_t, y_t) + J_x(x) \tag{10.17}$$

其中，$J_y(x;\phi_t, y_t) = -\lg p(y_t \mid x, \phi_t)$。实际上，对于两种仿真(见 10.4.2.3 小节)和实验数据(见 10.4.2.4 小节)，用于 J_y 的数据保真项将是式(10.13)的最小二乘项。最小化是在对象变量上以数字方式执行的，上述 J^x_{MAP}准则中 ϕ_t 的存在仅仅是作为准则对相位依赖性的提示。

10.4.2.2　短曝光图像的近视解卷积

在传统的 DWFS 数据处理中，有关波前的信息仅从 WFS 数据中提取，而不是从图像中提取。然而，在短曝光图像中仍然有关于 PSF 的可利用信息，一些作者[SCH 93, THI 95]利用盲解卷积得到的结果证明了这一点(即不利用 WFS，但使用模型式(10.1)和式(10.9))。

然而，在盲解卷积中需要最小化的准则通常具有局部极小值，并且利用光瞳相位对 PSF 进行参数化处理不足以保证解的唯一性。这就是为什么 WFS 数据不应该被忽略，而应该与图像一起使用的原因。

给定图像 y_t，WFS 测量值 s_t 和关于 x 和 ϕ_t 的先验信息，近视解卷积包括联合搜索最可能的目标 x 和湍流相位 ϕ_t[MUG 01]。使用贝叶斯法则和与 10.4.2.1 小节相同的独立假设,可以证明联合 MAP 意义上的估计$(\hat{x},\{\hat{\phi}_t\})$是使下式最小化的值:

$$J_{\mathrm{MAP}}(x,\{\phi_t\}) = \sum_{t=1}^{N_{\mathrm{im}}} J_y(x,\phi_t;y_t) + J_x(x) + \sum_{t=1}^{N_{\mathrm{im}}} J_s(\phi_t;s_t) + \sum_{t=1}^{N_{\mathrm{im}}} J_\phi(\phi_t)$$

式中:J_y 为图像保真项;$J_y(x,\phi_t;y_t)$为第 t 幅图像的反对数似然,它现在是目标和相位的函数;$J_x(x)$为目标先验,其在下文中将是式(10.8)的 L_2L_1 模型;J_s 为 WFS 数据项的保真度,在假设条件下,是由式(10.10)给出二次项;J_ϕ 为式(10.11)给出的相位的先验项。

通过共轭梯度方法和目标 x(对于当前相位估计)与相位集 ϕ_t(对于当前目标估计)的交替最小化来最小化准则。

为了加快最小化的速度,同时也为了在实践中避免联合准则中经常出现的局部最小值,初始对象和相位被认为是在 10.4.2.1 小节中描述的顺序处理中获得的 MAP 估计。

10.4.2.3 仿真

使用相关的 WFS 测量模拟一组 100 个图像。通过模态方法[ROD 90]获得 100 个波前,其中每个相基于多项式展开(见式(10.9))并遵循 Kolmogorov 统计(见式(10.3))。湍流强度对应于比率 $D/r_0=10$。每个湍流波前用于计算尺寸 128×128 的短曝光图像,使用式(10.1)和式(10.16)在香农频率处采样。添加到图像中的噪声是白色,高斯和静止的,方差等于要模拟的平均通量,即 $10^4/128^2=0.61$ 光子/像素。图 10.4 显示了物体,它是 SPOT 卫星的数值模型,以及 100 个模拟图像中的一个。

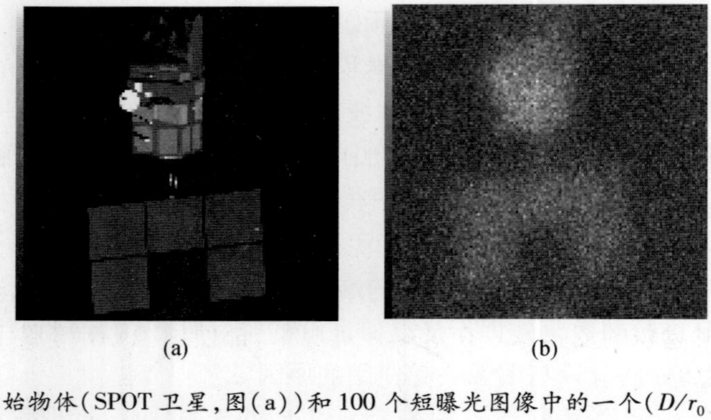

(a)　　　　　　　　　　(b)

图 10.4　原始物体(SPOT 卫星,图(a))和 100 个短曝光图像中的一个($D/r_0=10$,图(b))

相应的 PSF 是图 10.2(a)的图像。模拟的 WFS 是一个 Hartmann - Shack，有 20×20 个没有中心遮挡的子孔径。在波前的局部斜率上加入高斯白噪声，使测量斜率的 SNR(定义为斜率方差与噪声方差之比)为 1。

图 10.5 比较了在相同的 L_2L_1 先验下目标的序贯估计和近视估计的结果(式(10.8))，这与一个正性约束相关联①。在图 10.5(a)中，非近视恢复是波前的 MAP 估计，然后根据估计的波前用 PSF 进行恢复，得到实际目标为 0.45 个光子(每个像素)的 MSE。在图 10.5(b)中，联合估计给出了 0.39 光子的 MSE。

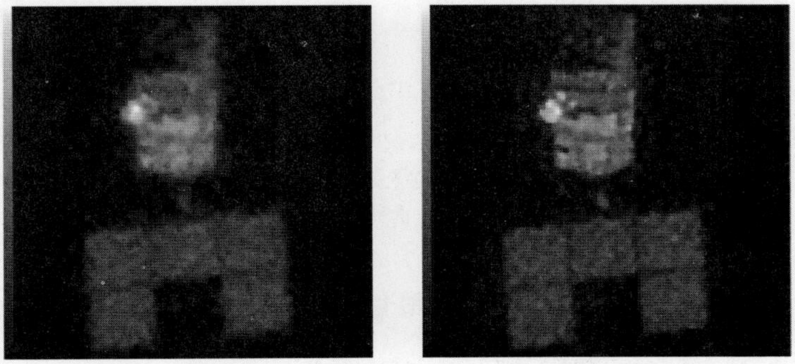

(a)　　(b)

图 10.5　通过非近视(a)和近视(b)估计恢复的目标图像。在两种情况下，均使用了 L_2L_1 先验和目标正性约束。真实目标的 MSE 分别为 0.45 和 0.39 光子

此外，近视估计还可以改善重建波前的质量(MUG 01)。

10.4.2.4　实验结果

上述处理方法在 1990 年 11 月 8 日由 ONERA 的 DWFS 系统记录的双星 Capella 的 10 个实验图像处理中得到应用，其中 DWFS 系统安装在直径 4.20m 的 William Herschel 望远镜(La Palma，Canary Islands)上。实验条件如下：在 WFS 上每幅图像的通量为 67500 光子，曝光时间为 5ms，D/r_0 为 13，SNR 为 5。WFS 是一个包含 29×29 个子孔径的 Hartmann - Shack，其中 560 个被使用。

图 10.6 取自[MUG 01]，给出了解卷积的结果。在图 10.6(a)中，序贯处理流程包括利用 MAP 估计波前与二次图像恢复。Capella 的二元性质是显而易见的，但是几乎淹没在强烈的波动中。在图 10.6(b)中，近视解卷积消除了几乎所有非近视解卷积的伪图像。在这两种情况下，都使用了相同的带正性约束的

① 感谢 Clélia Robert 处理 DWFS 数据。

二次对象正则化方法,并使用了一个由测量通量推导出来恒定 PSD 值。

图 10.6 解卷积的 Capella 实验图像。(a)基于 MAP 的波前估计与二次解卷积;(b)近视解卷积。在两种情况下,先验信息是带有正性约束的、具有从测量通量推导出的恒定 PSD 的高斯分布

10.4.3 基于自适应光学校正的图像恢复

10.4.3.1 基于自适应光学校正的图像近视解卷积

由 AO 校正的长曝光图像必须进行解卷积,因为仅校正了其中一部分[CON 94]。如果将 PSF 视为已知,则在 MAP 意义上估计的对象(表示为 $\hat{x}_{MAP}$)是使 $p(x|y;h)$ 最大化的对象,从而最小化 $J_y(x;h,y)+J_x(x)$。估计 PSF 的最常用方法是在感兴趣目标的图像之前或之后记录星体的图像。该星体图像可能与我们感兴趣的图像对应的 PSF 明显不同,原因有很多:首先,湍流是随时间而变化的[CON 98a];因此,当从空间扩展的目标到点目标时,AO 的响应可能不同,即使星体与目标大小相同,因为波前感知的误差随物体的大小而增加;最后,星体图像本身也有噪声。已经提出并验证了一种方法,可以从控制回路的残余波前的测量值估算经 AO 校正的长曝光传递函数的湍流部分[VER 97a,VER 97b]。然而,除了可能无法准确知道望远镜的静态或缓慢变化的像差这一事实外,这种传递函数估计的准确性受到 WFS 上的噪声的限制。因此,通常有必要考虑 PSF 不完全已知的情况。

许多研究者已经解决了使用未知 PSF 对被湍流退化的图像进行解卷积处理的问题。Ayers 和 Dainty[AYE 88]使用了 Gerchberg - Saxton - Papoulis 算法[GER 72],并且解决了此类算法的收敛问题。其他人使用了最大似然法,包括 EM 算法[HOL 92]或显式准则的最小化方法[JEF 93,LAN 92,LAN 96,THI 95]。他

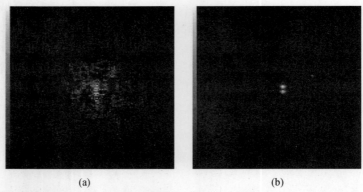

们通常认识到需要正则化而不仅仅是(目标和 PSF 的)正性约束,特别是通过特殊先验在 PSF 上引入了(合法的)有限带宽约束[HOL 92,JEF 93]。

贝叶斯框架允许目标和 PSF 的这种联合估计(称为近视估计)可通过 PSF 的自然正则化来实现,而不需要调整任何额外的超参数。联合 MAP 估计由下式给出:

$$
\begin{aligned}
(\hat{x},\hat{h}) &= \arg\max_{x,h} p(x,h \mid y) = \arg\max_{x,h} p(y \mid x,h) \times p(x) \times p(h) \\
&= \arg\min_{x,h}(J_y(x,h;y) + J_x(x) + J_h(h))
\end{aligned}
$$

长曝光 PSF 可以被认为是大量独立的短曝光 PSF 的总和,因此采用高斯先验(截断为正值)来建模。我们还假设 PSF 和平均 PSF 之间的差异大致是固定的。因此,PSF 的正则化是传递函数的二次惩罚项,其在频率之间是独立的[CON 98b,FUS 99,MUG 04]:

$$
J_h(h) = \frac{1}{2}\sum_f |\hat{h}(u) - \hat{h}_m(u)|^2 / S_h(u)
$$

其中,$\hat{h}_m = E(\hat{h})$是平均传递函数,$S_h = E(|\hat{h}(u) - \hat{h}_m(u)|^2)$是 PSF 的能谱密度(ESD)。注意,$S_h$ 在望远镜的截止频率之外为零,并且该正则化迫使 h 符合有限的带宽约束。

在实践中,平均传递函数和 PSF 的 ESD 是通过用经验方法对感兴趣的对象之前或之后获得的星体的各种图像替换其定义中的期望来估计的。如果只有单幅星体图像可用,由于要估计的量的各向同性,期望可以在傅里叶域中用一个圆的平均值来代替。

为了能够恢复天文学中经常出现的大动态范围的对象,数据保真项 J_y 必须包括噪声的精细建模,例如式(10.15)中光子和电子噪声的混合,而不是简单的最小二乘法。这里使用的正则化准则 J_x 是等式(10.8)的 L_2L_1 模型,其非常适合于具有尖锐边缘的物体,例如行星和小行星。

被称为 MISTRAL[MUG 04]的恢复方法将之前描述的物体的近视估计和 PSF 与刚刚提到的白色非均匀数据保真项和 L_2L_1 正则化相结合。利用该方法得到下面给出的解卷积结果。通过对目标函数和 PSF 变量联合采用共轭梯度法来使准则最小化。在 x 和 h 上添加了正约束。

10.4.3.2　实验结果

图 10.7(a)显示了经 AO 校正后的木星卫星 Ganymede 的长曝光图像。这张照片是在 1997 年 9 月 28 日由安装在上普罗旺斯天文台的 1.52m 望远镜上的 ONERA AO 系统拍摄的。本系统通频带为 80Hz;它包括一个带有 9×9 个子

孔径(其中 64 个处于激活状态)的 Hartmann – Shack 波前传感器和一个带有 10×10个压电致动器的可变形镜,其中 88 个处于激活状态。成像波长 $\lambda = 0.85\mu m$,曝光时间 100s。估计的总通量是 8×10^7 个光子,估计的 D/r_x 比为 23。总视场为 7.9″,此处仅显示其中一半。平均 PSF 及其 ESD 是根据附近一颗明亮星体的 50 张记录图像估计的。图 10.7(b)和(c)显示了由 Richardson – Lucy 算法(泊松噪声的最大似然)获得的重建图像,分别迭代 200 次和 3000 次。在第 1 种情况下,重建的图像非常模糊,并存在振铃,而在第 2 种情况下,噪声主导了恢复。图 10.8(a)的图像给出了基于 L_1L_2 先验的近视解卷积①[MUG 04]。图 10.8(b)给出了从 NASA/JPL 空间探测器经过 Ganymede 附近时拍摄的照片(见 http://space.jpl.nasa.gov/)中获得的宽带合成图像。通过对比可知,Ganymede 的许多特性都得到了正确的恢复。更合理的比较是将 MISTRAL 进行的近视解卷积与图 10.8(b)和一台 1.52m 望远镜的完美 PSF 相卷积的图像进行比较,如图 10.8(c)所示。

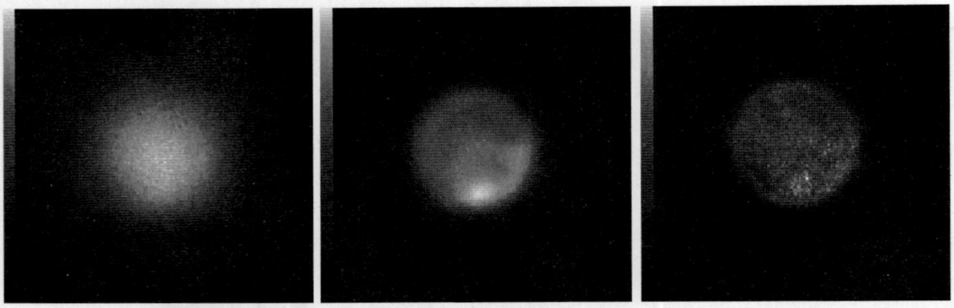

(a) 由AO校正的图像　(b) 200次迭代Richardson–Lucy算法　(c) 3000次迭代Richardson–Lucy算法

图 10.7　(a)1997 年 9 月 28 日用 ONERA AO 系统观察木卫三获得的图像;(b)Richardson – Lucy 算法 200 次迭代重建结果;(c)3000 次迭代重建结果

图 10.9 给出了拍摄于 1998 年 7 月 6 日的三张海王星图像,该图像由夏威夷大学天文学研究所基于曲率的 Hokupa'a 自适应光学系统每隔半小时拍摄得到②。该系统运行至 2003 年,有 36 个致动器,安装在直径 3.6m 德尔加拿大 – 法国 – 夏威夷(CFH)望远镜上。它在 1997 年 11 月和 1998 年 7 月拍摄了海王星的第一张高分辨率红外图像[ROD 98]。成像波长为 $1.72\mu m$,位于甲烷吸收带中。每张照片的曝光时间为 10min。通过先验近视解卷积恢复的图像如图 10.10所示[CON 00]。还记录了海王星附近的一颗星体图像,以便在傅里叶

① 感谢 Thierry Fusco 处理 AO 图像。

② 感谢 François 和 Claude Roddier 为我们提供这些图像。

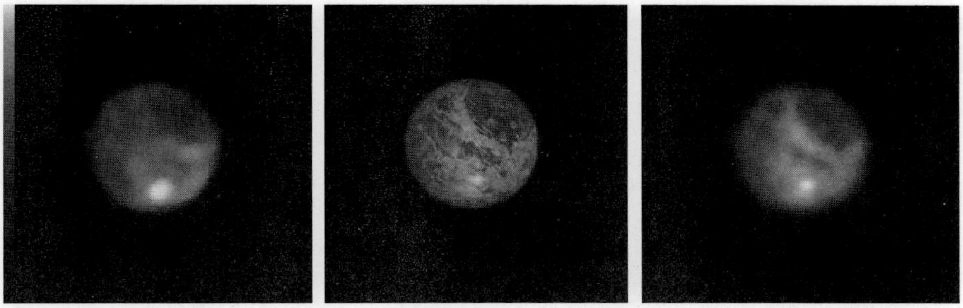

(a) L_2L_1近视解卷积　(b) JPL数据库(NASA/JPL/加州理工学院)　(c) 图(b)与完美望远镜PSF卷积结果

图 10.8　(a)图 10.7 中木卫三图像的 L_2L_1 近视解卷积;(b)为了比较,从 NASA/JPL 数据库获得宽带合成图像;(c)由图(b)与 1.52m 直径望远镜的完美 PSF 卷积的合成图像

域中用圆平均值估计 PSF 和 PSF 的 ESD。由于海王星的大气层在成像波长处非常暗,这些图像显示了高层大气中云带的精细结构,具有良好的对比度。需要特别注意的是,随着行星的转动,可以在不同图像帧之间跟踪观察云带的精细结构。这是第一次能够从地面研究海王星大气活动细节。

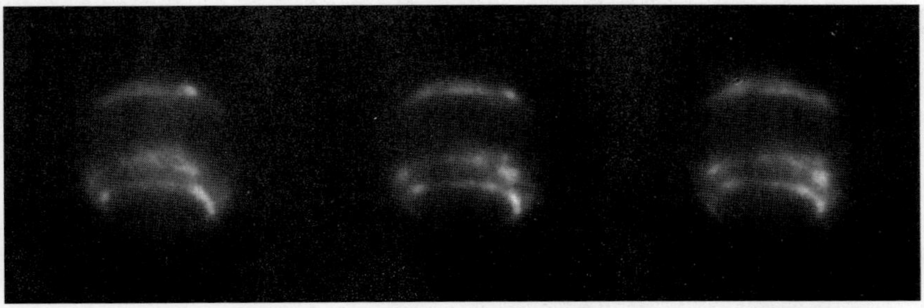

图 10.9　1998 年 7 月 6 日,利用加拿大－法国－夏威夷望远镜上的 Hokupa'a 自适应光学系统,每隔 30min 记录的海王星图像。成像波长为 1.72μm,单次成像曝光时间为 10min

10.4.4　结论

对应于卷积成像模型的湍流退化图像复原技术已成为一门成熟的技术。目前正在开发的观测系统具有更复杂的采集模式,处理这些模式无疑将需要大量的时间。代表性的例子包括具有多共轭 AO 和空变 PSF 的广角系统[CON 05],以及结合了高性能 AO(称为极端 AO)和日冕仪以探测系外行星的诸如 SPHERE 或 GPI 等系统。对于这样的系统,成像本质上是非卷积的,必须研究特定的处理技术。近年来,AO 还在视网膜成像方面的得到了应用,一些团队正在开

发相关成像处理系统(见[GLA 02,GLA 04]及其中的参考文献(见图 10.10))。在这种情况下,被测量的图像和需要恢复的物体都是三维的[CHE 07]。

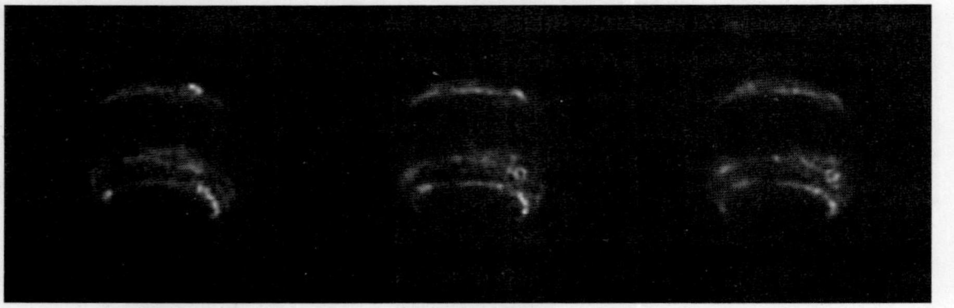

图 10.10 通过 L_2L_1 先验近视解卷积恢复的图 10.9 的图像

10.5 光学干涉测量中的图像重建

本节致力于从来自相关干涉仪的数据重建图像。10.1.2.2 小节介绍了测量原理和与这些系统相关的传递函数的类型。首先,10.5.1 节给出了观测模型更精确的描述;然后,10.5.2 和 10.5.3 节描述了目前图像重建的主要途径;最后,10.5.4 节讨论了合成数据和真实数据的结果。

10.5.1 观测模型

让我们考虑一个双望远镜干涉仪。望远镜在垂直于观测方向的平面上的位置是 r_1 和 r_2。由于地球的自转,观测方向随时间而变化,基线 r_2-r_1 也发生改变,与之对应的空间频率也随之变化:

$$u_{12}(t) \triangleq (r_2(t)-r_1(t))/\lambda$$

当使用完整的干涉仪阵列,即可以同时形成所有可能的双望远镜基线的阵列时,$N_b=N_t(N_t-1)/2$ 个测量频率由下式给出:

$$u_{kl}(t)=(r_l(t)-r_k(t))/\lambda, \quad 1\leqslant k<l\leqslant N_t$$

每个基线(T_k,T_l)都会产生干涉条纹。这些条纹的对比度和位置的测量定义了复杂的可见度 $y_{kl}^{\text{data}}(t)$,并给出了目标 x 在空间频率 u_{kl} 处的 FT 的模数 $a_{kl}(x,t)$ 和相位 $\phi_{kl}(x,t)$ 信息。

通常情况下,当通过预先观察待成像目标来校准仪器后,不再需要考虑可能的复杂增益,这些增益可通过式(10.7)进行测量。另一方面,快速变化的湍流的影响无法预先校准。因此,可以认为影响短曝光相位测量的主要扰动是一个称为级差项的附加项 $\varphi_l(t)-\varphi_k(t)$：

$$\phi_{kl}^{\text{data}}(t)=\phi_{kl}(x,t)+\varphi_l(t)-\varphi_k(t)+\text{noise}[2\pi] \tag{10.18}$$

其中，$\phi_{kl}^{\text{data}}(t)$ 是 $y_{kl}^{\text{data}}(t)$ 的相位。因此，在矩阵形式中 $\phi_{kl}^{\text{data}}(t)=\phi(x,t)+B\varphi(t)+\text{noise}[2\pi]$，其中基线算子 B 的维度为 $N_b\times N_t$。

如 10.1.2.2 小节所述，级差是由于湍流在系统孔径之间的光程中引入了随机差异的结果。对于长基线(相对于 Fried 直径)，光程差可能远大于观察波长，从而导致随机相位差异远远大于 2π。影响相位式(10.18)的混叠扰动实际上均匀地分布在 $[0,2\pi]$ 区间。因此，对短曝光可见度式(10.18)的相位取均值不会改善信噪比。一种解决方案是在取均值之前执行相位闭合[JEN 58]。对于任何一组三望远镜系统 (T_k,T_f,T_m)，短曝光可见度相位数据为

$$\begin{cases}\phi_{kl}^{\text{data}}(t)=\phi_{kl}(x,t)+\varphi_l(t)-\varphi_k(t)+\text{noise}\\ \phi_{lm}^{\text{data}}(t)=\phi_{lm}(x,t)+\varphi_m(t)-\varphi_l(t)+\text{noise}\\ \phi_{mk}^{\text{data}}(t)=\phi_{mk}(x,t)+\varphi_k(t)-\varphi_m(t)+\text{noise}\end{cases} \tag{10.19}$$

湍流极差在下式定义的闭合相位中被补偿掉：

$$\begin{aligned}\beta_{klm}^{\text{data}}(t)&\triangleq\phi_{kl}^{\text{data}}(t)+\phi_{lm}^{\text{data}}(t)+\phi_{mk}^{\text{data}}(t)+\text{noise}\\&=\phi_{kl}(x,t)-\phi_{lm}(x,t)+\phi_{mk}(x,t)+\text{noise}\\&=\beta_{klm}(x,t)+\text{noise}\end{aligned} \tag{10.20}$$

为了形成这种类型的定义方式，有必要同时测量 3 个可见相位，因此需要使用具有 3 个或更多望远镜的阵列。对于由 N_t 个望远镜组成的完整阵列，可以形成的闭合相位集合由诸如 $\beta_{1kl}^{\text{data}}(t)$，$1<k<l\leqslant N_t$ 的方式产生，即在包含 T_1 的望远镜组成的三角形上测量的闭合相位。很容易看出共有 $(N_t-1)(N_t-2)/2$ 个独立闭合相位。在下文中，将这些独立闭合相位组合在一起的向量被记为 β^{data}，并定义一个闭合算子 C，于是有：

$$\beta^{\text{data}}\triangleq C\phi^{\text{data}}=C\phi(x,t)+\text{noise}$$

第二个等式是式(10.20)的矩阵版本：闭合算子抵消了级差，可以表示为 $CB=0$。可以证明该等式意味着闭合算子的核的维数为 N_t-1，表示为

$$\text{Ker }C=\{\bar{B}\alpha,\alpha\in\mathbb{R}^{N_t-1}\} \tag{10.21}$$

其中，$\bar{B}$ 是通过从 B 中移除第一列而获得的。因此，闭合相位测量不允许测量所有相位信息。这个结果也可以通过计算相位未知量来获得，即 $N_t(N_t-1)/2$ 个物体可见相位减去独立闭合的数量，$(N_t-1)(N_t-2)/2$，得到 N_t-1 丢失的

相位数据。换句话说，湍流光学干涉测量法属于部分相位信息的傅里叶合成法。注意，阵列中的孔径越多，丢失信息的比例就越小。

现在可以定义相关干涉仪的长曝光可观测量：

(1) 均方幅值 $S^{\text{data}}(t)=\langle(a^{\text{data}}(t+\tau))^2\rangle_\tau$ 优先于平均模值，因为它们具有易于计算的偏差，并且可以从测量值中减去。

(2) 二阶谱 $V_{1kl}^{\text{data}}(t)$，$k<l$，定义为

$$V_{1kl}^{\text{data}}(t)=\langle y_{1k}^{\text{data}}(t+\tau)y_{kl}^{\text{data}}(t+\tau)y_{l1}^{\text{data}}(t+\tau)\rangle_\tau$$

二阶谱的模相对于幅度的平方是冗余的，因此不用于图像重建。二阶谱 $\beta_{1kl}^{\text{data}}(t)$，$k<l$ 的相位构成了无偏长曝光闭合相位估计量。

符号 τ 表示在时刻 t 附近的一个时间间隔内的平均值，该时间间隔必须足够短以使空间频率在积分期间内被认为是恒定的，即使地球在自转。积分时间还决定了测量中残余噪声的标准偏差。

长曝光观察模型最终表示为

$$\begin{cases}s^{\text{data}}(t)=a^2(x,t)+s^{\text{noise}}(t),\ s^{\text{noise}}(t)\sim N(0,R_{s(t)})\\ \beta^{\text{data}}(t)=C\phi(x,t)+\beta^{\text{noise}}(t),\beta^{\text{noise}}(t)\sim N(0,R_{\beta(t)})\end{cases} \tag{10.22}$$

从这种傅里叶数据估计对象被称为傅里叶合成。通常假设矩阵 $R_{s(t)}$ 和 $R_{\beta(t)}$ 是对角矩阵。就先验知识而言，我们正在寻找的对象是正的。此外，由于可见度是通量归一化量，因此在单位通量的约束下使用是很便捷的。对象上的约束可以表示为

$$\sum_{k,l}x(k,l)=1,\ \forall k,l,x(k,l)\geqslant 0 \tag{10.23}$$

10.5.2 传统的贝叶斯方法

该方法首先根据模型式(10.22)形成反对数似然：

$$J^{\text{data}}(x)=\sum_t J^{\text{data}}(x,t)=\sum_t \chi^2_{s(t)}(x)+\chi^2_{\beta(t)}(x) \tag{10.24}$$

相关函数定义为

$$\chi^2_{m(t)}(x)\triangleq(m^{\text{data}}(t)-m(x,t))^{\mathrm{T}}R^{-1}_{m(t)}(m^{\text{data}}(t)-m(x,t))$$

然后将 J^{data} 与正则项联系起来，如 10.2 节中所述。因此问题变成将如下复合准则最小化：

$$J(x)=J^{\text{data}}(x)+J_x(x) \tag{10.25}$$

在约束条件下得到式(10.23)。在采用这种方法处理光学干涉测量数据的

参考文献中,[THI 03]是最值得注意的文献之一。

这些工作是基于局部下降方法的使用。不幸的是,法则 J 是非凸的。更确切地说,这个问题的困难可以归结为以下三点:

(1) 傅里叶系数的数量偏少使得问题欠定。正则化项可以避开这种欠定,例如通过限制重构对象的高频分量[LAN 98]。

(2) 湍流意味着相位不确定。这种类型的不确定使得傅里叶合成问题是非凸的,即使加上正则化项通常也不能解决问题。

(3) 最后,我们获得的相位模量测量值中含有高斯噪声的事实导致了 x 中的非高斯似然和非凸对数似然。这一点在雷达领域早已为人所知,直到最近才在光学干涉测量中得到确认[MEI 05c]。换句话说,即使拥有所有复杂的可见相位测量而不仅仅是闭合相位,数据保真项仍然是非凸的。

这些特征意味着只有当初始化使我们收敛于准则"正确的"凹陷处时,通过局部下降算法来优化 J 才能起作用。据我们所知,在光学干涉测量法中还没有提出使用全局优化算法。只要变量的数量保持合理,特别是与在无线电干涉测量中重建的非常大的维度图相比拟的情况下,探索这种方法无疑是有用的。

10.5.3　近视建模

另一种方法是根据丢失的数据来考虑问题;这是通过使用闭合算子(即式(10.21)中 C 的内核元素)消除的相位数据。因此,近视方法包括联合查找对象 x 和缺失的相位数据 α。这种技术在无线电干涉测量中被称为自校准[COR 81],并且能够在部分相位不确定的情况下重建出可靠的图像。光学干涉测量中提出的第 1 个近视方法受到了这项工作的明显影响[LAN 98]。最近的研究结果表明,这些变换是基于光学干涉测量法测量过程的过度简化。本节概述了应用于 OI 的精确近视方法。

近视模型的推导建立是从相位闭合方程(10.22)的广义逆解开始,利用算子:

$$C^{+} \triangleq C^{\mathrm{T}}\left(CC^{\mathrm{T}}\right)^{-1}$$

通过在式(10.22)和式(10.21)的左边应用算子 C^{+},我们有

$$\exists \alpha(t) \mid C^{+}\beta^{\text{data}}(t)=\phi(x,t)+\bar{B}\alpha(t)+C^{+}\beta^{\text{noise}}(t)$$

因此,通过用测量伪噪声查询后一个方程的最后一项来定义可见相位测量的伪方程是很吸引人的:

$$\phi^{\text{data}}(t)=\underbrace{\phi(x,t)+B\alpha(t)}_{\phi(x,\alpha(t),t)}+\phi^{\text{noise}}(t) \tag{10.26}$$

这种方法类似于参考文献[LAN 01]中提出的方法。不幸的是,由于矩阵 C^+ 是奇异的,这种查询并不是严格可行的,可以将特殊协方差矩阵 R_ϕ 与 $\phi^{\text{noise}}(t)$ 相关联,以便近似拟合闭合的的统计行为。在[LAN 01]中忽略了协方差近似的这些问题。这些协方差近似的问题在[LAN 01]中被忽略了。最近的参考文献[MEI 05a,MUG 07]讨论了 R_ϕ 的可能选择,并建议使用以下对角矩阵:

$$R_\phi \propto \text{Diag}\{C^+ R_\beta C^{+,\text{T}}\}$$

式中:$\text{Diag}\{M\}$ 为用 M 的对角线形成的对角矩阵。

寻找幅度测量协方差的合适近似值式(10.22)(见[MEI 05a,MUG 07])给出了一个近视测量模型,该模型取决于未知数 x 和 α:

$$\begin{cases} a^{\text{data}}(t) = a(x,t) + a^{\text{noise}}(t), & a^{\text{noise}}(t) \sim N(\bar{a}(t), R_{a(t)}) \\ \phi^{\text{data}}(t) = \phi(x,\alpha(t),t) + \phi^{\text{noise}}(t), & \phi^{\text{noise}}(t) \sim N(\bar{\phi}(t), R_{\phi(t)}) \end{cases} \tag{10.27}$$

现在有一个在10.5.2节中提到的明确的相位不确定模型。在这个阶段,可以设想使用此类算法,例如,根据 x 和 α 连续优化式(10.27)中的正则化准则的交替下降算法。然而,由于该模型以模数和相位形式给出,因此,对于固定的 α,它始终会导致一个数据保真项在 x 中是非凸的。下面,简要介绍该模型的凸近似。

从伪测量 $a^{\text{data}}(t)$ 和 $\phi^{\text{data}}(t)$,可以导出复杂的伪可见度:

$$y^{\text{data}}(t) \triangleq a^{\text{data}}(t)\mathrm{e}^{j\phi^{\text{data}}(t)}$$

因此,数据模型为

$$y^{\text{data}}(t) = (a(x,t) + a^{\text{noise}}(t))\mathrm{e}^{j(\phi(x,\alpha(t),t) + \phi^{\text{noise}}(t))}$$

尽管加性和高斯在模量和相位上是分开的,这些测量值上的噪声并非复杂的加性高斯噪声。在文献[MEI 05b]中,作者展示了如何通过加性高斯噪声 $y^{\text{noise}}(t)$ 最好地近似该分布。

$$y^{\text{data}}(t) = y(x,\alpha(t),t) + y^{\text{noise}}(t) \tag{10.28}$$

$$y(x,\alpha(t),t) \triangleq a(x,t)\mathrm{e}^{\phi(x,\alpha(t),t)} \tag{10.29}$$

通常,该近似导致数据拟合项 J^{pseudo} 在残差 $y_{kl}^{\text{data}}(t) - y_{kl}(x,\alpha(t),t)$ 的实部和虚部中是二次的。通过将该项与凸正则项相关联,在固定的 α 处获得了一个在 x 中为凸的复合准则。WISARD 算法[MUG 07]利用了这个性质,当前值为 α 时,在 x 中最小化该复合准则,当前值为 x 时,则在 α 中最小化该复合准则。

10.5.4　结果

基于 10.5.3 节中描述的近视方法,本节介绍了 WISARD 算法[MUG 07]处理的一些结果。

10.5.4.1　合成数据处理

第 1 个例子使用了国际成像选美大赛中使用的合成干涉数据,该数据是由 P. Lawson 为国际天文学联合会(IAU)[LAW 04]组织的。该数据模拟使用 NPOI(NPO) 六望远镜干涉仪观测图 10.11 所示的合成目标。相应的频率覆盖范围如图 10.11 所示,具有超合成技术的典型环形结构。我们记得,超合成包括在几个测量时刻(可能经过几个晚上的观察)进行重复测量,以便由于地球的自转使得相同的基线能够获取不同的空间频率。总共有 195 个平方可见度模和 130 个闭合相位,以及相关的方差。

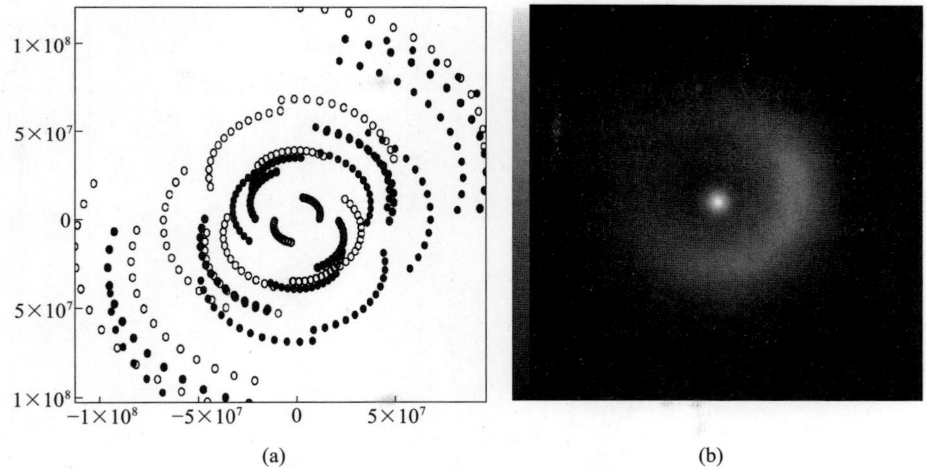

(a)　　　　　　　　(b)

图 10.11　2004 年成像选美大赛的合成图像(a)和频率覆盖范围(b)

用 WISARD 算法获得的三个重建结果如图 10.12 所示。(a)图是对于弱正则化参数,使用基于 $1/|u|^3$ 的 PSD 模型的二次正则化重建结果;(b)图是使用正确参数进行重建的结果;(c)图呈现出令人满意的平滑效果,但没有恢复处物体中心的峰值。在左图的欠正则化重构中,峰值是可见的,但代价是残差太高。

由于使用了 10.2 节中介绍的白色先验项,图 10.12(a)中的重构结果在平滑和恢复中央峰值之间取得了很好的平衡。L_2L_1 重构的拟合优度可以从图 10.13 中看出。"×"表示重建可见度的模(即在测量频率处重建对象的 FT),"□"表示测量可见度的模。"—"表示两者之间的差值的模除以标准差的 10

倍。这个差值的平均值是 0.1,这表示与一个标准偏差的良好拟合。

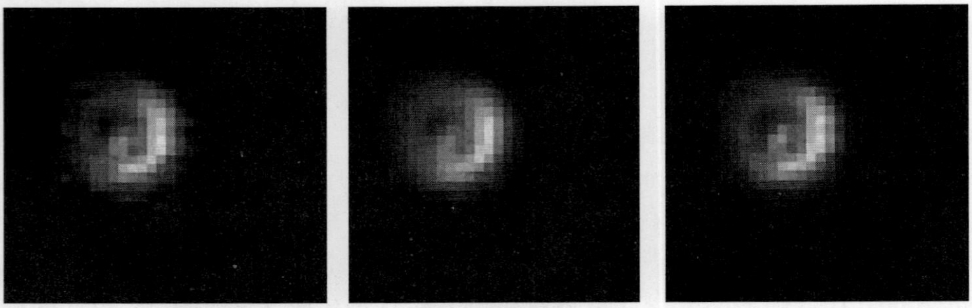

(a)　　(b)　　(c)

图 10.12　基于 WISARD 算法的重建

(a)欠正则化二次模型;(b)具有正确正则化参数的二次模型;(c)式(10.8)的白色 L_2L_1 模型

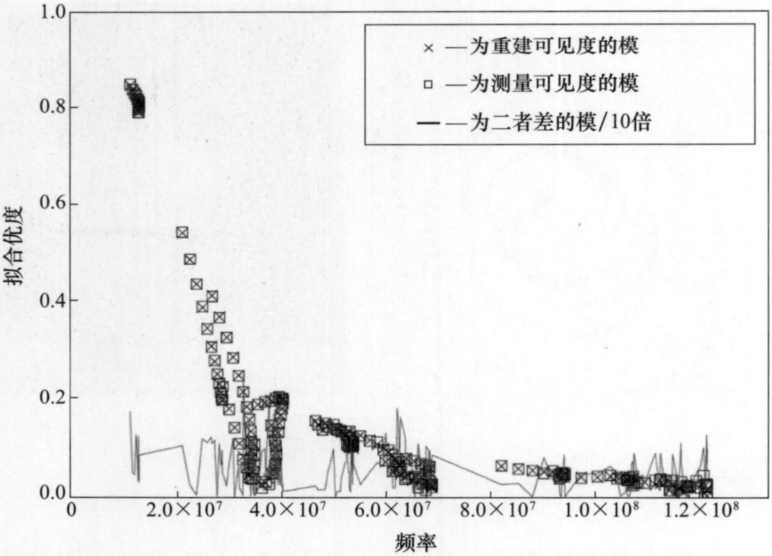

图 10.13　在 WISARD 算法收敛处的拟合优度

10.5.4.2　实验数据的处理

在这里,我们给出了使用 WISARD[MUG 07]算法从实验数据中重建的天鹅座 χ 星结果。该数据由 S. Lacour 和 S. Meimon 在 G. Perrin 的领导下于 2005 年 5 月使用 IOTA 干涉仪(IOT)测量获得。如前所述,每一次测量都必须通过观察一个在仪器分辨率下相当于点光源的物体来校准。校准器选用 HD 180450

和 HD 176670。

天鹅座 χ 星是一颗米拉型变星，米拉本身就是该类型星的一个例子。佩林等人[PER 04]提出了米拉型星的一种层流模型，由光球层、空层和精细分子层组成。该任务的目的是获取天鹅座 χ 星 H 波段(1.65μm ± 175nm)的图像，特别是突出分子层结构中可能的不对称性。

图 10.14(a)表示得到的 $u-v$ 平面范围，即乘以了观测波长的测量的空间频率集。由于习惯性地用右边来表示天空的西方，所以使用的坐标实际上是 u 和 v。$u-v$ 平面可覆盖的范围受到干涉仪的几何形状和天空中星体位置的限制。"沙漏"形状是 IOTA 干涉仪的典型特征，其分辨率不均匀，会影响图像的重建，如图 10.14(b)所示。重建的角度场边长为 30 毫弧秒。除了正性约束之外，所使用的正则化是 10.2 节中描述的白色 L_2L_1 准则。感兴趣的读者可以在[LAC 07]中找到该结果的天体物理学解释。

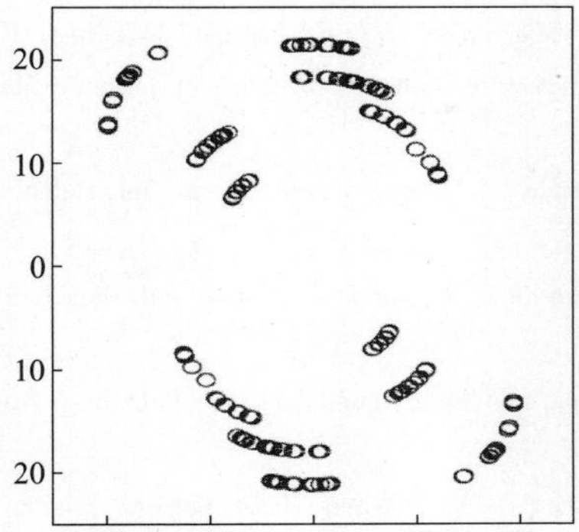

(a)

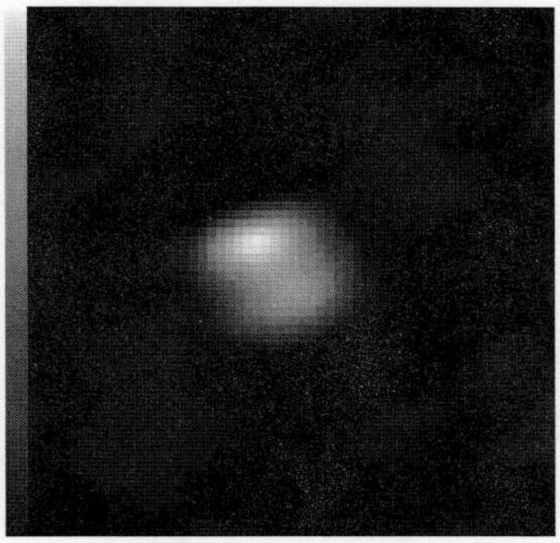
(b)

图 10.14　天鹅座 χ 星的频率覆盖范围(a)和重建结果(b)

参 考 文 献

[AYE 88] AYERS G. R., DAINTY J. C., "Iterative blind deconvolution and its applications", *Opt. Lett.*, vol. 13, p. 547 – 549, 1988.

[BAK 94] BAKUT P. A., KIRAKOSYANTS V. E., LOGINOV V. A., SOLOMON C. J., DAINTY J. C., "Optimal wavefront reconstruction from a Shack – Hartmann sensor by use of a Bayesian algorithm", *Opt. Commun.*, vol. 109, p. 10 – 15, June 1994.

[BAL 86] BALDWIN J. E., HANIFF C. A., MACKAY, WARNER P. J., "Closure phase in high resolution optical imaging", *Nature(London)*, vol. 320, p. 595 – 597, Apr. 1986.

[BAL 96] BALDWIN J. E., BECKETT M. G., BOYSEN R. C., BURNS D., BUSCHER D. F., COX G. C., HANIFF C. A., MACKAY C. D., NIGHTINGALE N. S., ROGERS J., SCHEUERP. A. G., SCOTT T. R., TUTHILL P. G., WARNER P. J., WILSON D. M. A., WILSONR. W., "The first images from an optical aperture synthesis array: mapping of Capella with COAST at two epochs", *Astron. Astrophys.*, vol. 306, p. L13 +, Feb. 1996.

[Ben 97] BENSON J. A., HUTTER D. J., ELIAS II N. M., BOWERS P. F., JOHNSTON K. J., HAJIAN A. R., ARMSTRONG J. T., MOZURKEWICH D., PAULS T. A., RICKARD L. J., HUMMEL C. A., WHITE N. M., BLACK D., DENISON C. S., "Multichannel optical aperture synthesis imaging of zetal Ursae majoris with the Navy Prototype Optical Interferometer", *Astron. J.*, vol. 114, p. 1221 – 1226, Sep. 1997.

[BLA 03] BERGER J. – P., HAGUENAUER P., KERN P. Y., ROUSSELET – PERRAUT K., MALBET F., GLUCK S., LAGNY L., SCHANEN – DUPORTI., LAURENT E., DELBOULBE A., TATULLI E., TRAUB W. A., CARLETON N., MILLAN – GABET R., MONNIER J. D., PEDRETTI E., RAGLAND S., "An integrated – optics 3 – way beam combiner for IOTA", in TRAUB W. A. (Ed.), *Interferometry for Optical Astronomy II. Proc. SPIE*, *Vol.* 4838, *pp.* 1099 – 1106(2003), p. 1099 – 1106, Feb. 2003.

[BAL 93] BORN M., WOLF E., *Principles of Optics*, Pergamon Press, 6th(corrected) edition, 1993.

[BRE 96] BRETTE S., IDIER J., "Optimized single site update algorithms for image deblurring", in *Proc. IEEE ICIP*, Lausanne, Switzerland, p. 65 – 68, 1996.

[CHE 07] BRETTE S., IDIER J., "Optimized single site update algorithms for image deblurring", in *Proc. IEEE ICIP*, Lausanne, Switzerland, p. 65 – 68, 1996.

[CON 94] CONAN J. – M., Etude de la correction partielle en optique adaptative, PhD thesis, University of Paris XI, France, Oct. 1994.

[CON 94] CONAN J. – M., Etude de la correction partielle en optique adaptative, PhD thesis, University of Paris XI, France, Oct. 1994.

[CON 95] CONAN J. – M., ROUSSET G., MADEC P. – Y., "Wave – front temporal spectra in high – resolution imaging through turbulence", *J. Opt. Soc. Am.* (*A*), vol. 12, num. 12, p. 1559 – 1570, July 1995.

[CON 98a] CONAN J. – M., FUSCO T., MUGNIER L. M., KERSALE E., MICHAU V., "Deconvolution of adaptive optics images with imprecise knowledge of the point spread function: results on astronomical objects", in BONACCINI D. (Ed.), *Astronomy with adaptive optics: present results and future programs*, num. 56in ESO Conf. and Workshop Proc., Sonthofen, Germany, p. 121 – 132, Sep. 1998.

[CON 98b] CONAN J. – M., MUGNIER L. M., FUSCO T., MICHAU V., ROUSSET G., "Myopic deconvolution of adaptive optics images using object and point spread function power spectra", *Appl. Opt.*, vol. 37, num. 21, p. 4614 – 4622, July 1998.

[CON 00] CONAN J. – M., FUSCO T., MUGNIER L., MARCHIS F., RODDIER C., F. RODDIER, "Deconvolution of adaptive optics images: from theory to practice", in WIZINOWICHP. (Ed.), *Adaptive Optical Systems Technology*, vol. 4007, Munich, Germany, Proc. Soc. Photo – Opt. Instrum. Eng., p. 913 – 924, 2000.

[CON 05] CONAN J. – M., ROUSSET G. (Eds.), Multi – Conjugate Adaptive Optics for Very Large Telescopes Dossier, vol. 6 fascicule 10 of C. R. Physique, Académie des Sciences, Elsevier, Paris, Dec. 2005.

[COR 81] CORNWELL T. J., WILKINSON P. N., "A new method for making maps with unstable radio interferometers", *Month. Not. Roy. Astr. Soc.*, vol. 196, p. 1067 – 1086, 1981.

[DOH 06] DOHLEN K. ,BEUZIT J. - L. ,FELDT M. ,MOUILLET D. ,PUGET P. ,ANTICHI J. ,BARUFFOLO A. ,BAUDOZ P. ,BERTON A. ,BOCCALETTI A. ,CARBILLET M. ,CHARTONJ. ,CLAUDI R. ,DOWNING M. ,FABRON C. ,FEAUTRIER P. ,FEDRIGO E. ,FUSCO T. ,GACH J. - L. ,GRATTON R. ,HUBIN N. ,KASPER M. ,LANGLOIS M. ,LONGMORE A. ,MOUTOU C. ,PETIT C. ,PRAGT J. ,RABOU P. ,ROUSSET G. ,SAISSE M. ,SCHMID H. - M. ,STADLER E. ,STAMM D. ,TURATTO M. ,WATERS R. ,WILDI F. ,"SPHERE:A planet finder instrument for the VLT",in MCLEAN I. S. ,IYE M. (Eds.),*Ground - based and Airborne Instrumentation for Astronomy*,vol. 6269,Proc. Soc. Photo - Opt. Instrum. Eng. ,2006.

[FON 85] FONTANELLA J. - C. ,"Analyse de surface d'onde,déconvolution et optique active", *J. of Optics(Paris)*,vol. 16,num. 6,p. 257 - 268,1985.

[FRI 65] FRIED D. L. ,"Statistics of a geometric representation of wavefront distortion",*J. Opt. Soc. Am.* ,vol. 55,num. 11,p. 1427 - 1435,1965.

[FUS 99] FUSCO T. ,VERAN J. - P. ,CONAN J. - M. ,MUGNIER L. ,"Myopic deconvolution method for adaptive optics images of stellar fields",*Astron. Astrophys. Suppl.* ,vol. 134,p. 1 - 10,Jan. 1999.

[GER 72] GERCHBERG R. W. ,SAXTON W. O. ,"A practical algorithm for the determination of phase from image and diffraction plane pictures",*Optik*,vol. 35,p. 237 - 246,1972.

[GLA 02] GLANC M. ,Applications Ophtalmologiques de l'Optique Adaptative,PhD thesis,University of Paris XI,France,2002.

[GLA 04] GLANC M. ,GENDRON E. ,LACOMBE F. ,LAFAILLE D. ,LE GARGASSON J. - F. ,P. LÉNA,"Towards wide - field retinal imaging with adaptive optics",Opt. Commun. ,vol. 230,p. 225 - 238,2004.

[GON 76] GONSALVES R. A. ,"Phase retrieval from modulus data",J. Opt. Soc. Am. ,vol. 66,num. 9,p. 961 - 964,1976.

[GON 82] GONSALVES R. A. ,"Phase retrieval and diversity in adaptive optics",Opt. Eng. ,vol. 21,num. 5,p. 829 - 832,1982.

[GOO 68] GOODMAN J. W. ,*Introduction to Fourier Optics*,McGraw - Hill,New York,1968.

[GOO 85] GOODMAN J. W. ,*Statistical Optics*,John Wiley,New York,1985.

[GRA 06] GRATADOUR D. ,ROUAN D. ,MUGNIER L. M. ,FUSCO T. ,CLÉNET Y. ,GENDRONE. ,LACOMBE F. ,"Near - IR AO dissection of the core of NGC 1068 with NaCo",Astron. Astrophys. ,vol. 446,num. 3,p. 813 - 825,Feb. 2006.

[HAN 87] HANIFF C. A. ,MACKAY C. D. ,TITTERINGTON D. J. ,SIVIA D. ,BALDWIN J. E. ,"The first images from optical aperture synthesis",Nature(London),vol. 328,p. 694 - 696,Aug. 1987.

[HIL 04] HILL J. M. ,SALINARI P. ,"The Large Binocular Telescope project",in OSCHMANNJR. J. M. (Ed.),Ground - based Telescopes. Proc. SPIE,Vol. 5489,pp. 603 - 614(2004),vol. 5489 of Presented at the Society of Photo - Optical Instrumentation Engineers(SPIE) Conference,p. 603 - 614,Oct. 2004.

[HOL 92] HOLMES T. J. ,"Blind deconvolution of speckle images quantum - limited incoherent imagery: maximum - likehood approach",*J. Opt. Soc. Am. (A)*,vol. 9,num. 7,p. 1052 - 1061,1992.

[IDI 05] IDIER J. ,MUGNIER L. ,BLANC A. ,"Statistical behavior of jointleast square estimation in the phase diversity context",*IEEE Trans. Image Processing*,vol. 14,num. 12,p. 2107 - 2116,Dec. 2005.

[IOT] http://tdc - www. harvard. edu/IOTA/.

[JEF 93] JEFFERIES S. M. ,CHRISTOU J. C. ,"Restoration of astronomical images by iterative blind deconvolution",*Astrophys. J.* ,vol. 415,p. 862 – 874,1993.

[JEN 58] JENNISON R. C. ,"A phase sensitive interferometer technique for the measurement of the Fourier transforms of spatial brightness distribution of small angular extent", *Month. Not. Roy. Astr. Soc.* , vol. 118, p. 276 – 284,1958.

[KEC] http://www. keckobservatory. org/.

[KNO 74] KNOX K. T. ,THOMPSON B. J. ,"Recovery of images from atmospherically degraded short exposure photographs",*Astrophys. J. Lett.* ,vol. 193,p. L45 – L48,1974.

[KUL 06] KULCSÁR C. ,RAYNAUD H. – F. ,PETIT C. ,CONAN J. – M. ,VIARIS DE LESEGNOP. , "Optimal control, observers and integrators in adaptive optics", *Opt. Express*, vol. 14, num. 17, p. 7464 – 7476,2006.

[LAB 70] LABEYRIE A. ,"Attainment of diffraction – limited resolution in large telescopes by Fourier analysing speckle patterns",*Astron. Astrophys.* ,vol. 6,p. 85 – 87,1970.

[LAB 75] LABEYRIE A. , "Interference fringes obtained on VEGA with two optical telescopes", *Astrophys. J. Lett.* ,vol. 196,p. L71 – L75,Mar. 1975.

[LAC 07] LACOUR S. , Imagerie des étoiles évoluées par interférométrie. Réarrangement depupille, PhD thesis,University of Paris VI,France,2007.

[LAN 92] LANE R. G. , "Blind deconvolution of speckle images", *J. Opt. Soc. Am.* (*A*), vol. 9, num. 9, p. 1508 – 1514,1992.

[LAN 96] LANE R. G. ,"Methods for maximum – likelihood deconvolution",*J. Opt. Soc. Am.* (*A*),vol. 13, num. 10,p. 1992 – 1998,1996.

[LAN 98] LANNES A. ,"Weak – phase imaging in optical interferometry",*J. Opt. Soc. Am.* (*A*),vol. 15, num. 4,p. 811 – 824,Apr. 1998.

[LAN 01] LANNES A. , "Integer ambiguity resolution in phase closure imaging", *Opt. Soc. Am. J. A*, vol. 18,p. 1046 – 1055,May 2001.

[LAW 97] LAWSON P. R. (Ed.),*Long Baseline Stellar Interferometry*,Bellingham,SPIE Optical Engineering Press,1997.

[LAW 04] LAWSON P. R. , COTTON W. D. , HUMMEL C. A. , MONNIER J. D. , ZHAO M. , YOUNG J. S. ,THORSTEINSSON H. , MEIMON S. C. , MUGNIER L. , LE BESNERAIS G. , THIÉBAUT E. , TUTHILL P. G. ,"An interferometric imaging beauty contest",in TRAUB W. A. (Ed.),*New Frontiers in Stellar Interferometry*,vol. 5491,Proc. Soc. Photo – Opt. Instrum. Eng. ,p. 886 – 899,2004.

[LER 04] LE ROUX B. ,CONAN J. – M. ,KULCSÁR C. ,RAYNAUD H. – F. ,MUGNIER L. M. ,FUSCO T. ,"Optimal control law for classical and multiconjugate adaptive optics", *J. Opt. Soc. Am.* (*A*), vol. 21, num. 7,July 2004.

[MAR 89] MARIOTTI J. – M. ,"Introduction to Fourier optics and coherence",in ALLOIND. M. ,MARIOTTI J. – M. (Eds.),*Diffraction – limited Imaging with Very Large Telescopes*,vol. 274 of *NATO ASI Series C*, p. 3 – 31,Kluwer Academic,Cargese,France,1989.

[MEI 05a] MEIMON S. ,Reconstruction d'images astronomiques en interférométrie optique,PhD thesis, University of Paris XI,France,2005.

[MEI 05b] MEIMON S. ,MUGNIER L. M. ,LE BESNERAIS G. ,"Reconstruction method for weak – phase optical interferometry",*Opt. Lett.* ,vol. 30,num. 14,p. 1809 – 1811,July 2005.

[MEI 05c] MEIMON S. , MUGNIER L. M. , LE BESNERAIS G. , "A convex approximation of the likelihood in optical interferometry" , *J. Opt. Soc. Am.* (*A*) , Nov. 2005.

[MER 88] MERKLE F. (Ed.) , *High - resolution imaging by interferometry* , *part II* , num. 29 in ESO Conf. and Workshop Proc. , Garching bei München , Germany , July 1988.

[MIC 91] MICHELSON A. A. , "Measurement of Jupiter' s satellites by interference" , *Nature* (*London*) , vol. 45 , p. 160 - 161 , Dec. 1891.

[MIC 21] MICHELSON A. A. , PEASE F. G. , "Measurement of the diameter of alpha Orionis with the interferometer" , *Astrophys. J.* , vol. 53 , p. 249 - 259 , May 1921.

[MON 03] MONNIER J. D. , "Optical interferometry in astronomy" , *Reports of Progress in Physics* , vol. 66 , p. 789 - 857 , May 2003.

[MOU 94] MOURARD D. , TALLON - BOSC I. , BLAZIT A. , BONNEAU D. , MERLIN G. , MORAND F. , VAKILI F. , LABEYRIE A. , "The GI2T interferometer on Plateau de Calern" , *Adv. Appl. Prob.* , vol. 283 , p. 705 - 713 , Mar. 1994.

[MUG 01] MUGNIER L. M. , ROBERT C. , CONAN J. - M. , MICHAU V. , SALEM S. , "Myopic deconvolution from wavefront sensing" , *J. Opt. Soc. Am.* (*A*) , vol. 18 , p. 862 - 872 , Apr. 2001.

[MUG 04] MUGNIER L. M. , FUSCO T. , CONAN J. - M. , "MISTRAL: a myopic edge - preserving image restoration method, with application to astronomical adaptive - optics - corrected long - exposure images" , *J. Opt. Soc. Am.* (*A*) , vol. 21 , num. 10 , p. 1841 - 1854 , Oct. 2004.

[MUG 06] MUGNIER L. M. , BLANC A. , IDIER J. , "Phase diversity: a technique for wavefront sensing and for diffraction - limited imaging" , in HAWKES P. (Ed.) , *Advances in Imaging and Electron Physics* , vol. 141 , Chapter 1 , p. 1 - 76 , Elsevier , 2006.

[MUG 07] MUGNIER L. , MEIMON S. , WISARD software documentation, Technical report, ONERA, 2007 , European Interferometry Initiative , Joint Research Action 4 , 6th Framework

[NOL 76] NOLL R. J. , "Zernike polynomials and atmospheric turbulence" , *J. Opt. Soc. Am.* , vol. 66 , num. 3 , p. 207 - 211 , 1976.

[NPO] http://ftp. nofs. navy. mil/projects/npoi/.

[PER 04] PERRIN G. , RIDGWAY S. , MENNESSON B. , COTTON W. , WOILLEZ J. , VERHOELST T. , SCHULLER P. , COUDÉ DU FORESTO V. , TRAUB W. , MILLAN - GALBET R. , LACASSE M. , "Unveiling Mira stars behind the molecules. Confirmation of the molecular layer model with narrow band near - infrared interferometry" , *Astron. Astrophys.* , vol. 426 , p. 279 - 296 , Oct. 2004.

[PER 06] PERRIN G. , WOILLEZ J. , LAI O. , GUÉRIN J. , KOTANI T. , WIZINOWICH P. L. , LE MIGNANT D. , HRYNEVYCH M. , GATHRIGHT J. , LÉNA P. , CHAFFEE F. , VERGNOLES. , DELAGE L. , REYNAUD F. , ADAMSON A. J. , BERTHOD C. , BRIENT B. , COLLIN C. , CRÉTENET J. , DAUNY F. , DELÉGLISE C. , FÉDOU P. , GOELTZENLICHTER T. , GUYON O. , HULIN R. , MARLOT C. , MARTEAUD M. , MELSE B. - T. , NISHIKAWA J. , REESS J. - M. , RIDGWAY S. T. , RIGAUT F. , ROTH K. , TOKUNAGA A. T. , ZIEGLER D. , "Interferometric coupling of the Keck telescopes with single - mode fibers" , *Science* , vol. 311 , p. 194 - + , Jan. 2006.

[PET 05] PETIT C. , CONAN J. - M. , KULCSAR C. , RAYNAUD H. - F. , FUSCO T. , MONTRI J. , RABAUD D. , "Optimal control for multi - conjugate adaptive optics" , *C. R. Physique* , vol. 6 , num. 10 , p. 1059 - 1069 , 2005.

[PRI 88] PRIMOT J. ,ROUSSET G. ,FONTANELLA J. – C. ,"Image deconvolution from wavefront sensing:atmospheric turbulence simulation cell results",in Merkle[MER 88],p. 683 –692.

[PRI 90] PRIMOT J. ,ROUSSET G. ,FONTANELLA J. – C. ,"Deconvolution from wavefront sensing:a new technique for compensating turbulence – degraded images",*J. Opt. Soc. Am.* (*A*),vol. 7,num. 9,p. 1598 – 1608,1990.

[REY 83] REY W. J. ,Introduction to Robust and Quasi – robust Statistical Methods,Springer Verlag,Berlin,1983.

[ROD 81] RODDIER F. ,"The effects of atmospherical turbulence in optical astronomy",in WOLF E. (Ed.),*Progress in Optics*,vol. XIX,p. 281 –376,North Holland,Amsterdam,

[ROD 82] RODDIER F. ,GILLI J. M. ,LUND G. ,"On the origin of speckle boiling and its effects in stellar speckle interferometry",*J. of Optics*(*Paris*),vol. 13,num. 5,p. 263 –271,1982.

[ROD 88a] RODDIER F. ,"Curvature sensing and compensation:a new conceptin adaptive optics",*Appl. Opt.* ,vol. 27,num. 7,p. 1223 –1225,Apr. 1988.

[ROD 88b] RODDIER F. ,"Passive versus active methods in optical interferometry",in Merkle[MER 88],p. 565 –574,July 1988.

[ROD 90] RODDIER N. ,"Atmospheric wavefront simulation using Zernike polynomials", *Opt. Eng.* , vol. 29,num. 10,p. 1174 –1180,1990.

[ROD 98] RODDIER F. ,RODDIER C. ,GRAVES J. E. ,NORTHCOTT M. J. ,OWEN T. ,"Neptune cloud structure and activity:Ground based monitoring with adaptive optics",*Icarus*,vol. 136,p. 168 –172,1998.

[ROD 99] RODDIER F. (Ed.), *Adaptive Optics in Astronomy*, Cambridge University Press, Cambridge,1999.

[ROU 90] ROUSSET G. ,FONTANELLA J. – C. ,KERN P. ,GIGAN P. ,RIGAUT F. ,LENA P. ,BOYER C. ,JAGOUREL P. ,GAFFARD J. – P. ,MERKLE F. ,"First diffraction – limited astronomical images with adaptive optics",*Astron. Astrophys.* ,vol. 230,p. 29 –32,1990.

[ROU 99] ROUSSET G. ,"Wave – front sensors",in Roddier[ROD 99],Chapter 5,p. 91 –130.

[ROU 01] ROUSSET G. ,MUGNIER L. M. ,CASSAING F. ,SORRENTE B. ,"Imaging with 2,num. 1, p. 17 –25,Jan. 2001.

[SAS 85] SASIELA R. J. ,MOONEY J. G. ,"An optical phase reconstructor based on using a multiplier – accumulator approach", in *Proc. Soc. Photo – Opt. Instrum. Eng.* , vol. 551, Proc. Soc. Photo – Opt. Instrum. Eng. , p. 170 –176,1985.

[SCH 93] SCHULZ T. J. ,"Multiframe blind deconvolution of astronomical images",*J. Opt. Soc. Am.* (*A*), vol. 10,num. 5,p. 1064 –1073,1993.

[SHA 71] SHACK R. B. ,PLACK B. C. ,"Production and use of a lenticular Hartmann screen(abstract)", *J. Opt. Soc. Am.* ,vol. 61,p. 656,1971.

[THI 95] THIÉBAUT E. ,CONAN J. – M. ,"Strict *a priori* constraints for maximum – likelihood blind deconvolution",*J. Opt. Soc. Am.* (*A*),vol. 12,num. 3,p. 485 –492,1995.

[THI 03] THIÉBAUT E. ,GARCIA P. J. V. ,FOY R. ,"Imaging with Amber/VLTI:the case of microjets", *Astrophys. Space. Sci.* ,vol. 286,p. 171 –176,2003.

[VER 97a] VERAN J. – P. ,Estimation de la réponse impulsionnelle et restauration d'image en optique adaptative. Application au système d'optique adaptative du Télescope Canada – France – Hawaii,PhD thesis,

ENST, Paris, France, Nov. 1997.

[VER 97b] VERAN J. – P., RIGAUT F., MAITRE H., ROUAN D., "Estimation of the adaptive optics long exposure point spread function using control loop data", *J. Opt. Soc. Am.* (*A*), vol. 14, num. 11, p. 3057 – 3069, 1997.

[WAL 83] WALLNER E. P., "Optimal wave – front correction using slope measurements", *J. Opt. Soc. Am.* (*A*), vol. 73, num. 12, p. pp 1771 – 1776, Dec. 1983.

[WEI 77] WEIGELT G., "Modified astronomical speckle interferometry 'speckle masking'", *Opt. Commun.*, vol. 21, num. 1, p. 55 – 59, 1977.

第 11 章　超声波多普勒测速的频谱表征[①]

11.1　医学成像中的速度测量

本章专门讨论速度测量,即运动目标的速度像。测速技术广泛应用于大气成像、工业控制、医学成像等领域。在医学领域,它本质上是用来描述血流和心脏跳动,以诊断心血管疾病。

这些主要与器官病理性狭窄有关,即由动脉粥样硬化斑块导致的动脉狭窄,以及对由狭窄血管所供应的器官(心脏、大脑等)的影响。由此导致的病理可能是慢性(静息性缺血)或急性(梗死)。所获得的信息是形态学的:狭窄处动脉横截面积的减少,心脏尺寸的评估(心脏肥大)以及心脏收缩的监测(运动功能减退,运动障碍)。

超声(US)和核磁共振成像(MRI)都可以获得局部速度图像,从而获得与形态学和功能成像所提供的信息互补的特定信息。虽然这两种技术背后的物理原理完全不同,但测量的数据和提出的问题却有很强的相似性。本章重点讨论多普勒超声,这仍然是最难以解释的。我们将看到所产生的问题涉及频谱表征:

(1) 频谱分析及其自适应扩展(时频),见 11.2 节;

(2) 跟踪平均频率或频谱矩,见 11.3 节。

至于测量的数据,在这两种情况下我们都有:

(1) 短信号:仅有 16 ~ 48 个样本来估计功率谱密度(PSD),仅有 4 ~ 8 个样本来估计平均频率;

(2) 可能违反香农条件,因此需要检测和反转可能的频谱混叠;

(3) 较低的信噪比(SNR)。

从信息的角度来看,全球的数据都很差。然而,我们也有关于流动和结构的频谱、时间和空间相干性的信息。血液动力学机制(血液的黏度)倾向于组织生理流动。流动速度的时空变化是渐进的这一假设是可信的。如果流动非常

---

① 本章由 Jean – François Giovannelli 和 Alain Herment 撰写。

紊乱，速度的局部分散往往会使假设无效，但是，在垂直于血管轴的平面中，红细胞（红小体）的平均速度（红细胞）保持相似，表示血管中血流的进展。

11.1.1　超声成像中的速度测量原理

声波的频率可以在 2～12MHz 之间变化，这取决于所需的穿透深度，由探头以聚焦的 US 波束形式发射。该波的一部分被红血球和组织的活动纤维反向散射。在时间窗口之后获得的信号$\boldsymbol{y}_m$ 允许分离出给定深度（“距离单元”，m），因此受到由后向散射结构的速度引起的频移的影响。对于具有恒定速度的单一目标，其多普勒频移为

$$f_d = \frac{2v\cos\theta}{c} f_e \tag{11.1}$$

式中：θ 为 US 波束与速度之间的角度；c 为声速（$c = 1470\text{m/s}$）；f_e 为 US 发射的频率。

11.1.2　多普勒信号携带的信息

表征稳流的局部复杂性的最直观方式是通过红细胞速度的直方图来表示。局部观察到的层流将给出窄的直方图（红血细胞以相似的速度朝着相同的方向移动），而病理性狭窄部位下游的湍流将有一个更宽的直方图（速度和方向明显不同）。在医学实践中，人们普遍认为后向散射信号的功率与红细胞浓度成正比。式（11.1）确定了红细胞速度和多普勒信号频率之间的比例，因此可以用多普勒信号 y_m 的 PSD 来确定直方图。

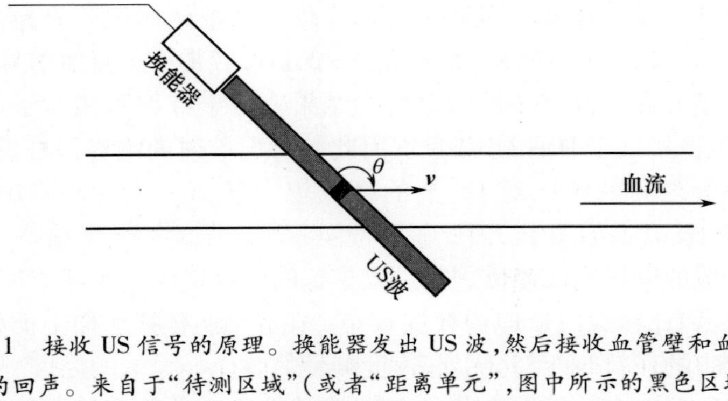

图 11.1　接收 US 信号的原理。换能器发出 US 波，然后接收血管壁和血细胞反射的回声。来自于“待测区域”（或者“距离单元”，图中所示的黑色区域）的信号 y_m 是通过与发射信号同步的电子门来选择的

多普勒信号是非平稳的：在心脏射血期间，血流速度和血管壁的运动变化

很快。这就要求我们使用非平稳信号分析方法。标准系统使用滑动频谱图或周期图技术。因此,它们需要处理相当长的信号时间窗(在大约 10ms 的持续时间内获取 128 个或 256 个样本),这是由于信号的非平稳特性和平稳周期图方法的性能之间的权衡。然而,参考文献[TAL 88]表明,如果要表征流动扰动,则更短的分析时间窗(小于 2ms,即大约 16 个样品)是必不可少的。由此产生的问题是跟踪在短时间窗内观察到的信号的频谱内容。这将在 11.2 节中讨论。

此外,在成像系统中,频谱信息也减少为下面几个参数:频谱的标准差,可以体现速度分布的弥散情况;最大频率,有时流动特性中的模糊性;平均值(或中心)频率,可以提供了局域均值速率的二维图像。如果要以合理的速率构建图像以表征流动非平稳性,则所获取的数据点的数量必须进一步减少,减少到 8 个,有时甚至减少至 4 个样本。然后,我们面临的问题是跟踪在极短的时间窗口内观测到的噪声信号的平均频率。

最后,在大多数系统中,采用脉冲发射模式以获得空间分辨:发射波列的重复频率 f_r 受到所需图像深度的影响,因为直到前一次发射的信号被最深处的目标反射并被接收到,发射信号才解除抑制状态开始第 2 次发射。因此,多普勒信号以 $f_r = c/2d$ 的频率被“采样”。对于高流速($f_d > f_r/2$),会出频谱混叠现象,这会导致速度测量的模糊。目前的替代方案是要么以降低空间分辨率为代价来降低发射频率,要么以降低灵敏度为代价来减小超声波束与血流之间的角度。我们将在 11.3 节中看到如何在不影响分辨率或精度的情况下解决混叠。

11.1.3 一些特征和局限

数量级(v 的变化速率为几 cm/s 或 m/s,血管壁移动小于 20cm/s)表明多普勒频移 f_d 大约为发射频率的$10^{-4} \sim 10^{-3}$倍。基带解调因此只允许保留有用信息。因此,多普勒信号是在一个约在 0 ± 20kHz 频带中的复值信号。

该信号是红细胞对声波后向散射的结果。由于红细胞相对于声波波长较小,且其声阻抗接近于血液的声阻抗,因此其后向散射的绝对值较低。此外,位于探针和血流之间的组织对 US 波的衰减较大(0.5 ~ 1dB/cm/MHz)。通常,SNR 在(0dB,15dB)范围内。

频谱参数的分析应该谨慎进行。收集到的信息仅仅是实际速度在 US 波束轴上的投影,因此在式(11.1)中存在 $\cos\theta$。在红细胞传播方向上的任何分散和波束在血流中的任何改变都会引起速度测量的改变。

最后,还有许多现象更难分析:与血流的性质相关的多普勒信号振幅的剧烈变化,经其他结构多次反射的寄生回波,测量区域中存在的红细胞更新(上述特征在高流速下将更为显著)等。

11.1.4　处理的数据和问题

本章考虑的数据以 M 个复数信号 $Y=[y_1,y_2,\cdots,y_M]$ 的形式出现，并在 M 个"距离单元"中并列存在。每个 $\boldsymbol{y}_m$ 都是从假定为平稳的信号中提取的 N 个样本的向量：

$$y_m=[y_m(1),\cdots,y_m(N)]^{\mathrm{T}}$$

这些数据是通过能够在较为理想的研究条件下再现医学实践的各种特征的仪器获得的。测量系统有一个提供恒流的管路并配有多普勒扫描仪(AU3 ESAOTE① - Italy)②。扫描仪发射频率为 $f_e=8\mathrm{MHz}$，重复频率为 $f_r=10\mathrm{kHz}$ 以及入射角为 $\theta=60°$。血管的表观直径为 22.4mm，并将其分成 $M=64$ 个大小为 0.35mm 的距离单元(见图 11.1 和图 11.2)。系统同时为每个距离单元提供以频率 f_r 实时采样的信号。它们以 14 比特位编码。处理的文件包含 1.64 s 时长的记录，即每个距离单元中包含 $N_0=2^{14}$ 个样本。该数据的提取结果如图 11.2(a)和(b)所示。

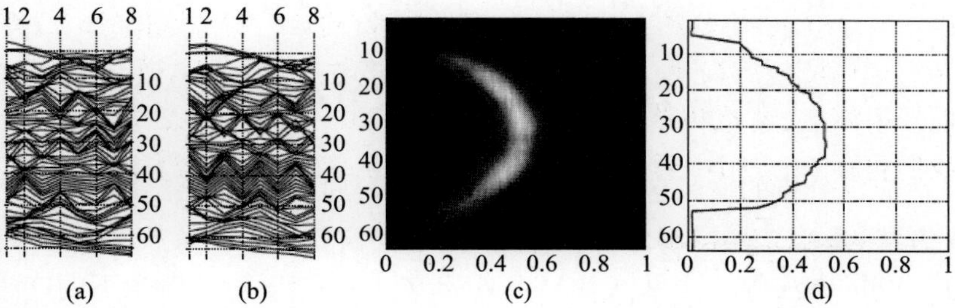

图 11.2　(a)和(b)分别给出了每个距离单元中 8 个样品的实部和虚部，图(c)和(d)分别给出了平均周期图和平均频率序列(抛物线流)。在这 4 幅图中，纵轴代表深度($m=1$ 到 $m=M=64$)。横轴表示(a)和(b)的时间(1～8)以及(c)和(d)的频率(0～1)

这个实验装置首先允许我们使用所有的数据来获得血流特性。由于流量是恒定的，每个距离单元记录的信号是一个包含 N_0 个样本的平稳信号。将其划分为 64 个信号，每个信号 256 个点，这样就可以在偏差和方差之间进行合理的折中，从而计算出一个平均周期图。因此可以假定，至少作为第 1 近似，这就是 PSD 的真实序列。具体如图 11.2(c)所示并将作为本章其余部分的参照对

① BIOMED 2，型号：BMH4 - CT98 - 3782(DG 12 - SSMI)。

② 感谢佛罗伦萨大学的 P. Tortoli 提供多普勒信号。

象。图 11.2(d)给出了使每个周期图最大化的一系列频率。它也将作为本章其余部分的比较元素。

在临床实践中,血流显然不是一直不变的,有时甚至是强非平稳性的。如 11.1.2 节所述,我们选择处理 $N=16$ 个样本的信号,以评估在既现实又困难的条件下解决频谱表征问题的方法的能力。我们选择了这种类型的两个主要问题:

(1) 自适应谱分析,包括估计 y_m 的 PSD 序列 $S_m(v)$。我们将在 11.2 节中使用长 AR 模型解决这个问题。

(2) 频谱跟踪和频谱混叠的反转,这意味着估计信号y_m的频率序列 v_m。在纯频率模型的基础上,11.3 节将对此进行介绍。

在两种情况下,为了将空间连续性纳入考量,给 AR 参数(1)和频率(2)引入了高斯马尔可夫链。由此构造的准则通过合适的算法进行了优化:包括卡尔曼滤波平滑器(1)和 Viterbi 算法(2)。超参数的问题在这两种情况下都是通过最大似然来解决的。似然性则通过坐标下降算法(1)和梯度算法(2)来优化。这两种优化算法都是以上述信号的特征结果①来终止。

11.2 自适应谱分析

自适应谱分析的文献包括几种可能的方法:周期图和频谱图(及其变体),ARMA 方法,最小二乘(LS)AR 方法及其带滑动窗口或遗忘系数的自适应扩展,Wigner - Ville 方法等。详见[GUO 94,HER 97]用于 US 测速背景下的广泛比较研究,其结论推荐基于 LS 的参数化 AR 方法。出于这个原因,我们将直接转向这类方法。

在 AR 频谱分析框架中,找到信号 y_m 的 PSD 序列需要估计 AR 参数 $a_m = [a_{mp}]$,其中 m 是所考虑的距离单元的序号 $m \in \{1,\cdots,M\} = \mathbb{N}_M^*$,$p$ 是系数的序号($p \in \mathbb{N}_P^*$)。设 $A=[a_1,\cdots,a_M]$为回归序列,令 r_m^e 和 r_m 是输入噪声和相应信号的功率。

11.2.1 最小二乘与传统扩展

在 M 个距离单元的其中一个中,利用 LS 从相应的数据 y_m 估计回归量 a_m

① 这里描述的算法已经在奔腾Ⅲ电脑上的 Matlab 中实现,电脑主频 450MHz,配备 128MB 的 RAM。

依赖于预测误差 $e_m = y_m - Y_m a_m$ 和如下判据：

$$Q_m^{\mathrm{LS}}(a_m) = e_m^{\dagger} e_m = (y_m - Y_m a_m)^{\dagger}(y_m - Y_m a_m) \tag{11.2}$$

矢量 y_m（大小为 $L \times 1$）和矩阵 Y_m（大小为 $L \times P - 1$）根据窗口的类型来定义的[KAY 81,式(2),MAR 87,第 217 页]。这儿有 4 种类型：未加窗（称为协方差）、预加窗、后加窗以及双窗口或前后加窗（也称为自相关）。对应上述不同的情况，$L = N - P, L = N, L = N + P$。这个选择很重要，因为它直接影响正规矩阵的约束调节和谱分辨率，特别是当数据点的数量很少时[MAR 87,225]。无论窗口类型如何，最小化 LS 准则式(11.2)都会导致[SOR 80]：

$$\hat{a}_m^{\mathrm{LS}}(a_m) = \arg\min_{a_m} Q_m^{\mathrm{LS}}(a_m) = (Y_m^{\dagger} Y_m)^{-1} Y_m^{\dagger} y_m \tag{11.3}$$

对于 M 个窗口，自适应 LS 技术（ALS）是通过考虑在可变宽度窗口中当前距离单元附近的准则式(11.2)或几何加权①来工作。

这些算法有许多缺点，与参数的选择有关，至少在我们的上下文中是这样：

(1) LS 方法只能与限制模型阶数的精简原则结合使用[AZE 86]，从而避免频谱中的寄生峰5②。这种折衷可以通过诸如 FPE[AKA 70]、AIC[AKA 74]、CAT[PAR 74]或 MDL[RIS 78]等法则自动找到，但是当没有足够的数据时，它们就会变得低效[ULR 76]。

(2) 即使模型的阶数是经验可调的，对于少量的数据，可接受的阶数仍然太低，难以描述在速度测量中可能遇到的各种各样的频谱。我们将看到所提出的方法允许估计高阶模型。

(3) 从空间的角度来看，在 ALS 方法框架中，无论是用于估计窗口的宽度还是遗忘系数，都不存在自动调整权衡的方法。

为了找到弥补这些缺点的方法，我们将在下一节中探讨正则化技术。

11.2.2　长 AR 模型－频谱平滑性－空间连续性

11.2.2.1　空间规律性

这个想法是为了重申包括法则本身内的空间规律性和频谱平滑性的概念在内的问题。为此，我们概括了 Kitagawa 和 Gersch[KIT 85]的开创性工作，以构建两个 AR 频谱之间距离的度量。从 PSD 的表达式开始：

$$S_m(v) = \frac{r_m^e}{|1 - A_m(v)|}，其中\ A_m(v) = \sum_{p=1}^{P} a_{mp} \mathrm{e}^{2\mathrm{j}\pi v p}$$

---

① 这一过程直接将空间规律的概念引入到频谱序列中。

② 这个阶数的限制是一种诱导频谱平滑性的间接方法。

通过使用函数 A_m 和 $A_{m'}$之间的 k 阶 Sobolev 距离来度量 S_m 和 $S_{m'}$之间的频谱距离：

$$D_k(m,m') = \int_0^1 \left| \frac{\mathrm{d}^k}{\mathrm{d}v^k}(A_m(v) - A_{m'}(v)) \right|^2 \mathrm{d}v$$

可以很容易地获得如下二次形式：

$$D_k(m,m') = (a_m - a_{m'})^\dagger \Delta_k (a_m - a_{m'}) \tag{11.4}$$

其中，Δ_k 是简单的对角矩阵 $\Delta_k = \mathrm{diag}[1^{2k}, 2^{2k}, \cdots, P^{2k}]$，称为 k 阶平滑矩阵。

11.2.2.2 频谱平滑性

要测量频谱平滑性，只需要测量该频谱到一个恒定频谱的距离，即 $A_{m'}=0$，它再次给出一个二次形式，最初由 Kitagawa 和 Gersch 提出：

$$D_k(m) \propto a_m^\dagger \Delta_k a_m \tag{11.5}$$

注 1：严格来说，这不是频谱距离或频谱平滑性的度量，因为 $D_k s$ 不是由 PSDS_m 构建的，而是由函数 A_m 构建的。然而，它确实在某种意义上度量了空间规律性和频谱平滑性。此外，它的二次性大大简化了关于 $a_m s$ 的优化(11.2.2.4 小节)和超参数估计的问题(11.2.4 节)。

11.2.2.3 正则化最小二乘法

从两个表达式(11.4)和式(11.5)及 LS 准则式(11.2)开始，我们构造正则化的 LS 准则(LSReg)，如第 2 章的式(2.5)：

$$Q^{\mathrm{Reg}}(A) = \sum_{m=1}^{M} \frac{1}{r_m^e}(y_m - Y_m a_m)^\dagger (y_m - Y_m a_m) + \frac{1}{r_s}\sum_{m=1}^{M} a_m^\dagger \Delta_k a_m + \frac{1}{r_\mathrm{d}}\sum_{m=1}^{M-1}(a_m - a_{m+1})^\dagger \Delta_k (a_m - a_{m+1}) \tag{11.6}$$

其中包括三项：第 1 项度量数据的保真度；第 2 项度量每个频谱的频谱平滑度；第 3 项度量空间正则性。每一项的相对权重取决于输入噪声 r_m^e 的功率，尤其是谱参数 r_s 和空间参数 r_d。我们依然将使用 $\lambda_s = 1/r_s$ 和 $\lambda_d = 1/r_d$，以使得约束随着参数的增加而增加。

11.2.2.4 优化

给定其二次结构，可以考虑几个竞争的选项来最小化式(11.6)，在 2.2.2 节中专门讨论了这个问题。通过求解维度为 $MP \times MP$ 的稀疏线性方程组，可以直接求得最小值。所讨论的准则是凸的和可微的，因此梯度技术也是一个可能的选项[BER 95]。然而，为了进行在线处理，我们选择了卡尔曼滤波(KF)和卡尔曼平滑(KS)，这也是 Kitagawa 和 Gersch 在[KIT 85]中的最初观点。见第 4

章，其中一部分涉及 KF 和 KS。

11.2.3　卡尔曼平滑

11.2.3.1　状态方程和观测方程

要使用此替代方案，必须以状态表示形式来表达模型。我们不会回到更一般的卡尔曼公式，并且可以看出以下形式足以用于优化目的。

连续回归模型 a_m 的演化由状态模型引导：

$$a_{m+1} = \alpha_m a_m + \varepsilon_m \tag{11.7}$$

其中，每个 ε_m 是一个零均值环形复矢量，具有协方差矩阵 $P_m^{\varepsilon} = r_m^{\varepsilon}\Delta_k^{-1}$，对于 $m \in \mathbb{N}_M^*$，序列 ε_m 在空间上是白色的。这是 Kitagawa 和 Gersch 提出的一个一般版本[KIT 85]。

状态模型还分别引入状态的均值和初始协方差：零向量和 $P^a = r^a\Delta_k^{-1}$。

观测方程仅仅是一个递归方程，它以矩阵形式引导每个距离单元中的 AR 模型：

$$y_m = Y_m a_m + e_m \tag{11.8}$$

其中，每个 e_m 是协方差 $r_m^e I_L$ 的零均值环形复矢量。序列 e_m，$m \in \mathbb{N}_M^*$ 也是白色的。这也是在[KIT 85]中提出形式的一般化。

11.2.3.2　参数化之间的等效

为了实现 KS，其方程式已在 4.5.1 节中给出，有必要确定其参数（r^a 和 α_m，r_m^{ε}，其中 $m \in \mathbb{N}_M^*$）。它们是根据 r_d 和 r_s 确定的，使得相关联的 KS 有效地最小化准则式(11.6)。文献[JAZ 70,150]给出了与式(11.7)和式(11.8)相关的 KS 最小化的准则：

$$\begin{aligned} Q^{KS}(A) = & \sum_{m=1}^{M} \frac{1}{r_m^e}(y_m - Y_m a_m)^{\dagger}(y_m - Y_m a_m) \\ & + \sum_{m=1}^{M-1} \frac{1}{r_m^{\varepsilon}}(a_{m+1} - \alpha_m a_m)^{\dagger}\Delta_k(a_{m+1} - \alpha_m a_m) + \frac{1}{r^a} a_1^{\dagger}\Delta_k a_1 \end{aligned} \tag{11.9}$$

通过分析研究式(11.6)和式(11.9)，我们以递减递归的形式建立两组参数之间的联系：

(1) 初始化（$m = M-1$）：

$$\alpha_{M-1} = (1+\rho)^{-1} \text{和 } r_{M-1}^{\varepsilon} = r_d\alpha_{M-1}$$

(2) 递归（$m = M-2,\cdots,1$）：

$$\alpha_m = (2+\rho-\alpha_{m+1})^{-1} \text{和 } r_m^{\varepsilon} = r_d\alpha_m$$

(3) 最后一步给出初始功率：

$$r^a = r_\mathrm{d}(1+\rho-\alpha_1)^{-1} \text{和} \rho = r_d/r_s > 0$$

这些方程允许根据 r_d, r_s 提前计算 KS 的系数(r^a 和 $\alpha_m, r_m^\varepsilon$)，使得能够最小化式(11.6)。

注 2：这表明[GIO 01]上述系统允许静态极限，对应的静态判据与齐次判据式(11.6)的区别仅在于与第一个和最后一个回归数相关的两项，它们都与 $\alpha(\alpha-1)/r^\varepsilon$ 成正比。因此，在实践中最常使用的是较简单的稳态形式。

11.2.4 超参数估计

该方法具有 $M+4$ 个超参数：平滑性的阶数 k，AR 模型的阶数 P，预测误差的序列 $r_m^e, m \in \mathbb{N}_M^*$，频谱连续性 $\boldsymbol{\lambda}_\mathrm{s}$ 和空间连续性 $\boldsymbol{\lambda}_\mathrm{d}$。

超参数的估计问题是目前尚未完全解决的问题之一。第 8 章专门讨论了这个问题。这里选择的方法是超参数的最大似然(ML)。准则式(11.6)的二次特征允许它以高斯形式进行贝叶斯解释，并且能够在给定超参数 $p(y_1, \cdots y_M; k, P, r_1^e, r_2^e, \cdots, r_M^e, \boldsymbol{\lambda}_\mathrm{s}, \boldsymbol{\lambda}_\mathrm{d})$ 的情况下显式地推导出观测定律(见第 3 章)。在这种情况下，一种完全令人满意的方法是使得相对于 $M+4$ 超参数的似然最大化。为了计算效率，只最大化相对于 $\boldsymbol{\lambda}_\mathrm{s}$ 和 $\boldsymbol{\lambda}_\mathrm{d}$ 的似然。

阶数超参数是固定的，与数据无关。如果选择的 AR 模型的阶数 P 足够大，例如 $P > N/2$，则不会再对频谱的形式产生影响。这就是为什么它在实践中保持在其最大值 $P = N-1$ 的原因(因此有"长 AR"的表述)。平滑阶数对所得到的谱的形状也没有太大的影响，条件是选择非零阶数。实际上，它被设为 $k=1$。

输入噪声功率的参数 r_m^e 在 LSReg 式(11.6)准则中对每个距离单元的数据进行加权。在实际应用中，它们被信号 r_m 的功率所取代，以简化估计过程。可以通过功率德尔标准经验估计器 $\hat{r}_m = y_m^\dagger y_m / N$ 独立于数据估计这些参数。实际上，它们对 PSD 形状的影响很小。

现在我们来讨论两个影响深度－频率图形状的主要参数：x^* 和 x^*，它们都由 ML 自动设置。我们知道如何从 KF 的子积中计算似然。给定一些常量，共同对数似然(CLL)为

$$\mathrm{CLL}(\boldsymbol{\lambda}_s, \boldsymbol{\lambda}_d) = \sum_{m=1}^{M} \lg|R_m| + e_m^\dagger R_m^{-1} e_m$$

上式相对于($\boldsymbol{\lambda}_\mathrm{s}, \boldsymbol{\lambda}_\mathrm{d}$)被最小化。该计算需要 KF 的两个子积($R_m$ 和 e_m)，特别是 R_m 的行列式的反演和计算。这是一个大小为 L 的方阵，根据所选择的窗口类

型,取值从 1 ~ (2N - 1)不等。实际上,这个矩阵仍然很小,并且使用特定的反演算法似乎并不重要。

就 CLL 的最小化而言,有几种方法值得尝试的,但都不能保证获得全局最小值。这在第 8 章中有详细的介绍。所使用的模型是一种带有黄金分割定向搜索的坐标下降方法[BER 95]。

11.2.5　处理结果与比较

本节专门处理基于 11.1.4 节中提供的数据的结果。将上述方法与周期图方法(用于商业系统)进行比较。特别地,我们已经排除了 LS 方法,因为它们的顺序选择方法不可靠,如前所述。

11.2.5.1　超参数调优

两个重要参数($\| \boldsymbol{y} - \boldsymbol{Hx} \|^2 = \sum_{n=1}^{N}(y_n - x_{nM/N})^2, \boldsymbol{x} = [x_1, \cdots, x_M]^{\mathrm{T}}, M$)由 ML 自动调整。首先,在 N 个($\hat{x}^{\lambda}, J_M$)值的对数网格上计算 CLL。图 11.3 中给出的相应等值线非常规则,并且在 $M \to \infty$ 和 $\hat{x}^{\lambda}$(以 $M = 400$ 为尺度进行缩放)处具有单个明显标记的最小值。在实际应用中,使用上述下降算法只需要 2.35s 就可以得到这些值。一些典型的轨迹如图 11.3 所示。

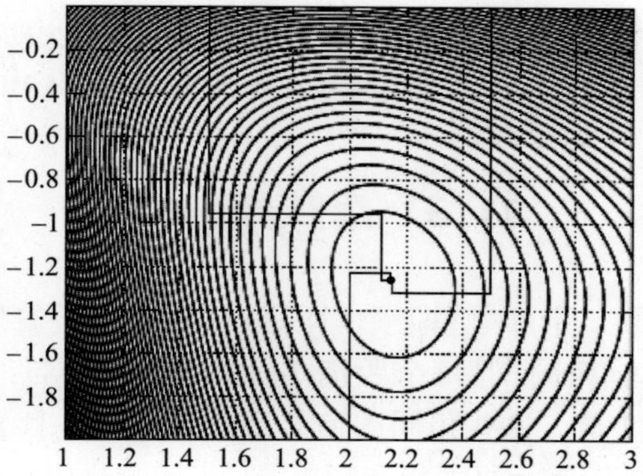

图 11.3　需要在(λ_s, λ_d)处最小化的 CLL(λ_s, λ_d)等高线。最小值由星号(*)表示。纵轴表示频谱参数 λ_s 和横轴表示空间参数 λ_d(两种情况均以对数为尺度进行缩放)。图中还显示了三种不同初始化的优化算法的轨迹

注 3:值得注意的是,对于超参数中不到十的变化,PSD 图的变化非常小。这一方面对于确定方法的整体稳健性特别重要。与标准 LS 方法中的 AR 模型阶数不同,它可以对频谱的形状产生急剧影响,(λ_s, λ_d)的选择为自动或手动调整提供了更大的灵活性。

11.2.5.2 定性比较

至于光谱本身,利用周期图和此处提供的方法得到的典型结果如图 11.4 所示。与图 11.2 的参照对象进行简单的定性比较,可以得出以下几个结论。首先,相对于周期图的增益是明显的:垂直深度方向的空间规律性明显改善了与图 11.2 的参照对象相一致的频谱序列。其次,频率动态特性得到准确反映:从血管边缘的 0.2 到中心的 0.6。第三,提高了频谱分辨率,更符合参照对象的要求。

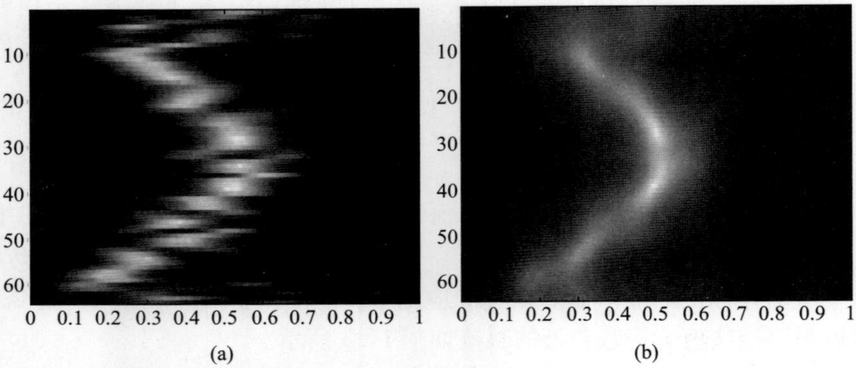

图 11.4 (a)用标准周期图得到的深 - 频等值线;
(b)用此处所提方法得到的结果(利用超参数的 ML)

11.3 跟踪频谱矩

现在我们来看第二个问题,即频率跟踪,可能超过了香农的频率极限。需要分析的信号与之前相同,但每个距离单元可用的数据点数通常更少,例如 $N=8$,原因见 11.1.2 节。这些相同的信号现在由淹没在噪声中的纯正弦波建模。使用符号 a_m 和 v_m 表示复振幅和频率,b_m 表示测量或建模噪声:

$$y_m = a_m z(v_m) + b_m \quad ,z(v_m) = [1, e^{j2\pi v_m}, \cdots, e^{j2\pi v_m(N-1)}]^T \tag{11.10}$$

这个模型在光谱分析是众所周知的,但产生了两个观测结果:首先,它相对于 v_m 显然是周期性的。从某种意义上说,这个特征是这里讨论的问题的基石:它体现了频谱混叠并构成其反演的关键。其次,尽管它相对于幅度 a_m 是线性的,但它相对于频率 v_m 不是线性的:因此要处理的问题是非线性的。

我们将频率和幅度的向量分别表示为 $\boldsymbol{v} = [v_1, \cdots, v_M]^T$ 和 $\boldsymbol{a} = [a_1, \cdots, a_M]^T$。最后,将"真实参数"加注星型表示:$\boldsymbol{v}^*$,$\boldsymbol{a}^*$ 等。我们需要做的是为感兴趣的参

数 $\boldsymbol{v}^*$ 构建估计器 $\hat{\boldsymbol{v}}$。由于 $\boldsymbol{a}^*$ 参数不太受关注，因此被称为讨厌参数。采用贝叶斯方法进行描述，主要基于以下几个要素：

（1）讨厌参数的边缘化；

（2）通过马尔可夫链对频率序列 v 进行建模，以便将空间连续性纳入考量；

（3）选择离散状态链允许使用特定算法（用于计算解 $\boldsymbol{v}$ 和超参数）。

11.3.1　提出的方法

11.3.1.1　似然

假设 b_m 是高斯、零均值、白色、均匀、方差为 r_b 且空间独立，很容易构造频率和幅度参数集的似然作为乘积：

$$p(\mathcal{Y}|v,a) = \prod_{m=1}^{M} p(y_m|v_m,a_m) = (\pi r_b)^{-MN}\exp(-\mathrm{CLL}(v,a)/r_b) \quad (11.11)$$

其中 CLL 具有 LS 法则的形式：

$$\mathrm{CLL}(v,a) = \sum_{m=1}^{M}(y_m - a_m z(v_m))^{\dagger}(y_m - a_m z(v_m))$$

11.3.1.2　幅度：先验分布和边缘化

定义参数 v 和 a 的法则需要在 (v,a) 中建立联合法则。由于缺乏有关振幅和频率之间联系的信息，自然会导致一种可分离的选择：

$$p(v,a) = p(v)p(a) \quad (11.12)$$

对于幅度，一个可分离的选择也取决于缺乏关于距离单元之间可能的相互依赖性的信息。就该定律的形式而言，由于要对幅度进行边缘化，我们采用高斯定律：

$$p(\boldsymbol{a}) = (\pi \boldsymbol{r_a})^{-M}\exp\{-\boldsymbol{a}^{\dagger}\boldsymbol{a}/\boldsymbol{r}_a\} \quad (11.13)$$

鉴于似然式(11.11)和先验法则式(11.13)的可分性，幅度的边缘化产生如下结果：

$$p(\mathcal{Y}|v) = \prod_{m=1}^{M}\int_{a_m} p(y_m|v_m,a_m)p(a_m)\mathrm{d}a_m = \prod_{m=1}^{M} p(y_m|v_m) \quad (11.14)$$

另外，由于式(11.10)相对于 a_m 和 b_m 是线性的，并且因为 a_m 和 b_m 是高斯独立的；$(y_m|v_m)$ 法则也是零均值高斯的，且协方差为

$$\boldsymbol{R}_m = E(y_m y_m^{\dagger}) = r_a z(v_m) z(v_m)^{\dagger} + r_b \mathrm{I}_N$$

$(y_m|v_m)$ 法则的表达式明显地引入了它的行列式及其逆，可以明确表示为如下形式：

$$\boldsymbol{R}_m^{-1} = r_b^{-1}\mathrm{I}_N - N\alpha z(v_m)z(v_m)^{\dagger} \text{ 和 } |\boldsymbol{R}_m| = r_b^{N-1}(r_b + Nr_a)$$

其中,$\alpha = Nr_a/(r_b(Nr_a + r_b))$。由此可以写出法则的完整形式:

$$\boldsymbol{p}(\boldsymbol{y}_m|\boldsymbol{v}_m) = \pi^{-N}|\mathrm{R}_m^{-1}|\exp\{-y_m^{\dagger}\mathrm{R}_m^{-1}y_m\} \tag{11.15}$$

$$= \beta\exp\{-\gamma_m + N\alpha P_m(v_m)\} \tag{11.16}$$

其中,P_m 是信号 y_m 在频率 v_m 处的周期图谱:

$$P_m(v_m) = (z(v_m)^{\dagger}y_m)^{\dagger}(z(v_m)^{\dagger}y_m) = \frac{1}{N}\left|\sum_{m=1}^{N}y_m(n)\mathrm{e}^{2\mathrm{j}\pi v_m n}\right|^2$$

以及

$$\beta = \pi^{-N}r_b^{1-N}/(Nr_a + r_b), \gamma_m = y_m^{\dagger}y_m/r_b$$

最后,给定频率的观测集的联合法则可以写成乘积式(11.14):

$$p(\mathcal{Y}|\boldsymbol{v}) = \beta^M\exp\{-\gamma\}\exp\{-\alpha\mathrm{CLML}(\boldsymbol{v})\},\ \gamma = \sum_{m=1}^{M}\gamma_m \tag{11.17}$$

其中共同对数边界似然(CLML)CLML(v)是每个距离单元中的周期图之和的相反数。

$$\mathrm{CLML}(v) = -\sum_{m=1}^{M}P_m(v_m) \tag{11.18}$$

注 4:引言中提到的这个函数的基本属性是它关于每个变量的单周期特性 $\forall k_m \in \mathbb{Z}, m = 1, \cdots, M$:

$$\mathrm{CLML}(v_1, v_2, \cdots, v_m) = \mathrm{CLML}(v_1 + k_1, v_2 + k_2, \cdots, v_m + k_m) \tag{11.19}$$

其结果是,由数据贡献的信息使得该组频率未确定。

11.3.1.3 频率:先验法则和后验法则

如引言所述,频率法则是以离散状态构建的。我们假设频率的最小值为 v_m,最大值为 v_M,并且在任意精细的 P 值网格上有规律地将区间 $[v_m, v_M]$ 离散化。频率的可能值表示为 v^p,其中 $p \in \mathbb{N}_P$。

与幅度法则相反,为频率选择的法则通过与二次吉布斯能量相关的马尔可夫链将空间连续性的概念考虑在内:

$$\mathrm{CLP}(v) = \sum_{m=1}^{M-1}(v_{m+1} - v_m)^2 \tag{11.20}$$

其中,CLP 被用作共同对数先验。通过"离散化和重归一化"方差 r_v 高斯法则来获得链状态之间转换的概率:

$$P_m(p,q) = \Pr(v_{m+1} = v^p | v_m = v^q) = \frac{\exp\{-(v^p - v^q)^2/2r_v\}}{\sum_{p'=1}^{P}\exp\{-(v^{p'} - v^q)^2/2r_v\}} \tag{11.21}$$

这与 m 无关。均匀的初始概率归因于频率,即

$$P(p) = \Pr(v_1 = v^p) = 1/P$$

最后,在下文中,"观测概率①"将表示为 $\mathbb{O}_m(p) = p(y_m \mid v_m = v^p)$

使用贝叶斯法则合并先验信息和数据提供的信息,该规则给出了 v 的后验定律:

$$p(v \mid \mathcal{Y}) \propto p(\mathcal{Y} \mid v)p(v) \propto \exp\{-\alpha \mathrm{CLPL}(v)\}$$

其中,共同对数后验似然(CLPL)可被写为如下形式:

$$\mathrm{CLPL}(v) = -\sum_{m=1}^{M} P_m(v_m) + \lambda \sum_{m=1}^{M-1} (v_{m+1} - v_m)^2 \tag{11.22}$$

其中,$\lambda = 1/2\alpha r_v$。在确定性框架中,CLPL 是一个正则化的 LS 准则。它包含两项,分别衡量我们在测量和空间规律性的先验概念中的置信度。正则化参数 λ(取决于超参数 $\boldsymbol{r} = [\boldsymbol{r}_a, \boldsymbol{r}_b, \boldsymbol{r}_v]$)调整两者之间的平衡。

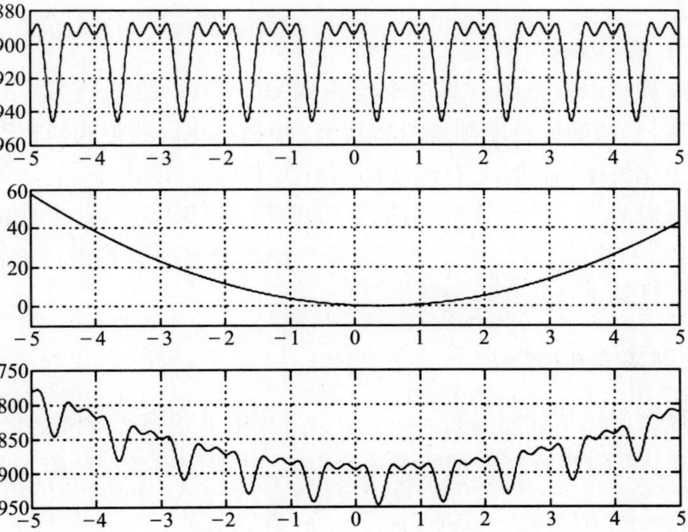

图 11.5　作为其中一个 $v_m(m=50)$ 的函数的准则的典型形式。从上到下:CLML(v)(单周期),CLP(v)(二次)以及它们的和 CLPL(v)。这个正则化打破了周期性,消除了不确定性

注 5:这是注 4 的"正则对应"。CLML 在所有方向 $v_m, m = 1, \cdots, M$ 上都是

① 严格来说,这是一个密度而不是一个概率,但我们仍然会使用这个表述,因为它在关于马尔可夫链的文献中经常用到。

单周期的,即它验证了式(11.19),CLPL 不具有这个属性。正则化项消除了不确定性。

然而,全局的不确定性仍然存在。CLML(v)相对于每个 v_m 是单周期的,并且正则化项只取决于频率之间的连续差异,因此它对常数级全局不敏感。然后有 $\forall k_0 \in \mathbb{Z}$。

$$\text{CLPL}([v_1, v_2, \cdots, v_m]) = \text{CLPL}([v_1 + k_0, v_2 + k_0, \cdots, v_m + k_0])$$

两个频率配置文件相差一个常数整数级,后验仍然是等概率的。通过将第一个频率指定在$[-1/2, +1/2)$内可以消除这种不确定性。

剩下的就是选择 v^* 的精确估计值 $\hat{\boldsymbol{v}}$。我们的第一选择是最大后验(MAP),即正则化准则式(11.22)的最小化:

$$\hat{\boldsymbol{v}}^{\text{MAP}} = \arg\max_{\boldsymbol{v}} p(\boldsymbol{v} \mid \mathcal{Y}) = \arg\min_{\boldsymbol{v}} \text{CLPL}(v) \tag{11.23}$$

还有一些其他可能的替代方案:边缘最大后验(MMAP),平均后验等。这里不再介绍。

11.3.1.4 Viterbi 算法

Viterbi 算法以较低的计算成本给出 MAP 式(11.23)。它是一种传统的动态编程算法,它精确地将准则式(11.22)逐步最小化以获得式(11.23)。其原则是依次最小化关于 v_M(取决于 v_{M-1}),然后关于 v_{M-1}(取决于 v_{M-2})等的准则,以逐渐接近所需的最小化。详细描述见[FOR 73,RAB 86]。这里我们只需注意,由式(11.18)和式(11.17)给出的观测概率结构 $O_m(p)$ 允许通过 P 点的 M 快速傅里叶变换计算来计算所有概率。

11.3.2 超参数似然

通过最大似然估计超参数 $\boldsymbol{r} = [r_a, r_b, r_v]$ 利用了频率 $\boldsymbol{v}$ 被概率化以使得相对于 v 的 v 和 $\mathcal{Y}$ 中的联合密度被边缘化的事实,从而获得数据的附加参数的似然:

$$\begin{aligned} HL_y(r) &= \Pr(\mathcal{Y}; r) = \sum_{\boldsymbol{v}} \Pr(\mathcal{Y}, v) \\ &= \sum_{p_1=1}^{P} \cdots \sum_{p_M=1}^{P} \Pr(\mathcal{Y}, v_1 = v^{p_1}, \cdots, v_M = v^{p_M}) \end{aligned} \tag{11.24}$$

一般来说,我们使用对数似然的相反数,用 HCLL 表示超参数共同对数似然:

$$\text{HCLL}_{\mathcal{Y}}(\boldsymbol{r}) = -\lg HL_{\mathcal{Y}}(\boldsymbol{r})$$

它是相对于超参数 $\boldsymbol{r}$ 向量的最小化:

$$\hat{r}^{\mathrm{ML}} = \arg\min_r \mathrm{HCLL}_{\mathcal{Y}}(r)$$

$\mathrm{HCLL}_{\mathcal{Y}}(\boldsymbol{r})$的已知属性不允许全局优化。第 1 种方法是在自适应频谱分析中使用坐标下降算法(11.2 节)。在这里,我们选择采用梯度下降技术。下面两节专门讨论 $\mathrm{HCLL}_{\mathcal{Y}}(\boldsymbol{r})$及其梯度的计算。

11.3.2.1　前向 – 后向算法

式(11.24)中的总和超出了链的 P^M 个状态,并且在实践中无法计算。然而,文献[FOR 73,RAB 86]中提出的"前向"算法实现了联合准则的逐级边缘化,并且为相对较低的计算成本提供了可能性。

该算法采用归一化形式(由[DEV 85]推荐,出于数值稳定性原因),基于以下概率:

$$\tilde{\mathcal{F}}_m(p) = \frac{\Pr(\mathcal{Y}_1^m, v_m = v^p)}{\Pr(\mathcal{Y}_1^m)} \text{以及 } \tilde{\mathcal{B}}_m(p) = \frac{\Pr(\mathcal{Y}_{m+1}^M \mid v_m = v^p)}{\Pr(\mathcal{Y}_{m+1}^M \mid \mathcal{Y}_1^m)}$$

其中,在时刻 m 到 m'的部分观察表示为:$Y_m^{m'} = [y_m, \cdots, y_{m'}]$。可以从"前向"相位的子积中推断出似然。在给定观测序列和模型参数($\mathcal{P}$,$\mathbb{P}$ 和$\mathbb{O}$)的情况下,前向后向算法还给出了马尔可夫链状态的后验边缘概率(这将允许确定 MMAP):

$$p_m(p) = \Pr(v_m = v^p \mid \mathcal{Y}) = \tilde{\mathcal{F}}_m(p)\tilde{\mathcal{B}}_m(p) \tag{11.25}$$

与双边后验一起,可用于计算似然的梯度(LEV 83):

$$\begin{aligned} p_m(i_{m-1}, i_m) &= \Pr(v_{m-1} = v^{i_{m-1}}, v_m = v^{i_m} \mid \mathcal{Y}) \\ &= \mathcal{N}_m \tilde{\mathcal{F}}_{m-1}(p)\tilde{\mathcal{B}}_m(q)\mathbb{P}(p,q)\mathbb{O}_m(q) \end{aligned} \tag{11.26}$$

11.3.2.2　似然梯度

梯度计算基于 EM(期望最大化)算法[BAU 70,LIP 82]的辅助函数(通常表示为 Q)的性质进行的。它建立在两组超参数 $\boldsymbol{r}$ 和 $\boldsymbol{r}'$之上,通过待边缘化的对象 v"完成"数据 $\mathcal{Y}$:

$$Q(\boldsymbol{r},\boldsymbol{r}') = E_v(\lg\Pr(\boldsymbol{v},\mathcal{Y};\boldsymbol{r}') \mid \mathcal{Y};\boldsymbol{r}) = \sum_v \lg\Pr(\boldsymbol{v},\mathcal{Y};\boldsymbol{r}')\Pr(\boldsymbol{v} \mid \mathcal{Y};\boldsymbol{r})$$

在这里,我们获得 Q 的以下表示:

$$\begin{aligned} Q(\boldsymbol{r},\boldsymbol{r}') = &\sum_{m=2}^{M}\sum_{i_{m-1}=1}^{P}\sum_{i_m=1}^{P} p_m(i_{m-1}, i_m)\lg\mathbb{P}'(i_{m-1}, i_m) \\ &+ \sum_{p=1}^{P}\mathcal{P}(p)\lg\mathcal{P}'(p) + \sum_{m=1}^{M}\sum_{i_m=1}^{P} p_m(i_m)\lg\mathbb{O}'_m(i_m) \end{aligned} \tag{11.27}$$

(1) ($\mathcal{P}'$,$\mathbb{P}$,$\mathbb{O}$)和($\mathcal{P}$,$\mathbb{P}$,$\mathbb{O}$)分别为超参数 $\boldsymbol{r}'$和 $\boldsymbol{r}$ 的模型的特征;

(2) $p_m(i_m)$和$p_m(i_{m-1},i_m)$是由式(11.25)和式(11.26)定义的超参数$\boldsymbol{r}$的后验边界法则。

采用EM算法的标准估计策略不直接应用于此,因为链没有被其自然参数($\mathcal{P}$,$\mathbb{P}$)参数化,而是由超参数$\boldsymbol{r}$参数化。但是,函数Q仍然很有用,因为它具有以下属性:

$$\left.\frac{\partial Q(\boldsymbol{r},\boldsymbol{r}')}{\partial \boldsymbol{r}'}\right|_{r'=r} = -\frac{\partial \mathrm{HCLL}_{\mathcal{Y}}(\boldsymbol{r})}{\partial \boldsymbol{r}}$$

当得到式(11.27)后,这个性质能够给出$\mathrm{HCLL}_{\mathcal{Y}}(\boldsymbol{r})$的梯度:

$$\frac{\partial Q}{\partial \boldsymbol{r}'_a} = \sum_{m=1}^{M}\sum_{i_m=1}^{P} p_m(i_m)\,\frac{\partial \lg \mathbb{O}'_m(i_m)}{\partial \boldsymbol{r}'_a} \tag{11.28}$$

$$\frac{\partial Q}{\partial \boldsymbol{r}'_b} = \sum_{m=1}^{M}\sum_{i_m=1}^{P} p_m(i_m)\,\frac{\partial \lg \mathbb{O}'_m(i_m)}{\partial \boldsymbol{r}'_b} \tag{11.29}$$

$$\frac{\partial Q}{\partial \boldsymbol{r}'_v} = \sum_{m=2}^{M}\sum_{i_{m-1}=1}^{P}\sum_{i_m=1}^{P} p_m(i_{m-1},i_m)\,\frac{\partial \lg \mathbb{P}'(i_{m-1},i_m)}{\partial \boldsymbol{r}'_v} \tag{11.30}$$

分别通过式(11.15)和式(11.21)来得到$\mathbb{O}'$和$\mathbb{P}'$:

$$\frac{\partial \lg \mathbb{O}'}{\partial r_a} = -\frac{N}{Nr_a + r_b} - \frac{Nr_b}{(Nr_a + r_b)^2}P_m(v_m^i)$$

$$\frac{\partial \lg \mathbb{O}'}{\partial r_b} = -\frac{N-1}{r_b} - \frac{1}{Nr_a + r_b} + \frac{1}{r_b^2}\boldsymbol{y}_m^{\dagger}\boldsymbol{y}_m + \frac{Nr_a}{(Nr_a + r_b)^2}P_m(v_m^i)$$

$$\frac{\partial \lg \mathbb{P}'}{\partial r_v} = \frac{1}{2r_v^2}\left((v^{i_m} - v^{i_{m-1}})^2 - \sum_{q=1}^{P}(v^q - v^{i_{m-1}})^2\,\mathbb{P}(i_{m-1},q)\right)$$

11.3.3 处理结果与比较

本节介绍了一些典型结果。与AR自适应频谱分析的情况一样,本节分为两部分:首先是超参数的估计;然后是频率的重构。处理的信号与自适应频谱分析中的信号相同,我们只保留了两个样本中的一个来模拟真实的频谱混叠情况。

11.3.3.1 超参数调优

首先,超参数似然HCLL是在25×25×25个值的网格上计算的,得到的似然等值线如图11.6所示。与图11.3中结果类似,该函数是规则的并且具有单个明显标记的最小值：$\hat{r}_a^{ML}=0.292$，$\hat{r}_b^{ML}=-0.700$ 和 $\hat{r}_v^{ML}=-2.583$。同样值得注意的是，1/10 的变化（仍然采用对数刻度）在相应的频率分布中仅产生了极细微的调整，这证明了该方法具有一定的稳健性。

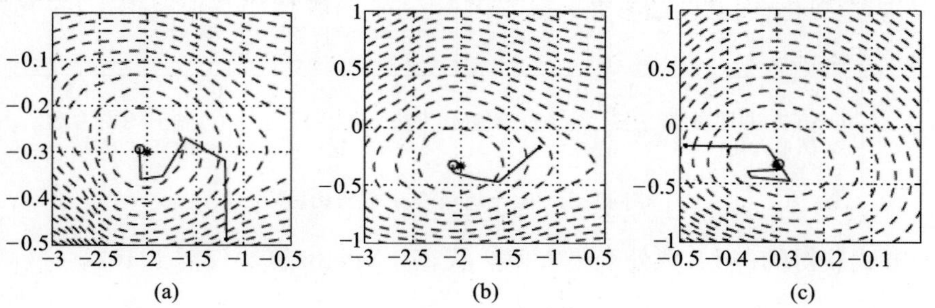

图 11.6　超参数的似然：典型表现。HCLL 等高线（—）、最小值（ * ）、初始值（·）、下降算法的轨迹（ - ）和达到的最小值（○）。所有图像均采用对数刻度，从（a）～（c）：横坐标为 r_v，r_v，r_b，纵坐标为 r_b，r_a，r_a

就优化本身而言，比较了几个下降方向：常规梯度，Vignes 修正，平分线修正和 Polak – Ribière 的伪共轭方向[BER 95]。研究表明，正如预期的那样，梯度的方向在参数空间中产生锯齿形轨迹，而对于三个修正方向则不然。这三个修正使得相对于梯度方向的计算时间增加了 25% ～40%，Polak – Ribiere 伪共轭方向有明显的优势。还比较了三种线性搜索技术：二分法，二次和三次插值法。第 1 个是最快的。最终只需大约 3s 就足以达到最佳状态。该算法的收敛性如图 11.6 所示。

11.3.3.2　定性比较

图 11.7 比较了典型结果。图 11.7（a）是通过最大似然获得的，即通过选择使 64 个周期图的每个周期图最大化的频率（在 $v\in[0,1]$ 内）。通过构造，该方案显然不允许跟踪在 $v\in[0,1]$ 之外频率。它特别不规则，而且以标准方式（通过逐步逼近）运行的算法不能跟踪超过 $v=1$ 的频率，如图 11.7（b）所示。相比之下，图 11.7（c）所示的方法更具优势：

（1）正规化的效果很明显。获得的解更加规则，无疑更接近图 11.2 的参照对象；

（2）即使超出极限频率 $v=1$，MAP 也能准确跟踪真实频率；

（3）频率动态特性被准确反映：可以读取高达 $v=1.15$ 的频率（即图 11.2 中参考频率的 2 倍，因为我们进行了一次二次采样）。

此外，它以完全自动的方式获得（超参数最大可能性），此外，它是以完全自

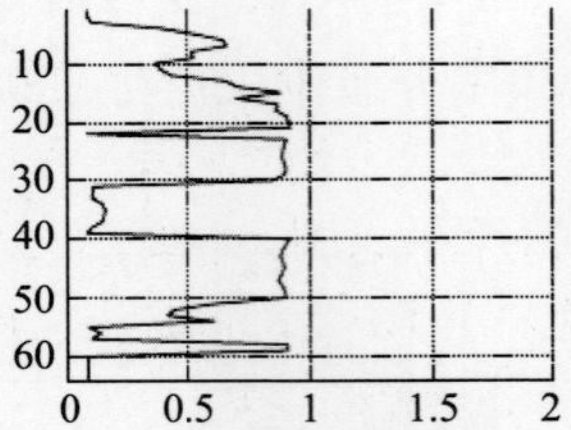

(a) ML方法(即周期图最大化)

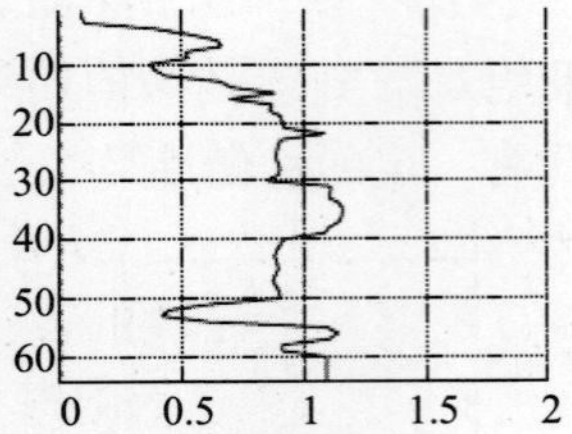

(b) 解缠ML方法

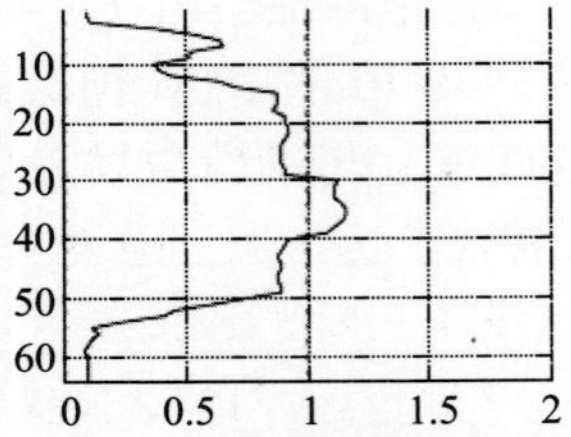

(c) 基于ML超参数的MAP方法

图 11.7 估计的频率分布的比较

动的方式获得的(超参数处于最大似然状态),Viterbi 算法仅需 1/10s。

11.4 结 论

本章的结构安排(见[GIO 02,BER 01])是根据其一般特征布局的。为频谱分析开发的概念也被用于分析气象雷达杂波[GIO 01],并可用于语音分析等其他领域。所提出的估算平均速度的方法已经被用来表征皮肤组织(利用其声学衰减特性)[GIO 94]。超过香农频率的跟踪能力可直接转换应用于磁共振测速[HER 99],可显著提高速度图像的 SNR,缩短临床研究时间。

通过引入更具体的先验信息,可以对这些方法进行进一步改进。例如,当前还没有考虑到血管壁上流动连续性有可能中断,但事实上这是可能发生的。对于抛物线层流,速度从流动中心向壁面有规律地减小。流速与血管壁之间存在联系的假设是有道理的。然而,在平推流中,靠近容器壁的流速非常高,并且必须保持靠近容器壁的速度存在较大不连续的可能性。因此,可以设想血管极限的联合探测(与速度估计同时进行),允许对空间连续性进行例外处理。

已经证实,在心动周期期间多普勒信号幅度存在变化。在血液加速过程中可以观察到信号幅度的升高,在心脏收缩峰值后的早期出现了最大值。血液的流态(层流或湍流)也会影响多普勒信号的幅值。因此可以考虑这种现象以进一步适应时间正则化。

对所得结果的实验和专家评估指出了各种数据处理方法之间的平衡,特别是正则化。

第 1 个要素是结果质量与计算成本和方法复杂性之间的平衡。这需要适合于所需计算的高效算法(Kalman 滤波器,Viterbi 算法以及梯度方法等)。

第 2 个元素涉及结果的"视觉"方面。它鼓励使用凸函数。对于后续解释不太有帮助的映射,通过更具区分性的泛函(例如 Blake 和 Zisserman 的截断二次方程[BLA 87])的正则化给出了其“二元”形态。

第 3 个要素是解对超参数的敏感性以及估计这些超参数的能力。使用诸如此处提供的这些似然法则似乎是调整超参数的有效方式。然而,在常规使用中,需要直接为用户提供一组合适的超参数。作者的经验表明,上面提出的选择引出了相对于其超参数具有足够的鲁棒性的方法。并且对于给定的应用类型,单组超参数(即使不是最优的)也可以显著地改善处理结果。

参考文献

[AKA 70] AKAIKE H., "Statistical predictor identification", *Ann. Inst. Stat. Math.*, vol. 22, p. 207 – 217, 1970.

[AKA 74] AKAIKE H., "A new look at the statistical model identification", *IEEE Trans. Automat. Contr.*, vol. AC – 19, num. 6, p. 716 – 723, Dec. 1974.

[AZE 86] AZENCOTT R., DACUNHA – CASTELLE D., *Series of Irregular Observations: Forecasting and Model Building*, Springer Verlag, New York, NY, 1986.

[BAU 70] BAUM L. E., PETRIE T., SOULES G., WEISS N., "A maximization technique occurring in the statistical analysis of probabilistic functions of Markov chains", *Ann. Math. Stat.*, vol. 41, num. 1, p. 164 – 171, 1970.

[BER 95] BERTSEKAS D. P., *Nonlinear Programming*, Athena Scientific, Belmont, MA, 1995.

[BER 01] BERTHOMIER C., HERMENT A., GIOVANNELLI J. – F., GUIDI G., POURCELOT L., DIEBOLD B., "Multigate Doppler signal analysis using 3 – D regularized long AR modeling", *Ultrasound Med. Biol.*, vol. 27, num. 11, p. 1515 – 1523, 2001.

[BLA 87] BLAKE A., ZISSERMAN A., *Visual Reconstruction*, The MIT Press, Cambridge, MA, 1987.

[DEV 85] DEVIJVER P. A., "Baum's forward – backward algorithm revisited", *Pattern Recognition Letters*, vol. 3, p. 369 – 373, Dec. 1985.

[FOR 73] FORNEY G. D., "The Viterbi algorithm", *Proc. IEEE*, vol. 61, num. 3, p. 268 – 278, Mar. 1973.

[GIO 94] GIOVANNELLI J. – F., IDIER J., QUERLEUX B., HERMENT A., DEMOMENT G., "Maximum likelihood and maximum a posteriori estimation of Gaussian spectra. Application to attenuation measurement and color Doppler velocimetry", in *Proc. Int. Ultrasonics Symp.*, vol. 3, Cannes, France, p. 1721 – 1724, Nov. 1994.

[GIO 01] GIOVANNELLI J. – F., IDIER J., DESODT G., MULLER D., "Regularized adaptive long autoregressive spectral analysis", *IEEE Trans. Geosci. Remote Sensing*, vol. 39, num. 10, p. 2194 – 2202, Oct. 2001.

[GIO 02] GIOVANNELLI J. – F., IDIER J., BOUBERTAKH R., HERMENT A., "Unsupervised frequency tracking beyond the Nyquist limit using Markov chains", *IEEE Trans. Signal Processing*, vol. 50, num. 12, p. 1 – 10, Dec. 2002.

[GUO 94] GUO Z. , DURAND J. - G. , LEE H. C. , "Comparison of time - frequency distribution techniques for analysis of simulated Doppler ultrasound signals of the femoral artery", *IEEE Trans. Biomed. Eng.*, vol. BME - 41, num. 4, p. 332 - 342, Apr. 1994.

[HER 97] HERMENT A. , GIOVANNELLI J. - F. , DEMOMENT G. , DIEBOLD B. , DELOUCHEA. , "Improved characterization of non - stationary flows using a regularized spectral analysis of ultrasound Doppler signals", *Journal de Physique III*, vol. 7, num. 10, p. 2079 - 2102, Oct. 1997.

[HER 99] HERMENT A. , MOUSSEAUX E. , DE CESARE A. , JOLIVET O. , DUMEE P. , TODDPOKROPEK A. , BITTOUN J. , GUGLIELMI J. P. , "Spatial regularization of flow patterns in magnetic resonance velocity mapping", *J. of Magn. Reson. Imaging*, vol. 10, num. 5, p. 851 - 860, 1999.

[JAZ 70] JAZWINSKI A. H. , *Stochastic Process and Filtering Theory*, Academic Press, New York, NY, 1970.

[KAY 81] KAY S. M. , MARPLE S. L. , "Spectrum analysis - A modern perpective", *Proc. IEEE*, vol. 69, num. 11, p. 1380 - 1419, Nov. 1981.

[KIT 85] KITAGAWA G. , GERSCH W. , "A Smoothness Priors Time - Varying AR Coefficient Modeling of Nonstationary Covariance Time Series", *IEEE Trans. Automat. Contr.*, vol. AC - 30, num. 1, p. 48 - 56, Jan. 1985.

[LEV 83] LEVINSON S. E. , RABINER L. R. , SONDHI M. M. , "An introduction to the application of the theory of probabilistic functions of a Markov process to automatic speech recognition", *Bell Syst. Tech. J.*, vol. 62, num. 4, p. 1035 - 1074, Apr. 1983.

[LIP 82] LIPORACE L. A. , "Maximum likelihood estimation for multivariate observations of Markov sources", *IEEE Trans. Inf. Theory*, vol. 28, p. 729 - 734, Sep. 1982.

[MAR 87] MARPLE S. L. , *Digital Spectral Analysis with Applications*, Prentice - Hall, Englewood Cliffs, NJ, 1987.

[PAR 74] PARZEN E. , "Some recent advances in time series modeling", *IEEE Trans. Automat. Contr.*, vol. AC - 19, num. 6, p. 723 - 730, Dec. 1974.

[RAB 86] RABINER L. R. , JUANG B. H. , "An introduction to hidden Markov models", *IEEE ASSP Mag.*, vol. 3, num. 1, p. 4 - 16, 1986.

[RIS 78] RISSANEN J. , "Modeling by shortest data description", *Automatica*, vol. 14, p. 465 - 471, 1978.

[SOR 80] SORENSON H. W. , *Parameter Estimation*, Marcel Dekker, New York, NY, 1980.

[TAL 88] TALHAMI H. E. , KITNEY R. I. , "Maximum likelihood frequency tracking of the audio pulsed Doppler ultrasound signal using a Kalman filter", *Ultrasound Med. Biol.*, vol. 14, num. 7, p. 599 - 609, 1988.

[ULR 76] ULRYCH T. J. , CLAYTON R. W. , "Time series modelling and maximum entropy", *Phys. Earth Planet. Interiors*, vol. 12, p. 188 - 200, 1976.

第 12 章　仅用少量投影的层析重构①

12.1　引　　言

层析重构的目的是非破坏性地重建参数的分布图，该参数是观测目标的特征量，例如其密度。层析的原理是基于分析物体和辐射（例如，X 射线、电子或光学）之间的相互作用，其中辐射在物体内部传播。目标特征量可通过材料中传输方程的求逆，利用观测数据反演得到。

层析成像有许多应用领域。在医学中，诸如超声扫描仪或 MRI 之类的系统允许我们观察病理学（肿瘤、动脉瘤等）的内部情况。在核医学中，体内示踪剂的行为可以跟随功能成像，以便显示器官或组织的可能的功能障碍。在工业中，断层摄影术用于制造过程（焊接，成型等）的开发，生产质量控制以及安全性（检查行李箱内容物）。它也是许多研究领域的重要调查工具：骨结构，流动分析等。

在一些层析应用中，可用投影的数量是有限的。例如，在医疗应用中受辐射剂量限制，在工业应用中受测试速率、待观察现象的瞬时特性等限制，以致只能获得很有限的投影观测。此外，受观测几何约束，投影观测往往只能分布在某些特定角度。本章特别关注适合此类背景的重建方法，并以 X 射线层析重建为例来阐述该方法。

本章首先介绍层析重建的正向模型（投影生成模型），建立观测数据与波在物体内部衰减之间的关系；然后回顾并分析已有的二维和三维重建方法，指出这些方法在仅有少量投影观测条件下的局限性，并介绍离散形式的重建方法和多种适合于离散框架和有限数量投影的层析重建方法；最后，将通过示例来阐述不同方法的重建效果。

12.2　投影生成模型

假设观测物体由均匀材料组成，那么窄波束单能 X 射线在透过物体后的强

---

① 本章由 Ali Mohammad - Djafari 和 Jean - Marc Dinten 撰写。

度可以表示为

$$I = I_0 \exp\{-\mu L\} \tag{12.1}$$

式中：I_0 为输入射线的强度；L 为物体中射线走过的距离；μ 为物体的线性衰减系数，它取决于材料的密度、目标原子核的组成以及 X 射线通量的能量。这种关系可以推广到非均匀物体的横截面，该横截面垂直于射线穿过的 Oz 轴。

线性衰减系数 μ 是两个空间变量的连续函数 $\mu(x,y)=f(x,y)$，如果利用 μ 的分布来表征观测物体，那么可以得到：

$$I = I_0 \exp\{-\int_L f(x,y)\,\mathrm{d}l\} \Rightarrow -\lg\left(\frac{I}{I_0}\right) = \int_L f(x,y)\,\mathrm{d}l \tag{12.2}$$

其中，$\mathrm{d}l$ 是路径 L 的基本长度（微元）。记 $p=-\lg I/I_0$，沿着平行于与 Ox 轴成 ϕ 角度的直线同步移动发射器（源 S）和接收器（探测器 D）（见图 12.1），可得到所谓的投影 $p(r,\phi)$：

$$p(r,\phi) = \int_L f(x,y)\,\mathrm{d}l = \iint_D f(x,y)\delta(r - x\cos\phi - y\sin\phi)\,\mathrm{d}x\mathrm{d}y \tag{12.3}$$

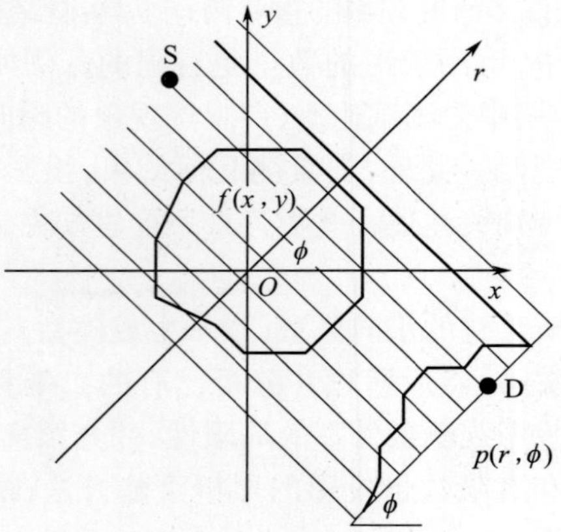

图 12.1　X 射线断层扫描

如图 12.2 所示，X 射线层析重建就是要利用投影 $p(r,\phi_i)$，$i=1,\cdots,M$ 得到 $f(x,y)$ 的估计 $\hat{f}(x,y)$。扩展到三维，即是利用 X 射线图像 $p(r_1,r_2,\vec{u}_i)$，$i=1,\cdots,M$ 获得 $f(x,y,z)$ 的估计 $\hat{f}(x,y,z)$，其中 $\vec{u}_i$ 表示投影 i 的方向（见图 12－3）。本章将特别考虑仅有极少量投影，并且这些投影局限在角度 ϕ_i 的情况。

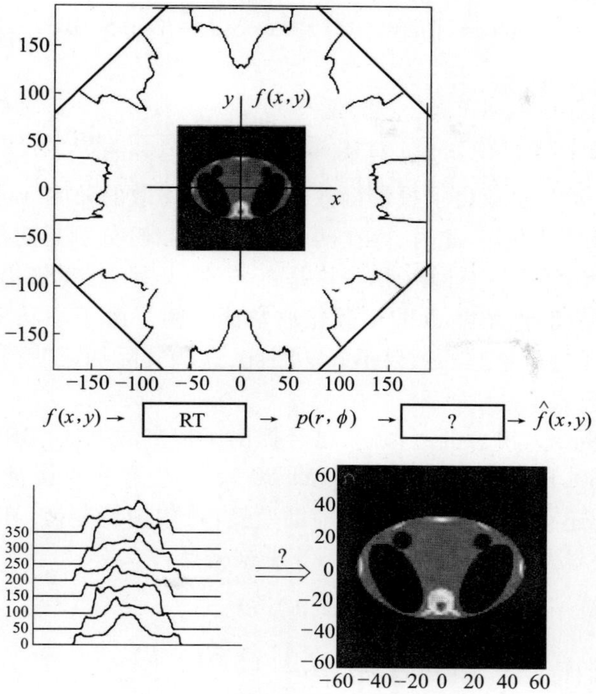

图 12.2　二维 X 射线层析图像重建问题

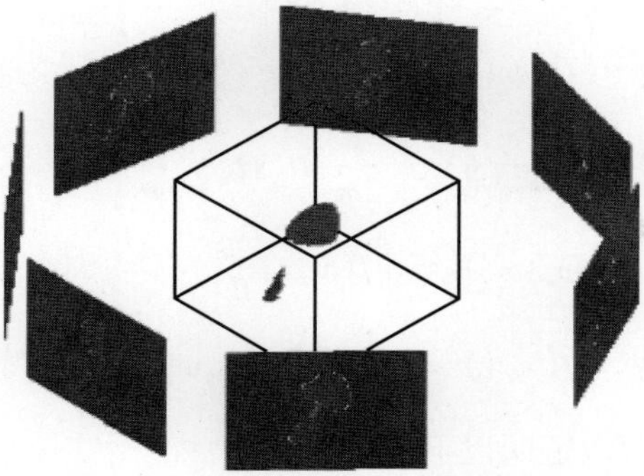

图 12.3　三维 X 射线层析图像重建问题

12.3　二维解析方法

考虑理想情况，假设函数 $p(r,\phi)$ 对于 r 和 ϕ 的所有值都是完全已知的，则重构问题归结为约旦变换（RT）$\mathcal{R}$ 的反演[DEA 83]：

$$p(r,\phi)=\iint f(x,y)\delta(r-x\cos\phi-y\sin\phi)\mathrm{d}x\mathrm{d}y \tag{12.4}$$

其反演的解析表达式为

$$f(x,y)=\frac{1}{2\pi^2}\int_0^{\pi}\int_0^{\infty}\frac{\partial p(r,\phi)/\partial r}{r-x\cos\phi-y\sin\phi}\mathrm{d}r\mathrm{d}\phi \tag{12.5}$$

实际上,通常只是获得了投影函数 $p(r,\phi)$ 在离散的 ϕ 和 r 上的值。因此,积分必须用求和来近似。此时,存在两个主要的困难:分别是对 $\partial p(r,\phi)/\partial r$ 的近似以及对 r 积分的近似计算(积分核是奇异的)。另外,尽管沿 r 轴的离散化可以做到相当精细,但角度 ϕ 的离散化通常比较粗。由于不满足理论条件,直接应用反演公式进行重建的效果不好。因此,这些实际约束使得在实践中很少直接应用反演公式重建。

为了获得更令人满意的近似解,已经提出了很多的方法[BRO 78,BUD 79,CHO 74,HER 80,HER 87,MOH 88,NAT 80]。一些方法直接基于投影生成模型和反演模型,还有一些方法使用了辅助变换:希尔伯特变换(HT)或傅里叶变换(FT)。这些方法可以通过定义以下算子来概括:

(1) 求导算子 $\mathcal{D}$: $\bar{p}(r,\phi)=\partial p(r,\phi)/\partial r$

(2) 希尔伯特变换 $\mathcal{H}$: $g(r',\phi)=\frac{1}{\pi}\int_0^{\infty}\frac{\bar{p}(r,\phi)}{(r-r')}\mathrm{d}r$

(3) 后向投影(BP) $\mathcal{B}$: $f(x,y)=\frac{1}{2\pi}\int_0^{\pi}g(x\cos\phi+y\sin\phi,\phi)\mathrm{d}\phi$

(4) 一维 FT $\mathcal{F}_1$: $P(\Omega,\phi)=\int p(r,\phi)\mathrm{e}^{-j\Omega r}\mathrm{d}r$

(5) 一维逆 FT $\mathcal{F}_1^{-1}$: $p(r,\phi)=\frac{1}{2\pi}\int P(\Omega,\phi)\mathrm{e}^{j\Omega r}\mathrm{d}\Omega$

(6) 二维 FT $\mathcal{F}_2$: $F(\omega_x,\omega_y)=\iint f(x,y)\mathrm{e}^{-j(\omega_x x+\omega_y y)}\mathrm{d}x\mathrm{d}y$

(7) 二维逆 FT $\mathcal{F}_2^{-1}$: $f(x,y)=\frac{1}{4\pi^2}\iint F(\omega_x,\omega_y)\mathrm{e}^{-j(\omega_x x+\omega_y y)}\mathrm{d}\omega_x\mathrm{d}\omega_y$

基于这些定义,可以证明以下解析关系:

$$\begin{aligned}f=\mathcal{BHDRF}&=\mathcal{B}\mathcal{F}_1^{-1}|\Omega|\mathcal{F}_1\mathcal{R}f=\mathcal{B}\mathcal{C}_1\mathcal{R}f\\&=\mathcal{F}_2^{-1}|\Omega|\mathcal{F}_2\mathcal{B}\mathcal{R}f=\mathcal{C}_2\mathcal{B}\mathcal{R}f\end{aligned}$$

其中,$\mathcal{C}_1=\mathcal{F}_1^{-1}|\Omega|\mathcal{F}_1$ 和 $\mathcal{C}_2=\mathcal{F}_2^{-1}|\Omega|\mathcal{F}_2$ 是卷积算子:

$$\mathcal{C}_1 p(r,\phi)=(h_1*p)(r,\phi),\quad h_1(r)=\int|\Omega|\mathrm{e}^{-j\Omega r}\mathrm{d}r$$

$$\mathcal{C}_2 b(x,y)=(h_2*b)(x,y),\quad h_2(x,y)=\iint\sqrt{\omega_x^2+\omega_y^2}\,\mathrm{e}^{-j(\omega_x x+\omega_y y)}\mathrm{d}x\mathrm{d}y$$

最后,需要提及另一种被称为投影切片定理的变换关系:

$$F(\omega_x,\omega_y)=P(\Omega,\phi),\omega_x=\Omega\cos\phi,\omega_y=\Omega\sin\phi \tag{12.6}$$

这是层析成像中许多重构技术的核心。基于此,这些方法将 RT 求逆问题转化为傅里叶合成问题[MOH 88]。这些关系总结了用于获得 RT 求逆近似解进而实现 X 射线层析图像重建的各种算法,如下所示:

(1) 直接对 RT 求逆:

$$p(r,\phi)\rightarrow\boxed{\mathcal{D}}\rightarrow\bar{p}(r,\phi)\rightarrow\boxed{\mathcal{H}}\rightarrow g(r',\phi)\rightarrow\boxed{\mathcal{B}}\rightarrow f(x,y)$$

(2) 先对投影滤波再后向投影(滤波后向投影):

$$p(r,\phi)\rightarrow\boxed{\mathcal{F}_1}\rightarrow\boxed{\text{filter }|\Omega|}\rightarrow\boxed{\mathcal{F}_1^{-1}}\rightarrow g(r',\phi)\rightarrow\boxed{\mathcal{B}}\rightarrow f(x,y)$$

(3) 一维卷积实现滤波再后向投影:

$$p(r,\phi)\rightarrow\boxed{\text{filter }h_1(r)}\rightarrow g(r',\phi)\rightarrow\boxed{\mathcal{B}}\rightarrow f(x,y)$$

(4) 先后向投影再用进行二维滤波:

$$p(r,\phi)\rightarrow\boxed{\mathcal{B}}\rightarrow b(x,y)\rightarrow\boxed{\mathcal{F}_2}\rightarrow\boxed{\begin{array}{c}\text{filter}\\|\Omega|=\sqrt{\omega_x^2+\omega_y^2}\end{array}}\rightarrow\boxed{\mathcal{F}_2^{-1}}\rightarrow f(x,y)$$

(5) 先在谱域插值再进行二维逆 FT:

$$p(r,\phi)\rightarrow\boxed{\mathcal{F}_1}\rightarrow P(\Omega,\phi)\rightarrow\boxed{\begin{array}{l}\text{interpolation}\\\omega_x=\Omega\cos\phi\\\omega_y=\Omega\sin\phi\end{array}}\rightarrow F(\omega_x,\omega_y)\rightarrow\boxed{\mathcal{F}_2^{-1}}\rightarrow f(x,y)$$

需要指出的是,这些方法在数字实现时面临两个困难:

一是所获得的投影观测在角度和数量上都是有限的。积分用求和来逼近,各种变换用离散形式来逼近。

二是最终图像通常以像素或体素的形式在笛卡儿坐标中表示,并且在关键的后向投影步骤中必然需要插值。插值过程在傅里叶合成方法中更加显而易见,这类方法在傅里叶域实现插值。其实,插值本身就是一个逆问题,需要目标对象的先验信息,这点在算法中经常被忽略。

此外,还有一些特殊的求逆方法。这些方法通过使用 $f(x,y)$ 的某些属性将 RT 求逆问题转换为另一个变换(维度通常更低)的求逆。例如,如果对象具有旋转对称性($f(x,y)=f(\rho)$ 和 $p(r,\phi)=p(r)$),则可以将问题简化为一维 Abel 变换的求逆:

$$p(r)=\int_0^r\frac{f(\rho)}{\sqrt{r-\rho}}\mathrm{d}\rho$$

12.4 三维解析方法

三维重建的第 1 种方法是使用上述重建技术并从线性条带传感器上获得的投影开始,对二维切片进行连续重建。然而,这在实现上面临挑战,要求检测系统围绕观测物体连续的旋转,并且一次次旋转后还需通过平移运动来获得二维切片成像。

因此,对于由 X 射线源和线性传感器组成的采集系统,已经提出了螺旋采集几何结构:当采集系统旋转时,患者的床以恒定速度移动。假设对于重建切片的厚度的床移动存在采集系统的至少一半到一圈,则可以调整重建技术以产生 3D 对象。这与逐片切片几何之间的差异在于我们必须考虑到一个投影涉及多个重建切片[CRA 90,KAL 95]的事实。为缩短采集时间,目前的系统正在向多线甚至二维传感器发展。然而,采集射线与多个切片相交的问题甚至更棘手。

在某些配置中,整个重建区域可以由一个 2D 检测器处理。层析重建的解析算法必须考虑锥形几何形状,即投影射线穿过待重建物体的若干切片。研究者们已经针对这种观测几何提出了重建算法:[FEL 84]所提方法适用于小角度情形,[GRA 91]则适用于更大的角度。

12.5 解析方法的局限性

解析方法已经成功用于医学,但是这类方法在诸如无损检测等其他应用领域仍然存在很多限制。主要原因是在无损检测中存在更严格的观测约束:入射角度受到限制,且获取的投影数量、观测数据信噪比(SNR)通常受到较大限制。因此,解析方法效果不佳,如图 12.4 和图 12.5 所示。

需要指出的是,由于需要尽可能地降低患者接收到的 X 射线剂量,因此在医学成像中投影的数量也是很有限的,所以必须优化采集系统。例如,螺旋层析成像就是一种优化的投影采集系统,传统层析成像方法不能直接应用于这种情形。为了弥补观测数据少带来的信息不足问题,必须引入先验信息。这意味着要依据待检查对象的类别特征发展针对性的方法(也即是方法需要更强的针对性):比如图像灰度变化平缓的对象、存在剧烈变化的对象、像素值连续或分段常量的对象、可用二元像素表征的对象、由标准几何形状(二维中的椭圆或多边形,三维中的椭球或多面体)组成的对象等,需要根据以上不同类别对象的图像特征引入相应的先验信息、进而发展适合各自的层析重建方法。解析方法不容易引入和使用先验信息。通过对观测对象的形式化描述和离散建模可方便地处理这类先验信息,因此更适合于该类层析重建问题。

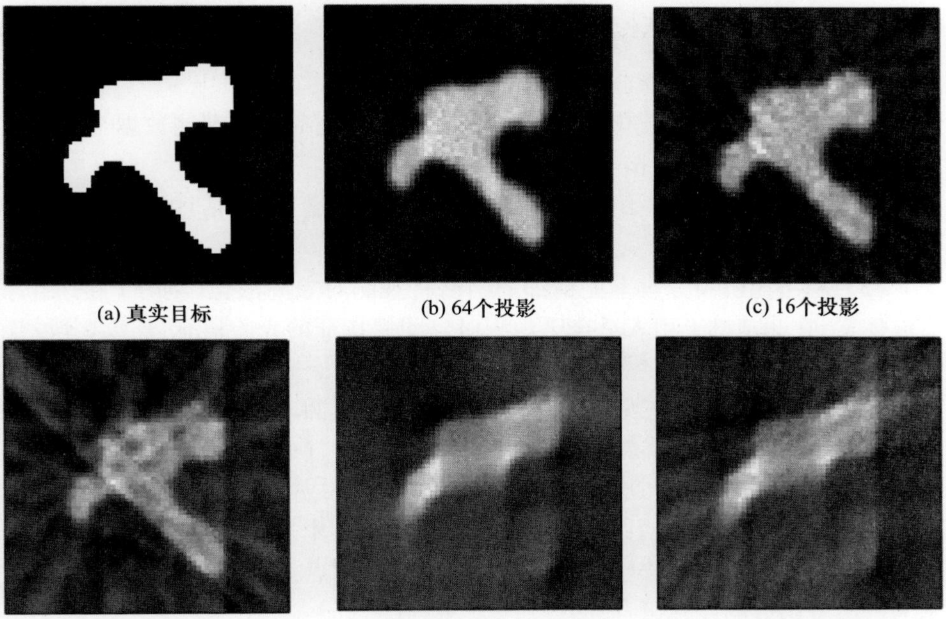

(a) 真实目标　(b) 64个投影　(c) 16个投影

(d) 8个投影　(e) 0到π/2之间的16个投影　(f) 0到π/2之间的8个投影

图12.4　五种条件下滤波后向投影二维重建结果:在0～π入射角区间分别获取64个、16个和8个投影,以及在0～π/2入射角区间获取16个和8个投影

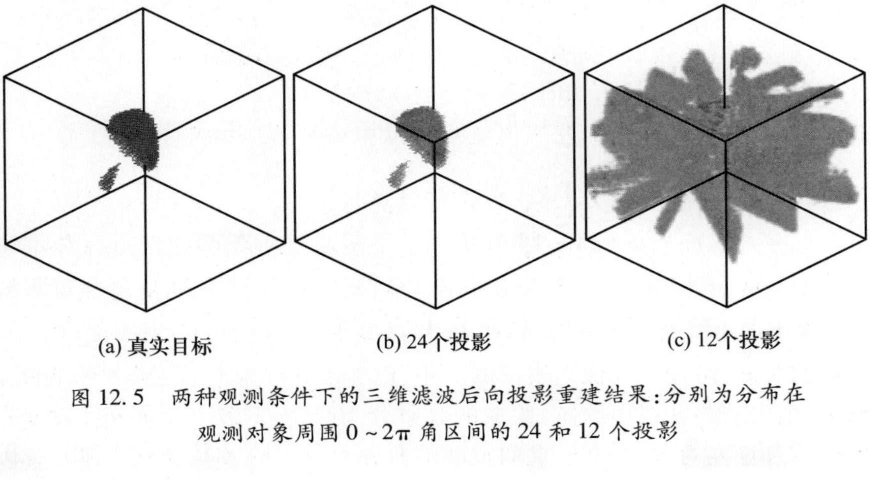

(a) 真实目标　(b) 24个投影　(c) 12个投影

图12.5　两种观测条件下的三维滤波后向投影重建结果:分别为分布在观测对象周围0～2π角区间的24和12个投影

12.6 离散的重建方法

由于投影观测的数量有限,并且需要数值计算。因此从广义上讲,除了将问题离散化之外别无选择。有三种可行的方法:

(1) 利用恰当的参数化模型来表征观测对象,建立投影观测数据与模型参数之间的数学关系,并直接从数据中估计模型参数;

(2) 将图像表示为一组合适的基函数的线性组合,通过估计表示系数来重建图像;

(3) 利用比所需分辨率更精细的网格将观测对象离散化(剖分)为一组像素或体素,在此基础上引入适合于观测对象图像特征的先验信息:连续、分段连续、稀疏、二元等。

第 1 种方法示例:将观测对象建模为有限数量椭球的组合,并采用最小二乘或最大似然方法估计参数$\{(x_i,y_i,z_i),(a_i,b_i,c_i),(\theta_i,\phi_i),f_i\}$。这种方法的主要困难在于观测数据与这些参数之间的关系不是线性的(尽管可以得到数学上的解析表达式)。因此,必须利用非平凡的优化技术来求解。

上面提到的三种方法中的最后两种有一个共同点:将观测对象$f(x,y)$在表示为一组基函数的线性组合,即

$$f(x,y) \simeq \sum_{n=1}^{N} x_n b_n(x,y)$$

对于最后一种方法,基函数$b_n(x,y)$表示像素或体素(零阶样条)的支集。据此可将投影观测模型转换为离散的线性方程组:

$$\begin{aligned} p(r_j,\phi_i) &\simeq \iint f(x,y)\delta(r_j\cos\phi_i - r_j\sin\phi_i)\,\mathrm{d}x\mathrm{d}y \\ &= \sum_{n=1}^{N} x_n \iint b_n(x,y)\delta(r_j\cos\phi_i - r_j\sin\phi_i)\,\mathrm{d}x\mathrm{d}y \end{aligned}$$

$$i = 1,\cdots,M_1;j = 1,\cdots,M_2$$

令$y_m = p(r_j,\phi_i)$,$m = (i-1)\times M_1 + j$,于是通过对观测数据重组和重命名可得到:$\boldsymbol{y} \simeq \boldsymbol{A}\boldsymbol{x}$,其中$\boldsymbol{y} = [y_1,\cdots,y_M]^{\mathrm{T}}$和$\boldsymbol{x} = [x_1,\cdots,x_N]^{\mathrm{T}}$分别是包含观测数据的列向量和未知的表示系数向量,矩阵$\boldsymbol{A}$的元素可表示为:

$$A_{mn} = \iint b_n(x,y)\delta(r_j\cos\phi_i - r_j\sin\phi_i)\,\mathrm{d}x\mathrm{d}y$$

其中,m对应于观测$p(r_j,\phi_i)$的坐标序号,且$m = (i-1)\times M_1 + j$。因此,层析重

建问题归结为获得 $y = Ax + b$ 这种类型方程的解，其中 b 表示与各种近似相关的误差以及一定的测量噪声。因此，可以使用前面章节中描述的所有求解线性方程的方法，同时利用矩阵 A 的特定结构和噪声 b 的特定模型。下面对其中一些方法做详细介绍。

当然，基函数 $b_n(x,y)$（可以是像素、自然像素、调和函数以及小波函数等）的选择对矩阵 A 的结构和性质，以及对其含义和计算复杂度都具有重要影响，需要认真选择。

基函数的选择主要有两类方法：一类是根据观测对象的先验选择基函数，独立于观测对象的几何（例如像素或体素）；另一类是根据观测对象的几何（例如，自然像素）[GAR87]特征来选择。在第 1 种情况下，x 的元素可以具有物理意义，但矩阵 A 的元素通常计算复杂度更高。在第 2 种情况下，计算成本要低些，但基函数不一定是正交和完备的，并且难以给 x 的元素赋予物理含义。

对于第 1 种情况，主要包括三类基函数：全局函数（例如傅里叶级数），局部函数（例如样条函数）以及混合函数（例如小波）。

在所有这些情况下，x 中元素的含义取决于基函数的选择。同样地，矩阵 A 中元素的含义以及矩阵结构取决于基函数的选择以及获取投影数据的观测几何。例如，在圆锥几何中，对于完整数据（$0 \sim 2\pi$ 之间的均匀角度覆盖），矩阵 A 具有块循环结构。

下面，为了介绍求逆方法的原理，将使用一般情况而不考虑基函数的影响。当然，在实现中将其考虑在内是绝对必要的，以便获得具有合理计算成本的算法。

12.7　准则函数和重建方法的选择

在 12.6 节中，层析重建的离散形式要求我们寻找满意方程 $y = Ax + b$ 的解 $\hat{x}$。矩阵 A 一般具有较高的维数，而且通常是病态的乃至奇异的。该问题的性态主要取决于基函数的选择、观测几何以及独立观测的数量与描述物体的参数个数的比值。通过前面章节的介绍可知，该问题的精确解 $A^{-1}y$、最小二乘解 $\arg\min_x \|y - Ax\|^2$，甚至是广义逆解 $A^{\dagger}y$，都不是满意的解。只有通过某种方式引入解的先验信息才能获得满意的解。为此，一种可行的方式是：通过恰当地选择基函数，使得观测对象在这些基函数上可以用少量的参数来表征，并且很容易在最小二乘意义上估计这些参数。然而，这种方法适用条件严苛：必须为特定观测对象构建基函数。另一种更合适的方法是正则化方法，这种方法可以建模和利用更一般性的先验信息，并且基函数的选择不依赖于目标本身（例如

像素或体素),正则化方法允许表达更通用的先验。

下面主要介绍正则化方法,并重点介绍正则化准则函数优化的三大类方法:

(1) 复合准则函数的无约束最小化

$$\hat{\boldsymbol{x}} = \arg\min_{x} J(x) = Q(\boldsymbol{y}, \boldsymbol{A}\boldsymbol{x}) + \lambda \mathcal{F}(x, x^0)$$

其中,$\mathcal{Q}$ 和 $\mathcal{F}$ 一般是两个表征距离的函数。$\mathcal{Q}$ 和 $\mathcal{F}$ 的选择主要取决于对观测噪声性质、观测数据以及观测对象特性的假设,不同假设下选择/设计相应的度量方法。传统的选择是 $J(\boldsymbol{x}) = \| \boldsymbol{y} - \boldsymbol{A}\boldsymbol{x} \|^2 + \lambda \| \boldsymbol{D}\boldsymbol{x} \|^2$,其中 $\boldsymbol{D}$ 是偏导算子矩阵,以便获取平滑解。在这种情况下,$\hat{\boldsymbol{x}}$ 可以解析地表达为

$$\hat{\boldsymbol{x}} = (\boldsymbol{A}^{\mathrm{T}}\boldsymbol{A} + \lambda \boldsymbol{D}^{\mathrm{T}}\boldsymbol{D})^{-1}\boldsymbol{A}^{\mathrm{T}}\boldsymbol{y}$$

将上式与解析方法类比,$\boldsymbol{A}^{\mathrm{T}}$ 对应于后向投影算子,并且$(\boldsymbol{A}^{\mathrm{T}}\boldsymbol{A} + \lambda \boldsymbol{D}^{\mathrm{T}}\boldsymbol{D})^{-1}$对应于二维中的滤波算子。

(2) 带约束的简单准则函数最小化。

$$\hat{\boldsymbol{x}} = \arg\min_{x} \mathcal{F}(\boldsymbol{x}, \boldsymbol{x}^0) \quad \text{s. t. } y = \boldsymbol{A}x$$

其中,$\mathcal{F}$ 通常也是 $\boldsymbol{x}$ 和默认解 $\boldsymbol{x}^0$ 之间距离或偏差的度量。传统的选择是 $\boldsymbol{x}^0 = 0$ 和 $\mathcal{F}(\boldsymbol{x}) = \| \boldsymbol{D}\boldsymbol{x} \|^2$。在这种情况下,问题的解也有一个解析表达式:

$$\hat{\boldsymbol{x}} = (\boldsymbol{D}^{\mathrm{T}}\boldsymbol{D})^{-1}\boldsymbol{A}^{\mathrm{T}} (\boldsymbol{A} (\boldsymbol{D}^{\mathrm{T}}\boldsymbol{D})^{-1}\boldsymbol{A}^{\mathrm{T}})^{-1}\boldsymbol{y}$$

这相当于先对投影观测进行滤波,然后将滤波后的投影观测做后向投影处。另一个传统的选择为

$$\mathcal{F}(\boldsymbol{x}, \boldsymbol{x}^0) = \mathrm{KL}(\boldsymbol{x}, \boldsymbol{x}^0) = \sum_j x_j \lg x_j / x_j^0 + x_j - x_j^0$$

其中,$KL(\boldsymbol{x}, \boldsymbol{x}^0)$ 是 $\boldsymbol{x}$ 相对于 $\boldsymbol{x}^0$ 的 Kullback – Leibler 散度。这将导出最大熵方法。

(3) 概率准则函数的最小化。

$$\hat{\boldsymbol{x}} = \arg\min_{\tilde{x}} \bar{C}(\tilde{\boldsymbol{x}})$$

其中,$\bar{C}(\tilde{\boldsymbol{x}})$是代价函数 $C(\tilde{\boldsymbol{x}}, \boldsymbol{x})$在后验概率 $p(\boldsymbol{x}|\boldsymbol{y})$下的后验期望:

$$\bar{C}(\tilde{\boldsymbol{x}}) = \int C(\tilde{\boldsymbol{x}}, \boldsymbol{x}) p(\boldsymbol{x} | \boldsymbol{y}) \mathrm{d}\boldsymbol{x}$$

选择不同的代价函数会导出不同的估计结构。假设噪声、观测对象特性是高斯的,代价函数具有二次形式,通过最小化概率准则函数可以得到与前面很

多方法一致的解。然而，通过选择其他的先验形式、其他的代价函数或者采用边缘概率的思想，这种概率方法可以突破确定性方法的限制，得到更宽广、更合适的求解方法。

估算器的类型

在贝叶斯概率方法中，通过选择不同的代价函数 $C(\tilde{\boldsymbol{x}},\boldsymbol{x})$，可以得到估计器 $\hat{\boldsymbol{x}}$ 关于观测数据的很多种不同的表达式。在这些估计器中，以下三种应用最为广泛：

（1）最大后验（MAP）概率估计器。

$$\hat{\boldsymbol{x}} = \arg\max_{\boldsymbol{x}} p(\boldsymbol{x}\mid\boldsymbol{y}) = \arg\max_{\boldsymbol{x}} p(\boldsymbol{x},\boldsymbol{y})$$

（2）后验均值（PM）估计器。

$$\hat{\boldsymbol{x}} = E(\boldsymbol{x}\mid\boldsymbol{y}) = \int \boldsymbol{x}\, p(\boldsymbol{x}\mid\boldsymbol{y})\,\mathrm{d}\boldsymbol{x} = \frac{\int \boldsymbol{x}\, p(\boldsymbol{x},\boldsymbol{y})\,\mathrm{d}\boldsymbol{x}}{\int p(\boldsymbol{x},\boldsymbol{y})\,\mathrm{d}\boldsymbol{x}}$$

（3）最大后验边缘（边缘 MAP 或边缘后验模式，MPM）概率估计器。

$$\hat{f}_j = \arg\max_{x_j} p(x_j\mid\boldsymbol{y})$$

估算器选择的一个主要因素是计算成本。是求解一个优化问题还是计算一个高维积分，有赖于所选估算器的类型。对于 MAP 估计器，需要求解一个多变量的优化问题，而对于边缘 MAP 估计器，只需求解单变量的优化问题。另需注意，对于边缘 MAP 估计，存在一个积分步骤，即边缘分布的计算[BOU 96, DIN 90, GEM 87, SAQ 98]。

除了线性高斯情形之外，通常很难得到这些积分的解析表达式，对于非二次的优化准则函数同样没有解析的最优解。因此，需要特别注意积分和优化的计算方面。基于这个原因，接下来的两节将描述许多植入这些不同估计器的算法。

12.8　重建算法

重建算法可以被定义为在投影观测数据上进行一系列的运算，以便构建观测对象的图像。满足该定义但不说明算法所基于的方法或使用该算法获得的图像的属性，那么这样的算法将没有多大价值。因此，本节只是介绍优化一个确定性或概率性准则函数的算法。在 12.8.1 节，概述了可用于优化凸准则函数的算法，在 12.8.2 节中，简要介绍了基于概率准则的算法。

12.8.1 凸准则函数的优化算法

通过前面的介绍可知，求逆问题解的一类重要方法是最小化一个准则函数，比如最小二乘方法优化准则函数 $J(\boldsymbol{x}) = \|\boldsymbol{y}-\boldsymbol{A}\boldsymbol{x}\|^2$、正则化最小二乘方法优化准则函数 $\|\boldsymbol{y}-\boldsymbol{A}\boldsymbol{x}\|^2+\lambda\Phi(\boldsymbol{x})$ 或优化诸如 $\mathcal{Q}(\boldsymbol{y},\boldsymbol{A}\boldsymbol{x})+\lambda\mathcal{F}(\boldsymbol{x},\boldsymbol{x}_0)$ 的准则函数，其中 $\mathcal{Q}$ 和 $\mathcal{F}$ 为两种距离或两种散度的度量函数。类似地，在概率方法中，最优化准则函数 $J(\boldsymbol{x}) = -\lg p(\boldsymbol{x}|\boldsymbol{y})$ 来获得 MAP 解或最优化准则函数 $J(x_j) = -\lg p(\boldsymbol{x}_j|\boldsymbol{y})$ 来获得边缘 MAP 解。本节概述可用于凸准则函数的优化算法。凸准则函数可以细分为一般性和复杂性逐渐增大的三组：①严格凸且二次的；②连续的、严格凸但非二次的；③连续的、凸的但可能在若干点处不可导。

在第 1 种情况下，解存在且唯一，并且是观测数据的线性函数。可以通过任何下降算法获得解，甚至有可能直接给出（解析）解。

在第 2 种情况下，解存在且唯一，但不是观测数据的线性函数。也可以采用任何下降算法得到解。

在第 3 种情况下，解通常存在但可能不是唯一的。这种情况下求解需要格外注意，解同样不是观测数据的线性函数。

由于非凸准则函数有可能是多模的，这意味着它具有多个局部极小点，为此需要采用全局优化算法。非凸准则函数的解通常不是观测数据的线性函数，并且非凸准则函数的最优解不易获得。

从算法的角度来看，用于获得最优解的算法可以分为两类：一类是在每次迭代中改变未知向量 $\boldsymbol{x}$ 中的所有元素；另一类是一次迭代只改变 $\boldsymbol{x}$ 中单个元素 x_j（或元素块）。每个类别的算法可以再次细分为在每次迭代时使用整个数据集 $\boldsymbol{y}$ 的算法以及在每次迭代时仅使用一个数据项 y_i（或数据块）的算法。

12.8.1.1 梯度算法

用于优化准则函数的一类重要算法是在下降方向上（通常与准则函数的梯度方向相反）不断更新估计 $\boldsymbol{x}^{(k-1)}$。

为了更深入地分析层析成像重建中的传统下降方法，考虑待优化准则函数具有以下通用形式的情形：

$$J(\boldsymbol{x}|\boldsymbol{y}) = \sum_i q_{y_i}(z_i) + \lambda\sum_j \phi_j(t_j)$$

$$z_i = [\boldsymbol{A}\boldsymbol{x}]_i = \boldsymbol{a}_{i*}^{\mathrm{T}}\boldsymbol{x}$$

$$\boldsymbol{t}_j = [\boldsymbol{D}\boldsymbol{x}]_j = x_j - x_{j-1}$$

式中：$\boldsymbol{a}_{i*}^{\mathrm{T}} = [a_{i1},\cdots,a_{iN}]$ 为矩阵 $\boldsymbol{A}$ 的第 i 行；$\boldsymbol{D}$ 为有限差分矩阵；q_y 和 $\boldsymbol{\phi}_j$ 为凸函

数,且分别在 y 和 0 处取最小值;λ 为正则化参数。

为区分上文提到的各类算法,下文将统一使用以下符号表示:

(1) 对于在每次迭代过程中都使用所有观测数据 $\boldsymbol{y}$ 并且更新未知向量 $\boldsymbol{x}$ 中所有元素的算法,准则函数 $J(\boldsymbol{x}|\boldsymbol{y})$ 相对于 $\boldsymbol{x}$ 的梯度在数学上表示为

$$\boldsymbol{g}(\boldsymbol{x}|\boldsymbol{y}) = \left[\frac{\partial J(\boldsymbol{x}|\boldsymbol{y})}{\partial x_1}, \cdots, \frac{\partial J(\boldsymbol{x}|\boldsymbol{y})}{\partial x_N}\right]^{\mathrm{T}} = \boldsymbol{A}^{\mathrm{T}} \boldsymbol{q}'_y(z) + \lambda \boldsymbol{D}^{\mathrm{T}} \boldsymbol{\phi}'(t)$$

其中,$q'_y = [q'_{y_1}, \cdots, q'_{y_M}]$,$\boldsymbol{\phi}'(t) = [\phi'_1(t_1), \cdots, \phi'_N(t_N)]$。

(2) 对于在每次迭代过程中只使用观测向量的单个元素 y_i,但更新未知向量 x 中所有元素的算法,准则函数和梯度分别表示为

$$J(\boldsymbol{x}|y_i) = q_{y_i}(z_i) + \lambda \sum_j \phi_j(t_j)$$

$$g(x|y_i) = q'_{y_i}(z_i) a_{i*} + \lambda \boldsymbol{D}^T \boldsymbol{\phi}'(t)$$

(3) 对于在每次迭代过程中都使用所有观测数据 $\boldsymbol{y}$,但一次迭代只更新单个变量 x_k 的算法,准则函数和梯度分别表示为

$$J(x_k|\boldsymbol{y};\boldsymbol{x}_{\setminus k}) = J(\boldsymbol{x}|\boldsymbol{y})$$

$$g(x_k|\boldsymbol{y};\boldsymbol{x}_{\setminus k}) = \frac{\partial J(\boldsymbol{x}|\boldsymbol{y})}{\partial x_k} = \sum_i a_{ik} q'_{y_i}(z_i) + \lambda \sum_j d_{jk} \phi'_j(t_j)$$

(4) 对于在每次迭代过程中只使用观测向量的单个元素 y_i,并且一次迭代只更新单个变量 x_k 的算法,准则函数和梯度分别表示为

$$J(x_k|y_i;x_{\setminus k}) = q_{y_i}(z_i) + \lambda \sum_j \phi_j(t_j)$$

$$g(x_k|y_i;x_{\setminus k}) = \frac{\partial J(x_k|y_i;\boldsymbol{x}_{\setminus k})}{\partial x_k} = a_{ik} q'_{y_i}(z_i) + \lambda \sum_j d_{jk} \phi'_j(t_j)$$

下面将研究层析成像中出现的一些特殊情况。这里,a_{ij}表示像素 j 中光线 i 掠过路径的长度。下文将会看到,层析成像中的大多数常规算法实际上是应用于最小二乘准则函数 $q_{y_i}(z_i) = (y_i - z_i)^2$,或者 Kullback - Leibler 散度 $q_{y_i}(z_i) = \mathrm{KL}(y_i, z_i)$ 上的梯度算法。

12.8.1.2　SIRT(同时迭代松弛技术)

该方法由[GIL 72]提出,是一个优化准则函数 $J(\boldsymbol{x}|\boldsymbol{y}) = \|\boldsymbol{y} - \boldsymbol{A}\boldsymbol{x}\|^2$ 的梯度算法

$$\boldsymbol{x}^{(k)} = \boldsymbol{x}^{(k-1)} + \alpha^{(k)} \boldsymbol{D}\boldsymbol{A}^{\mathrm{T}}(\boldsymbol{y} - \boldsymbol{A}\boldsymbol{x}^{(k-1)}), \quad k = 1, 2, \cdots$$

其中,$\boldsymbol{D} = \mathrm{Diag}\left\{1/\sum_i a_{ij}\right\}$。对于正则化参数 $\alpha^{(k)}$,有多种可能的选择:采用

给定的固定值、通过优化给出等。

该算法在每次迭代时所需的计算主要是投影 $\boldsymbol{Ax}$ 和后向投影 $\boldsymbol{A}^{\mathrm{T}}(\boldsymbol{y}-\boldsymbol{Ax})$。若 α 取固定,那么需要满足 $0<\alpha\|\boldsymbol{DA}^{\mathrm{T}}\boldsymbol{A}\|<2$。算法名称中的"同时"指的是在每次迭代中使用所有的观测数据。

12.8.1.3 代数重建技术(ART)

这种在层析中广泛使用的算法是最小化 $J(\boldsymbol{x}\mid y_i)=(y_i-a_{i*}^{\mathrm{T}}x)^2$ 的可变或最佳步长梯度算法:

$$\boldsymbol{x}^{(k)}=\boldsymbol{x}^{(k-1)}+\alpha^{(k)}\frac{y_i-\boldsymbol{a}_{i*}^{\mathrm{T}}x^{(k-1)}}{\|\boldsymbol{a}_{i*}\|^2}\boldsymbol{a}_{i*},\quad k=1,2,\cdots;i=1 \bmod M$$

其中,$\boldsymbol{x}^{(0)}=0$。值得注意的是,当 $\alpha^{(k)}=1$ 时,$\boldsymbol{x}^{(k)}$ 可以从 $\boldsymbol{x}^{(k-1)}$ 沿着 $\boldsymbol{x}^{(k-1)}$ 往方程 $y_i=a_{i*}^{\mathrm{T}}\boldsymbol{x}$,$i=k \bmod M$ 所定义子集投影的方向得到。在每次更新 $\boldsymbol{x}$ 时,仅使用一个数据项。对该方法的一个改进是,在每次迭代时对解征加某些约束(例如,解为正数)。ART 是投影到凸集(POCS)上的一种特殊情况,最初由 Kaczmarz[KAC 37]提出。

数据使用的顺序对于算法的效率至关重要。基本思想是相连的迭代应尽可能独立[HER 93,MAT 96]。

12.8.1.4 块形式的 ART

ART 将单个投影光线的观测值和计算值之间的差异后向投影用以修改像素 $\boldsymbol{x}$ 的值。该方法的一种拓展形式是将整块投影光线的观测值和计算值之间的差异后向投影用以修改像素 $\boldsymbol{x}$ 的值。更新方程因此变为

$$\boldsymbol{x}^{(k)}=\boldsymbol{x}^{(k-1)}+\alpha^{(k)}\frac{\boldsymbol{A}_{i_k}^{\mathrm{T}}(\boldsymbol{y}_{i_k}-\boldsymbol{A}_{i_k}\boldsymbol{x}^{(k-1)})}{\|\boldsymbol{A}_{i_k}^{\mathrm{T}}\boldsymbol{A}_{i_k}\|}$$

式中:$\boldsymbol{y}_{i_k}$ 为数据块;$\boldsymbol{A}_{i_k}^{\mathrm{T}}$ 为对应于数据块光线投影方程的矩阵。

ART 则为 i_k 是标量的情形,S-ART 则对应于 i_k 表示投影方向上一组光线的情形。Herman[HER 93]的研究表明,通过选择连续正交的一系列块可以加速重建。这种类型的方法称为有序子集 M ART 方法,其中 M 表示块投影方向的数量。

12.8.1.5 ICD(迭代坐标下降)算法

这些是松弛算法(见第 2 章)。对于基本的准则函数 $J(\boldsymbol{x}\mid\boldsymbol{y})=\|\boldsymbol{y}-\boldsymbol{Ax}\|^2$,这种算法结构相当于 Gauss-Seidel 算法[PAT 99]。

12.8.1.6 Richardson-Lucy 算法

考虑以下准则函数:

$$J(\boldsymbol{x}|\boldsymbol{y}) = \mathrm{KL}(\boldsymbol{y},\boldsymbol{Ax}) = -\sum_i y_i \lg a_{i*}^{\mathrm{T}}\boldsymbol{x}/y_i + y_i - a_{i*}^{\mathrm{T}}\boldsymbol{x}$$

可得

$$\frac{\partial J(\boldsymbol{x}|\boldsymbol{y})}{\partial x_j} = \sum_i a_{ij}\frac{y_i}{a_{i*}^{\mathrm{T}}\boldsymbol{x}} - 1$$

$$\frac{\partial^2 J(\boldsymbol{x}|\boldsymbol{y})}{\partial {x_j}^2} = -\sum_i a_{ij}^2 \frac{y_i}{(a_{i*}^{\mathrm{T}}\boldsymbol{x})^2}$$

采用$(\partial^2 J(x|y)/\partial x_j^2)^{-1} \simeq -x_j/\sum_i a_{ij}$这个近似,可以得到近似的牛顿迭代结构:

$$x_j^{(k)} = x_j^{(k-1)}\frac{1}{\sum_i a_{ij}}\sum_i a_{ij}\frac{y_i}{\sum_\ell a_{i\ell}x_\ell^{(k-1)}},\quad k = 1,2,\cdots;\quad j = k \bmod N$$

得到的算法被称为 Richardson - Lucy 算法[LUC 74,RIC 72]。可将这种算法解释为具有泊松分布的概率方法中的 EM 算法[SHE 82],或者使用 Kullback - Leibler 散度[SNY 92]投影到凸集(POCS)的算法。

12.8.2　优化或积分算法

概率模型更适合建模连续、分段常数或取离散值的实数图像重建问题。一个典型的例子是马尔可夫模型(见第 7 章)。在这些情况下,通常需要优化一个准则函数(MAP 或边缘 MAP 估计器),或计算后验均值(PM 估计器)。12.8.1 节介绍了许多用于优化凸准则函数的算法。本节将重点介绍优化多模态准则函数或计算 PM 估算器的算法。

如前文所述,随机方法会导出在整个重建集合上构造 $\exp\{-J(\boldsymbol{x})\}$类型的后验概率分布,其同时包含表达观测数据(似然)拟合度和正则化项数学式子。重建即是基于该分布的估计器,例如,MAP 估计器(概率分布的最大值),MPM 估计器(边缘后验分布的最大值)或 PM 估计器(后验分布的均值)。根据考虑的先验类型(马尔可夫,非凸函数),上述估计器不能直接用概率分布的解析表达式计算,而是通过抽样的方法来实现。主要有两种抽样算法来计算估计器:

(1) 吉布斯抽样特别适用于马尔可夫先验,因为条件概率可以很简单地用这种方法表示,详情可见 7.4.2 节中的介绍。通过模拟产生符合概率分布 P 的一系列样本,据此可以估计出 P 的边缘分布,从而得到后验边缘最大的 MPM 估计。类似地,该算法可估计后验分布的均值(PM 估计器)。

(2) 模拟退火算法可以构造一个在 P 的极小值上收敛于均匀分布的随机序列。因此,利用这个随机序列可以估算出 MAP 估计器(见 7.4.2.3 节)。

12.9 二元对象的特定模型

到目前为止，本书提出的很多方法具有很强的通用性，可以应用于解决大多数图像重建问题。然而，在某些应用中，特别是在无损检测中，需要在均匀介质（金属）中重建缺损（气穴）的图像。这个问题可以归结为二元对象的重建。处理此问题主要包括以下三类方法：

（1）将待重构对象建模为二值体素的集合[BOU 96]，并且使用马尔可夫模型对目标对象的二值图像建模，最后使用前面介绍的估计器来估计该图像。在这些方法中，投影观测与二值体素连接起来的正向模型是线性的，但是使用简单的马尔可夫模型往往很难建模缺损闭合轮廓的先验信息。

（2）其他一些方法提出直接重建物体的闭合轮廓，它们要么将轮廓建模为偏微分方程（活动轮廓，蛇形）的解，要么将其建模为高维函数的过零（水平集方法）[SAN 96]。这些方法的主要缺点是：

① 算法的计算成本高（例如，在水平集方法中需要更新代表波前的函数）；

② 算法实现困难以及选择波前传播步长的工具缺乏。

（3）最后，还有一些方法可以通过可变形的几何形状对轮廓进行建模，模型参数可利用观测数据[AMI 93，BAT 98，HAN 94]进行估计。已经提出了几类几何模型：椭圆或超二次曲线或曲面、谐波以及用样条描述的曲线或曲面。第1类太简单、建模能力受限，第2类表示能力更强，适用于星形曲线和曲面，最后一类具有更强的表示能力。这类方法存在的问题是参数数量增多。

参考文献[MOH 97]对以上这些方法进行了比较，并且对于利用二维多边形或三维多面体建模目标对象的情形介绍了一种特别的方法。对后者的详细介绍参见文献[SOU 04]。

12.10 示 例

以下这些示例的主要目的是展示不同方法可以实现的功能，特别是它们在观测角区范围受限、投影观测数量极少的情况下所具备的能力。

12.10.1 二维重建

选择大小为 128×128 的二元对象（图 12.6(a)），模拟了角度为 $-\pi/4$、$-\pi/8$、0、$\pi/8$、$\pi/4$ 的五个投影，加入高斯白噪声使得信噪比（SNR）为 20dB，然后基于该数据使用各方法分别进行重建。

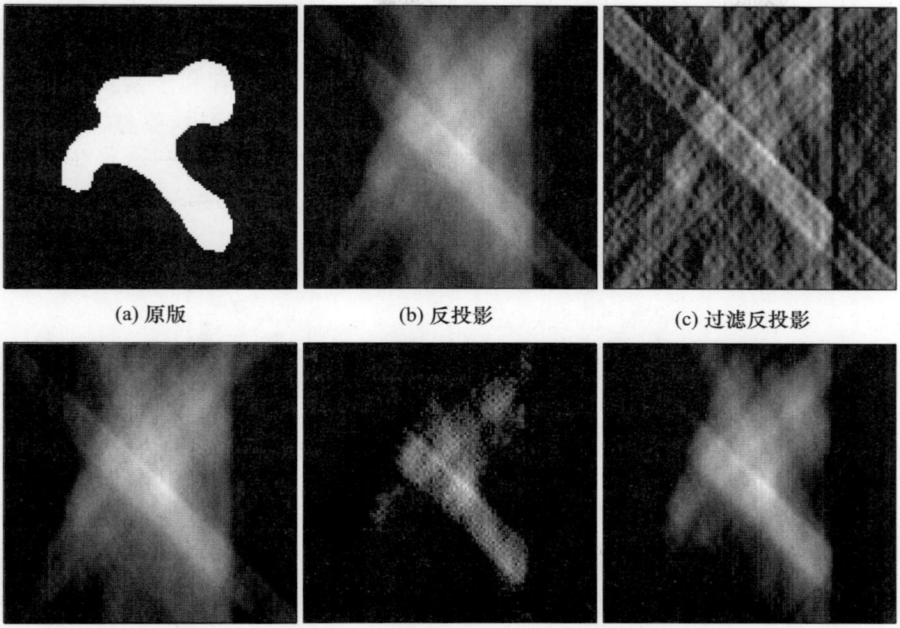

(a) 原版　(b) 反投影　(c) 过滤反投影

(d) 二次正则化　(e) 二次正则化　(f) 具有积极性约束的Lp正则化

图 12.6　二维重建方法的比较

12.10.2　三维重建

选择大小 128×128×128 的二元对象(图 12.7)。9 个投影观测均匀分布在 0～π 角区间或 0～π/2 角区间。在这两种情况下,又分别模拟了没有噪声和有噪声的观测数据(SNR 为 20 dB)。然后基于这些数据测试层析重建方法。

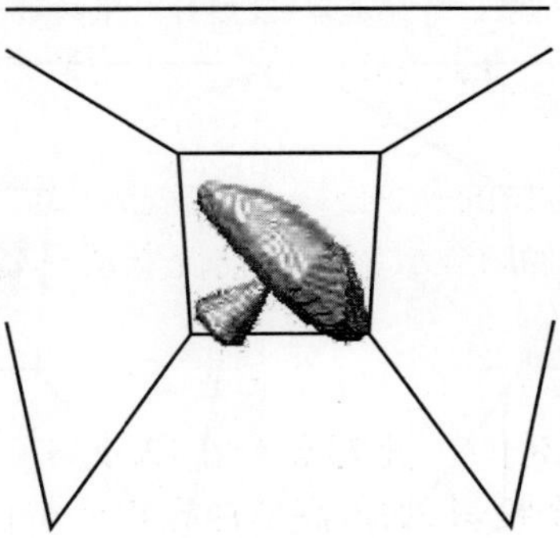

图 12.7　三维测试的原始对象

ART 方法由于没有使用正则化，重建的图像受观测噪声影响出现很强的干扰(表现为大量虚假点)(图 12.8(d))。接下来采用 ICM 方法进行重建(图 12.9)，并且使用一种特别适合于二元情况的正则化：有利于紧致区域重建的 Ising 模型(见 7.3.4.1 小节)。在这种重建中，噪声的影响被显著地减弱。然而，糊化室的盖子和它的茎是分开的。

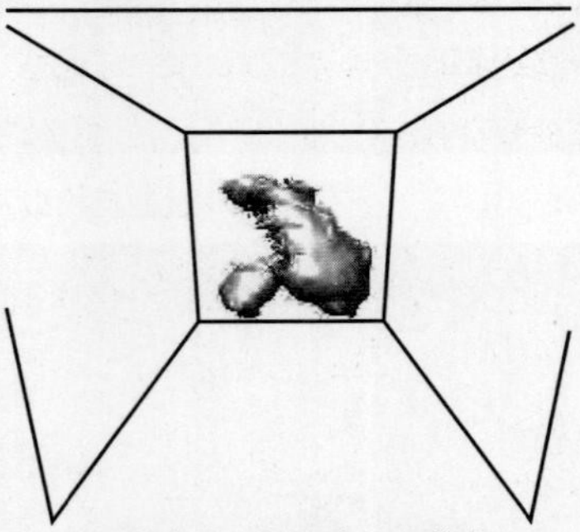
(a) [0，π]中的9个投影，无噪声

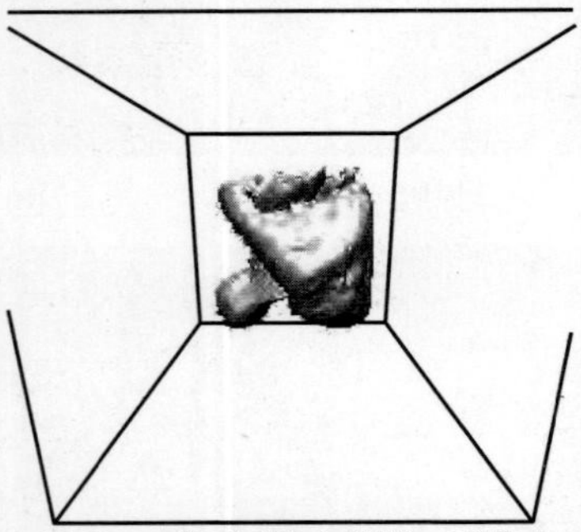
(b) [0，π/2]中的9个投影，无噪声

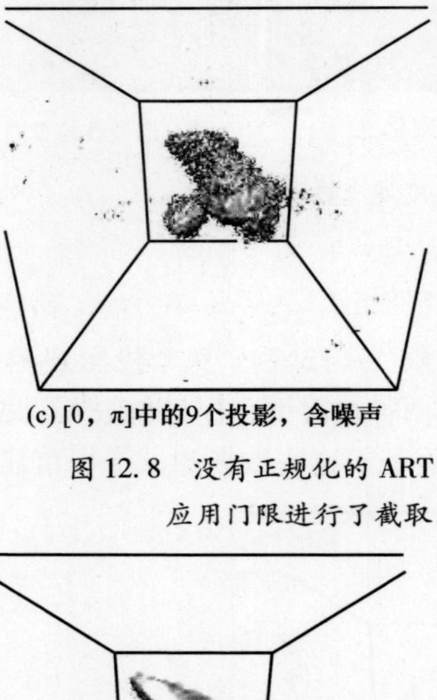
(c) [0，π]中的9个投影，含噪声

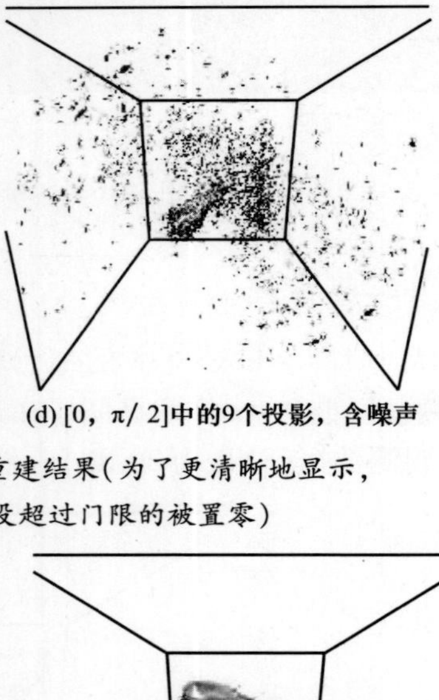
(d) [0，π/ 2]中的9个投影，含噪声

图 12.8　没有正规化的 ART 重建结果(为了更清晰地显示，应用门限进行了截取，没超过门限的被置零)

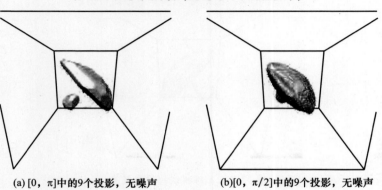

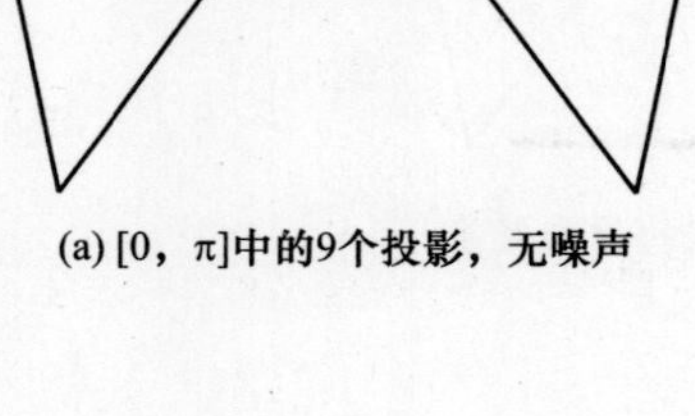
(a) [0，π]中的9个投影，无噪声

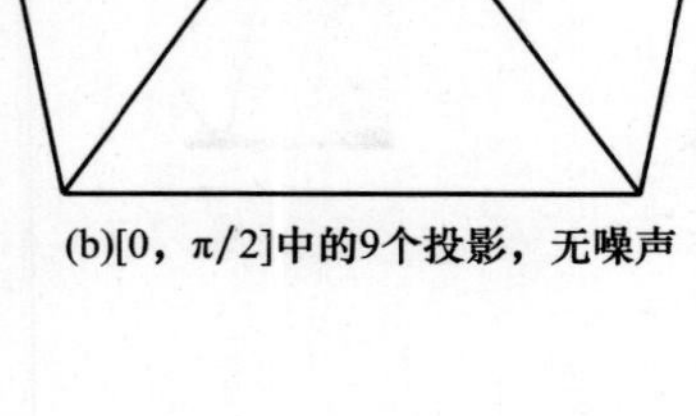
(b)[0，π/2]中的9个投影，无噪声

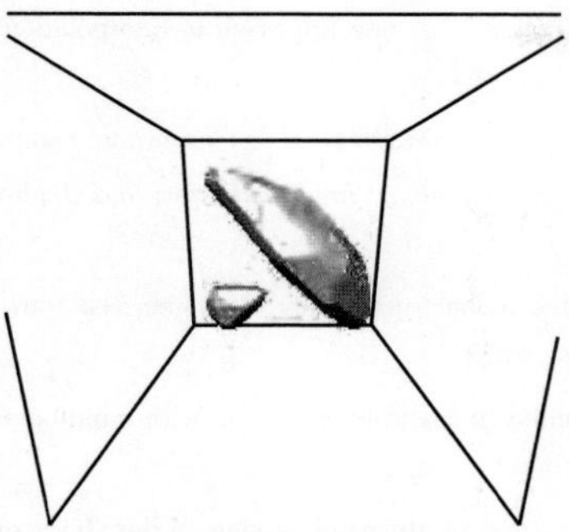

(c) [0，π]中的9个投影，含噪声

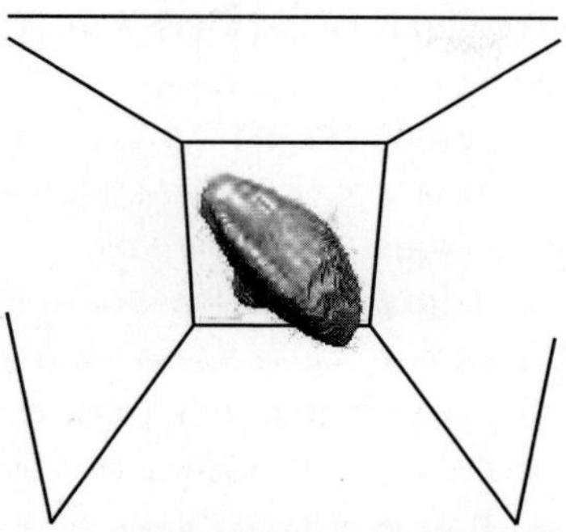

(d) [0，π/2]中的9个投影，含噪声

图 12.9 通过 ICM 和 Ising 模型正则化重建的结果

12.11 结 论

本章的目的是概述 X 射线断层扫描中的各种重建方法,重点关注可在困难情况下使用的方法:当投影数量很少或角度覆盖非常有限时,也即当传统的解析方法无法提供满意的结果时。这些更复杂的方法显然会导致更高的计算成本,即使在今天,这也限制了它们在医疗系统或日常 NDE 中的实际应用。然而,未来的趋势将始终是减少传输给患者的辐射剂量或减少 NDE 应用中的成本和采集时间。由于这些原因,有必要使用更复杂的方法。尽管如此,为特定应用发展具有合理计算成本的针对性方法仍然是很有价值的。例如,最近开发的直接利用 X 射线数据重建致密均匀物体的闭合表面的方法,其避免了体素重建,这无疑是十分有益的。

参 考 文 献

[AMI 93] A MIT Y. ,M ANBECK K. M. ,"Deformable template models for emission tomography",*IEEE Trans. Medical Imaging*,vol. 12,num. 2,p. 260 – 268,June 1993.

[BAT 98] B ATTLE X. L. ,C UNNINGHAM G. S. ,H ANSON K. M. ,"Tomographic reconstruction using 3D deformable models",*Phys. Med. Biol.* ,vol. 43,p. 983 – 990,1998.

[BOU 96] B OUMAN C. A. ,S AUER K. D. ,"A unified approach tostatistical tomography using coordinate descent optimization",*IEEE Trans. Image Processing*,vol. 5,num. 3,p. 480 – 492,Mar. 1996.

[BRO 78] B ROOKS R. A. , W EISS G. H. , T ALBERT A. J. , "A new approach to interpolation in computed tomography", *J. Comput. Assist. Tomogr.* , vol. 2, p. 577 – 585, 1978.

[BUD 79] B UDINGER T. F. , G ULLBERG W. L. , H UESMAN R. H. , "Emission computed tomography", in *H ERMAN G. T. (Ed.)*, *Image Reconstruction from Projections: Implementation and Application*, New York, NY, Springer Verlag, p. 147 – 246, 1979.

[CHO 74] C HO Z. H. , "General views on 3 – D image reconstruction and computerized transverse axial tomography", *IEEE Trans. Nuclear Sciences*, vol. 21, p. 44 – 71, 1974.

[CRA 90] C RAWFORD C. R. , K ING K. F. , "Computed tomography scanning with simultaneous patient translation", *Med. Phys.* , vol. 17, num. 6, p. 967 – 982, Jan. 1990.

[DEA83] D EANS S. R. , The Radon Transform and Some of its Applications, Wiley Interscience, New York, NY, 1983.

[DIN 90] D INTEN J. – M. , *Tomographie à partir d' un nombre limité de projections: régularisation par champs markoviens*, PhD thesis, University of Paris XI, Jan. 1990.

[FEL 84] F ELDKAMP L. A. , D AVIS L. C. , K RESS*J. W.* , "Practical cone – beam algorithm", *J. Opt. Soc. Am. (A)*, vol. 1, num. 6, p. 612 – 619, 1984.

[GAR 87] G ARNERO L. , *Reconstruction d' images tomographiques à partir d' un ensemble limité de projections*, Doctoral thesis, University of Paris XI, Jan. 1987.

[GEM 87] G EMAN S. , M C C LURE D. , "Statisticalmethods for tomographic image reconstruction", in *Proc. 46th Session of the ICI*, *Bulletin of the ICI*, vol. 52, p. 5 – 21, 1987.

[GIL 72] G ILBERT P. , "Iterative methods for the three – dimensional reconstruction of an object from projections", *J. Theor. Biol.* , vol. 36, p. 105 – 117, 1972.

[GRA 91] G RANGEAT P. , "Mathematical framework of cone beam 3D reconstruction via the first derivative of the Radon transform", in *H ERMAN G. T. , L OUIS A. K. , N ATTERER F. (Eds.)*, *Mathematical Methods in Tomography*, vol. 1497, New York, Springer Verlag, p. 66 – 97, 1991.

第13章 衍射层析成像①

13.1 引　言

在本章中,我们将研究如何使用贝叶斯方法来求解衍射层析成像问题。对于这类问题,所采集的测量数据(目标散射波)是目标物理参数的非线性函数。许多研究工作都考虑了传播模型的线性近似,最著名的是 Born 和 Rytov 近似。但本章并不采用类似的线性化近似方法,而是力图直接求解非线性逆问题。

对于非线性逆问题,如果考虑目标参数 x 与 $y=A(x)$ 形式的测量 y 之间的显式关系,则反演问题就变成从测量数据 y 中求出参数 x。此问题的一种自然的求解方法是对最小二乘准则最小化:

$$J(x) = \| y - A(x) \|^2$$

对于不适定问题(见第1章),此类求解方案并不合适,因为它对测量的变化非常敏感,因此不可避免地包含误差。贝叶斯框架使我们能够通过利用目标的概率模型来定义问题的正则化解,例如对于线性逆问题情况即是如此。

非线性并不是问题的本质属性。这里不会对非线性逆问题进行贝叶斯正则化的推广,但会抓住衍射层析成像问题的特殊性并围绕如何以之定义和优化准则函数进行研究。我们将提出波传播方程,它能够以两个耦合方程的形式推导出直接积分模型。我们将描述矩方法,它通常用于离散化直接积分模型并且再次以两个耦合方程的形式给出代数模型。因此,最大后验(MAP)意义上的估计将使我们能够利用该模型将正则化解定义为某些准则函数最小化的解。直接模型的非线性会使这些准则函数成为非凸。准则函数最小化这一框架使我们能够从同一个角度来审视求解这类问题的大多数的方法。首先将介绍通过对直接模型连续地线性化以进行准则函数局部优化的方法;其次,还将指出该方法与那些同时重建目标参数和目标区域场的技术之间的联系。最后,某些准则函数具有局部最小值,将阐述在这一特别困难的情况下使用全局优化技术的重要性。

---

① 本章由 Hervé Carfantan 和 Ali Mohammad – Djafari 撰写。

13.2 问题建模

这里使用衍射层析成像这一术语描述一大类成像模式:观测现象与非均匀介质中波的衍射有关。假定要成像的对象关于其一个轴对称(圆柱对称),以便将问题降低到二维。此外,测量是在目标(物体)区域 D_O 外的区域 D_M 中进行,因此这种成像方式与传统的 X 射线层析成像也存在联系。需要强调的是,我们的目的是构建一个物体物理特性的图像(值的网格),这与只考虑目标轮廓或目标所在区域场的情况不同。

我们仅在此处介绍并在下面阐述电磁波相关的应用。值得注意的是,声波的某些应用与电磁波极为相似(例如,超声波层析成像[KAK 88])。

13.2.1 衍射层析成像应用示例

衍射层析成像技术可以应用于诸多领域,例如生物医学工程、导电材料无损检测和地球物理勘探。

13.2.1.1 微波成像

20 世纪 70 年代,X 射线层析技术便可以用于拍摄人体图像。但电离辐射有害的事实鼓励人们研究利用其他形式的能量,如微波(低功率水平)、超声波和磁共振。自 20 世纪 80 年代初以来,有源微波成像技术的研究发展极为迅速[BOL 83]。

这种成像技术的目的是确定非均匀介质(人体或至少其一部分)的传播特性,这种特性通过电导率 $\sigma(\boldsymbol{r})$ 和介电常数 $\epsilon(\boldsymbol{r})$ $(\boldsymbol{r}\in D_0)$ 的空间变化来反映。上述非均匀介质被特性 σ_0 和 ϵ_0 已知的均匀介质(例如水)包围。成像几何模型如图 13.1(a)所示,直接取自 X 射线成像。但与 X 射线情况不同的是,这种成像模式不能忽略衍射现象:即不能再假设电磁波以直线方式穿过介质,从而使成像问题变得相当复杂[KAK 88]。微波成像所用电磁波的频率大约在 100MHz 到几百 GHz 之间。

13.2.1.2 用涡流对导电材料无损检测

导电材料无损检测(NDE)的目的是检测和研究这些材料中存在的缺陷。在这一过程中,成像技术可以表征缺陷并在检测之后进行干预。为此,需要从不导电(通常是空气)并且具有已知特性 $\sigma=0$ 和 ϵ_0 的均匀介质中发射电磁波。之后在同样的均匀介质中对传播通过导电介质的场的进行测量(图 13.1(b))。要成像的物理量是导电物体中可能存在的缺陷的电导率 $\sigma(\boldsymbol{r})$,其中导电物体本身的特性($\sigma_0 = 10^7 S/m$ 和 ϵ_0)已知[ZOR 91]。使用的频率范围涵盖千赫至兆赫。

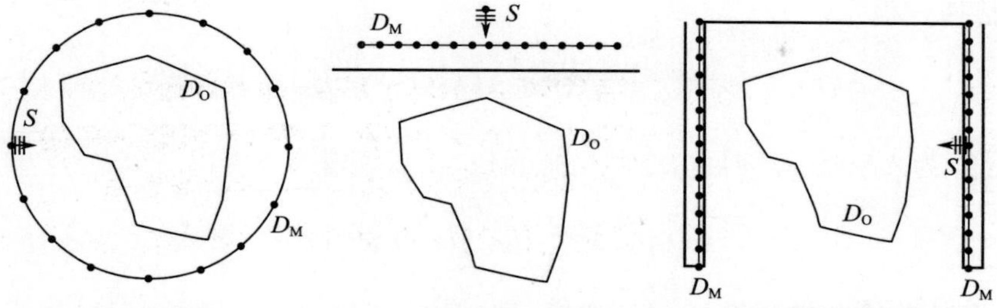

(a) 微波成像　(b) 基于涡流的无损检测　(c) 井间地质层析成像

图 13.1　各种层析成像场景(源 S 发射的平面波在目标区域 D_O 中传播，区域 D_M 中有限数量的接收器测量散射场)

13.2.1.3　地球物理勘探

地质物理学是地球物理学的重要分支,在诸如寻找石油或监测其提取过程时都会用到。一个很好的可能应用的例子是井间层析成像,即钻出两口井,待探测区域两侧各一口(图 13.1(c))。其中一口井中的源发射电磁波,两口井中的接收器均进行接收(即测量由介质反射和透射的电磁波)。目的是对介质的电导率 $\sigma(\boldsymbol{r})$ 和介电常数 $\epsilon(\boldsymbol{r})$ 进行成像[HOW 86]。使用的频率约为 1MHz。

13.2.2　正问题建模

本节将重点阐释正问题建模所用的假设,并给出基于这些假设得到的耦合方程形式,而不会详细讨论用于成像问题建模的积分方程的发展过程。

13.2.2.1　非均匀介质中的传播方程

基于电磁波情况(微波层析成像)进行讨论,但类似的表达式也可以用于其他应用,包括声波[COL 92]。

考虑角频率为 ω 的平面电磁波在非磁性介质中传播的情形。非均匀介质被周围的均匀介质包围(其特性已知:介电常数为 ϵ_0,电导率为 σ_0,真空磁导率为 $\mu_0 = 4\pi \times 10^{-7}\mathrm{N} \cdot \mathrm{A}^{-2}$)。若目标关于其中一个轴均匀分布(即圆柱对称)且入射波沿该轴极化(即横磁波配置),可以考虑采用统一的二维框架。这使我们能够使用标量场。在此框架下,麦克斯韦方程可给出 ϕ,即沿目标轴线的电场分量:

$$\Delta\phi(\boldsymbol{r}) + k^2(\boldsymbol{r})\phi(\boldsymbol{r}) = -\mathrm{j}w\mu_0 J(\boldsymbol{r}) \tag{13.1}$$

式中:$\boldsymbol{r}$ 为二维空间中的位置向量;Δ 为拉普拉斯算子;J 由源激励引起。非均匀

目标在 $\boldsymbol{r}$ 处的波数 $k^2(\boldsymbol{r}) = w^2\mu_0(\epsilon(\boldsymbol{r}) + \mathrm{j}\sigma(\boldsymbol{r})/w)$ 与其介电常数 $\epsilon(\boldsymbol{r})$ 和电导率 $\sigma(\boldsymbol{r})$ 有关(周围均匀介质用波数 k_0^2 描述)。根据式(13.1),可以推导出积分形式的传播方程:

$$\phi(\boldsymbol{r}) = \phi_0(\boldsymbol{r}) + \int_D \mathcal{G}(\boldsymbol{r},\boldsymbol{r}')(k^2(\boldsymbol{r}') - k_0^2)\phi(\boldsymbol{r}')\,\mathrm{d}\boldsymbol{r}' \tag{13.2}$$

式中:ϕ_0 为入射场;$\mathcal{G}$ 为自由空间格林函数,在二维情况下可以写成:

$$\mathcal{G}(\boldsymbol{r},\boldsymbol{r}') = \frac{\mathrm{j}}{4}H_0^{(1)}(k_0|\boldsymbol{r}-\boldsymbol{r}'|)$$

式中:$H_0^{(1)}$ 为第 1 类零阶 Hankel 变换。

13.2.2.2 正问题的积分建模

前面描述了与非均匀介质中波的传播标量方程。下面将描述成像中的传播现象。为此,考虑图 13.2 所示的近场几何构型。

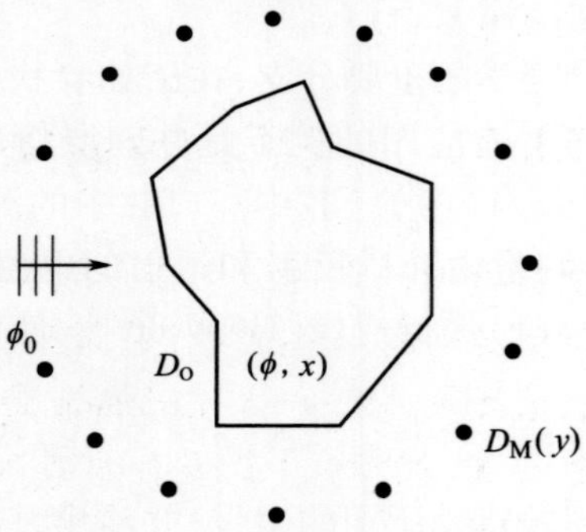

图 13.2 二维配置场景

在目标周围介质①中,传感器布置在一组离散位置 D_M 处用来获取测量结果。下面我们将使用 $y(\boldsymbol{r}_i)$ 来表示测量点 $\boldsymbol{r}_i \in D_O$ 处的散射场。目标区域中的总场表示为 $\phi(\boldsymbol{r}), \boldsymbol{r} \in D_O$。目标通过复数对比度 $x(\boldsymbol{r}) = k^2(\boldsymbol{r}) - k_0^2$ 来描述。现在对电磁波从源到测量点的传播过程进行描述,其中目标区域中的入射场 $\phi_0(\boldsymbol{r})$,$\boldsymbol{r} \in D_O$ 对应于已知的发射波。

使用式(13.2),测量点处的散射场可以根据目标对比度和目标中的总场来表示:

---

① 有时需要在目标周围介质之外进行测量,因此自由空间格林函数失效,并且必须通过两种介质自己的格林函数考虑其之间的接口(例如,基于涡流的 NDE[ZOR 91])。

$$y(\boldsymbol{r}_i) = \int_{D_0} \mathcal{G}(\boldsymbol{r}_i, \boldsymbol{r}')x(\boldsymbol{r}')\phi(\boldsymbol{r}')\mathrm{d}\boldsymbol{r}', \boldsymbol{r}_i \in D_{\mathrm{M}} \tag{13.3}$$

该等式通常称为观测方程。目标区域中的场 ϕ 也有相同的形式：

$$\phi(\boldsymbol{r}) = \phi_0(\boldsymbol{r}) + \int_{D_0} \mathcal{G}(\boldsymbol{r}, \boldsymbol{r}')x(\boldsymbol{r}')\phi(\boldsymbol{r}')\mathrm{d}\boldsymbol{r}', \boldsymbol{r} \in D_0 \tag{13.4}$$

上式有时称为耦合方程。注意,其为 ϕ 的隐函数。

可见,为了对正问题建模,建立了非均匀目标 $x(\boldsymbol{r}), \boldsymbol{r} \in D_0$ 与不同测量点处散射场 $y(\boldsymbol{r}_i), \boldsymbol{r}_i \in D_{\mathrm{M}}$ 之间的关系,因此正问题建模为式(13.3)和式(13.4)表示的两个耦合方程。该模型是非线性的,因为散射场线性地依赖于对比度和目标区域场的乘积(式(13.3)),并且目标区域场本身也取决于对比度(式(13.4))。

一般来说,直接问题的解没有解析表达式,但是存在各种数值求解方法[COL 92]。在 13.3 节中,我们将对积分形式的直接模型进行离散化,并因此很自然地用数值方法求解直接问题。

13.3　正问题的离散化

数学物理在逆问题求解方面的大部分工作一般是在连续的函数框架下出现——尤其对于衍射层析成像问题。离散化仅在最后步骤中进行,并用于对以函数形式定义的解进行数值计算。例如,A. Tarantola 曾写道:“在任何逆问题理论中都有一个非常普遍的结论:离散化(如果有的话)必须保留用于最终的计算,而不是用于推导公式[TAR 82]。”另一方面,在统计数据处理中,通常在直接模型中即早早地考虑离散化。我们在这里选择后一方式,同时将指出其在解决当前问题上的优势。为了获得代数模型,将使用矩量法对耦合方程式(13.3)和式(13.4)进行离散化,下面将简要介绍。

13.3.1　代数框架的选择

特意选择使用代数而不是函数框架是很难证明的,并会引发很多讨论。对于我们这里关注的求解问题,可以提出以下几个论点:

测量是利用有限数量的传感器进行的,因此本质上是离散的,而函数框架通常假定测量值在目标周围连续已知。

(1) 除了罕见的少数特殊情况,即目标可以以简单的方式进行参数化表示(例如,假设我们知道正在处理均匀同质盘状目标),一般都是通过数值方式求解。

（2）对于衍射层析成像问题，非线性方程不易处理。正如13.5.1节将要指出的那样，在函数框架下提出的几种方法虽然从不同的推理方式开始，但会给出函数不同而数值一致的解，这是一个颇为有趣的现象。

（3）最后，要处理的方程在代数框架下更为简单，即使它们不是线性的。这样更容易关注问题不适定的事实，并关注如何通过引入解的先验模型进行正则化。注意，概率框架也可以从函数观点来理解[TAR 87]，但若不是高斯情况则模型很难处理。

13.3.2 矩量法

矩量法是一种通用方法，它能对线性方程离散化。当方程的解无法在函数域获得时，矩量法可以用数值方式求解。关于该方法的一些优秀综述[HAR 87]也表明大多数离散化技术可以解释为矩量法。

该方法的一般框架是求解 $\boldsymbol{Lf}=\boldsymbol{g}$ 形式的函数方程，其中 L 是线性算子，g 是已知函数，f 是待求的未知函数。目的是对该等式离散化，以便获得形如$\boldsymbol{Lf}=\boldsymbol{g}$的矩阵关系，其可以进行数值求解。为此，函数 f 表示为一组函数 $\{b_1,b_2,\cdots,b_n\}$ 的线性组合，称为基函数：

$$\boldsymbol{f} = \sum_{i=1}^{n} f_i b_i$$

其中，系数 f_i 为待定参数。在近似求解中，可认为基函数的数量 n 是有限的。因此待求解的线性方程变为

$$\sum_{i=1}^{n} f_i L b_i = \boldsymbol{g}$$

将上述关系投影到一组函数 $\{t_1,t_2,\cdots,t_n\}$（称为测试函数）上，该方程可以以矩阵形式写出：

$$\boldsymbol{Lf}=\boldsymbol{g}$$

其中，$L_{i,j}=\langle t_i, Lb_j\rangle$，$\mathrm{g_i}=\langle \mathrm{t_i}, \boldsymbol{g}\rangle$，$L=(L_{i,j})$是大小为 $n\times n$ 的矩阵，$\boldsymbol{f}=(f_i)$和 $\boldsymbol{g}=(g_i)$是长度为 n 的列向量。

在矩量法中，基函数和测试函数的选择是个棘手问题。其选择应当基于实际考虑，例如易于计算各种标量积；还应考虑物理因素，以便考虑所处理问题的特殊性。最后，这些选择将直接影响矩阵 $\boldsymbol{L}$ 的结构，从而影响代数问题在数值上的求解难易程度。我们注意到，对于形如 $\boldsymbol{t}_i(\boldsymbol{r})=\boldsymbol{r}^i$ 的测试函数，

$\boldsymbol{g}_i = \int \boldsymbol{r}^i g(\boldsymbol{r})\mathrm{d}r$ 是 g 的第 i 阶矩，所以该方法由此得名。

13.3.3 基于矩量法的离散化

求解直接问题，即给定对比度函数时计算各测量点处的散射场，并不直接属于矩量法的应用框架，因为目标与观测数据之间不是线性关系。不过，矩量法可以应用于每个耦合方程(式(13.3)和式(13.4))。我们将使用文献[HOW 86]中的离散化方法(在文章中称为体电流方法)，它通常用于求解此类问题。

通过考虑目标区域 D_0 上的网格来对式(13.4)离散化。对于基函数 $\{b_i\}_{i=1,\cdots,n_0}$ 和测试函数 $\{t_i\}_{i=1,\cdots,n_0}$，我们在 D_0 中边长为 c 的方形区域 D_i(像素)上取指示函数(假设 $\boldsymbol{\phi}, \boldsymbol{\phi}_0$ 和 x 在这些区域上是常数并由长度为 n_0 的列向量表示)。因此，对应于式(13.4)的代数方程可以写成下式：

$$\boldsymbol{\phi} = \boldsymbol{\phi}_0 + \boldsymbol{G}_0 \boldsymbol{X} \boldsymbol{\phi} \tag{13.5}$$

其中 $\boldsymbol{X} = \mathrm{Diag}\,(x_i)_{i=1,\cdots,n_0}$ 是对角矩阵，$\boldsymbol{G}_0$ 是一个 $n_0 \times n_0$ 矩阵，其元素为

$$(\boldsymbol{G}_0)_{i,j} = \frac{1}{c^2}\int_{D_i}\int_{D_j} \mathcal{G}(\boldsymbol{r},\boldsymbol{r}')\,\mathrm{d}\boldsymbol{r}'\mathrm{d}\boldsymbol{r}$$

同理，式(13.3)可以写成代数形式：

$$\boldsymbol{y} = \boldsymbol{G}_{\mathrm{M}} \boldsymbol{X} \boldsymbol{\phi} \tag{13.6}$$

$\boldsymbol{y} = (y(\boldsymbol{r}_i))_{i=1,\cdots,n_{\mathrm{M}}}$，其中 n_{M} 是测量点数，$\boldsymbol{G}_{\mathrm{M}}$ 是一个 $n_{\mathrm{M}} \times n_0$ 的矩阵，其元素可写为

$$(\boldsymbol{G}_{\mathrm{M}})_{i,j} = \frac{1}{c^2}\int_{D_{\mathrm{M}}}\int_{D_j} \mathcal{G}(\boldsymbol{r},\boldsymbol{r}')\,\mathrm{d}\boldsymbol{r}' t_i(\boldsymbol{r})\,\mathrm{d}\boldsymbol{r}$$

其中，t_i 是测量域 D_{M} 上的测试函数。

参考文献[HOW 86]建议不在方形区域 D_i 上，而是在具有相等表面积的圆盘上来积分从而逼近格林函数的积分。这给出了积分的解析公式，并避免使用数值积分方法。利用这种方法，如果 c 的量级为目标周围均匀介质中的波长的 1/10，则离散化误差可以忽略不计[HOW 86]。

直接模型以耦合方程式(13.3)和式(13.4)所示的积分形式表示。在代数形式中，我们得到耦合方程式(13.5)和式(13.6)。该模型可以用反映目标与测量直接关系的显式形式表示，而不需引入目标区域中的场。对于对比度为 x 的给定目标，根据式(13.5)，场 $\boldsymbol{\phi}$ 可以写成以下形式：

$$\boldsymbol{\phi} = (\boldsymbol{I} - \boldsymbol{G}_0 \boldsymbol{X})^{-1} \boldsymbol{\phi}_0$$

代入式(13.6)，可以得到 $\boldsymbol{x}$ 与 $\boldsymbol{y}$ 的显式关系：

$$\boldsymbol{y}=\mathcal{A}(\boldsymbol{x}),\text{其中 }\mathcal{A}(\boldsymbol{x})=\boldsymbol{G}_{\mathrm{M}}\boldsymbol{X}(\boldsymbol{I}-\boldsymbol{G}_0\boldsymbol{X})^{-1}\boldsymbol{\phi}_0 \tag{13.7}$$

注意,为了求解直接问题,式(13.7)引入了矩阵求逆。从数学而不是计算成本上讲,式(13.5)同样需要求解含 n_0 个方程、n_0 个未知数的线性系统。然而,这种反演不会造成任何数值问题,因为该线性系统是适定的系统。

值得注意的是,这些关系是针对复值向量和矩阵建立的。通过分离实部和虚部可以转化为实变量情况,有时也很有用。这时,通过修改矩阵 $\boldsymbol{G}_{\mathrm{M}}$ 和 $\boldsymbol{G}_0$ 的定义即可获得完全相同的矩阵关系。这些关系还可以推广到多源情况,即通过多个不同的发射源来获得测量数据[CAR 96]。

13.4 逆问题求解准则构建

依据正问题的代数模型,使用目标对比度 $\boldsymbol{x}$ 可以计算出测量点处的散射场 y,中间可能需要计算目标区域的场 $\boldsymbol{\phi}$。下面将重点研究逆问题,即通过散射场 y(数据)的测量来重建对比度 $\boldsymbol{x}$(目标)。与大多数逆问题一样,这一问题是不适定的。特别是,数据中非常轻微的变化都会导致解的极不稳定[COL 92]。而且,即使在泛函框架,即假设在目标周围连续域 D_{M} 中的所有点处都进行了测量,也不能保证解的唯一性。接下来从这个代数模型开始,使用贝叶斯框架构建若干准则,并以此来定义逆问题的正则化解。

要做到这一点,需要建立一个描述测量干扰的误差模型(也就是说要对离散误差、测量噪声等进行建模)。由于此处没有关于测量噪声统计特性的特定信息,与某些应用(如第14章)不同,本节假设误差为零均值且方差为 $\boldsymbol{\sigma}_{\mathrm{M}}^2$ 的圆高斯白噪声。正如3.2节所指出的那样,并不是说上述扰动实际上是高斯的,而是说高斯假设是我们在迫不得已的情况(无先验)下做出的描述误差分布的最佳选择,即认为误差具有零均值和有限的方差。

此外,还需要建立描述目标的先验模型。需要注意要成像的目标 x 具有复数值。考虑到实部和虚部特定的物理意义(分别与物体的介电常数和导电性有关),我们将用可分离的概率密度进行建模:

$$p(\boldsymbol{x})=p_R(\mathrm{Re}\{\boldsymbol{x}\})p_I(\mathrm{Im}\{\boldsymbol{x}\})$$

由于想要重建的图像由均匀区域组成,我们考虑用吉布斯-马尔可夫模型建模(见第7章),并写成如下的形式①:

① 从现在开始,我们将以这种严格来说不精确的形式写出目标概率密度函数,实部和虚部的分离以及这些密度函数中参数的任何差异都隐含其中。

$$p(\boldsymbol{x}) \propto \exp\{-\phi(\boldsymbol{x})/T\}$$

不过，比较明智的方式是让 ϕ 为凸函数，以避免由于直接模型的非线性而带来的最小化求解的困难。为明确起见，我们考虑一个传统的广义高斯－马尔可夫模型（具有势函数 $|\cdot|^p, 1 < p \leqslant 2$）[BOU 93]。

13.4.1　估计 x

成像问题要估计的参数是图像像素上对比度函数的值，即矢量 $\boldsymbol{x}$。

目标似然函数描述了（测量）数据的直接分布，写成：

$$p(\boldsymbol{y}|\boldsymbol{x}) = (\pi\sigma_{\mathrm{M}}^2)^{-n_M/2}\exp\left\{-\frac{1}{\sigma_{\mathrm{M}}^2}\|\boldsymbol{y} - \mathcal{A}(\boldsymbol{x})\|^2\right\}$$

贝叶斯规则使我们能够把测量提供的信息与先验信息融合到待估计参数的后验概率密度中：

$$p(\boldsymbol{x}|\boldsymbol{y}) = p(\boldsymbol{y}|\boldsymbol{x})p(\boldsymbol{x})/p(\boldsymbol{y})$$

其中，$p(\boldsymbol{y})$ 是与 $\boldsymbol{x}$ 无关的归一化系数。

最大后验估计能够使后验分布最大化：

$$\hat{\boldsymbol{x}}^{\mathrm{MAP}} = \arg\max_{\boldsymbol{x}} p(\boldsymbol{x}|\boldsymbol{y})$$

换言之，意味着最小化以下准则：

$$J^{\mathrm{MAP}}(\boldsymbol{x}) = \|\boldsymbol{y} - \mathcal{A}(\boldsymbol{x})\|^2 + \lambda\Phi(x)$$

此处：

$$\mathcal{A}(\boldsymbol{x}) = \boldsymbol{G}_{\mathrm{M}}\boldsymbol{X}(\boldsymbol{I} - \boldsymbol{G}_0\boldsymbol{X})^{-1}\phi_0$$

并且 $\lambda = \sigma_{\mathrm{M}}^2/T$ 起到正则化参数的作用，在数据逼真度与先验模型之间进行折衷。注意，应该从准则函数全局最小值的意义上理解最小值。简便起见，J^{MAP} 准则后文通常被称为最大后验标准或简称为 MAP 准则。

13.4.2　同时估计 x 和 ϕ

也可以从另一个角度考虑该问题，即从数据中同时估计目标 $\boldsymbol{x}$ 和目标处的场 ϕ。从与上面相同的假设开始（测量误差为加性零均值圆高斯白噪声）。这次我们将利用耦合方程式（13.5）和式（13.6）建立目标与测量之间的关系。

贝叶斯规则使我们能够用下列形式表示 $\boldsymbol{x}$ 和 ϕ 的联合后验分布：

$$p(\boldsymbol{x},\phi|\boldsymbol{y}) = p(\boldsymbol{y}|\boldsymbol{x},\phi)p(\phi|\boldsymbol{x})p(\boldsymbol{x})/p(\boldsymbol{y}) \tag{13.8}$$

在式(13.8)中,我们只对分子的三个项感兴趣。分母项 $p(\boldsymbol{y})$ 与 $\boldsymbol{\phi}$ 和 $\boldsymbol{x}$ 无关,不涉及 MAP 估计的计算。我们逐一来研究这三项:

(1) 第 1 项用于对测量误差和式(13.6)建模,可以写成:

$$p(\boldsymbol{y} \mid \boldsymbol{x},\boldsymbol{\phi}) \propto \exp\left\{ -\frac{1}{\sigma_{\mathrm{M}}^2} \| \boldsymbol{y} - \boldsymbol{G}_{\mathrm{M}}\boldsymbol{X}\boldsymbol{\phi} \|^2 \right\}$$

(2) 第 2 项对应已知 $\boldsymbol{x}$ 时 $\boldsymbol{\phi}$ 的概率密度。$\boldsymbol{\phi}$ 是目标处的总场,当 $\boldsymbol{x}$ 已知时,它由耦合方程式(13.5)中的第二项唯一确定。这促使我们考虑采用以下类型的概率测度(不是概率密度):

$$\delta(\boldsymbol{\phi} - \boldsymbol{\phi}_0 - \boldsymbol{G}_0\boldsymbol{X}\boldsymbol{\phi}) \tag{13.9}$$

其中,δ 是狄拉克函数。

(3) 最后一项对应于目标先验模型。

为了能够用概率密度推导方程式(13.8),本节将使用一个简洁的计算技巧。考虑耦合方程式(13.5)的扰动误差 e_0。假设这些扰动是零均值圆高斯白噪声,方差为 σ_0^2,并且独立于目标 $\boldsymbol{x}$,那么可以证明:已知 $\boldsymbol{x}$ 时 $\boldsymbol{\phi}$ 的条件概率密度可以表示为

$$p(\boldsymbol{\phi} \mid \boldsymbol{x}) \propto \exp\left\{ -\frac{1}{\sigma_0^2} \| \boldsymbol{\phi} - \boldsymbol{\phi}_0 - \boldsymbol{G}_0\boldsymbol{X}\boldsymbol{\phi} \|^2 \right\}$$

$\boldsymbol{x}$ 和 $\boldsymbol{\phi}$ 的联合后验密度可以表示为

$$p(\boldsymbol{x},\boldsymbol{\phi} \mid \boldsymbol{y}) \propto \exp\{ -J^{\mathrm{MAPJ}}(\boldsymbol{x},\boldsymbol{\phi}) \}$$

$$J^{\mathrm{MAPJ}}(\boldsymbol{x},\boldsymbol{\phi}) = \frac{1}{\sigma_{\mathrm{M}}^2} \| \boldsymbol{y} - \boldsymbol{G}_{\mathrm{M}}\boldsymbol{X}\boldsymbol{\phi} \|^2 + \frac{1}{\sigma_0^2} \| \boldsymbol{\phi} - \boldsymbol{\phi}_0 - \boldsymbol{G}_0\boldsymbol{X}\boldsymbol{\phi} \|^2 + \frac{\boldsymbol{\Phi}(\boldsymbol{x})}{T} \tag{13.10}$$

$(\boldsymbol{x},\boldsymbol{\phi})$ 在 MAP 意义上的估计是使 x 最大化,或者换言之,使准则 J^{MAPJ} 最小化。需要记住,由此获得的上述准则是基于耦合方程式(13.5)存在扰动这一未经物理或统计学证明的假设。它们只是用于建立 J^{MAPJ} 准则的临时假设。可以看出,如果在数据 y 的层次上应用这些扰动,则上述假设相当于考虑 $e_{\mathrm{M}} + G_{\mathrm{M}}X(I - G_0X)^{-1}$形式的误差,其中 e_{M} 和 σ_0^2 是独立的零均值高斯随机变量,数据中的误差取决于目标 $\boldsymbol{x}$。为了摆脱这些假设,必须使扰动 e_0 的方差 σ_0^2 趋近于零。因此,在广义函数意义上,高斯分布 $p(\boldsymbol{x},\boldsymbol{\phi} \mid \boldsymbol{y})$ 趋近于狄拉克分布式(13.9)。在这种情况下,J^{MAPJ} 准则中第二项的加权系数 $1/\sigma_0^2$ 趋近于无穷大,这意味着$(\boldsymbol{x},\boldsymbol{\phi})$在 MAP 意义上的估计是在双线性约束下使下面的准则函

数最小化，即

$$J^{\mathrm{MAPC}}(\boldsymbol{x},\boldsymbol{\phi}) = \|\boldsymbol{y} - \boldsymbol{G}_{\mathrm{M}}\boldsymbol{X}\boldsymbol{\phi}\|^2 + \lambda\Phi(\boldsymbol{x}) \tag{13.11}$$

其中 $\lambda = \sigma_{\mathrm{M}}^2/T$，双线性约束为

$$\boldsymbol{\phi} - \boldsymbol{\phi}_0 - \boldsymbol{G}_0\boldsymbol{X}\boldsymbol{\phi} = 0 \tag{13.12}$$

通常从概率的观点来看，联合 MAP 意义下 $(\boldsymbol{x},\boldsymbol{\phi})$ 中 x 的估计值与 MAP 意义下 x 的估计值并没有必然的联系。显然，我们在这里得到了相同的解，这是因为 $\boldsymbol{\phi}$ 和 $\boldsymbol{x}$ 之间的确定性关系以及 J^{MAPC} 准则恰恰就是 J^{MAP} 准则，其中 $\boldsymbol{\phi} = (\boldsymbol{I} - \boldsymbol{G}_0\boldsymbol{X})^{-1}\boldsymbol{\phi}_0$ 表示 x 和 $\boldsymbol{\phi}$ 之间的约束关系。

13.4.3　准则的性质

我们已经定义了衍射层析成像问题的正则化解，使我们能够在约束和无约束条件下对准则最优化求解。显然，在尝试优化技术之前，研究这些准则的性质非常重要。

正如第 3 章所述，对于加性噪声高斯模型下关于 $\boldsymbol{x}$ 的线性问题情况，数据拟合项是关于 $\boldsymbol{x}$ 的二次形式，因此是凸的；任何非凸性都来自于未知量的先验模型。在我们的例子中，所提出的准则和约束的非凸性来自于正问题问题模型的非线性（回忆一下，我们选择了能够给出凸函数 Φ 的先验模型）。因此，我们不能完全确定这些准则函数是单峰的，当然这并不一定意味着它们具有局部最小值①。除了可以利用直接问题的线性近似这一情况之外，还有两种类型的情况：第 1 种相对有利，虽然准则函数不是凸的，但是没有局部最小值；第 2 种相对困难，存在局部最小值。当对比度函数具有较高的值并且数据值很少（甚至可能低于未知量个数）时，第 2 种情况尤其容易出现。根据不同类型的情况，我们可以预想不可能采用相同的优化技术。

13.5　逆问题求解

自 20 世纪 80 年代后期以来，人们已经提出了许多方法来求解这种非线性逆问题。它们通常以泛函框架呈现，从理论的角度来比较它们也不容易。本章采用贝叶斯代数框架，即最小化 13.4 节中定义的准则函数，使我们能够用统一的观点审视所用到的大多数方法。此处的目的不是深入探讨所采用的各种反

① 回忆一下，凸性只是单峰性的充分条件。

演方法的细节,而是首先介绍它们的优点和缺点,以及优化和正则化方面的可比较之处。求解方法可分为三类,将在下面分别进行介绍。

13.5.1 逐次线性化

对于这类(非线性)逆问题,第1种求解方法用到了直接问题模型的逐次仿射近似,从而能够逐次求解线性逆问题。我们考虑两个步骤的迭代过程:

(1) 对于目标当前值 x_n 附近的直接问题模型的仿射近似:$\mathcal{A}(x)=\boldsymbol{A}_n x+b_n$;

(2) 计算近似后的线性逆问题的解 x_{n+1}。

注意,即使一般不能建立收敛特性,也可以用这种方法来求解任何非线性逆问题。

这些方法通常是基于波传播方程的近似而提出的,因此也属于一般形式的直接模型。为了对它们进行比较,需要研究仿射近似和正则化。

13.5.1.1 近似

从理论的角度来看,函数在点 x_n 附近最稳定的仿射近似可由 x_n 附近的一阶泰勒展开①给出:

$$\mathcal{A}(\boldsymbol{x})=A(\boldsymbol{x}_n)+\nabla_x\mathcal{A}(\boldsymbol{x}_n)(\boldsymbol{x}-\boldsymbol{x}_n)+\mathcal{O}((\boldsymbol{x}-\boldsymbol{x}_n)^2)$$

在代数框架下,$\boldsymbol{A}_n\triangleq\nabla_x\mathcal{A}(x_n)$ 的计算较为简单。如果 $\boldsymbol{\phi}_n=(\boldsymbol{I}-\boldsymbol{G}_0\boldsymbol{X}_n)^{-1}\boldsymbol{\phi}_0$ 表示对应于对比度 x_n 的目标处的场,$\boldsymbol{\Psi}_n$ 是相应的对角矩阵,$\boldsymbol{A}_n$ 可以写成:

$$\boldsymbol{A}_n=\boldsymbol{G}_{\mathrm{M}}(\boldsymbol{I}+\boldsymbol{X}_n(\boldsymbol{I}-\boldsymbol{G}_0\boldsymbol{X}_n)^{-1}\boldsymbol{G}_0)\boldsymbol{\Psi}_n$$

但是,并非所有方法都使用这种近似。Born 迭代方法[WAN 89](BIM)的目的是连续为一个变量(目标对比度或场)求解各个耦合方程(式(13.3)和式(13.4)),它通过 $\boldsymbol{A}_n=\boldsymbol{G}_{\mathrm{M}}\boldsymbol{\Psi}_n$ 形式的矩阵进行近似,是对模型更粗略的一种线性化(注意,在这种情况下 $\mathcal{A}(x_n)=\boldsymbol{A}_n\boldsymbol{x}_n$,故 $b_n=0$)。

不过,在失真 Born 迭代法(DBIM)[CHE 90]和 Newton - Kantorovitch 法(NKM)[JOA 91]中都使用了上述泰勒近似,虽然其中的近似由不同的方法提出,但事实证明是相同的。

需要注意的是,近似矩阵的计算成本与求解直接问题的计算成本大致相同。

---

① 但要注意,这种展开对于复值变量的函数不能简单地定义。事实上,这些函数没有定义梯度算子。不过,(复数的)直接模型方程可以用等效实数表示(实虚部分离),因此上述关系也可以应用并进行计算。

13.5.1.2 正则化

由 BIM 方法进行的正则化是 Tikhonov 类型,即利用了对 x 的二次惩罚项。因此,该方法可以直接解释为最小化 J^{MAP}。

NKM 和 DBIM 方法引入的惩罚项仍然是二次的,但是施加于 $x-x_n$ 而不是直接在 x 上。

13.5.1.3 解释

在 13.4 节提出的框架下,为了对 J^{MAP} 准则最小化,还有一种连续的线性化方案[CAR 97a]:

(1) 在目标 x 当前值附近,通过直接问题的仿射近似计算矩阵 $\boldsymbol{A}_n$ 和向量 $\boldsymbol{b}_n$;

(2) 对准则函数 $J_n = \| \boldsymbol{y} - \boldsymbol{A}_n \boldsymbol{x} + \boldsymbol{b}_n \|^2 + \lambda \boldsymbol{\Phi}(x)$ 最小化。

在该算法的每次迭代中,J^{MAP} 由凸准则函数 J_n 近似,它们在 x_n 处具有相同的值和相同的斜率。当然,这种算法的收敛性没有理论上的保证,它可能会发散。同样,任何可能存在的收敛和可能达到的静止点也取决于算法的初始化。不过,当算法确实朝向静态点 x_∞ 收敛时,该点就是 J^{MAP} 准则的静止点(即其梯度为零)。

注意,BIM 算法还包括通过一系列凸准则对 J^{MAP} 准则(对于 $\boldsymbol{\Phi}(x) = \| x \|^2$)的近似,这些近似在 x_n 处具有相同的值但不具有相同的斜率。因此,即使当该算法收敛时,该解也不一定对应于 J^{MAP} 的静止点。对于 DBIM 和 NKM,在 $x-x_n$ 上施加的正则化无法在这个框架下进行解释,但是人们已注意到:显然由于上述正则化,DBIM 比 BIM 更容易发散[CHE 90],而对于 NKM,文献[JOA 91]引入了一个适应正则化参数的方案以避免这种缺点。

总之,正如文献[ERI 96]指出,通过连续的线性化,所有求解线性逆问题的正则化方法(特别是著名的截断奇异值分解法(TSVD))都可以用于求解非线性逆问题,这点值得注意。但是,这些方法仅试图使线性逆问题变得稳定。相反,通过对所研究的对象引入先验信息,对 13.4 节中定义的准则函数进行最小化的连续线性化方案能够使非线性问题正则化。

13.5.2 联合最小化

用于解决非线性问题的第二种方法旨在同时计算满足耦合方程(式(13.3)和式(13.4))的 x 和 ϕ。为此,定义了 x 和 ϕ 的联合准则函数,其形式如下:

$$K(\boldsymbol{x},\boldsymbol{\phi}) = \alpha_M \| \boldsymbol{y} - \boldsymbol{G}_M \boldsymbol{X} \boldsymbol{\phi} \|^2 + \alpha_O \| \boldsymbol{\phi} - \boldsymbol{\phi}_0 - \boldsymbol{G}_O \boldsymbol{X} \boldsymbol{\phi} \|^2 + \lambda \boldsymbol{\Phi}(\boldsymbol{x},\boldsymbol{\phi}) \tag{13.13}$$

注意,这里在代数框架下讨论问题,而基于上述准则的方法通常是在函数框架下引入。上述准则出现于文献(KLE 92)、(SAB 93)中的衍射层析问题,并从那时起就被广泛地使用。

所提出的这些方法之间存在一些明显的差异,我们对此进一步阐述如下:

(1) 对于准则函数中的参数 α_m 和 α_0,尽管给出了各种值(例如在[KLE 92]和[SAB 93]中),但这些值未在理论上进行证明。

(2) 差异也出现于有时引入到准则函数中的正则化项。人们最初没有考虑正则化[KLE 92,SAB 93]。后来提出了对 x 和 ϕ 的联合惩罚项(例如[BAR 94])。最后仅考虑 x 的正则化,其中能量 ϕ 对应于吉布斯-马尔可夫模型(例如[CAO 95]和[BER 95])。

(3) 最后,已有各种优化技术对解进行计算:梯度型局部优化(例如[KLE 92,SAB 93,BAR 94]);或基于模拟退火的全局随机优化[CAO 95](对于非凸函数 Φ)。

对于 13.4.2 节中作为计算技巧提出的准则 K 式(13.13)和 J^{MAPJ} 式(13.10),它们之间的联系是显而易见的(唯一的区别在于函数 Φ 中有 ϕ)。此外,这也是[CAO 95]中使用的方法,尽管考虑了每个耦合方程的误差,但没有证明这些假设的合理性。如果正则化仅涉及 x,那么准则函数式(13.13)对应着 J^{MAP} 准则,只是增加一项由约束式(13.12)对应的误差范数所表示的惩罚项。其最小化的结果不能保证对约束式(13.12)的验证,因此解不符合 13.4.2 节中联合方法所定义的解。为此,人们提出了基于增广拉格朗日量的约束下优化算法[CAR 96]。注意,由于准则函数和约束函数不满足凸性条件,这种算法无法保证收敛。

最后,注意到准则函数的计算及其最小化不需要对直接问题求解。因此,与直接问题求解相比,准则函数的计算成本是合理的。为了能够降低计算成本而付出的代价是未知量个数的增加,因为需要同时求解 x 和 ϕ(回想一下,在多源情况下,ϕ 是每个源对应的目标区域中的场;因此,未知量的个数将以源的个数加 1 为倍数增加)。

13.5.3 MAP 准则最小化

求解上述问题的第三种方法是直接最小二乘准则 $\|\boldsymbol{y}-\boldsymbol{A}(\boldsymbol{x})\|^2$ 最小化,可以利用或不利用正则化(即 13.4.1 节中定义的 J^{MAP} 准则)。注意,这种方法没有必要明确定义算子 $\mathcal{A}$;只要能够对直接问题进行求解就已足够。不过,利用直接问题模型的知识并强调该模型的一些特定结构形式,可以获得某些特定

的优化算法。

本书已充分阐明了正则化的重要性。不过应该指出的是，许多著作将解定义为对非正则化准则最小化的结果。例如，[GAR 91]使用了模拟退火全局优化算法。由于模拟过程是在测量中没有噪声的情况下进行的(有些人称之为“逆问题罪”)，因此该算法即使没有正则化也能给出较好的结果。[HAR 95]在函数框架下提出了共轭梯度算法，并且给出了噪声测量下的重建结果。由于准则函数中没有明确地引入正则化，在尚未获得满意的解时算法就停止了(迭代)。

正如我们在 13.4.3 节中看到的那样，直接模型的非线性使得 J^{MAP} 准则非凸，并且可能存在局部最小值。因此，在实现最小化准则算法时必须慎之又慎。

在最有利的情况下，最小二乘准则是单峰的(当函数 Φ 本身是凸函数时，J^{MAP} 准则也是如此)，这时通过 13.5.1 节的连续线性化和 13.5.2 节的约束下优化进行最小化的方法通常能够计算求解。另外，这类方法具有远低于传统梯度优化技术的计算成本，因为传统梯度优化技术在每次计算 J^{MAP} 准则时都需要求解直接问题。因此，在这些情况下尝试直接最小化 J^{MAP} 准则似乎无用，除非考虑具有非凸函数 Φ 的先验模型[LOB 97]。

在准则函数具有局部最小值这种更加困难的情况下，必须使用全局优化技术来最小化 J^{MAP} 准则。实际上，局部优化技术(特别是 13.5.1 节和 13.5.2 节中提出的那些能够收敛的技术)可能会陷入局部最小值。在[GAR 91]中也提出了这个问题，其中可用的数据量很小，同时显示出对一种全局优化技术(模拟退火)的兴趣。在[CAR 95]中，提出了一种基于渐进非凸性(GNC)的确定性全局优化算法，并且在[CAR 97b]中提出了一种用于坐标全局优化(迭代坐标下降 ICD)的算法。这两种算法都利用了直接模型 $\mathcal{A}(x)$ 的特定结构来尝试全局优化。但是，仍然不能保证解在理论上趋于全局最优。

我们给出“困难”情况下的一些仿真结果例子，关于这些仿真更多详细信息见[CAR 96]。我们用 8 个传感器对 8 个不同位置发出的波进行测量。测量结果包含噪声(信噪比为 20dB)，且目标离散化为 11×11 像素的网格(即 64 个观测数据点、121 个未知数)。最大对比度为 5.5。图 13.3 显示了原始目标的介电常数，我们分别通过共轭梯度法、势函数 $|\cdot|^{1,1}$ 的 GNC 法和势函数 $|\cdot|$ 的 ICD 法进行 J^{MAP} 最小化已实现目标重建。在这个例子中，可以清楚地看到共轭梯度算法陷于局部最小值。注意，Tikhonov 正则化(高斯模型：$\Phi(x) = \|x\|^2$)给出的解会比此处考虑的马尔可夫模型更糟。

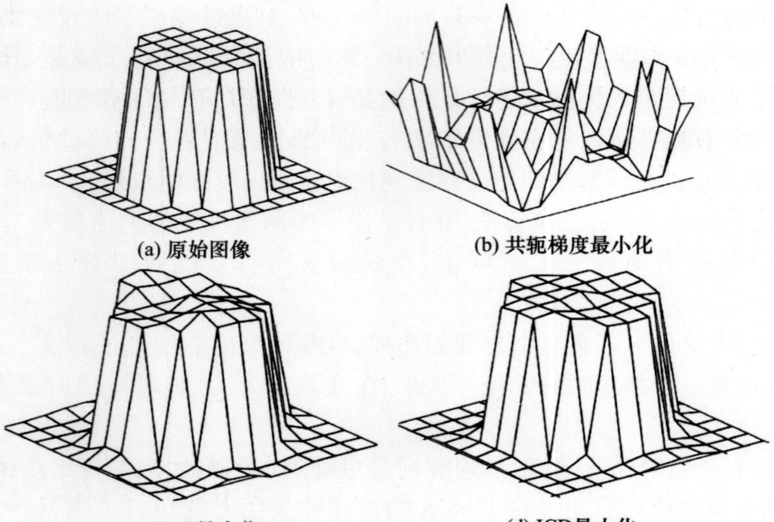

图 13.3　在“困难”情况下通过最小化 J^{MAP} 进行重建的例子

13.6　结　论

在研究前面某些特定的非线性逆问题时所强调的要点，对于其他非线性问题的求解也很重要。在贝叶斯框架下，通过明确引入待重建目标的先验信息，可以将问题的正则化解定义为最大后验意义上的估计。只要正向模型存在未知数和观测数据之间的显式关系，我们就可以定义这种解。如果考虑观测数据的高斯扰动，则解是最小二乘解的正则化版本。不过在对解进行定义时，利用直接模型方式而不是上述显式关系颇为有趣。这些不同的描述使我们能够在约束或无约束下求解非凸优化问题。

对于线性逆问题，先验信息是以概率模型的形式进行引入，或者等效作为最小二乘准则的惩罚项引入。在过去 15 年左右的时间里，大量的图像模型被用于线性逆问题，并且已被证明比 Tikhonov 使用的能量惩罚项更为有效。

解的计算需要实现优化算法，这本身需要以其显式或以其他形式来求解直接问题。以可低成本计算的简单形式对该模型离散化，是问题求解的重要步骤。

在优化技术方面，目前已经可以在该框架下研究大多数现有的求解方法。根据问题的难度需要使用各种技术。如果目标对比度强和观测数据少，势必导致准则函数存在局部最小值。在有利的情况下,对直接模型连续线性化可用来实现准则函数的局部优化。同样,利用模型的特定形式(本章是耦合方程)即可通过约束下的局部优化技术进行逆问题求解。但在存在局部最小值的情况下,必须使用计算成本更大的全局优化技术。显然,后者可以利用离散化后的直接模型的结构。

参考文献

[BAR 94] BARKESHLI S., LAUTZENHEISER R. G., "An iterative method for inverse scattering problems based on an exact gradient search", *Radio Sci.*, vol. 29, num. 4, p. 1119 – 1130, July – Aug. 1994.

[BER 95] VAN DEN BERG P. M., KLEINMAN R. E., "A total variation enhanced modified gradient algorithm for profile reconstruction", *Inverse Problems*, vol. 11, p. L5 – L10, 1995.

[BOL 83] BOLOMEY J. C., PERONNET G., PICHOT C., JOFRE L., GAUTHERIE M., GUERQUIN KERN J. L., "L'imagerie micro – onde active en génie biomédical", in *L'imagerie du corps humain*, p. 53 – 76, Les Éditions de physique, Paris, 1983.

[BOU 93] BOUMAN C. A., SAUER K. D., "A generalized Gaussian image model for edgepreserving MAP estimation", *IEEE Trans. Image Processing*, vol. 2, num. 3, p. 296 – 310, July 1993.

[CAO 95] CAORSI S., GRAGNANI G. L., MEDICINA S., PASTORINO M., PINTO A., "A Gibbs random fields – based active electromagnetic method for noninvasive diagnostics in biomedical applications", *Radio Sci.*, vol. 30, num. 1, p. 291 – 301, Jan. – Feb. 1995.

[CAR 95] CARFANTAN H., MOHAMMAD – DJAFARI A., "A Bayesian Approach for Nonlinear Inverse Scattering Tomographic Imaging", in *Proc. IEEE ICASSP*, vol. IV, Detroit, MI, p. 2311 – 2314, May 1995.

[CAR 96] CARFANTAN H., Approche bayésienne pour un problème inverse non linéaire en imagerie à ondes diffractées, PhD thesis, University of Paris XI, France, Dec. 1996.

[CAR 97a] CARFANTAN H., MOHAMMAD – DJAFARI A., "An overview of nonlinear diffraction tomography within the Bayesian estimation framework", in*Inverse Problems of Wave Propagation and Diffraction*, p. 107 – 124, Lecture Notes in Physics, Springer Verlag, New York, NY, 1997.

[CAR 97b] CARFANTAN H., MOHAMMAD – DJAFARI A., IDIER J., "A single site update algorithm for nonlinear diffraction tomography", in*Proc. IEEE ICASSP*, Munich, Germany, p. 2837 – 2840, Apr. 1997.

[CHE 90] CHEW W. C., WANG Y. M., "Reconstruction of two – dimensional permittivity distribution using the distorted Born iterative method", *IEEE Trans. Medical Imaging*, vol. 9, p. 218 – 225, June 1990.

[COL 92] COLTON D., KRESS R., *Inverse Acoustic and Electromagnetic Scattering Theory*, Springer Verlag, New York, NY, 1992.

[ERI 96] ERIKSSON J., Optimization and regularization of nonlinear least squares problems, PhD thesis, Umeå University, Sweden, June 1996.

[GAR 91] GARNERO L. ,FRANCHOIS A. ,HUGONIN J. – P. ,PICHOT C. ,JOACHIMOWICZ N. ,"Microwave imaging – Complex permittivity reconstruction by simulated annealing" ,*IEEE Trans. Microwave Theory Tech.* ,vol. 39 ,num. 11 ,p. 1801 – 1807 ,Nov. 1991.

[HAR 87] HARRINGTON R. F. ,"The method of moments in electromagnetics" ,*J. Electromagnetic Waves Appl.* ,vol. 1 ,num. 3 ,p. 181 – 200 ,1987.

[HAR 95] HARADA H. ,WALL D. J. N. ,TAKENAKA T. ,TANAKA M. ,"Conjugate gradient method applied to inverse scattering problem" ,*IEEE Trans. Ant. Propag.* ,vol. 43 ,num. 8 ,p. 784 – 791 ,1995.

[HOW 86] HOWARD A. Q. J. ,KRETZSCHMAR J. L. ,"Synthesis of EM geophysical tomographic data" ,*Proc. IEEE* ,vol. 74 ,num. 2 ,p. 353 – 360 ,Feb. 1986.

[JOA 91] JOACHIMOWICZ N. ,PICHOT C. ,HUGONIN J. – P. ,"Inverse scattering:An iterative numerical method for electromagnetic imaging" , *IEEE Trans. Ant. Propag.* , vol. AP – 39, num. 12, p. 1742 – 1752 ,Dec. 1991.

[KAK 88] KAK A. C. ,SLANEY M. ,*Principles of Computerized Tomographic Imaging* ,IEEE Press ,New York ,NY ,1988.

[KLE 92] KLEINMAN R. E. ,VAN DEN BERG P. M. ,"A modified gradient method for twodimensional problems in tomography" ,*J. Comput. Appl. Math.* ,vol. 42 ,p. 17 – 35 ,1992.

[LOB 97] LOBEL P. ,BLANC – FERAUD L. ,PICHOT C. ,BARLAUD M. ,"A new regularization scheme for inverse scattering" ,*Inverse Problems* ,vol. 13 ,num. 2 ,p. 403 – 410 ,Apr. 1997.

[SAB 93] SABBAGH H. A. ,LAUTZENHEISER R. G. ,"Inverse problems in electromagnetic nondestructive evaluation" ,*Int. J. Appl. Electromag. Mat.* ,vol. 3 ,p. 235 – 261 ,1993.

[TAR 82] TARANTOLA A. ,VALETTE B. ,"Inverse problems = quest for information" ,*J. Geophys.* , vol. 50 ,p. 159 – 170 ,1982.

[TAR 87] TARANTOLA A. ,*Inverse Problem Theory:Methods for Data Fitting and Model Parameter Estimation* ,Elsevier Science Publishers ,Amsterdam ,The Netherlands ,1987.

[WAN 89] WANG Y. M. ,CHEW W. C. ,"An iterative solution of the two – dimensional electromagnetic inverse scattering problem" ,*Int. J. Imag. Syst. Tech.* ,vol. 1 ,p. 100 – 108 ,1989.

[ZOR 91] ZORGATI R. ,DUCHENE B. ,LESSELIER D. ,PONS F. ,"Eddy current testing of anomalies in conductive materials ,part I:Qualitative imaging via diffraction tomography techniques" ,*IEEE Trans. Magnetics* , vol. 27 ,num. 6 ,p. 4416 – 4437 ,1991.

第 14 章　低强度数据成像①

14.1 引　　言

根据有限光子数据来估计数字图像,这是一类重要的逆问题,在医学诊断成像、天文学和工业检测等诸多领域均有应用。由于数据采集过程的特点,这类逆问题在低信噪比(SNR)和泊松似然函数方面面临许多挑战。鉴于贝叶斯估计框架具有强大的建模、优化能力从而改进图像估计,本章将在这一框架下讨论这些问题。

对最基本的物理层而言,许多测量设备记录的数据反映的都是若干离散物理事件的叠加。发光二极管的发射、电荷耦合器件(CCD)的电流甚至简单电流的测量都是以离散现象为基础。大多数逆问题的输入数据都源自足够多事件的叠加,从而在适当归一化之后可将每个数据视为连续分布。在某些情况下,测量过程潜在的泊松特性可能具有足够低的方差,从而使系统二次噪声的影响成为主要噪声机制。例如,图像恢复任务一般处理的是探测器接收到的充足的光线,这时由散粒噪声和其他干扰引起的信号污染可以很好地近似为对高斯随机变量方差的贡献。通常这也适用于测量数量有限的问题,如第 12 章所述,每次衰减量的测量可能面对着足够多的 X 射线光子,从而对于衰减量的最大似然(ML)估计而言标准高斯渐近近似是足够准确的[BIC 77]。

但是,越来越多的估计面临的都是有限的光子测量,这时分布的泊松特性就非常重要。当新研发的高灵敏度仪器用于测量非常微弱的信号时就可能出现这种情况,例如,对由地球远处发出、由光学望远镜接收的微弱信号进行图像恢复[SNY 90]。此外,对医学诊断或工业检查非常有用的闪烁图像也是由极低强度的平面测量所形成[IIN 67,NGU 99]。出于患者安全考虑,发射型层析扫描成像同样依赖于少数光子构成的测量,其中发射率估计和衰减图都源于低强度的透射扫描[OLL 97]。所有这些应用都需要根据数据的性质来调整确定估计技术以便产生可用的图像。图 14.1 显示了用临床正电子发射型层析扫描仪

① 本章由 Ken Sauer 和 Jean – Baptiste Thibault 撰写。

(PET)获得的图像质量水平。这些图像的质量明显低于X射线CT扫描的质量,但仍具有特殊的临床意义:X射线在解剖诊断中提供了极好的细节,而PET则提供了生理信息。

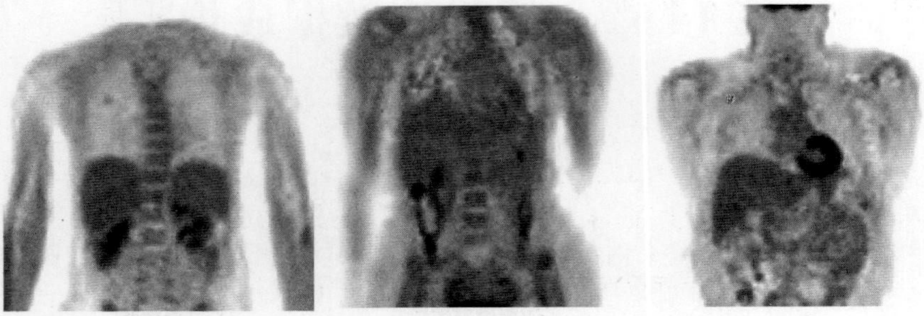

图14.1 正电子发射层析扫描成像系统的临床扫描数据重建图像(数据由通用电气成像系统公司提供)

对于上述情形,不能再简单地应用标准平方测量和线性估计技术使估计值逼近于测量数据。符合泊松分布的数据其方差等于均值,从而使测量噪声的性质取决于未知信号。信号通常在物理上被约束为非负,这有助于估计但会使估计器优化复杂化。不过,使用符合数据"量子"性质的模型可以改善信号恢复质量和系统参数推断质量。

接下来我们将探讨逆问题研究中常见的弱信号案例面临的关键问题。对于待估计的未知参数,无论它是逆问题中的直接估计对象还是模型下的"超参数",都被假设为连续分布。首先考虑重要的统计建模问题,其次研究各种高效计算算法。

14.2 常见低强度图像数据的统计特性

对于低强度测量数据而言,人们也很关心其概率分布。在贝叶斯框架下,具有离散事件形式的数据通常被建模为泊松分布。不过,以下讨论只要稍微修改就可应用于二次分布等其他分布。

14.2.1 似然函数和极限行为

我们用向量 $\boldsymbol{X}$ 来表示所研究逆问题的未知对象,用 $\boldsymbol{Y}$ 作为具有随机性的观察量。矢量中的标量元素均带下标,例如单个图像像素表示为 X_j,单个测量数据为 Y_i。当然,如果 $\boldsymbol{X}$ 视为非随机,则不需要分配下标。与许多其他问题一样,弱信号情况下的数据通常非常精确地建模为信号与多个噪声源的叠加。假定适当的独立特性时，这种叠加通常通过应用中心极限定理建模为高斯分布。这里数据 $\boldsymbol{Y}$ 的主要显著特征是由于信号中存在少量离散事件，$\boldsymbol{Y}$ 中承载信息的分量将被限制为非负整数值。假设 $\boldsymbol{Y}$ 是几个独立现象的总和，其中一个分量是纯离散的，另一个是连续的，即

$$\boldsymbol{Y}=\boldsymbol{N}+\boldsymbol{B}$$

其中，$\boldsymbol{B}$ 中的每个元素都服从高斯分布，且具有与 $\boldsymbol{X}$ 无关的均值 Y_i 和方差 σ_i^2（已知）。每个 N_i 由两个泊松分量组成：一个具有平均 μ_i，其中取决于 $\boldsymbol{X}$ 而另一个具有平均 β_i，其独立于 $\boldsymbol{X}$。以 $\boldsymbol{X}$ 为条件的 N_i 的分布具有以下形式：

$$\Pr(N_i=n_i|\boldsymbol{X}=\boldsymbol{x})=\frac{1}{n_i!}\exp\{-(\mu_i(\boldsymbol{x})+\beta_i)\}(\mu_i(\boldsymbol{x})+\beta_i)_i^n \tag{14.1}$$

并且似然函数 $\Pr(\boldsymbol{Y}=\boldsymbol{y}|\boldsymbol{X}=\boldsymbol{x})$ 是 B_i 的高斯概率密度与式(14.1)的卷积。Y_i 的平均值为

$$\mu_{Yi}(x)=\mu_i(x)+\beta_i+\gamma_i$$

传统贝叶斯框架中，大多数问题都可描述为 $\boldsymbol{x}$ 和 $\boldsymbol{\mu}$ 之间关系的线性关系，即

$$\boldsymbol{\mu}(\boldsymbol{x})=\boldsymbol{A}\boldsymbol{x} \tag{14.2}$$

其中，矩阵 $\boldsymbol{A}$ 能够以离散形式描述相机运动或系统光学原因导致的模糊、发射型层析扫描测量中的线积分等过程。还可改变 $\boldsymbol{A}$ 使之包括校准后的检测器效率和测量光子的内部衰减。而透射型层析成像问题具有稍微复杂的 $\boldsymbol{\mu}$ 函数，但通常把引入分布以 $\boldsymbol{A}\boldsymbol{x}$ 形式来建模。可见，两类基本的线性层析成像系统模型特点相似，因此我们主要讨论更简单的发射型情况，仅在特殊情况下研究透射型情况。

发射型层析扫描数据在图像重建之前通常要对患者[MEI 93, OGA 91]、散射[OLL 93, PAN 97]和偶然重合[POL 91]引起的衰减效应进行校正。在利用滤波逆投影一类的确定性方法之前，这种校正是至关重要的。相比之下，统计方法能够在观测模型中包含这些退化的模型。衰减降低了每个发射光子的检测概率，在数学上对应着 $\boldsymbol{A}$ 中每个元素的乘法因子，这与检测器效率损失极为相似。可将它们建模为对具有期望值 $\boldsymbol{\beta}$ 的随机向量 $\boldsymbol{N}$ 的贡献，而不是从原始数据中减去偶然重合和散射。在下面几节中，我们假设 $\boldsymbol{A}$ 和 $\boldsymbol{\beta}$ 包含这些效应。更精确的方法是通过 $\boldsymbol{A}$ 的列向量之间的平滑来建模散射，但是这些相互作用导致的空间扩展将提高计算成本。

14.2.2　纯泊松测量

在建模和求解低强度量的估计问题时，N 的泊松性质的重要程度取决于各分量的相对方差和信号分量的绝对强度（以 $\mu_i(\boldsymbol{x})$ 表示）。首先考虑泊松问题

的最简单情况，其中 $\sigma_i^2,\gamma_i,\beta_i \ll \mu_i(x)$ 和 Y_i 的分布近似为 N_i。这时，$\{\boldsymbol{X}=\boldsymbol{x}\}$ 条件下的测量 Y_i 是概率质量函数 $\Pr(Y_i=y_i \mid X=x)$，如图 14.2 中两个标量变量所示。服从泊松分布的数据还具有一个重要特点，即均值和方差相同，可用一个参数表示。假设 $\boldsymbol{X}$ 控制光子或粒子发射的速率，$\Pr(Y_i=y_i \mid \boldsymbol{X}=x)$ 将独立于其他任何参数。这在建模简单性方面可能是有利的，但是引入了依赖于信号的噪声方差，这在一定程度上阻碍了最小二乘估计技术的应用。中心极限定理可以用来证明这一点：随着事件的期望速率上升，均方根归一化的泊松变量的分布收敛于高斯分布。然而，尽管离散形式分布的重要性在大量事件情况下有所降低，但是均值和方差对 $\boldsymbol{X}$ 的依赖性仍然存在。当均值和方差相等时，SNR 随方差线性增加，与高斯分布相反。

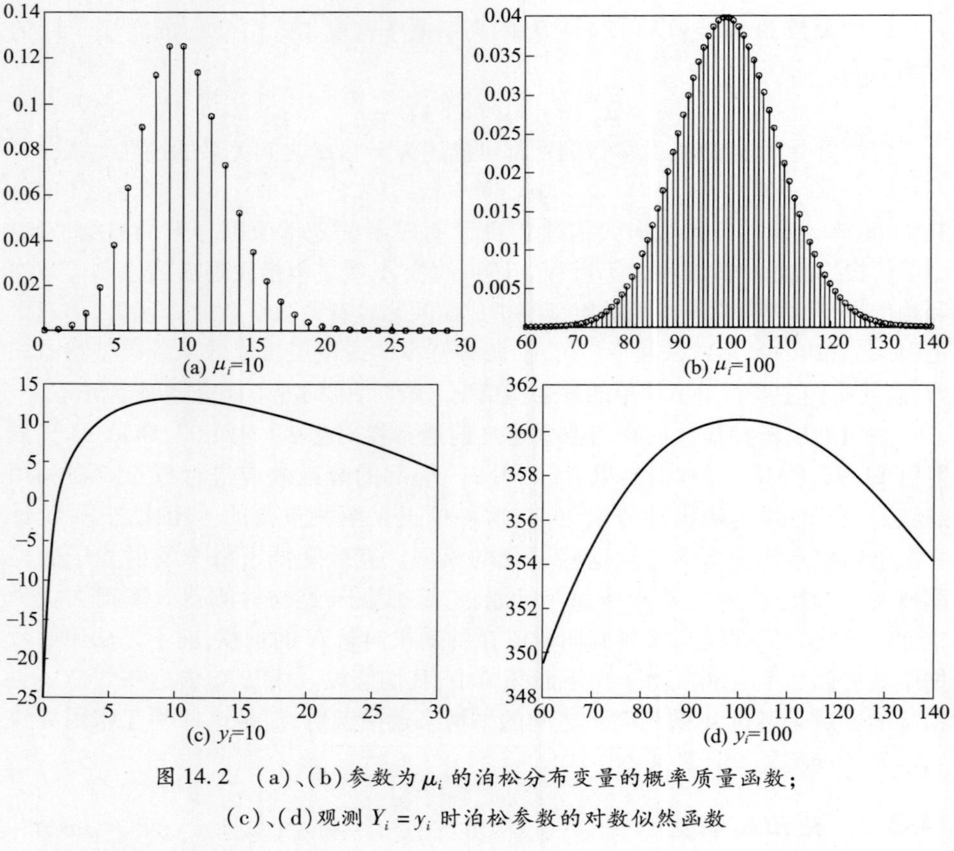

图 14.2　(a)、(b)参数为 μ_i 的泊松分布变量的概率质量函数；(c)、(d)观测 $Y_i=y_i$ 时泊松参数的对数似然函数

为了根据这些数据估计或重建 $\hat{X}$，我们对以下变量的似然函数特性很感兴趣：强度、反射率或影响检测器计数率的其他任何参数。因此，与其他估计问题

相比,低强度量的估计问题仅在由连续变化强度参数所表示的似然函数形状上有所不同。对于较大的均值,变量 Y_i 的分布接近高斯分布,但是对于个位数级别的均值,泊松分布相比高斯分布差异很大。在图14.2中,我们绘制了泊松密度和相应观测量取均值时的对数似然函数。在图14.2(a)、(b)中,我们固定 $\boldsymbol{\mu}_i$ 来考虑 Y_i 的分布;而在图14.2(c)、(d)中,固定 $Y_i = X_i$ 来绘制 $\boldsymbol{\mu}_i(x)$ 的似然函数。

正如渐近近似通常用于描述 Y_i 的分布一样,$\boldsymbol{X}$ 中的似然函数可以通过更简单的函数来近似。正如大均值时泊松计数分布与高斯分布相似(见图14.2),$\boldsymbol{\mu}_i(\boldsymbol{x})$ 的对数似然函数也能用多项式进行局部近似。这可以用于简化估计器设计及其行为分析,如下所述。

14.2.3　包含背景计数噪声

在上面的讨论中添加 $\boldsymbol{\beta}_i$ 相对简单,因为它相对于图14.2的曲线仅增加了 $\boldsymbol{\mu}_i(x)$ 的偏移。泊松均值的这种加性分量实际中常由背景噪声引起,例如PET中的偶然重合,或者较少依赖甚至不依赖 $\boldsymbol{X}$ 局部特性的散射光子。在发射型层析成像中,只要式(14.2)是有效的,在需要估计 $\boldsymbol{\beta}_i$ 时可扩充 $\boldsymbol{x}$ 将 $\boldsymbol{\beta}_i$ 视为 $\boldsymbol{x}$ 的元素。据式(14.1),容易证明对数似然也是未知参数的非凸函数。

在透射型层析成像中,背景计数的增加可能破坏对数似然函数的凸性。这是优化中的重要考虑因素,因为凸函数不存在多个局部最小值。对于积分密度 $l_i(\boldsymbol{x})$ 和输入剂量 d_i,泊松参数是 $d_i, d_i\exp(-l_i(\boldsymbol{x})) + \boldsymbol{\beta}_i$。$\boldsymbol{\beta}_i = 0$ 时对数似然函数是严格凸的,但如图14.3所示,它在相对较弱的背景计数情况下即失去了这

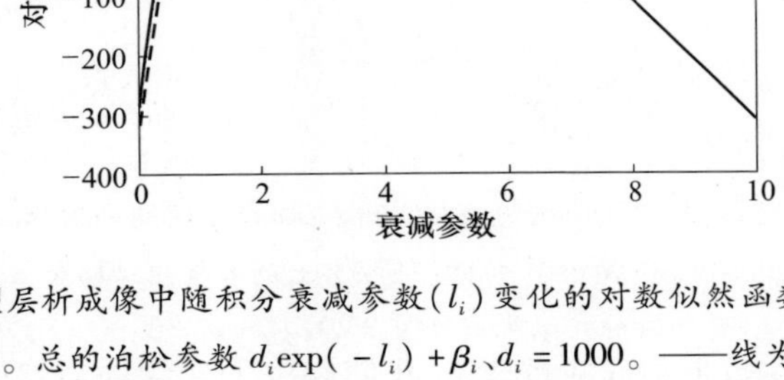

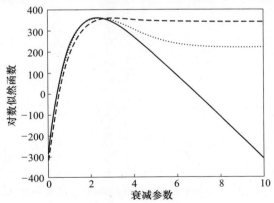

图14.3　透射型层析成像中随积分衰减参数(l_i)变化的对数似然函数,在计数 y 观察到背景泊松噪声。总的泊松参数 $d_i\exp(-l_i) + \boldsymbol{\beta}_i$、$d_i = 1000$。——线为 $y_i = 100$、$\boldsymbol{\beta}_i = 0$;⋯线为 $y_i = 100$、$\boldsymbol{\beta}_i = 10$;－－－线为 $y_i = 100$、$\boldsymbol{\beta}_i = 50$

种性质。优化中非凸性函数的重心可以随着初始条件和多次独立测量的数据一致性而变化。如虚线所示，如果背景计数率接近观察计数 y_i，对数似然函数在其最大值处的较低曲率表明估计器中存在潜在的大方差以及估计量性能中的非凸性现象可能导致严重后果（尽管严重程度较低）。$\beta_i \gg y_i$ 时，似然函数恢复凹陷；然而，这种情况没有实际价值。

14.2.4 具有泊松信息的复合噪声模型

虽然一般认为纯泊松模型能够合理描述大多数核医学成像系统中固态探测器的输出，但是普通光学传感器中 CCD 阵列的数据会被像素电荷读出时附加的噪声所污染。该读出噪声被表征为高斯噪声，与本来的图像数据 $\boldsymbol{x}$ 无关［SNY 93］。这些高斯参数（γ_i,σ_i）通常可通过校准测量获得。

所得到的关于 $\boldsymbol{Y}_i$ 的复合泊松－高斯模型密度由两者的卷积产生，即

$$p(y_i \mid \boldsymbol{X}=\boldsymbol{x}) = \sum_{n=0}^{\infty} \frac{1}{n!}\exp\{-\mu_i(x)+\beta_i\}(\mu_i(\boldsymbol{x})+\beta_i)^n \frac{1}{\sigma\sqrt{2\pi}}\exp\left\{\frac{-(y_i-n-\gamma_i)^2}{2\sigma_i^2}\right\} \tag{14.3}$$

通常假设高斯分量的方差远大于 1，其密度和对数似然函数如图 14.4 所示。这种复合噪声的分布将取决于分量参数，但是从图中可以清楚地看出，高斯近似在最大值附近非常接近。

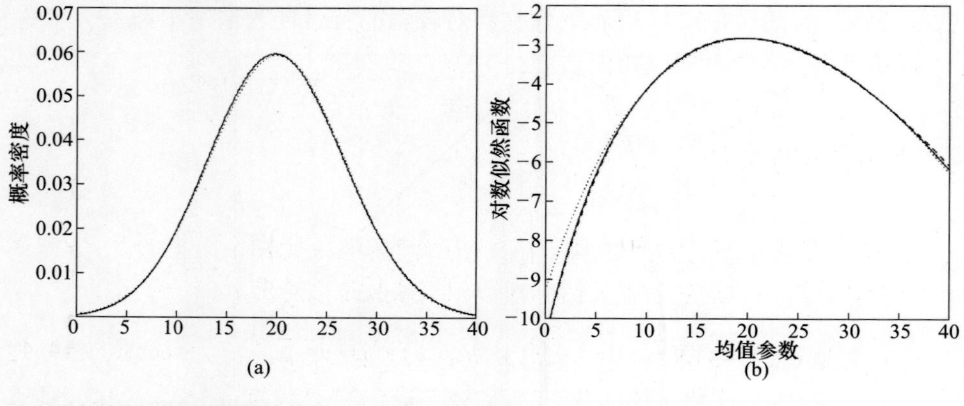

图 14.4　复合噪声模型 $p(y|X=x)$，为独立的 Poissons 和 Gaussians 分布之和。(a)—线为 $\mu_i(x)=20$、$\beta_i=\gamma_i=0$、$\sigma_i=5$ 的概率密度；…线为均值 20、方差 45 的高斯 pdf；(b)—线为随 $\mu_i(x)$ 变化的对数似然函数，$y_i=20$、$\beta_i=\gamma_i=0$、$\sigma_i=5$；…线为随 $\mu_i(x)$ 变化的泊松对数似然函数，均值 $\mu_i(x)+25$、$y_i=45$；－－－线为随 $\mu_i(x)$ 变化的高斯对数似然函数，均值 $\mu_i(x)$、方差 $\mu_i(x)+25$、$y_i=20$

14.3　逆问题中的量子受限测量

14.3.1　最大似然特性

单量子受限观测中标量均值的 ML 估计可以看作 $\mu_i = y_i$。然而，每次测量的 $\mu_i(x)$ 通常可以通过向量 $\boldsymbol{x}$ 的非平凡函数进行参数化，同时 $\boldsymbol{Y}$ 也具有高维度，这时估计问题可以归为非平凡逆问题。而依赖性通常可以建模为线性，且$\mu(x)$平均值满足式(14.2)。$\boldsymbol{A}$ 可以表示由于仪器分辨率有限而导致的局部模糊、在层析扫描中沿光子典型路径的积分、来自不同原点的部分光子等因素。因此，量子受限的估计问题比图 14.2～图 14.4 所示的简单标量图更复杂。幸运的是，为了便于问题处理，通常可以将数据精确地建模为以 $\boldsymbol{X}$ 为条件的独立分布，使得总的对数似然函数是标量测量的总和。例如，发射型层析扫描数据分布的标准公式为

$$\Pr(\boldsymbol{Y} = \boldsymbol{y} \mid \boldsymbol{X} = \boldsymbol{x}) = \prod_{i=1}^{M} \frac{1}{y_i!} \exp\{-(\boldsymbol{a}_{i*}^{\mathrm{T}}\boldsymbol{x} + \beta_i)\}\,(\boldsymbol{a}_{i*}^{\mathrm{T}}\boldsymbol{x} + \beta_i)^{y_i}$$

其中，$\boldsymbol{a}_{i*}\boldsymbol{x}$ 是 $\boldsymbol{A}$ 的第 i 行与 $\boldsymbol{x}$ 的乘积。

其 ML 估计：

$$\hat{X}^{ML} = \arg\max_{x} \lg \Pr(\boldsymbol{Y} = \boldsymbol{y} \mid \boldsymbol{X} = \boldsymbol{x})$$

可以通过以下方程的解来粗略近似：

$$E(\boldsymbol{Y} \mid \boldsymbol{X} = \boldsymbol{x}) \simeq \boldsymbol{y}$$

或者，在线性情况下：

$$\boldsymbol{A}\boldsymbol{x} + \boldsymbol{\beta} + \boldsymbol{\gamma} \simeq \boldsymbol{y}$$

因此，低强度下的逆问题具有更传统的问题的主要特征。事实上，大量的泊松数据问题可以通过替换实际的对数似然函数来准确求解

$$\lg \Pr(\boldsymbol{Y} = \boldsymbol{y} \mid \boldsymbol{X} = \boldsymbol{x}) \simeq -\frac{1}{2}(\boldsymbol{y} - \mu_Y(\boldsymbol{x}))^{\mathrm{T}} \boldsymbol{D} (\boldsymbol{y} - \mu_Y(\boldsymbol{x})) + \text{const} \tag{14.4}$$

其中对角矩阵 $\boldsymbol{D}$ 是观测数据的简单函数[BOU 96]。这种加权最小二乘法公式比精确的 ML 更容易理解，并且可以在许多应用中能够给出可接受的估计[TSU 91，KOU 96]。此外，高次多项式可以扩展这种近似的适用性[FES 95]。

如 14.2.2 小节所述，低强度观测情况的主要差异在于，较低的 SNR 意味着上述对数似然函数具有较小的曲率。这导致噪声环境测量中更大的不一致性，

以及远离标量对数似然函数最大值的 $\mu_i(\hat{X}^{ML})$ 的值。因此，虽然这些函数的多项式近似可能在大量计数的数据（高强度观测）中非常有效，但为确保高精度估计，可能要求在低 SNR 下建立精确的似然函数[THI 00]。因此，我们将集中讨论建立精确的离散数据似然函数所需要解决的问题。

与估计中的典型逆问题类似，克拉美－罗之类的性能极限可用于分析 ML 性能。这些度量取决于对数似然函数的海森矩阵的期望特性，对于一般的泊松问题具有近似形式 $\boldsymbol{A}^{\mathrm{T}}\boldsymbol{D}\boldsymbol{A}$[BOU 96]。对角矩阵 $\boldsymbol{D}$ 根据 $\boldsymbol{y}$ 值进行加权，其值与 $\mu(\boldsymbol{x})=\boldsymbol{A}\boldsymbol{x}$ 的数据成反比。虽然这表明较高计数观测时性能较差，但对于一般的泊松问题而言，数据方差增加的同时伴随着均值的增加和 SNR 提高，相应的估算器性能也会提高。

海森特性在应用中各有不同，但逆问题的主要特征是对应于高频信息的特征值很小，表明它在正向问题中受到抑制。这转化为 $\hat{X}^{ML}$ 的这些分量具有非常大的方差。ML 估计器通常在低强度数据中具有令人无法接受的较差性能[SNY 85]。一个常用的补救措施是对 ML 解的迭代近似，从平滑的图像开始并在收敛之前就停止期望最大化（EM）等算法的迭代[LLA 89]。此外，ML 问题还可通过有序子集 EM（OS－EM）等块迭代技术进行解决[HUD 94]。OS－EM 实现了对 ML 估计的快速初始收敛，但需要改进以保证完全收敛。

14.3.2 贝叶斯估计

在低强度测量中最小二乘法和 ML 法的不足是众所周知的，并且已经在各种低强度应用领域中产生了替代方案。特别是贝叶斯方法经常应用于这些问题并获得了成功。常被提及的贝叶斯图像分析早期应用是发射型层析扫描成像[GEM 85,SNY 85,LEV 87]。本节重建问题的基本原理与书中其他的许多问题没有什么不同。最大后验概率（MAP）估计量通常具有以下形式：

$$\hat{\boldsymbol{X}}^{MAP}=\arg\max_{x}(\lg \Pr(\boldsymbol{Y}=\boldsymbol{y}\mid\boldsymbol{X}=\boldsymbol{x})+\lg p(\boldsymbol{x})) \tag{14.5}$$

MAP 估计的性质取决于式（14.5）中两项之间的平衡。对于固定的先验密度 $p(x)$，低 SNR 导致式（14.5）中对数似然项具有相对较轻的权重。这使得该问题中的贝叶斯 MAP 估计敏感于密度 $p(\boldsymbol{x})$ 表示的先验模型。事实上，如果对数先验的参数没有启发式调整到拟合数据的水平，那么对数先验将主导代价函数。

前面几章讨论的所有图像模型原则上都可以应用于我们现在的问题。最常见的是马尔可夫随机场（MRF）的变型，它能够相对简单地计算和估计超参数。本章中的例子都包括广义高斯 MRF（GGMRF）[BOU 93]，其势函数具有以下形式：

$$U(\boldsymbol{x}) = \sum_{\{i,j\} \in C} \frac{|x_i - x_j|^q}{q\alpha^q}$$

对于 $q>1$，GGMRF 是关于 $\boldsymbol{x}$ 的凸模型之一，这一特性保持了 MAP 解作为数据函数的连续性并且简化了优化过程。在适当选择超参数的情况下，还有许多其他模型也具有相似的性能(见第 7 章)。GGMRF 涵盖了高斯 MRF，它是 $q=2$的极限情况。在贝叶斯图像重建中，边缘保持先验模型(如 GGMRF)的优势已有广泛的研究[BLA 87,GEM 84,GRE 90]。高斯 MRF 会对相邻像素之间的较大差异进行重罚，从而难以体现真实图像常有的尖锐不连续性。而有些发展并不快的模型，例如，具有 $q \simeq 1$ 的 GGMRF 或接近边缘保持极限的 logcosh 模型，允许在估计中自然形成不连续性从而可以极大地改善重建，尤其对于分段均匀物体更是如此。非凸先验则通常以期望的收敛特性为代价产生更加戏剧性的边缘渲染效果[BLA 87,CHA 97]。在更一般的情况下，在低信噪比逆问题中，形成尖锐的、低对比度的边缘可能不是普遍的好。轮廓和非自然的纹理可能会在视觉上干扰我们对图像内容的解释，这在大多数医学成像应用中是一个需要考虑的重要因素。图 14.5 中的两个估计证明了计数有限数据定性的差异。高斯 MRF 具有两个强大的优势：它有助于形成更简单、更快速收敛的迭代估计，在 SNR 降低时其解的退化比较优雅且能为经验丰富的观察者所理解。我们预计高斯分布将仍然是低强度数据中的流行之选。

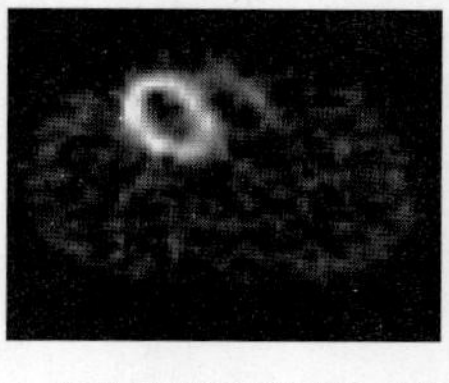

(a) 滤波逆投影(线性)重建

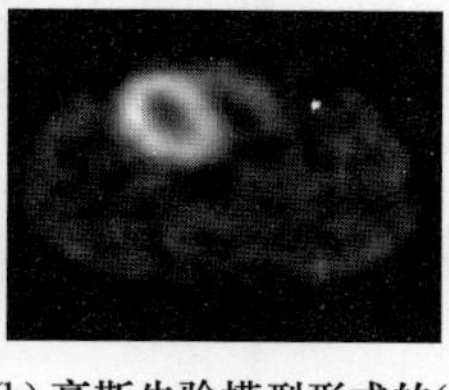

(b) 高斯先验模型形式的(p_x)

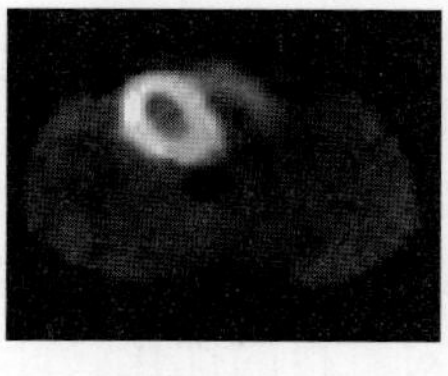

(c) GGMRF边缘保持成像结果(q=1.1)

图 14.5　单光子发射计算机层析扫描(SPECT)心脏灌流数据的 MAP 重建。(b)和(c)都使用了比例参数 α 的 ML 值。数据由 T. S. Pan、M. King 和马萨诸塞大学提供

这里讨论的所有应用中,根据物理事实,可以假定未知图像 $\boldsymbol{X}$ 为非负。如果可以获得高质量(高强度)的测量(如传统的 X 射线计算机层析成像),贝叶斯图像估计可能很少受到非负约束这一增强先验的影响。但对于低强度数据,较大的方差估计若按无约束优化则常常违反这一非负事实,因此通过将估计值约束为非负可显著改善估计效果。在图 14.6 的 SPECT 心脏成像示例中,我们看到约束对重建质量具有显著的影响,特别是对图像密集度较低的部分。该数据未经衰减和散射校正,如果在模型中准确地描述这些效应将获得更佳的估计效果。

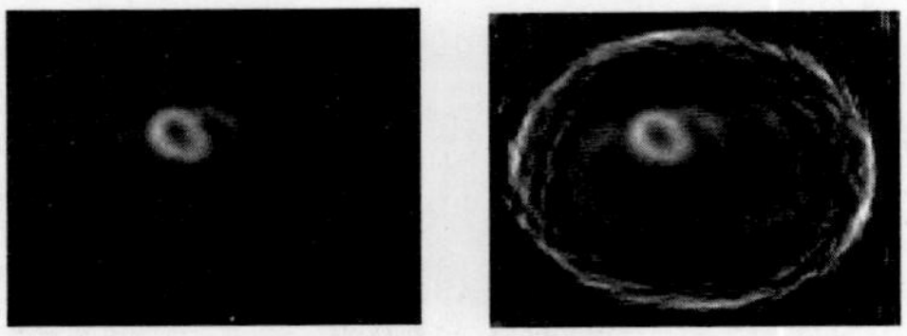

(a) 非负约束下的重建　(b) 没有正值约束的重建

图 14.6　施加和不施加正值约束时利用高斯先验模型进行 MAP 重建,后者最大负值比正极大值更大

成像中低计数泊松数据模型相关的特征也导致了 $\boldsymbol{X}$ 的特殊模型。例如,$\boldsymbol{X}$ 已知为正的特性也引发了"I-发散"先验模型的应用,它对于低强度数据的价值已经获得证明[O'S 94]。泊松变量的相加性也有利于发射(电子)密度的多尺度表示,有利于对节点之间关系用特定的先验进行建模[TIM 99]。数据缺乏以及低强度也激发了人们去研究更多的全局几何重建方法[CUN 98]。

14.4　贝叶斯估计的实现与计算

前面所有的逆问题求解公式都存在实现问题。方法实现过程中某些方面非常依赖于具体问题,例如发射型层析成像中需要行衰减和散射校正。这些问题几乎与总的发射率无关,因此不属于典型的低强度成像问题。本章假设已经进行了适当的校准和校正,使得用作贝叶斯逆问题的输入数据与式(14.3)的复合模型匹配。因此,剩下的主要实现问题是贝叶斯图像的估计计算问题。本节集中讨论 MAP 重建,它涉及相对直接的优化。计算量更高的估计量(例如后验均值[TIE 94])应用相对少。很少有逆问题能够直接方便地计算 $\hat{\boldsymbol{X}}$,因此迭代优化是常态。

14.4.1　纯泊松模型的实现

该模型物理上可实现,并且有利于将 $\hat{X}$ 约束为非负。这种性质似乎是 EM 类算法[KAU 87,SHE 82]优势的主要影响因素,是泊松对数似然函数优化中最常见的选择。虽然这个问题的 EM 迭代通常被视为一种梯度下降过程,但它们在每次迭代时进行乘法修正,这确保了在严格正值初始条件下始终保持为正。像素 x_j 处的第 k 次更新具有以下形式:

$$x_j^{k+1} = x_j^k \sum_{i=1}^{M} \frac{A_{ij} y_i}{a_{i*}^{\mathrm{T}} x^k + \beta_i} \tag{14.6}$$

虽然更新步骤并不总是如此简单,但对于 ML 估计而言 EM 算法非常通用且功能强大。式(14.6)所示的发射重建图像的更新与梯度步骤一样简单,但是透射情况有所不同。

原始的 EM 算法通常收敛很慢,并且已普遍被 OS－EM 算法取代,OS－EM 在 $\boldsymbol{Y}$ 的子集之间循环,根据等式(14.6)对每个子集更新像素。这种优化技术也以"块迭代"[BYR 96]的名称出现。它牺牲了 EM 的收敛性保证,但由于很少需要收敛到 ML 图像,因此启发式的终止次数已被证明是有用的。人们还开发了处理贝叶斯估计的 EM(和 OS－EM)推广方法[DEP 95,HEB 89],但收敛性仍然难以保证。

对于 14.2 节所述的贝叶斯问题时,可供选择的优化方法很多。虽然我们在问题中保留了精确的对数似然函数分量,但它与平方代价形式的接近使得共轭梯度(CG)方法[BEC 60]成为自然的选择。CG 避免了在这种不适定问题中经常观察到的振荡行为。在此基础上,预条件共轭梯度(PCG)可以通过定义一种更接近最佳共轭的形式来进一步加速收敛[LUE 73]。CG 方法的一个难点在于对 $\hat{X}$ 非负这一约束的应用,不过已经提出了几种替代方案[BIE 91,MUM 94]。这些约束必然以牺牲部分收敛速度为代价改变更新的方向。特别是在对大量像素进行约束的情况下,CG 有些力不从心。图 14.7 显示了 PCG 与 De Pierro 的自适应 EM[DEP 95]和 Lange 的凸方法[LAN 90]的比较,这是一种颇为类似的透射型层析扫描算法。图中,PCG 的不规则路径是由于解遇到约束所导致。

这种优化问题也可以通过更新单个像素或图像的小子集来解决,就像投影数据的子集甚至单个测量(如代数重建技术(ART)[HER 80])用于 OS－EM 一样。这种"列操作"方法的优点是可以保证收敛,并且可以使用凸模型轻松地使重建不依赖于起始条件。图 14.7 中包括两种这样的方法:空间交替期望最大化(SAGE)方法,它根据 EM 公式进行像素更新[FES 93];迭代坐标下降(ICD)

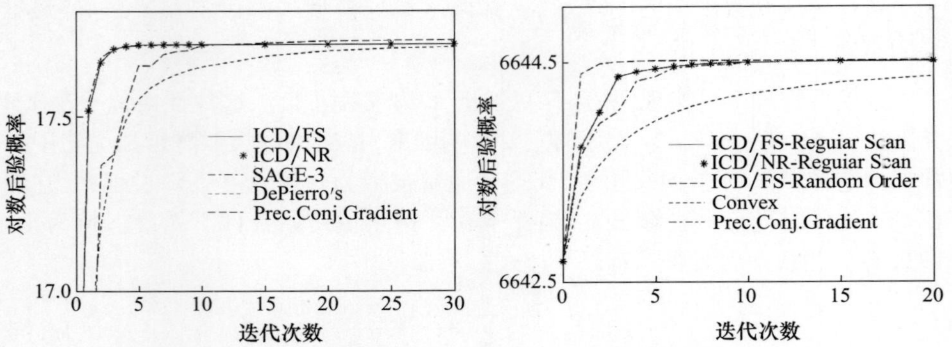

图 14.7　用高斯先验图像模型进行 MAP 重建的各种优化方法的收敛性

方法，它通过某个维度上的局部二次近似直接优化对数似然函数[BOU 96]。由于更新是在一维空间上进行，因此对于这些方法而言，正值先验增强带来的优化困难是微不足道的。

14.4.2　复合数据模型的贝叶斯实现

如果式(14.3)的高斯分量具有大的方差，必须在较低的 SNR 下处理更复杂的似然函数，并且没有简单的显式的更新表达式。人们已提出这种情况下的乘法迭代算法，与 EM 类似[SNY 93]。其中每次更新都需要计算类似式(14.3)的一个求和。如 14.4.1 节所述，考虑用低阶多项式逼近泊松对数似然，可对泊松高斯进行近似以简化计算而对估计的质量几乎没有影响。还有另外一种方式，可在用 $y_i + \sigma_i - \gamma_i$ 近似替换每块数据 y_i 之后再应用常见的迭代方法[SNY 93]。使用该变换，数据方差变得与均值相等，导致与泊松分布近似。图 14.4(b)表明，该泊松近似在所示的参数范围内产生与条件高斯相似的对数似然函数，其均值和方差均取决于 $\boldsymbol{x}$。然而，泊松分布似乎提供了比高斯分布更简单的实现方式。

14.5　结　　论

本章致力于重建强度受限数据的图像，这些数据的离散性质是单光子计数所固有的。虽然我们可以参考类似于标准高斯分布数据的情况来观察上述逆问题，但是当事件计数变得很少时，必须直接处理泊松似然函数才能充分发挥贝叶斯方法的全部优势。本章简要概述了这些问题的独特特征以及对贝叶斯估计进行建模和求解的有效方法。最合适的模型还是取决于具体的问题。必须了解产生所观察现象的物理系统，并以之指导模型选择以实现最稳健、最准确的重建。

参考文献

[BEC 60] BECKMAN F.,"The solution of linear equations by the conjugate gradient method", in RALSTON A., WILF H., ENSLEIN K. (Eds.), *Mathematical Methods for Digital Computers*, Wiley, 1960.

[BIC 77] BICKEL P. J., DOKSUM K. A., *Mathematical Statistics: Basic Ideas and Selected Topics*, Holden - Day, Oakland, CA, 1977.

[BIE 91] BIERLAIRE M., TOINT P. L., TUYTTENS D.,"On iterative algorithms for linear least squares problems with bound constraints", *Linear Alg. Appl.*, vol. 143, p. 111 - 143, 1991.

[BLA 87] BLAKE A., ZISSERMAN A., *Visual Reconstruction*, The MIT Press, Cambridge, MA, 1987.

[BOU 93] BOUMAN C. A., SAUER K. D.,"A generalized Gaussian image model for edgepreserving MAP estimation", *IEEE Trans. Image Processing*, vol. 2, num. 3, p. 296 - 310, July 1993.

[BOU 96] BOUMAN C. A., SAUER K. D.,"A unified approach to statistical tomography using coordinate descent optimization", *IEEE Trans. Image Processing*, vol. 5, num. 3, p. 480 - 492, Mar. 1996.

[BYR 96] BYRNE C. L.,"Block - iterative methods for image reconstruction from projections", *IEEE Trans. Image Processing*, vol. 5, p. 792 - 794, May 1996.

[CHA 97] CHARBONNIER P., BLANC - FERAUD L., AUBERT G., BARLAUD M.,"Deterministic edge - preserving regularization in computed imaging", *IEEE Trans. Image Processing*, vol. 6, num. 2, p. 298 - 311, Feb. 1997.

[CUN 98] CUNNINGHAM G. S., HANSON K. M., BATTLE X. L.,"Three - dimensional reconstructions from low - count SPECT data using deformable models", *Optics Express*, vol. 2, p. 227 - 236, 1998.

[DEP 95] DE PIERRO A. R.,"A modified expectation maximization algorithm for penalized likelihood estimation in emission tomography", *IEEE Trans. Medical Imaging*, vol. 14, num. 1, p. 132 - 137, 1995.

[FES 93] FESSLER J. A., HERO A. O.,"Complete data spaces and generalized EM algorithms", in *Proc. IEEE ICASSP*, Minneapolis, MN, p. IV 1 - 4, 1993.

[FES 95] FESSLER J.,"Hybrid Poisson/polynomial objective functions for tomographic image reconstruction from transmission scans", *IEEE Trans. Image Processing*, vol. 4, num. 10, p. 1439 - 1450, Oct. 1995.

[GEM84] GEMAN S., GEMAN D.,"Stochastic relaxation, Gibbs distributions, and the Bayesian restoration of images", *IEEE Trans. Pattern Anal. Mach. Intell.*, vol. PAMI - 6, num. 6, p. 721 - 741, Nov. 1984.

[GEM 85] GEMAN S., MCCLURE D.,"Bayesian images analysis: An application to single photon emission tomography", in *Proc. Statist. Comput. Sect. Amer. Stat. Assoc.*, Washington, DC, p. 12 - 18, 1985.

[GRE 90] GREEN P. J.,"Bayesian reconstructions from emission tomography data using a modified EM algorithm", *IEEE Trans. Medical Imaging*, vol. 9, num. 1, p. 84 - 93, Mar. 1990.

[HEB 89] HEBERT T. , LEAHY R. , "A generalized EMalgorithm for 3 – D Bayesian reconstruction from Poisson data using Gibbs priors", *IEEE Trans. Medical Imaging*, vol. 8, num. 2, p. 194 – 202, June 1989.

[HER 80] HERMAN G. T. , Image Reconstruction from Projections. The Fundamentals of Computerized Tomography, Academic Press, New York, NY, 1980.

[HUD 94] HUDSON H. , LARKIN R. , "Accelerated image reconstruction using ordered subsets of projection data", *IEEE Trans. Medical Imaging*, vol. 13, num. 4, p. 601 – 609, Dec. 1994.

[IIN 67] IINUMA T. A. , NAGAI T. , "Image restoration in radioisotope imaging system", *Phys. Med. Biol.*, vol. 12, num. 4, p. 501 – 509, Mar. 1967.

[KAU 87] KAUFMAN L. , "Implementing and accelerating the EMalgorithm for positron emission tomography", *IEEE Trans. Medical Imaging*, vol. MI – 6, num. 1, p. 37 – 51, 1987.

[KOU 96] KOULIBALY P. , Régularisation et corrections physiques en tomographie d'émission, PhD thesis, University of Nice – Sophia Antipolis, Nice, France, Oct. 1996.

[LAN 90] LANGE K. , "An overview of Bayesian methods in image reconstruction", in *Proc. SPIE Conf. on Digital Image Synth. and Inv. Optics*, vol. 1351, San Diego, CA, p. 270 – 287, July 1990.

[LEV 87] LEVITAN E. , HERMAN G. , "A maximum *a posteriori* probability expectation maximization algorithm for image reconstruction in emission tomography", *IEEE Trans. Medical Imaging*, vol. MI – 6, p. 185 – 192, Sep. 1987.

[LLA 89] LLACER J. , VEKLEROV E. , "Feasible images and practical stopping rules for iterative algorithms in emission tomography", *IEEE Trans. Medical Imaging*, vol. 8, p. 186 – 193, 1989.

[LUE 73] LUENBERGER D. G. , *Introduction to Linear and Nonlinear Programming*, Addison – Wesley, New York, NY, 1st edition, 1973.

[MEI 93] MEIKLE S. R. , DAHLBOM M. , CHERRY S. R. , "Attenuation correction using countlimited transmission data in positron emission tomography", *J. Nuclear Med.*, vol. 34, num. 1, p. 143 – 144, 1993.

[MUM 94] MUMCUOGLU E. U. , LEAHY R. , CHERRY S. R. , ZHOU Z. , "Fast gradient – based methods for Bayesian reconstruction of transmission and emission PET images", *IEEE Trans. Medical Imaging*, vol. 13, num. 4, p. 687 – 701, Dec. 1994.

[NGU 99] NGUYEN M. K. , GUILLEMIN H. , FAYE C. , "Regularized restoration of scintigraphic images in Bayesian frameworks", in *Proc. IEEE ICIP*, Kobe, Japan, p. 194 – 197, Oct. 1999.

[OGA 91] OGAWA K. , HARATA Y. , ICHIHARA T. , KUBO A. , HASHIMOTO S. , "A practical method for position – dependent Compton scatter correction in single photon emission CT", *IEEE Trans. Medical Imaging*, vol. 10, p. 408 – 412, Sep. 1991.

[OLL 93] OLLINGER J. M. , "Model – based scatter correction for fully 3D PET", in *IEEE Nuclear Science Symp. Medical Imaging Conf.*, San Francisco, CA, p. 1264 – 1268, 1993.

[OLL 97] OLLINGER J. M. , FESSLER J. A. , "Positron – emission tomography", *IEEE Signal Processing Mag.*, vol. 14, num. 1, p. 43 – 55, Jan. 1997.

[O'S 94] O'SULLIVAN J. A. , "Divergence penalty for image regularization", in *Proc. IEEE ICASSP*, vol. V, Adelaide, Australia, p. 541 – 544, Apr. 1994.

[PAN 97] PAN T. – S. , KING M. A. , DE VRIES D. J. , DAHLBERG S. T. , VILLEGAS B. J. , "Estimation of attenuation maps from single photon emission computed tomographic images of technetium 99m – labeled sestamibi", *J. Nucl. Cardiol.*, vol. 4, num. 1, p. 42 – 51, 1997.

[POL 91] POLITTE D. ,SNYDER D. L. ,"Corrections for accidental coincidences and attenuation in maximum – likelihood image reconstruction for positron – emission tomography", *IEEE Trans. Medical Imaging*, vol. 10,p. 82 –89,1991.

[SHE 82] SHEPP L. A. ,VARDI Y. ,"Maximum likelihood reconstruction for emission tomography",*IEEE Trans. Medical Imaging*,vol. MI –1,p. 113 –122,1982.

[SNY 85] SNYDER D. ,MILLER M. ,"The use of sieves to stabilize images produced with the EM algorithm for emission tomography",*IEEE Trans. Nuclear Sciences*,vol. NS –32,num. 5,p. 3864 –3871,Oct. 1985.

[SNY 90] SNYDER D. L. ,SCHULZ T. J. ,"High – resolution imaging at Low Light Levels through Weak Turbulence",*J. Opt. Soc. Am.* (*A*),vol. 7,p. 1251 –1265,1990.

[SNY 93] SNYDER D. L. ,HAMMOUD A. M. ,WHITE R. L. ,"Image recovery from data acquired with a charge – coupled – device camera",*J. Opt. Soc. Am.* (*A*),vol. 10,p. 1014 –1023,1993.

[THI 00] THIBAULT J. – B. ,SAUER K. ,BOUMAN C. ,"Newton – style optimization for emission tomographic estimation",*J. Electr. Imag.* ,vol. 9,num. 3,p. 269 –282,2000.

[TIE 94] TIERNEY L. ,"Markov chain for exploring posterior distribution",*Annals Statist.* ,vol. 22, num. 4,p. 1701 –1762,Dec. 1994.

[TIM 99] TIMMERMAN K. E. ,NOWAK R. D. ,"Multiscale modeling and estimation of Poisson processes with application to photon –limited imaging",*IEEE Trans. Inf. Theory*,vol. 45,num. 3,p. 846 –862,Apr. 1999.

[TSU 91] TSUI B. ,FREY E. ,GULLBERG G. ,"Comparison between ML – EM and WLS – CG algorithms for SPECT image reconstruction",*IEEE Trans. Nuclear Sciences*,vol. 38,num. 6,p. 1766 –1772,Dec. 1991.

内容简介

本书系统阐述了逆问题求解的贝叶斯框架原理、方法及其应用。全书分为4个部分，共计14章，主要内容包括逆问题与不适定问题描述、正则化方法、基于概率框架的逆问题求解、解卷积方法、逆问题求解的高级进阶方法以及逆问题在超声波无损检测、大气湍流光学成像、衍射层析、低强度数据成像等领域中的典型应用。

本书体系完整，学术思想新颖前沿，理论应用结合紧密，可为智能感知处理、雷达成像识别等提供新的理论工具和处理手段。

本书主要面向从事遥感、雷达、光电、水声、医学信号处理和图像处理的科研人员和高校研究生，对致力于数学应用的研究人员亦有较大的参考价值。